中国古建筑典籍解读

清工部《工程做法则例》注释与解读

清朝工部　颁布
吴吉明　译注

化学工业出版社

《工程做法则例》是由清政府颁布的关于清代官式建筑通行的标准设计规范，原书封面书名为《工程做法则例》，而中缝书名为《工程做法》，由于是由清朝工部颁布，所以也称《工部工程做法则例》。全书共七十四卷，刊行于雍正十二年（1734 年），是继宋代《营造法式》之后官方颁布的又一部较为系统全面的建筑工程专业图书。

《工程做法则例》和宋代李诫《营造法式》是中国古代由官方颁布的关于建筑标准的仅有的两部古籍，在中国古代建筑史上有着重要的地位，建筑学家梁思成将此两部建筑典籍称为“中国建筑的两部文法课本”。

本书以《工程做法则例》为基础，以“原著＋难点注解＋原典图说”的形式，书中配上原著提及的相关建筑实景图和建筑结构示意图片，图文并茂，将学术性和欣赏性融为一体，大大提升了原著的阅读价值。本书为研究中国古代建筑，特别是研究明清建筑的读者提供了珍贵的资料，也为喜爱中国古代建筑的读者提供了权威、有趣的读本。

本书适合建筑设计师、建筑史学者、建筑专业师生、建筑爱好者、艺术设计专业师生以及相关专业人员阅读。

图书在版编目(CIP)数据

清工部《工程做法则例》注释与解读/清朝工部颁布；吴吉明译注.—北京：化学工业出版社，2017.10（2023.1重印）
（中国古建筑典籍解读）
ISBN 978-7-122-30409-4

Ⅰ.①清… Ⅱ.①清… ②吴… Ⅲ.①古建筑-规则-中国-清前期②《工程做法则例》-研究 Ⅳ.
①TU-092.49

中国版本图书馆CIP数据核字（2017）第190923号

责任编辑：彭明兰　王　斌　孙梅戈
责任校对：宋　夏
装帧设计：尹琳琳

出版发行：化学工业出版社
（北京市东城区青年湖南街13号　邮政编码100011）
印　　装：中煤（北京）印务有限公司
787mm×1092mm
1/16　印张　26　字数　600千字
2023年1月北京第1版第2次印刷

购书咨询：010－64518888
售后服务：010-64518899
网　　址：http：//www.cip.com.cn

定　　价：139.00元

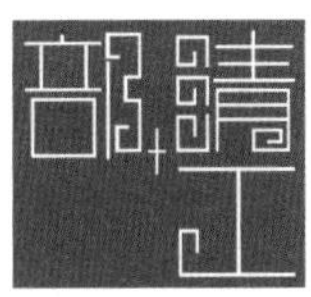

前言

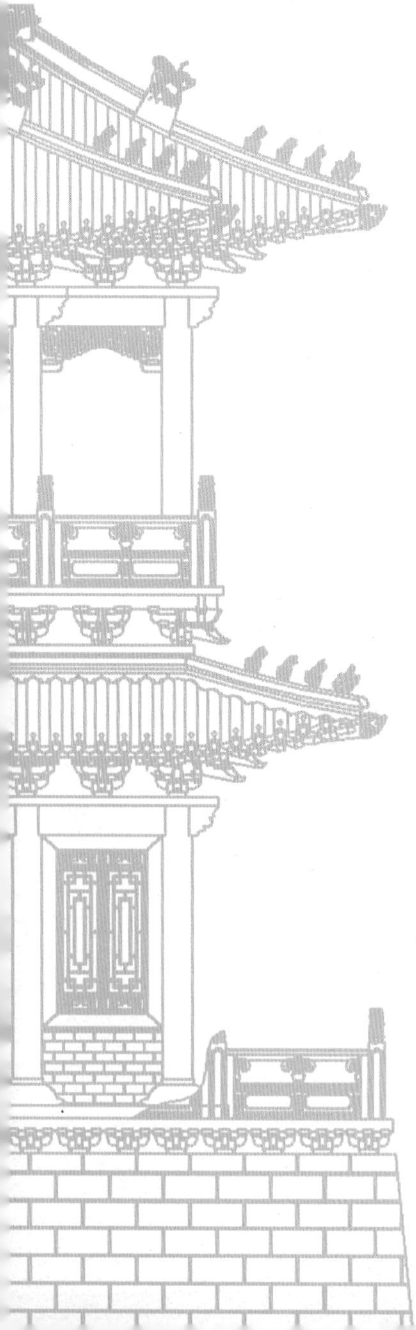

《工程做法则例》是由清政府颁布的关于清代官式建筑通行的标准设计规范，原书封面书名为《工程做法则例》，而中缝书名为《工程做法》，由于是由清朝工部颁布，所以也称《工部工程做法则例》。全书共七十四卷，刊行于雍正十二年（1734年），是继宋代《营造法式》之后官方颁布的又一部较为系统全面的建筑工程专业图书。

《工程做法则例》全书七十四卷，分为以下四部分内容：卷一至卷二七分别介绍了二十七种柱架的断面结构；卷二八至卷四〇为第二部分，系统地介绍了各种斗科结构；卷四一至卷四七为第三部分，介绍装修及石、土诸作；卷四八至卷七四为工料估算，对中国封建社会晚期土木建筑的各种不同形制的不同用工和用料进行了规定，这就为建筑预算、合理安排工时、节约用料等提供了一种较为严格的规范。总之，全书不仅将清代官式建筑按所处地位或用途的不同，列举出二十七种不同形制的建筑物，同时还对土木瓦石、搭材起重、油画裱糊，以至铜铁件安装等，总计十七个专业、二十多个工种，分门别类、条款翔实清晰地做了较为严格的规范，而其中尤以对间数和斗口的规定最具有代表性。

《工程做法则例》和宋代李诫的《营造法式》是中国古代由官方颁布的关于建筑标准的仅有的两部古典，在中国古代建筑史上有重要地位，建筑学家梁思成将此两部建筑典籍称为“中国建筑的两部文法课本”。

本书以《工程做法则例》为基础，对原著中部分名词作了注释，由于原著几乎贴近白话文，再加上篇幅有限，所以译注者没有对原著进行逐句注解，只将原著中的建筑专业术语加以解释，不仅为读者扫清了阅读障碍，更为读者减少了阅读量。另外，本书以“原著＋难点注解＋原典图说”的形式，书中配上原著提及的相关建筑实景图和建筑结构示意图片，图文并茂，将学术性和欣赏性融为一体，大大提升了原著的阅读价值。本书为研究中国古代建筑，特别是研究明清建筑的读者提供了珍贵的资料，也为喜爱中国古代建筑的读者提供了权威、有趣的读本。

本书由吴吉明译注，杜中洋、张琴、周澜、杨承清、吴正法、梁燕、张跃、高海静、葛新丽、刘海明、刘露、杨杰、张蔷、王丹丹、臧辉帅、吕君、陈凯、武鹏、李亚奇也做了大量的工作，在此对他们付出的劳动一并表示感谢。

由于编写的时间和水平有限，尽管译注者尽心尽力，反复推敲核实，但难免有疏漏及不妥之处，恳请广大读者批评指正，以便做进一步的修改和完善。

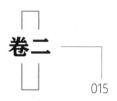

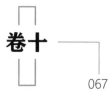

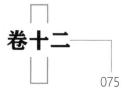

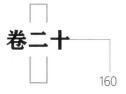

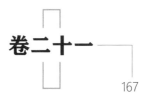

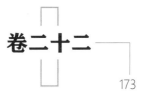

卷二十六 188

卷二十七 191

卷二十八 194

卷二十九 209

卷三十 224

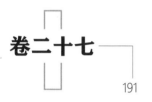

卷三十一 234

卷三十二 246

卷三十三 256

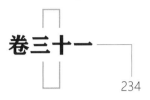

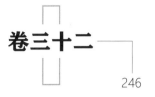

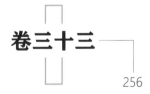

卷三十四 271

卷三十五 285

卷三十六 303

卷三十七 316

卷三十八 331

卷三十九 342

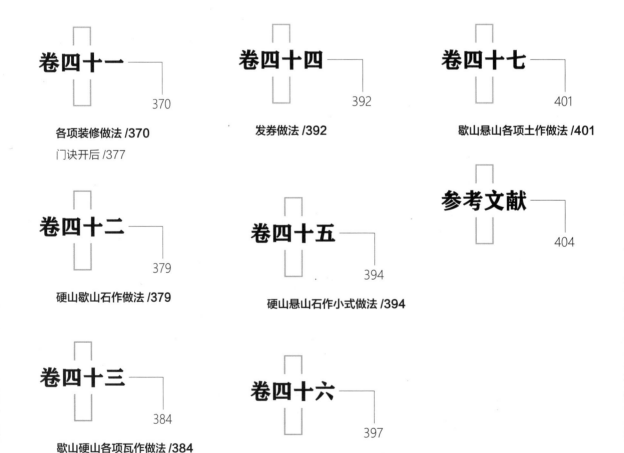

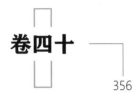

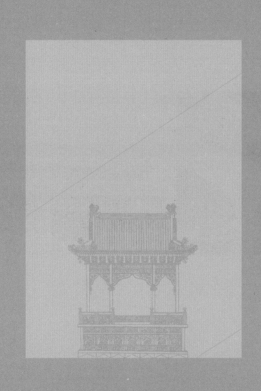

卷一

九檩①单檐庑殿周围廊单翘重昂斗科②斗口③二寸五分大木④做法

清工部

原典

凡面阔⑤、进深⑥以斗科攒数而定，每攒以口数十一份定宽（原注：每斗口一寸随身加一尺一寸为十一份）。如斗口二寸五分，以科中分算得斗科每攒宽二尺七寸五分。如面阔用平身斗科六攒，加两边柱头科各半攒，共斗科七攒，得面阔一丈九尺二寸五分。如次间收分一攒，得面阔一丈六尺五寸。梢间⑦同，或再收一攒，临期酌定。如廊内用平身斗科一攒，两边柱头科各半攒，共斗科二攒，得廊子面阔五尺五寸。如进深每山分间各用平身斗科三攒，两边柱头科各半攒，共斗科四攒，明间⑧、次间⑨各得面阔一丈一尺。再加前后廊各深五尺五寸，得通进深⑩四丈四尺。

单檐庑殿顶建筑

单檐庑殿顶建筑

注释

① 檩：是架在梁头位置的沿建筑面阔方向的水平构件。其作用是直接固定椽子，并将屋顶荷载通过梁而向下传递。檩的名称随其梁头所在的柱的位置的不同而不同，如在檐柱之上的称檐檩，在金柱之上的金檩，在中柱之上的称脊檩。单檐庑殿顶：屋面有四坡并有正脊的建筑称庑殿建筑，其外形即重檐庑殿顶的上半部，是标准的五脊殿，四阿顶。

② 斗科：又叫斗栱，是中国古代木构架建筑特有的结构构件，主要由水平放置的方形斗、升和矩形的栱以及斜置的昂组成。在结构上承重，并将屋面的大面积荷载经斗栱传递到柱上。它又有一定的装饰作用，是建筑屋顶和屋身立面上的过渡。此外，它还作为封建社会中森严等级制度的象征和重要建筑的尺度衡量标准。宋代称为铺作。

③ 斗口：中国清代官式建筑设计中的基本模数，又称“口数”或“口份”。清代“足材”为材厚二倍，斗栱每拽架（每跳）为三斗口，每踩高为二斗口，全为整数。斗口值为宋制材份中份值的十倍，计算简便。清制的斗口从六寸到一寸共分十一个等级，级差均为半寸。不过一至四等的大型斗口尚未见实物，十等和十一等的小型斗口仅见于牌楼和琉璃门。常用的斗口为六至八等（三寸半至二寸半斗口）。用材普遍缩小，是清代斗栱的特征。

④ 大木：在中国古代木构架建筑中，一切骨干木构件均称为大木。如柱、梁、枋、斗栱、檩、椽等。而负责制作组合、安装这些大木构件的专业称作大木作。

⑤ 面阔：又称面宽，是建筑物面宽方向相邻两柱间的轴线距离。

⑥ 进深：垂直于建筑和物面宽方向的平面尺寸称为进深。

⑦ 梢间：建筑物两端头的开间。

⑧ 明间：建筑物居中的开间。

⑨ 次间：建筑物明间和开间之间的开间。如有多次间可分为一次间、二次间、三次间等。檐面平面呈矩形的建筑物，短边方向称山面。

⑩ 通进深：建筑物侧面（进深方向）两尽端柱间的轴线尺寸。

原典

凡檐柱①以斗口七十份定高（原注：每斗口一寸，随身加七尺，为七十份）。如斗口二寸五分，得檐柱连平板枋，斗科通高一丈七尺五寸。内除平板枋、斗科之高，即得檐柱净高尺寸。如平板枋高五寸，斗科高二尺八寸，得檐柱净高一丈四尺二寸。每柱径②一尺，再加上、下榫各长三寸。如柱径一尺五寸，得榫长各四寸五分。以斗口六份定径寸（原注：每斗口一寸随身加六寸为六份）。如斗口二寸五分，得檐柱径一尺五寸。两山檐柱做法同。

注释

① 檐柱：位于建筑物外围的柱子。
② 柱径：柱子根部的直径（若为方柱则指柱根部的看面尺寸）。

金 柱

原典

凡金柱①以出廊并正心桁中至挑檐桁中之拽架尺寸加举定高。如廊深五尺五寸，正心桁中至挑檐桁中三拽架（原注：每斗口三分为一拽架得七寸五分），三拽架得二尺二寸五分，连廊共深七尺七寸五分。按五举加之得高三尺八寸七分，并檐柱连斗科之通高一丈七尺五寸，得金柱高二丈一尺三寸七分。每柱径一尺，再加上、下榫各长三寸。如柱径一尺七寸，得上、下榫各长五寸一分。两山并四角金柱，加平水一份，高一尺，再加桁条径三分之一作桁椀②。如桁条③径一尺，得桁椀高三寸三分。以檐柱径加二寸定径寸。如柱径一尺五寸，得金柱径一尺七寸。

注释

① 金柱：古代建筑的屋顶梁架以立柱支撑，立于最外一层屋檐下的柱子称檐柱，在檐柱以里，位于内侧的柱子称“金柱”。多用于带外廊的建筑。进深较大的房屋依位置不同又有外围金柱和里内金柱之分。金柱又是除檐柱、中柱和山柱以外的柱子的通称，依位置不同可分别以外金柱和内金柱。
② 桁椀：是置于桁上以承托椽子的木头，紧贴着桁并与桁平行，其长度也与桁相仿。椽椀上按照上面要铺设的椽子的密度做出一排小洞，椽子就从洞中穿过，这样可以使椽子固定而不移位。一般来说，椽椀主要是指除了扶脊木之外的桁上的带洞的横木，扶脊木的作用和椽椀是一样的，只不过位置不同罢了。
③ 桁条：架在屋架或山墙上用以支承椽子或屋面板的横木，也称“檩子”。

清工部

原典

凡小额枋①以面阔定长。如面阔一丈九尺二寸五分，两头共除柱径一分一尺五寸，得净面阔一丈七尺七寸五分，即长一丈七尺七寸五分。外加两头入榫分位，各按檐柱径四分之一。如柱径一尺五寸，得榫长各三寸七分五厘。

其廊子小额枋，一头加柱径半份，又照本身之高加半份得出榫分位。如本身高一尺，得出榫长五寸，一头除柱径半份，外加入榫分位，亦按柱径四分之一。以斗口四份定高。如斗口二寸五分，得小额枋高一尺，以本身高收二寸定厚，得厚八寸。

两山小额枋做法同。

凡由额垫板②以面阔定长。如面阔一丈九尺二寸五分，两头共除柱径一分一尺五寸，得净面阔一丈七尺七寸五分，即长一丈七尺七寸五分。外加两头入榫分位各按柱径十分之二。如柱径一尺五寸，得榫长各三寸。以斗口二份定高，一分定厚。如斗口二寸五分，得由额垫板高五寸，厚二寸五分。两山由额垫板做法同。

凡大额枋长与小额枋同。其廊子大额枋一头加柱径一分，得霸王拳③分位；一头除柱径半份，外加入榫分位，按柱径四分之一。以斗口六份定高。如斗口二寸五分，得大额枋高一尺五寸。以本身高收二寸定厚，得厚一尺三寸。

两山大额枋做法同。

凡平板枋以面阔定长。如面阔一丈九尺二寸五分，即长一丈九尺二寸五分。每宽一尺，外加扣榫长三寸。如平板枋宽七寸五分，得扣榫长二寸二分。其廊子平板枋一头加柱径一分，得搭交出头分位。如柱径一尺五寸，得出头长一尺五寸。以斗口三分定宽，二分定高。如斗口二寸五分，得平板枋宽七寸五分，高五寸。两山平板枋做法同。

注释

① 枋：是连接柱头或柱脚的水平构件，它是一种辅助性构件，可以加强构架的整体稳定性。

② 由额垫板：是建筑大木作构件名称，位于大额枋和小额枋之间，三者共同构成固定的构件单元。由额垫板的高度为二斗口，宽度为一斗口。

③ 霸王拳：大木构件在柱子穿插搭接的出头部分。枋子在与柱头搭接处外留箍紧枋头制成凸凹如握拳状花型，历史上匠师们形容其如力握千斤的西楚霸王用手固定紧柱头一般牢靠，口口相传，约定成俗称之为霸王拳。

清工部

原典

凡桃尖梁以廊子进深并正心桁中至挑檐桁中定长。如廊深五尺五寸，正心桁中至挑檐桁中长二尺二寸五分，共长七尺七寸五分，又加二拽架尺寸长一尺五寸，得桃尖梁通长九尺二寸五分。外加金柱径半份，又加出榫照随梁枋之高半份。如随梁枋高一尺，得出榫长五寸。以拽架加举定高。如单翘重昂得三拽架深二尺二寸五分。按五举加之，得高一尺一寸二分。又加蚂蚱头、撑头木各高五寸，得桃尖梁高二尺一寸二分。（原注：蚂蚱头、撑头木，详载斗科做法）。以斗口六份定厚，如斗口二寸五分，得桃尖梁厚一尺五寸。以斗口四份定桃尖梁头之厚，得厚一尺。两山桃尖梁做法同。

凡桃尖随梁枋以出廊定长。如出廊深五尺五寸，即长五尺五寸。外一头加檐柱径半份。如本身高一尺，得出榫各长五寸。高、厚与小额枋同。两山桃尖随梁枋做法同。

榫

榫是器物两部分利用凹凸相接法的凸出的部分，也叫榫子、榫卯，或是框架结构两个或两个以上部分的接合处。

榫卯连接是中国古建筑木结构的一大特点，中华匠人在对木、石等器具的架构中运用了榫卯。榫卯的种类很多，应用在不同的位置叫法和做法也不同：

①固定垂直构件的管脚榫、套顶榫；

②垂直构件与水平构件连接的馒头榫、燕尾榫、箍头榫、透榫、半透榫、大进小出榫；

③水平构件相交时用的燕尾榫、刻半榫、卡腰榫、正交桁椀；

④水平与倾斜构件重叠做稳固作用的栽销榫、穿销榫；

⑤水平与倾斜构件半叠时用的斜交桁椀、扒梁刻榫、刻半压掌榫；

⑥门扇用银锭扣、穿带、抄手带、裁口、龙凤榫；

⑦斜交支撑构件的搭掌榫。

榫卯的应用是古人在使用木材的过程中逐步优化发展起来的，今天的梁架结构更是千年的优化中脱颖而出的，榫卯的优点是拉结稳固、防震抗震。

缺点（相对于现代建筑）：某些榫卯形式伤及木理，削弱了构件的良好应变和应力，因此木材的选料要精致，这点在封建统治下的官式建筑中尤为重要。

榫结构

原典

凡挑檐桁以面阔定长。如面阔一丈九尺二寸五分，即长一丈九尺二寸五分。每径一尺，外加扣榫长三寸，如径八寸，得扣榫长二寸四分。其廊子挑檐桁，一头加三拽架长二尺二寸五分，又加搭交出头分位，按本身之径一份半。如本身径八寸，得交角出头一尺二寸。以正心桁之径收二寸定径寸。如正心桁径一尺，得挑檐桁径八寸。两山挑檐桁做法同。

凡挑檐枋以面阔定长。如面阔一丈九尺二寸五分，内除桃尖梁[1]头之厚一尺，得净面阔一丈八尺二寸五分。即挑檐枋长一丈八尺二寸五分。外加两头入榫，分位各按本身厚一分。如本身厚二寸五分，得榫长各二寸五分。其廊子挑檐枋，一头加三拽架长二尺二寸五分，又加搭交出头分位，按挑檐桁之径一半份。如挑檐桁径八寸，得出头长一尺二寸。一头除桃尖梁头之厚半份，外加入榫分位，按本身厚一份，如本身厚二寸五分，得榫长二寸五分。以斗口二份定高，一份定厚。如斗口二寸五分，得挑檐枋高五寸，厚二寸五分。两山挑檐枋做法同。

凡正心桁以面阔定长。如面阔一丈九尺二寸五分，即长一丈九尺二寸五分。每径一尺，外加搭交榫长三寸。如径一尺，得榫长三寸。其廊子正心桁，一头加搭交出头分位，按本身之径一份。如本身径一尺，得出头长一尺。以斗口四份定径。如斗口二寸五分，得正心桁径一尺。两山正心桁做法同。

凡正心枋计四层，以面阔定长。如面阔一丈九尺二寸五分，内除桃尖梁头厚一尺，得净面阔一丈八尺二寸五分。外加两头入榫分位各按本身之高半份，如本身高五寸，得榫长各二寸五分。其廊子正心枋，一头除桃尖梁头之厚半份，外加入榫分位按本身高半份，得榫长二寸五分。第一层，一头带正二昂长三尺七分五厘；第二层，带蚂蚱头②长三尺；第三层带正撑头木③长二尺二寸五分；第四层，照面阔除桃尖梁头之厚一份，外加两头入榫分位，各按本身高半份。以斗口二份定高。如斗口二寸五分，得正心枋高五寸。以斗口一份，外加包掩定厚。如斗口二寸五分，加包掩六分，得正心枋厚三寸一分。两山正心枋做法同。

注释

① 桃尖梁：在带有斗栱的大式建筑中，位于檐柱和金柱之间，将檐柱与金柱拉结起来，并将端部挑出于檐柱之外，刻做成桃形的梁叫做“桃尖梁”。

② 蚂蚱头：垂直于面宽方向叠置于昂之上，外端似蚂蚱头形状的构件，宋代称之为耍头。

③ 撑头木：垂直于面宽方向，叠置于蚂蚱头之上的构件，其外端头不露明作榫交于挑檐枋。桁椀承接桁檩之带椀口的构件，垂直于面宽方向。

原典

凡里、外拽枋①以面阔定长。如面阔一丈九尺二寸五分，里拽枋除桃尖梁身厚一尺五寸，得长一丈七尺七寸五分；外拽枋除桃尖梁头厚一尺，得长一丈八尺二寸五分。里、外拽枋各外加两头入榫分位，按本身厚一分。如本身厚二寸五分，得榫长各二寸五分。其廊子拽枋，里一根一头除桃尖梁身厚半份；外一根一头除桃尖梁头厚半份。各加入榫分位，按本身厚一分。如本身厚二寸五分，得榫长二寸五分。外一根一头带蚂蚱头长三尺；里一根收一拽架七寸五分。高、厚与挑檐枋同。两山拽枋做法同。

凡里、外机枋②长、高、厚俱与拽枋同。其廊子机枋，外一根一头带撑头木长二尺二寸五分；里一根收二拽架一尺五寸。两山机枋做法同。

凡井口枋③之长与里面拽枋同。外加两头入榫分位，各按本身厚一分，如本身厚二寸五分，得榫长各二寸五分。其廊子井口枋一头收三拽架长二尺二寸五分；一头除桃尖梁之厚半份，外加入榫按本身厚一分。以挑檐桁之径定高。如挑檐桁径八寸，井口枋即高八寸，厚与拽枋同。两山井口枋做法同。

注释

① 拽枋：是指在清制斗栱上，处在正心枋前后，其上没有桁（檩）的枋木，宋称为“罗汉枋”。外拽枋是指处在斗栱中心外挑部分的枋木；里拽枋是指处在斗栱中心内挑部分的枋木。

② 机枋：连接斗栱的内外拽枋又称机枋。

③ 井口枋：斗栱附属构件，用于斗栱最里侧，与井口天花相接的枋子，高 3 斗口，厚 1 斗口。

原典

凡老檐桁以面阔定长。如面阔一丈九尺二寸五分，老檐桁即长一丈九尺二寸五分。每径一尺，外加搭交榫长三寸。梢间并山梢间老檐桁一头加交角出头分位按本身径一分，如本身径一尺，得出头长一尺。径与正心桁同。

凡老檐垫板[1]以面阔定长。如面阔一丈九尺二寸五分，内除七架梁头厚一尺九寸，得净面阔一丈七尺三寸五分，即长一丈七尺三寸五分。外加两头入榫分位，照梁头之厚每尺加入榫二寸。如梁头厚一尺九寸，得榫长三寸八分。其梢间老檐垫板，一头除梁头厚半分；一头除金柱径半分。加榫仍照前法。两山老檐垫板，随山间面阔，除金柱径一分得长。外加两头入榫分位，各按柱径十分之二。如金柱径一尺七寸，得榫长各三寸四分。以斗口四份定高，一分定厚。如斗口二寸五分，得老檐垫板高一尺，厚二寸五分。

凡老檐枋以面阔定长。如面阔一丈九尺二寸五分，内除金柱径一分一尺七寸，得净面阔一丈七尺五寸五分，即长一丈七尺五寸五分。外加两头入榫分位，各按柱径四分之一。如柱径一尺七寸，得榫长各四寸二分。高、厚俱与小额枋同。两山老檐枋[2]做法同。

注释

①老檐垫板：即下金垫板。

②老檐枋：金柱柱头间起拉接作用的横枋。

原典

凡天花垫板以举架定高。如举架高三尺八寸七分，内除老檐枋之高一尺，桃尖梁高二尺一寸二分，得天花垫板净高七寸五分。长、厚与老檐垫板同。

凡天花枋之长与老檐枋同。以小额枋之高加二寸定高，如小额枋高一尺，得天花枋高一尺二寸，以本身高收二寸定厚，得天花枋厚一尺。

天花枋、天花梁

天花枋是承托天花的主要构件之一，它与天花梁共同构成室内天花的承托构架。其中，位于面阔方向的称为“天花枋”，位于进深方向的称为“天花梁”。天花枋与天花梁断面不同，但其上皮均与天花上皮平。

天花上另一种半圆形断面构件叫做“帽儿梁”，常与“天花支条”连做，沿面阔方向布置。其作用相当于现代吊顶中的大龙骨。贴附于天花枋或天花梁侧面的天花支条又叫“贴梁”。

原典

凡七架梁[①]以步架六份定长。如步架[②]六份共深三丈三尺，两头各加桁条径一份，得柁头分位。如桁条径一尺，得七架梁通长三丈五尺。以金柱径加二寸定厚。如金柱径一尺七寸，得七架梁厚一尺九寸。以本身厚每尺加二寸定高，得高二尺二寸八分。

凡七架随梁枋[③]以步架六份定长。如步架六份深三丈三尺，内除金柱径一份一尺七寸，得七架随梁枋长三丈一尺三寸。外加两头入榫分位，各按柱径四分之一。如柱径一尺七寸，得榫长各四寸二分。高、厚与大额枋同。

凡天花梁以进深除廊定长。如进深三丈三尺，内除金柱径一份一尺七寸，得净进深三丈一尺三寸，即长三丈一尺三寸。外加两头入榫分位，各按柱径四分之一，得榫长各四寸二分。以金柱径加二寸定高，得天花梁高一尺九寸。以本身高收二寸定厚，得厚一尺七寸。

注释

① 七架梁：其上承七根檩，长度为六步架之梁。

② 步架：相邻两檩间轴线的水平距离。

③ 七架随梁枋：附在七架梁之下，用于拉结前后金柱之枋。

原典

凡柁檄[①]以步架加举定高。如步架深五尺五寸，按七举加之，得高三尺八寸五分。内除七架梁[②]高二尺二寸八分，得柁檄净高一尺五寸七分。以五架梁之厚，每尺收滚楞二寸定宽。如五架梁厚一尺七寸，得柁檄宽一尺三寸六分，以桁条径二份定长。如桁条径一尺，得柁檄长二尺。

凡下金枋[③]以面阔定长。如面阔一丈九尺二寸五分，内除柁檄宽一份一尺三寸六分，得净面阔一丈七尺八寸九分，即长一丈七尺八寸九分。外加两头入榫分位，各按柁檄宽四分之一。如柁檄宽一尺三寸六分，得榫长各三寸四分。其梢间下金枋之长，于净面阔内收步架一份得长。一头除柁檄宽半分；一头除交金檄宽半分。外加入榫分位，仍照前法。高、厚与小额枋同。

凡两山下金枋以步架四分分定长。如步架四份深二丈二尺，交金檄宽一尺四寸，除交金檄之宽一分，得下金枋长二丈六寸。外加两头入榫分位，各按交金檄宽四分之一。如交金檄宽一尺四寸，得榫长各三寸五分。高、厚与小额枋同。

注释

① 柁檄：就是位于上下两层梁枋之间能将上梁承受的重量迅速传到下梁的木墩或者说方形的木块。柁墩在古代建筑中是非常有讲究的。它的讲究分为两方面，一方面是放置的位置，另一方面是它的装饰。就安放的位置而言，如果上面的梁枋比下面的梁枋短，那么柁墩就放置在短梁的两端；如果上下两层梁枋一样长，则放在梁枋的中段。梁枋短的放一个，梁枋长的放两个。至于装饰，那就丰富多彩了。

② 架梁：是指承受屋面荷重的主梁。“架梁”是以其上所架设的檩木根数（也称架）而命名，如在本梁以上有三根檩木就称为“三架梁”，有五根檩木就称为“五架梁”，以此类推。

③ 下金枋：是位于下金柱位置，用于拉结柱头的横枋。

凡下金顺扒梁①以梢间面阔定长。如梢间面阔一丈六尺五寸，一头加桁条脊面半分，如桁条径一尺，脊面一寸五分。得顺扒梁②长一丈六尺六寸五分。高、厚与五架梁同。

凡四角交金墩以柁头二份定长。如柁头长一尺，得交金墩长二尺。以平水之高定高。如平水高一尺，交金墩即高一尺。外加桁条径三分之一做桁椀。如桁条径一尺，得桁椀高三寸三分。以顺扒梁之厚定宽。如顺扒梁厚一尺七寸，两边各收一寸五分，得交金墩宽一尺四寸。

凡下金垫板长与老檐垫板同。梢间收步架一份得长。两山之长随两山下金枋。其高、厚与老檐垫板同。

凡五架梁以步架四份定长。如步架四份共深二丈二尺，两头各加桁条径一份，得柁头分位。如桁条径一尺，得五架梁通长二丈四尺。以七架梁之高、厚各收二寸定高、厚。如七架梁高二尺二寸八分，厚一尺九寸，得五架梁高二尺二寸八分。厚一尺七寸。

凡下金桁以面阔定长。如面阔一丈九尺二寸五分，下金桁即长一丈九尺二寸五分。梢间收一步架尺寸，一头加搭交出头分位。两山以进深收二步架尺寸，如进深三丈三尺，得长二丈二尺。外加两头搭交出头分位，照桁条径一份。如桁条径一尺，得搭交出头长一尺。径寸与老檐桁同。

注释

① 下金顺扒梁：承接下金檩的顺扒梁。
② 扒梁：梁头外端扣搭在檩之上的梁，多用于庑殿建筑的山面，故又称顺扒梁。

凡上金瓜柱①以步架一分加举定高。如步架一分深五尺五寸，按八举加之，得高四尺四寸。内除五架梁高二尺八分，得上金瓜柱净高二尺三寸二分。每宽一尺，外加上、下榫各长三寸。如本身宽一尺四寸，得上、下榫各长四寸二分。

以三架梁之厚每尺收滚楞二寸定厚。如三架梁厚一尺五寸，得上金瓜柱厚一尺二寸。以本身厚加二寸定宽，得宽一尺四寸。

凡角背以步架一份定长。如步架一份深五尺五寸，即长五尺五寸。以瓜柱之宽定高。如瓜柱宽一尺四寸，角背即高一尺四寸。以瓜柱厚三分之一定厚。如瓜柱厚一尺二寸，得角背厚四寸。

凡上金交金瓜柱，其高随本步枋、垫之高，再加桁条径三分之一作桁椀。如上金枋、垫各高一尺，即瓜柱高二尺，如桁条径一尺，得桁椀高三寸三分。每宽一尺外加上、下榫各长三寸。宽、厚与上金瓜柱同。

凡上金枋之长、高、厚俱与老檐枋同。梢间上金枋收两步架尺寸得长。

凡两山上金枋以进深定长。如进深三丈三尺，收四步架尺寸得长一丈一尺。内除瓜柱厚一尺二寸，得两山上金枋长九尺八寸。外加两头入榫分位，各按瓜柱厚四分之一，得榫长各三寸。高、厚与上金枋同。

凡上金顺扒梁以梢间面阔定长。如梢间面阔一丈六尺五寸，收一步架五尺五寸，得长一丈一尺，即长一丈一尺。外加桁条脊面半份一寸五分。高、厚与三架梁同。

凡上金垫板之长、高、厚俱与老檐垫板同。梢间收步架二份得长。其两山上金垫板之长，与两山上金枋同。

凡三架梁以步架二份定长。如步架二份深一丈一尺，即长一丈一尺。两头各加桁条径一份得柁头分位。如桁条径一尺，得通长一丈三尺。以五架梁高、厚各收二寸定高、厚。如五架梁高二尺八分，厚一尺七寸，得三架梁高一尺八寸八分，厚一尺五寸。

凡上金桁以面阔定长。如面阔一丈九尺二寸五分，即长一丈九尺二寸五分。梢间收两步架尺寸，外加一头搭交出头分位。两山以进深收四步架尺寸得长。外加两头搭交出头分位。俱照桁条径加一分。如桁条径一尺，得出头长一尺。径寸与下金桁同。

凡脊瓜柱②以步架加举定高。如步架深五尺五寸，按九举加之得高四尺九寸五分。内除三架梁高一尺八寸八分，得脊瓜柱净高三尺七分。外加平水高一尺，又加桁条径三分之一作桁椀，得三寸三分。又以本身每宽一尺加下榫长三寸，如本身宽一尺四寸，得下榫长四寸二分。宽、厚与上金瓜柱同。

凡脊角背以步架一份定长。如步架一份深五尺五寸，脊角背即长五尺五寸。以脊瓜柱之净高、厚三分之一定高、厚。如脊瓜柱除桁椀净高三尺七分，厚一尺二寸，得脊角背高一尺二寸五分，厚四寸。

凡脊枋③长、高、厚、俱与老檐枋同。

凡脊垫板④长、高、厚俱与老檐垫板同。

凡脊桁以面阔定长。如面阔一丈九尺二寸五分，即长一丈九尺二寸五分。梢间一头外加出头分位，照桁条径加一分。如桁条径一尺，得出头一尺。径寸与上金桁同。

凡扶脊木长短径寸俱与脊桁同。脊桁，照通脊之高，再加扶脊木径一份，桁条径四分之一得长。宽照椽径一分，厚按本身之宽减半。

凡仔角梁以出廊并出檐各尺寸用方五斜七加举定长。如出廊深五尺五寸，出檐七尺五寸，得长一丈三尺。用方五斜七之法加长，又按一一五加举，共长二丈九寸三分。再加翼角斜出椽径三份。如椽径三寸五分，并得长二丈一尺九寸八分。再加套兽榫照角梁本身厚一份。如角梁厚七寸，套兽榫即长七寸，得仔角梁通长二丈二尺六寸八分。以椽径三份定高，二份定厚。如椽径三寸五分，得仔角梁高一尺五分，厚七寸。

注释

① 金瓜柱：是古代木结构建筑在上梁、下梁之间，起到支撑上梁、连接下梁的作用，有上、中、下之分，虽然位置有差异，但同在两梁之间，以举高的高度减去上层梁的平水，再减去下层梁的抬头线以上部分，得金瓜柱高。

② 脊瓜柱：是古代木结构建筑中使用的木构件，指立于梁上的短柱。安置于三架梁上用来支撑脊桁的短柱又叫童柱。

③ 脊枋：在正脊处，脊檩（桁）下面的枋子叫“脊枋”。在脊檩（桁）与脊枋间有“脊垫板”。

④ 脊垫板：用于脊檩和脊枋之间的木板。见于清式无斗栱建筑中。

原典

凡老角梁①以仔角梁之长，除飞檐②头并套兽榫定长。如仔角梁长二丈二尺六寸八分，内除飞檐头长四尺二分，并套兽③榫长七寸，得长一丈七尺九寸六分。外加后尾三岔头照金柱径一份。如金柱径一尺七寸，得老角梁通长一丈九尺六寸六分。高、厚与仔角梁同。

注释

① 角梁：用于建筑物转角部位，沿角平分线方向向斜下方挑出的用以承接翼角部分荷载之梁，角梁一般有上下两根重叠使用，下面一根是老角梁，主要用于承接翼角椽。上面一根是仔角梁，主要用于承接翘飞椽。

② 飞檐：中国传统建筑檐部形式之一，多指屋檐特别是屋角的檐部向上翘起，若飞举之势，常用在亭、台、楼、阁、宫殿、庙宇等建筑的屋顶转角处，四角翘伸，形如飞鸟展翅，轻盈活泼，所以也常被称为飞檐翘角。

③ 套兽：是中国古代建筑的脊兽之一，安装于仔角梁的端头上，其作用是防止屋檐角遭到雨水侵蚀。套兽一般由琉璃瓦制成，为狮子头或者龙头形状。

下花架

原典

凡下花架由戗①以步架一份定长。如步架一份深五尺五寸，即长五尺五寸，用方五斜七之法加斜长，又按一二五加举得长九尺六寸二分。再加搭交按柱径半份。如下交金墩宽一尺四寸，得搭交长七寸，得下花架由戗通长一丈三寸二分。高、厚与仔角梁同。

凡上花架由戗以步架一份定长。如步架一份深五尺五寸，即长五尺五寸，用方五斜七之法加斜长，又按一三加举。得长一丈一分。再加搭交按柱径半份。如上交金墩厚一尺二寸，得搭交长六寸，得上花架由戗通长一丈六寸一分。高、厚与仔角梁同。

凡脊由戗②以步架一份定长。如步架一份深五尺五寸，即长五尺五寸，用方五斜七之法加斜长，又按一三五加举。得脊由戗通长一丈三尺九分。高、厚与仔角梁同。以上由戗每根外加搭交榫按本身厚一份，如本身厚七寸，得榫长七寸。

凡枕头木以出廊定长。如出廊深五尺五寸，即长五尺五寸。外加三拽架尺寸，内除角梁厚半份，得枕头木长七尺四寸。以挑檐桁径十分之三定宽。如挑檐桁径八寸，得枕头木宽二寸四分。正心桁上枕头木以出廊定长。如出廊深五尺五寸，即长五尺五寸。内除角梁厚半份，得正心桁上枕头木净长五尺一寸五分。以正心桁径十分之三定宽。如正心桁径一尺，得枕头木宽三寸。以椽径二份半定高。如椽径三寸五分，得枕头木一头高八寸七分；一头斜尖与桁条平。两山枕头木做法同。

注释

① 下花架由戗：用于下步金的由戗。上花架由戗是指用于上步金的由戗。

② 脊由戗：用于脊部的由戗。

原典

凡椽椀、椽中板以面阔定长。如面阔一丈九尺二寸五分，即长一丈九尺二寸五分以椽径一份再加椽径三分之一定高。如椽径三寸五分，得椽椀并椽中板高四寸六分。以椽径三分之一定厚，得厚一寸一分。两山椽椀、椽中板做法同。

凡檐椽以出廊并出檐①加举定长。如出廊深五尺五寸，又加出檐照单翘重昂斗科三十份，斗口二寸五分得七尺五寸，共长一丈三尺。又按一一五加举得通长一丈四尺九寸五分。内除飞檐头长二尺八寸七分，得檐椽净长一丈二尺八分。以桁条径每尺用三寸五分定径。如桁条径一尺，得椽径三寸五分。两山檐椽做法同。

注释

① 出檐：在带有屋檐的建筑中，屋檐伸出梁架之外的部分，叫做“出檐”。檐椽径亦称“檐板”。

原典

每椽空档，随椽径一份。每间椽数俱应成双，档之宽窄，随数均匀。凡下花架椽以步架加举定长。如步架深五尺五寸，按一二五加举，得下花架椽长六尺八寸七分。径寸与檐椽同。

梢间短椽一步架、两山短椽两步架，折半核算。

凡上花架椽以步架加举定长。如步架深五尺五寸，按一三加举，得上花架椽长七尺一寸五分。

径与檐椽同。

梢间收一步架。又短椽一步架。

两山收两步架。又短椽两步架。俱折半核算。

凡脑椽以步架加举定长。如步架深五尺五寸，按一三五加举，得脑椽长七尺四寸二分。

径与檐椽同。

梢间以一步架定椽根数。两山以两步架定椽根数。俱系短椽，折半核算。以上檐脑椽，一头加搭交尺寸，花架椽两头各加搭交尺寸，俱照椽径一份。如椽径三寸五分，得搭交长三寸五分。

凡飞檐椽以出檐定长。如出檐七尺五寸，按一一五加举，得长八尺六寸二分，三份分之，出头一份，得长二尺八寸七分。后尾二份半，得长七尺一寸七分，加之，得飞檐椽通长一丈四分。见方与檐椽径寸同。

凡翼角翘椽长、径俱与平身檐椽同。其起翘之处，以挑檐桁中出檐尺寸，用方五斜七之法，再加廊深并正心桁中至挑檐桁中之拽架各尺寸定翘数。如挑檐桁中出檐长五尺二寸五分，方五斜七加之，得长七尺三寸五分。再加廊深五尺五寸，并三拽架长二尺二寸五分，共长一丈五尺一寸，内除角梁厚半份，得净长一丈四尺七寸五分，即系翼角椽档分位。翼角翘椽以成单为率，如逢双数，应改成单。

凡翘飞椽以平身飞檐椽之长，用方五斜七之法定长。如飞檐椽长一丈四分，用方五斜七加之，第一翘得长一丈四尺五分。其余以所定翘数每根递减长五分五厘。其高比飞檐椽加高半份，如飞檐椽高三寸五分，得翘椽高五寸二分五厘。厚仍三寸五分。

凡顺望板以椽档定宽。如椽径三寸五分，档宽三寸五分，共免七寸。顺望板每块即宽七寸。长随各椽净长尺寸，内除里口分位。以椽径三分之一定厚。如椽径三寸五分，得顺望板①厚一寸一分。凡里口以面阔定长。如面阔一丈九尺二寸五分，即长一丈九尺二寸五分。以椽径一份，再加望板厚一份半定高。如椽径三寸五分，望板之厚一份半一寸六分。得里口高五寸一分。厚与椽径同。两山里口做法同。

凡闸档板②以翘档分位定长。如椽档宽三寸五分，即闸档板宽三寸五分。外加入槽，每寸一分。高随椽径尺寸。以椽径十分之二定厚。如椽径三寸五分，得闸档板厚七分。其小连檐自起翘处至老角梁得长。宽随椽径一份。厚照望板之厚一份半，得厚一寸六分。两山闸档板、小连檐做法同。

凡连檐以面阔定长。如面阔一丈九尺二寸五分，即长一丈九尺二寸五分。其廊子连檐，以出廊五尺五寸，出檐七尺五寸，共长一丈三尺，除角梁之厚半份，净长一丈二尺六寸五分。两山同。以每尺如翘一寸，共长一丈三尺九寸一分。高、厚与檐椽径寸同。

凡瓦口之长与连檐同。以椽径半份定高。如椽径三寸五分，得瓦口高一寸七分。以本身之高折半定厚，得厚八分。

凡翘飞翼角横望板以出廊并出檐加举折见方丈定长、宽。飞檐压尾横望板俱以面阔飞檐尾之长折见方丈核算。以椽径十分之二定厚。如椽径三寸五分，得横望板厚七分。

注释

① 望板：是面板下面的那条横方，也叫垫板，是平铺在椽子上的木板，以承托屋面的苫背和瓦件，分为顺望板和横望板，通指家具上的横板，比如床板或者椅坐下方的板子等。

② 闸档板：安装在两飞椽（包括翘飞椽）间空当的小木板，因其类似闸板（飞檐、翘飞椽两侧面要锯出相应的浅槽），故称闸档板。

太和殿

原典图说

太和殿

太和殿面阔 11 间，进深 5 间，建筑面积 2377.00m^2，高 26.92m，连同台基通高 35.05m，为紫禁城内规模最大的殿宇。其上为重檐庑殿顶，檐角安放 10 个走兽，数量之多为现存古建筑中不多见。檐下施以密集的斗栱，室内外梁枋上饰以和玺彩画。门窗上部嵌成菱花格纹，下部浮雕云龙图案，接榫处安有镌刻龙纹的鎏金铜叶。太和殿前有宽阔的平台，称为丹陛，俗称月台。太和殿是紫禁城内体量最大、等级最高的建筑物，建筑规制之高，装饰手法之精，堪列中国古代建筑之首。

太和殿的装饰十分华丽。殿内金砖铺地（因而又名金銮殿）（金砖是因其打造时所需的钱很多，因而得名），太和殿内地面共铺二尺见方的大金砖四千七百一十八块。但是金砖并不是用黄金制成，而是在苏州特制的砖。其表面为淡黑、油润、光亮、不涩不滑。苏州一带土质好，烧工精湛，烧成之后达到“敲之有声，断之无孔”的程度方可使用，烧炼这种砖的程序极为复杂，一块砖起码要炼上一年。太和殿共有七十二根大柱支撑其全部重量，其中顶梁大柱最粗最高，直径为 1.06m，高为 12.70m。明代用的是楠木，采自川、广、云、贵等地，要采伐这种木材十分艰难，楠木往往长在深山老林之中，为此官员百姓不顾性命安危冒险取材，民间对此有“进山一千（人），出山五百（人）”的说法。清代重建后，用的是松木，采自东北三省的深山之中。太和殿的明间设九龙金漆宝座，宝座两侧排列 6 根直径 1.00m 的沥粉贴金云龙图案的巨柱，所贴金箔采用深浅两种颜色，使图案突出鲜明。宝座前两侧有四对陈设：宝象、甪端（音录端）、仙鹤和香亭。宝象象征国家的安定和政权的巩固；甪端是传说中的吉祥动物；仙鹤象征长寿；香亭寓意江山稳固。宝座上方天花正中安置形若伞盖向上隆起的藻井。藻井正中雕有蟠卧的巨龙，龙头下探，口衔宝珠。

卷二 九檩歇山转角前后廊单翘单昂斗科斗口三寸大木做法

原典

凡面阔、进深以斗科攒数定，每攒以口数十一份定宽。如斗口三寸，以科中分算，得斗科每攒宽三尺三寸。如面阔用平身斗科四攒，加两边柱头科各半攒，共斗科五攒，得面阔一丈六尺五寸。如次间收分一攒，得面阔一丈三尺二寸。梢间同，或再收一攒，临期酌定。如进深用平身斗科八攒，加两边柱头科各半攒，共斗科九攒，并之，得进深二丈九尺七寸。如廊内用平身斗科一攒，加两边柱头科各半攒，共斗科二攒，并之，得前、后廊各进深六尺六寸，加之，得通进深四丈二尺九寸。

歇山顶

歇山顶在中国古代建筑屋顶中的地位仅次于庑殿顶，所以在宫殿、陵墓、寺庙、园林、贵族府邸等建筑中被大量使用。从外观看，歇山顶好像是悬山顶和庑殿顶结合而成。其上部有前后两面坡和山花、博缝，宛如悬山顶；其下部前后左右四面坡，又如同庑殿顶，所以歇山顶既庄重又轻盈。

原典

凡檐柱以斗口七十分除平板枋斗科高分位定高，如斗口三寸得檐柱连平板，斗科通高二丈一尺，内除下板枋高六寸，斗科高二尺七寸六分，得檐柱净高一丈七尺六寸四分，外每柱径一尺加上下各长三寸，如柱径一尺八寸，得榫长各五寸四分以斗口六分定径寸，如斗口三寸得檐柱径一尺八寸，两山檐柱做法同。

凡金柱以出廊并正心桁中至挑檐桁中二拽架一尺八寸。共深八尺四寸，按五举加之，得高四尺二寸。并檐柱、平板枋、斗科通高二丈一尺，得金柱高二丈五尺二寸。外每柱径一尺，加上、下榫各长三寸。如柱径二尺，得榫长各六寸。以檐柱径加二寸定径寸。如檐柱径一尺八寸，得金柱径二尺。

凡小额枋以面阔定长。如面阔一丈六尺五寸，两头共除柱径一份一尺八寸，得净面阔一丈四尺七寸，即长一丈四尺七寸。外加两头入榫分位，各按柱径四分之一。如柱径一尺八寸，得榫长各四寸五分。榫廊子小额枋，一头加柱径半份，又照本身高加半份，得出榫分位。如本身高一尺二寸，得出榫长六寸。一头除柱径半份，外加入榫分位，亦按柱径四分之一。以斗口四份定高，如斗口三寸，得小额枋高一尺二寸。以本身高收二寸定厚，得厚一尺。两山小额枋做法同。

凡由额垫板以面阔定长。如面阔一丈六尺五寸，两头共除柱径一份一尺八寸，得净面阔一丈四尺七寸，即长一丈四尺七寸。外加两头入榫分位，各按柱径十分之二。如柱径一尺八寸，得榫长各三寸六分。以斗口二份定高，一份定厚。如斗口三寸，得由额垫板高六寸，厚三寸。两山由额垫板做法同。

凡大额枋之长俱与小额枋同。其廊子大额枋，一头加檐柱径一份，得霸王拳分位。一头除柱径半份，外加入榫分位，按柱径四分之一。以斗口六份定高。如斗口三寸，得大额枋高一尺八寸。以本身高收二寸定厚，得大额枋厚一尺六寸。两山大额枋做法同。

凡平板枋以面阔定长。如面阔一丈六尺五寸，即长一丈六尺五寸。外每宽一尺，加扣榫长三寸。如平板枋宽九寸，得扣榫长二寸七分。其廊子平板枋，一头加柱径一份，得交角出头分位。如柱径一尺八寸，得出头长一尺八寸。以斗口三份定宽，二份定高。如斗口三寸，得平板枋宽九寸，高六寸。两山平板枋做法同。

凡桃尖梁以廊子进深并正心桁中至挑檐桁中定长。如廊深六尺六寸，正心桁中至挑檐桁中长一尺八寸。共长八尺四寸，又加二拽架尺寸长一尺八寸，得桃尖梁通长一丈二寸。外加金柱径半份，又出榫照随梁枋高半份。如随梁枋高一尺二寸，得出榫长六寸。以拽架加举定高，如单翘单昂得二拽架深一尺八寸，按五举加之，得高九寸，又加蚂蚱头、撑头木各高六寸，得桃尖梁高二尺一寸。以斗口六份定厚。如斗口三寸，得桃尖梁厚一尺八寸，以斗口四份定桃尖梁头之厚，得厚一尺二寸。

昂、攒架构图

凡桃尖随梁枋以出廊定长。如出廊深六尺六寸，即长六尺六寸。外一头加檐柱径半份，一头加金柱径半份。又两头出榫照本身高加半份，如本身高一尺二寸，得出榫各长六寸。高、厚与小额枋同。

凡顺桃尖梁以梢间面阔并正心桁中至挑檐桁中定长。如梢间面阔一丈三尺二寸，正心桁中至挑檐桁①中长一尺八寸，共长一丈五尺，又加二拽架尺寸，得顺桃尖梁通长一丈六尺八寸。外加金柱径半份，又出榫照顺随梁枋高半份。如顺随梁枋高一尺二寸，得出榫长六寸。高、厚与桃尖梁做法同。

注释

① 挑檐桁：正心桁外用于承托挑檐的桁。

原典

凡挑檐枋①以面阔定长。如面阔一丈六尺五寸，内除桃尖梁头之厚一尺二寸，得净面阔一丈五尺三寸，即挑檐枋长一丈五尺三寸。外加两头入榫分位，各按本身厚一份。如本身厚三寸，得榫长各三寸。其廊子挑檐枋，一头加二拽架长一尺八寸，又加交角出头分位，按挑檐桁径一份半，如挑檐桁径一尺，得出头长一尺五寸。一头除桃尖梁头之厚半份，外加入榫分位，按本身厚一份，如本身厚三寸，得榫长三寸。以斗口二份定高，一份定厚。如斗口三寸，得挑檐枋高六寸，厚三寸。两山挑檐枋做法同。

凡正心桁以面阔定长。如面阔一丈六尺五寸，即长一丈六尺五寸。外每径一尺，加搭交榫长三寸。如径一尺二寸，得榫长三寸六分。其廊子正心桁，一头加交角出头分位，按本身径一份，如本身径一尺二寸，得出头长一尺二寸。以斗口四份定径，如斗口三寸，得正心桁径一尺二寸。两山正心桁做法同。

凡正心枋②计三层，以面阔定长。如面阔一丈六尺五寸，内除桃尖梁头之厚一尺二寸，得净面阔一丈五尺三寸。外加两头入榫分位，各按本身之高半份。如本身高六寸，得榫长各三寸。其廊子正心枋，一头除桃尖梁头之厚半份，外加入榫分位，按本身高半份，得榫长三寸。第一层一头带蚂蚱头长二尺七寸；第二层一头带撑头木长一尺八寸。

以斗口二份定高。如斗口三寸，得正心枋高六寸，以斗口一份，外加包掩定厚。如斗口三寸，加包掩六分，得正心枋厚三寸六分。两山正心枋做法同。

注释

① 挑檐枋：用于挑檐桁下面，其高二斗口，厚一斗口，是斗栱的附属构件。

② 正心枋：斗栱附属构件，用于正心桁下面，高 2 斗口，厚 1.25 斗口，有连接开间内各攒斗栱和传导屋面荷载的作用。

原典

凡顺随梁枋①以梢间面阔定长。如梢间面阔一丈三尺二寸，即长一丈三尺二寸。外一头加檐柱径半份，一头加金柱径半份。又两头出榫照本身高加半份，如本身高一尺二寸，得出榫各长六寸。高、厚与小额枋同。

凡挑檐桁以面阔定长。如面阔一丈六尺五寸，即长一丈六尺五寸。外每径一尺，加扣榫长三寸。如径一尺，得扣榫长三寸。其廊子挑檐桁，一头加二拽架②长一尺八寸，又加交角出头分位，按本身径一份半。如本身径一尺，得交角出头一尺五寸。以正心桁之径收二寸定径寸。如正心桁径一尺二寸，得挑檐桁径一尺。两山挑檐桁做法同。

注释

① 顺随梁枋：用于顺桃尖梁下面，用来拉结山面檐柱与金柱的枋子，用于歇山、庑殿等建筑。

② 拽架：栱与栱之间水平轴线距离叫“拽架”。在清工部《工程做法则例》中规定每个拽架宽 3 斗口。如向内外各挑出一拽架叫三踩，面阔方向列三排横栱。向内外各挑出两拽架叫五踩，面阔方向列五排横栱。三拽架即为七踩。

原典

凡里、外拽枋以面阔定长。如面阔一丈六尺五寸，里面除桃尖梁身厚一尺八寸，得长一丈四尺七寸，外面除桃尖梁头厚一尺二寸，得长一丈五尺三寸。里、外拽枋外如两头入榫分位各按本身厚一份。如本身厚三寸，得榫长各三寸。其廊子拽枋，里一根，一头除桃尖梁身之厚半份；外一根，一头除桃尖梁头之厚半份。各加入榫分位按本身厚一份。如本身厚三寸，得榫长三寸。外一根，一头带撑头木长一尺八寸。里一根收一拽架长九寸。高、厚与挑檐枋同。两山拽枋做法同。

凡井口枋之长，与里面拽枋同。外如两头入榫分位，各按本身厚一份。如本身厚三寸，得榫长各三寸。其廊子井口枋，一头收二拽架长一尺八寸，一头除桃尖梁之厚半份。外加入榫按本身厚一份。以挑檐桁之径定高，如挑檐桁径一尺，井口枋即高一尺。厚与拽枋同。两山井口枋做法同。

凡老檐桁以面阔定长。如面阔一丈六尺五寸，老檐桁即长一丈六尺五寸。外每径一尺，加搭交榫长三寸。其梢间老檐桁，按面阔内除安博脊①分位得长。径与正心桁同。

凡老檐垫板以面阔定长。如面阔一丈六尺五寸，内除七架梁头厚二尺二寸，得净面阔一丈四尺三寸，老檐垫板即长一丈四尺三寸。外加两头入榫分位，照梁头之厚每尺加入榫二寸，如梁头厚二尺二寸，得榫长各四寸四分。其梢间垫板，一头除梁头厚半份，一头除金柱径半份。加榫仍照前法。以斗口四份定高，一份定厚。如斗口三寸，得老檐垫板高一尺二寸，厚三寸。

凡老檐枋以面阔定长。如面阔一丈六尺五寸，内除柱径一份二尺，得净面阔一丈四尺五寸，即长一丈四尺五寸。外加两头入榫分位，各按柱径四分之一。如柱径二尺，得榫长各五寸。高、厚与小额枋同。

凡天花垫板以举架②定高。如举架高四尺二寸，内除老檐枋之高一尺二寸，桃尖梁高二尺一寸，得天花垫板高九寸。长、厚与老檐垫板同。

注释

① 博脊：博脊板，上檐金柱间承椽枋之上的木板。重檐建筑中，于上檐金柱间承椽枋之上的木板，长按围脊部位周长，高按琉璃瓦尺寸，厚按高度的 1/10。

② 举架：坡屋顶屋面的相邻两檩，上面一檩比下面一檩抬起的高度，古建筑的屋面为一凹曲面，屋面上这种曲面曲度的做法清代叫做“举架”，宋代叫做“举折”。

原典

凡天花枋之长，与老檐枋同。以小额枋之高加二寸定高。如小额枋高一尺二寸，得天花枋高一尺四寸。以本身高收二寸定厚，得天花枋厚一尺二寸。

凡踩步金[①]枋以进深定长。如进深二丈九尺七寸，除金柱径一份二尺，得净进深二丈七尺七寸，即长二丈七尺七寸。外加两头入椽分位，各按柱径四分之一。如柱径二尺，得椽长各五寸。高、厚与小额枋同。

凡踩步金枋[②]以进深定长，如进深二丈九尺七寸，两头加假桁条头。各按桁条径一份半，如桁条径一尺二寸，得假桁条头各长一尺八寸，得踩步金长三丈三尺三寸。以金柱径加二寸定厚，如柱径二尺，得踩步金厚二尺二寸。以本身厚每尺加二寸定高，得踩步金高二尺六寸四分。

注释

① 踩步金：歇山建筑屋顶四面出檐，其中，前后檐檐椽的后尾搭置在前后檐的下金檩上，两山面檐椽后尾则搭置在山面的一个既非梁又非檩的特殊构件上，这个只有歇山建筑才有的特殊构件叫“踩步金”（踩步金是清式歇山建筑常采用的一个特殊构件）。

② 踩步金枋：附于踩步金下面，拉结山面金柱柱头之枋，见于歇山式建筑。

原典

凡五架梁以步架四份定长。如步架四份深一丈九尺八寸，两头各加桁条径一份得柁头分位。如桁条径一尺二寸，得五架梁通长二丈二尺二寸。以七架梁之高、厚各收二寸定高、厚，如七架梁高二尺六寸四分，厚二尺二寸，得五架梁高二尺四寸四分，厚二尺。

凡上金瓜柱以步架加举定高。如步架深四尺九寸五分，按八举加之，得高三尺九寸六分，内除五架梁之高二尺四寸四分，得上金瓜柱净高一尺五寸二分。外每宽一尺，加上、下榫各长三寸。如本身宽一尺六寸四分，得上、下榫各长四寸九分。以三架梁之厚每尺收滚楞二寸定厚。如三架梁厚一尺八寸，得上金瓜柱厚一尺四寸四分。以本身厚每尺加二寸定宽，得宽一尺六寸四分。

凡角背[①]以步架定长。如步架深四尺九寸五分，角背即长四尺九寸五分。

以瓜柱之净高折半定高。如瓜柱高一尺五寸二分，得角背高七寸六分。以瓜柱厚三分之一定厚。如瓜柱厚一尺四寸四分得角背厚四寸八分。

凡金、脊桁之长、径做法，俱与老檐桁同。

注释

① 角背：沿梁的上皮、置于瓜柱下部，用以固定瓜柱柱脚的木构件，是保持瓜柱稳定的辅助构件。瓜柱自身高度等于或大于柱径2倍时，均需要安设角背，而脊瓜柱必须安设角背。角背是在脊瓜柱和三架梁交点处起稳固作用的片状构件。

原典

凡七架梁以步架六份定长。如步架六份共深二丈九尺七寸，两头各加桁条径一份得柁头分位。如桁条径一尺二寸，得七架梁通长三丈二尺一寸。高、厚与踩步金同。

凡七架随梁枋以步架六份定长。如步架六份深二丈九尺七寸，内除金柱径一份二尺，得七架随梁枋长二丈七尺七寸。外加两头入榫分位，各按柱径四分之一，如柱径二尺，得榫长各五寸。高、厚与大额枋同。

凡天花梁之长，与七架随梁彷同。以金柱径加二寸定高，如金柱径二尺，得天花梁高二尺二寸。以本身高收二寸定厚，得厚二尺。

凡踩步金下交金墩以出廊并正心桁中至挑檐桁中之拽架尺寸用加举定高。如廊深六尺六寸，正心桁中至挑檐桁中二拽架一尺八寸，共深八尺四寸，按五举加之，得高四尺二寸，内除顺桃尖梁之高二尺一寸，得交金墩净高二尺一寸。每宽一尺加下榫长三寸。如本身宽一尺九寸六分，得榫长五寸八分。以踩步金之厚每尺收滚楞二寸定厚。如踩步金厚二尺二寸，得交金墩厚一尺七寸六分。以本身厚加二寸定宽，得宽一尺九寸六分。

凡下金瓜柱以步架加举定高。如步架深四尺九寸五分，按七举加之，得高三尺四寸六分，内除七架梁之高二尺六寸四分，得瓜柱①净高八寸二分。外每宽一尺，加上、下榫各长三寸。如本身宽一尺八寸，得榫长各五寸四分。以五架梁之厚每尺收滚楞二寸定厚。如五架梁厚二尺，得瓜柱厚一尺六寸。以本身厚加二寸定宽，得宽一尺八寸。

角背结构

注释

① 瓜柱：又叫桐柱、童瓜柱。柱脚落于梁背上，用于支顶上层檐或平座支柱。

原典

凡金、脊枋①之长、宽、厚做法，俱与老檐枋同。除瓜柱之径一份，外加入榫分位，各按柱径四分之一。

凡金、脊垫板之长、宽、厚做法，俱与老檐垫板同。除梁头或脊瓜柱，外加入榫尺寸。

凡三架梁以步架二份定长。如步架二份深九尺九寸，两头各加桁条径一份得柁头分位。如桁条径一尺二寸，得三架梁通长一丈二尺三寸。以五架梁之高、厚各收二寸定高、厚。如五架梁高二尺四寸四分、厚二尺，得三架梁高二尺二寸四分，厚一尺八寸。

凡脊瓜柱以步架加举定高。如步架深四尺九寸五分，按九举加之，得高四尺四寸五分，又加平水高一尺二寸，得共高五尺六寸五分。内除三架梁之高二尺二寸四分，得脊瓜柱净高三尺四寸一分。外加桁条径三分之一作上桁椀。如桁条径一尺二寸，得桁椀四寸。又每宽一尺加下榫长三寸。如本身宽一尺六寸四分，得下榫长四寸九分。宽、厚与上金瓜柱同。

注释

① 金枋：位于檐枋和脊枋之间，沿屋面坡度逐层安排的枋子都叫做金枋。按金枋所处的地位差别，又有上金枋、中金枋、下金枋之别。

原典

凡脊角背以步架定长。如步架深四尺九寸五分，角背即长四尺九寸五分。以脊瓜柱之高、厚三分之一定高、厚。如脊瓜柱除桁椀净高三尺四寸一分，厚一尺四寸四分，得脊角背高一尺一寸三分，厚四寸八分。

凡扶脊木长、径做法，俱与脊桁同。脊桁照通脊之高，再加扶脊木之径一份，桁条径四分之一，得长。宽照椽径一份。厚按本身之宽折半。

凡仔角梁①以出廊并出檐各尺寸用方五斜七、举架定长。如出廊深六尺六寸，出檐八尺一寸（原注：出檐照斗口加算，如斗口单昂每斗口一寸出檐二尺四寸，如斗口重昂并单翘单昂每斗口一寸出檐二尺七寸，如单翘重昂每斗口一寸出檐三尺，如双翘重昂每斗口一寸出檐三尺三寸）。得长一丈四尺七寸，用方五斜七之法加长，又按一一五加举，共长二丈三尺六寸六分，再加翼角斜出椽径三份，如椽径四寸二分，得并长二丈四尺九寸二分。再加套兽榫照角梁本身之厚一份，如角梁厚八寸四分，即套兽榫长八寸四分，得仔角梁通长二丈五尺七寸六分。以椽径三份定高，二份定厚。如椽径四寸二分，得仔角梁高一尺二寸六分，厚八寸四分。

注释

① 仔角梁：角梁的下面一根梁称仔角梁，主要用于承接翘飞椽。

原典

凡老角梁①以仔角梁之长，除飞檐头并套兽榫定长。如仔角梁长二丈五尺七寸六分，内除飞檐头长四尺三寸四分并套兽榫长八寸四分，得长二丈五寸八分。

外加后尾三岔头，照金柱径一份。如金柱径二尺，得老角梁通长二丈二尺五寸八分。

高、厚与仔角梁同。

凡枕头木以出廊定长。如出廊深六尺六寸，即长六尺六寸，外加二拽架长一尺八寸，内除角梁之厚半份，得枕头木长七尺九寸八分。

以挑檐桁径十分之三定宽。如挑檐桁径一尺，得枕头木宽三寸。

正心桁上枕头木以出廊定长。如出廊深六尺六寸，即长六尺六寸，内除角梁之厚半份，得正心桁上枕头木净长六尺一寸八分。

以正心桁径十分之三定宽。如正心桁径一尺二寸，得枕头木宽三寸六分。

以椽径二份半定高。如椽径四寸二分，得枕头木一头高一尺五分，一头斜尖与桁条平。

两山枕头木做法同。

凡椽椀、椽中板以面阔定长。如面阔一丈六尺五寸，即长一丈六尺五寸。

以椽径一份，再加椽径三分之一定高。如椽径四寸二分，得椽椀、椽中板五寸六分。以椽径三分之一定厚，得厚一寸四分。两山椽椀做法同。

凡檐椽以出廊并出檐加举定长。如出廊深六尺六寸，又加出檐照单翘单昂斗科二十七份，斗口三寸，得八尺一寸，共长一丈四尺七寸，又按一一五加举，得通长一丈六尺九寸。内除飞檐头长三尺一寸，得檐椽净长一丈三尺四寸。以桁条径每尺三寸五分定径。如桁条径一尺二寸，得椽径四寸二分。

两山檐椽做法同。每椽空档随椽径一份。每间椽数俱应成双，档之宽窄，随数均匀。

注释

① 老角梁：角梁的下面一根梁称老角梁，主要用于承接翼角椽。

凡顺望板以椽档定宽。如椽径四寸二分，档宽四寸二分，共宽八寸四分，顺望板每块即宽八寸四分。长随各椽净长尺寸。以椽径三分之一定厚。如椽径四寸二分，得顺望板厚一寸四分。

凡翘飞翼角横望板以出廊并出檐加举折见方丈定长宽。飞檐压尾横望板俱以面阔飞檐尾之长折见方丈核算。以椽径十分之二定厚。如椽径四寸二分，得横望板厚八分四厘。

凡连檐以面阔定长。如面阔一丈六尺五寸，即长一丈六尺五寸。其廊子连檐以出廊六尺六寸，出檐八尺一寸，共长一丈四尺七寸。除角梁之厚半份，净长一丈四尺二寸八分。两山同。以每尺加翘一寸，共长一丈五尺七寸。高、厚与檐椽径寸同。

凡瓦口长与连檐同。以椽径半份定高。如椽径四寸二分，得瓦口高二寸一分。以本身高折半定厚，得厚一寸五厘。

凡榻脚木[1]以步架六份，外加桁条之径二份定长。如步架六份长二丈九尺七寸，外加两头桁条之径各一份。如桁条径一尺二寸，得榻脚木通长三丈二尺一寸。见方与桁条之径同。

凡草架柱子[2]以步架加举定高。如步架深四尺九寸五分。第一步架按七举加之，得高三尺四寸六分；第二步架按八举加之。得高三尺九寸六分，二步架共高七尺四寸二分，上金桁下草架柱子即高七尺四寸二分；第三步架按九举加之，得高四尺四寸五分，三步架共高一丈一尺八寸七分，脊桁下草架柱子即高一丈一尺八寸七分。外两头俱加入榫分位，按本身之宽、厚折半，如本身宽、厚六寸，得榫长各三寸。以榻脚木见方尺寸折半定宽、厚。如榻脚木见方一尺二寸，得草架柱子见方六寸。其穿二根，内下金一根，以步架四份定长。如步架四份共长一丈九尺八寸，即穿长一丈九尺八寸；上金一根，以步架二份定长，如步架二份长九尺九寸，即穿长九尺九寸。宽、厚与草架柱子同。

注释

① 榻脚木：歇山建筑山面，用以承接草架柱及山花板的木构件。

② 草架柱子：立于榻脚木之上，用以支顶梢檩的木柱，见于歇山建筑山面。

清工部

原典

凡下花架椽以步架加举定长。如步架深四尺九寸五分，按一二五加举，得下花架椽长六尺一寸八分。径与檐椽同。

凡上花架椽以步架加举定长。如步架深四尺九寸五分，按一三加举，得上花架椽长六尺四寸三分。径与檐椽同。

凡脑椽以步架加举定长。如步架深四尺九寸五分，按一三五加举，得脑椽长六尺六寸八分。径与檐椽同。以上檐、脑椽，一头加搭交尺寸；花架椽，两头各加搭交尺寸，俱照椽径加一份。如椽径四寸二分，得搭交长四寸二分。

凡两山出梢哑叭花架、脑椽，俱与正花架、脑椽同。哑叭檐椽以挑山檩之长得长，系短椽，折半核算。

凡飞檐椽以出檐定长。如出檐八尺一寸，按一一五加举，得长九尺三寸一分，三份分之，出头一份得长三尺一寸，后尾二份半，得长七尺七寸五分。得飞檐椽通长一丈八寸五分。见方与檐椽径寸同。

凡翼角翘椽长、径俱与平身檐椽同。其起翘之处，以挑檐桁中出檐尺寸，用方五斜七之法，再加廊深并正心桁中至挑檐桁中拽架各尺寸定翘数。如挑檐桁中出檐六尺三寸，方五斜七加之，得长八尺八寸二分，再加廊深六尺六寸，并二拽架长一尺八寸，共长一丈七尺二寸二分。内除角梁之厚半份。得净长一丈六尺八寸，即系翼角椽档分位。但翼角翘椽以成单为率，如逢双数，应改成单。

凡翘飞椽以平身飞檐椽之长，用方五斜七之法定长。如飞檐椽长一丈八寸五分，用方五斜七加之，第一翘得长一丈五尺二寸，其余以所定翘数，每根递减长五分五厘。其高比飞檐椽加高半份。如飞檐椽高四寸二分，得翘椽高六寸三分。厚仍四寸二分。

凡里口以面阔定长。如面阔一丈六尺五寸，即长一丈六尺五寸。以椽径一份，再加望板之厚一份半定高。如椽径四寸二分望板之厚一份半二寸一分，得里口高六寸三分。厚与椽径同。两山里口做法同。

凡闸档板以翘档分位定长。如椽档宽四寸二分，即闸档板宽四寸二分。外加入槽每寸一分。高随椽径尺寸，以椽径十分之二定厚。如椽径四寸二分，得闸档板厚八分四厘。其小连檐自起翘处至老角梁得长。宽随椽径一份。厚照望板之厚一份半，得厚二寸一分。两山闸档板、小连檐做法同。

两山山花、博缝做法

清代规定，歇山顶山花板外皮位于山面檐檩（或正心桁）的檩中向内一檩径处。由此确定了脊檩（脊桁）向外挑出的长度。山花板外面，沿前后两坡屋面举折安装博缝板。山花板装订在里面由草架柱和穿构成的木架上。草架柱外面承托山花板，上端顶托悬挑出来的檩，每根檩桁下设一根草架柱。草架柱在水平方向由穿（又称“横穿”或“穿梁”）连接起来。草架柱和穿枋为方形断面。草架柱的下端立在榻脚木上，榻脚木放在山面檐椽上，其底面按檐椽举度做成坡面，所以断面为直角梯形。榻脚木与檐椽用铁钉或铁件固定，两端与下金檩相交。若檐步步架较大，榻脚木可从下金檩下皮穿过，直达角梁侧面。

山花板由木板拼成，起分槅室内外的作用。博缝板用以遮盖外露的梢檩，并有美化的作用。以上这种做法称作“收山”。

清工部

原典

凡山花①以进深定宽。如进深四丈二尺九寸，前后廊各收六尺六寸，得山花通宽二丈九尺七寸。以脊中草架柱子之高，加扶脊木并桁条之径定高。如草架柱子高一丈一尺八寸七分，系尖高做法均折核算。以桁条径四分之一定厚。如桁条径一尺二寸，得山花厚三寸。

注释

① 山花：歇山屋顶两端博缝板下的三角形部分，明代以前多为透空，仅用悬鱼、惹草加以装饰。明清时期多封闭，并施雕刻装饰于其上，谓之“山花”。

原典

凡博缝板①随各椽之长得长。如下花架椽长六尺一寸八分，即下花架博缝板长六尺一寸八分，如上花架椽长六尺四寸三分，即上花架博缝板长六尺四寸三分，如脑椽长六尺六寸八分，即脑博缝板长六尺六寸八分。每博缝板外加搭岔分位，照本身之宽加长，如本身宽二尺五寸二分，每块即加长二尺五寸二分。以椽径六份定宽，如椽径四寸二分，得博缝板宽二尺五寸二分。厚与山花板之厚同。

注释

① 博缝板：用于挑山建筑山面或歇山建筑的挑山部分，用以遮梢檩、燕尾枋端头以及边椽、望板等部位的木板。

唐代南禅寺

原典图说

唐代南禅寺大殿——我国现存最早的木构建筑

位于山西省五台县的南禅寺坐北朝南，大殿建于唐建中三年（782 年），面阔、进深各三间，单檐歇山顶，平面正方形，通面阔 11.75m，进深 10m。殿前月台宽敞。前檐明间辟板门，两次间为破子棂窗。殿四周施檐柱 12 根，西山施抹楞方柱 3 根，皆为创建时的原物，余皆圆柱，柱底自然料石作柱础。各柱微向内倾，角柱增高，侧脚、生起显著。柱间用阑额联系，无普柏枋，转角处阑额不出头，唐代特征显著。殿内无柱，无天花板彻上露明造。通长的两根四椽栿横架于前后檐柱之上，栿上施缴背，通达前后檐外，再上为驼峰、大斗、捧节令栱、承平梁和平榑。平梁两端施托脚，其上用大叉手承托脊榑，无驼峰与侏儒柱。这种构造是汉唐期间的古制，五代以后已不复见。梁架两山用丁栿，转角处仅设搭牵一道，承椽枋与平榑相交之点，用直斗承托。梁栿形制皆为月梁式。檐柱上施斗栱承托屋檐，无补间铺作，古制犹存。柱头斗栱五铺作，双抄单栱偷心造，前后檐华栱两跳皆足材。第二跳华栱系四椽栿伸至檐外制成，缴背伸出檐下砍成耍头，与令栱搭交承替木和撩檐榑。两山斗栱上的耍头，是丁栿外端。转角处施 45° 斜栱，令栱制成鸳鸯交首栱。柱头泥道栱之上，叠架柱头枋两层，下层隐刻慢栱，上层置驼峰，皿板、散斗承压槽枋。各栱卷杀皆分五瓣，每瓣微向内倾，这种做法曾见于齐隋间石窟窟檐和墓葬雕刻斗栱之上，建筑实物中此为仅见之例。檐出部分仅施檐椽一层，不加飞椽。翼角处大角梁通达内外，无仔角梁，平直古朴。

七檩歇山转角周围廊斗口重昂斗科斗口二寸五分大木做法

靖工部 原典

凡面阔、进深以斗科攒数定，每攒以口数十一份定宽。如斗口二寸五分，以科中分算，得斗科每攒宽二尺七寸五分。如面阔用平身斗科六攒，再加两边柱头科各半攒，共斗科七攒，得面阔一丈九尺二寸五分。

如次间收分一攒，得面阔一丈六尺五寸。梢间同，或再收一攒，临期酌定。如廊内用平身斗科一攒，两边柱头科各半攒，共二攒，得廊子面阔五尺五寸。如进深用平身斗科八攒，再加两边柱头科各半攒，共斗科九攒，得进深二丈四尺七寸五分。外加前后廊各深五尺五寸，得通进深三丈五尺七寸五分。

凡檐柱以斗口七十分，除平板枋，斗科高分位定高。如斗口二寸五分，得檐柱连平板枋、斗科通高一丈七尺五寸。内除平板枋高五寸，斗科高二尺三寸，得檐柱净高一丈四尺七寸。外每柱径一尺，加上、下榫各长三寸。如柱径一尺五寸，得榫长各四寸五分。以斗口六份定径寸。如斗口二寸五分，得檐柱径一尺五寸。两山檐柱做法同。

凡金柱以出廊并正心桁中至挑檐桁中拽架尺寸用加举定高。如廊深五尺五寸，正心桁中至挑檐桁中二拽架一尺五寸，（原注：每拽架以斗口三寸五分为一拽架得七分。）共深七尺，按五举加之，得高三尺五寸，并檐柱、平板枋、斗科通高一丈七尺五寸，得金柱高二丈一尺。外每柱径一尺，加上、下榫各长三寸。如柱径一尺七寸，得榫长各五寸一分。其采步金柱，加平水一分之高，如平水高一尺，即采步金柱加高一尺，再加桁条径三分之一作桁椀，如桁条径一尺，得桁椀高三寸三分。以檐柱径加二寸定径寸。如檐柱径一尺五寸，得金柱径一尺七寸。

凡小额枋以面阔定长。如面阔一丈九尺二寸五分，两头共除柱径一分一尺五寸，得净面阔一丈七尺七寸五分，即长一丈七尺七寸五分。外加两头入榫分位，各按柱径四分之一。如柱径一尺五寸，得榫长各三寸七分。其廊子小额枋一头加柱径半份，又照本身高加半份得出榫分位。如本身高一尺，得出榫长五寸；一头除柱径半份，外加入榫分位亦按柱径四分之一。以斗口四份定高。如斗口二寸五份，得小额枋高一尺，以本身高收二寸定厚，得厚八寸两山小额枋做法同。

凡由额垫板以面阔定长，如面阔一丈九尺二寸五分。两头共除柱径一份一尺五寸，得净面阔一丈七尺七寸五分，即由额垫板长一丈七尺七寸五分，外加两头入榫分位，各按柱径十分之二。如柱径一尺五寸，得榫长各三寸。以斗口二份定高，一份定厚，如斗口二寸五分，得由额垫板高五寸，厚二寸五分，两山由额垫板做法同。

凡大额枋之长俱与小额枋同，其廊子大额枋一头加檐柱径一份，得霸五拳分位。一头除柱径半份，外加入榫分位，亦按柱径四分之一，以斗口六份定高，如斗口二寸五寸，得大额枋高一尺五寸。以本身高收二寸定厚，得大额枋厚一尺三寸。两山大额枋做法同。

凡平板枋以面阔定长，如面阔一丈九尺二寸五分，即长一丈九尺二寸五分。外每宽一尺加扣榫长三寸，如平板枋宽七寸五分，得扣榫长二寸二分。其廊子平板枋一头加柱径一份得交角出头分位。如柱径一尺五寸，得出头长一尺五寸。以斗口三份定宽，二份定高，如斗口二寸五分，得平板枋宽七寸五分，高五寸，两山平板枋做法同。

凡挑尖梁以廊子进深并正心桁中至挑檐桁中定长。如廊深五尺五寸，正心桁中至挑檐桁中长一尺五寸，共长七尺，又加二拽架尺寸，长一尺五寸，得桃尖梁通长八尺五寸，外加金柱径半份，又出榫照随梁枋高半份，如随梁枋高一尺得出榫长五寸。以拽架加举定高，如斗口重昂，得二拽架深一尺五寸，按五举加之，得高七寸五分，又加蚂蚱头撑头木各高五寸，得桃尖梁高一尺七寸五寸。（原注：蚂蚱头撑头木，详载斗科做法）以斗口六份定厚，如斗口二寸五分，得桃尖梁厚一尺五寸。以斗口四份定桃尖梁头之厚，得厚一尺。两山桃尖梁做法同。

凡桃尖随梁枋以出廊定长，如出廊深五尺五寸，即长五尺五寸。外一头加檐柱径半份，一头加金柱径半份。又两头出榫照本身高加半份。如本身高一尺，得出榫各长五寸。高厚与小额枋同。两山随梁枋做法同。

凡挑檐桁以面阔定长。如面阔一丈九尺二寸五分，即长一丈九尺二寸五分。外每径一尺加扣榫长三寸，如径八寸，得扣榫长二寸四分。其廊子挑檐桁一头加二拽架长一尺五寸。又加交角出头分位，按本身径一份半，如本身径八寸，得交角出头一尺二寸。以正心桁之径收二寸定径寸，如正心桁径一尺，得挑檐桁径八寸。两山挑檐桁做法同。

凡挑檐枋以面阔定长。如面阔一丈九尺二寸五分，内除桃尖梁头之厚一尺，得净面阔一丈八尺二寸五分，即挑檐枋长一丈八尺二寸五分。外加两头入榫分位各按本身厚一份，如本身厚二寸五分，得榫长各二寸五分。其廊子挑檐枋一头加二拽架长一尺五寸，又如交角出头分位按挑檐桁径一份半，如挑檐桁径八寸，得出头长一尺二寸。一头除桃尖梁头之厚半份。外加入榫分位，按本身厚一份，如本身厚二寸五分，得榫长二寸五分。以斗口二份定高，一份定厚。如斗口二寸五分，得挑檐枋高五寸，厚二寸五分。两山挑檐枋做法同。

凡正心桁以面阔定长，如面阔一丈九尺二寸五分，即长一丈九尺二寸五分。外每径一尺加搭交榫长三寸，如径一尺得榫长三寸，其廊子正心桁一头加交角出头分位按本身得一份，如本身径一尺，得出头长一尺。以斗口四份定径，如斗口二寸五分，得正心桁径一尺。两山正心桁做法同。

凡正心桁计三层，以面阔定长。如面阔一丈九尺二寸五分，内除桃尖梁头之厚一尺，得净面阔一丈八尺二寸五分。外加两头入榫分位，各按本身之高半份，如本身高五寸，得榫长各二寸五分。其廊子正心枋，一头除桃尖梁头之厚半份，外加入榫分位，按本身高半份，得榫长二寸五分。第一层，一头带蚂蚱头长二尺二寸五分，第二层，一头带撑头木长一尺五寸。以斗口二份定高。如斗口二寸五分，得正心枋高五寸。以斗口一份，外加包掩定厚。如斗口二寸五分，加包掩六分，得正心枋厚三寸一分。两山正心枋做法同。

凡里、外拽枋以面阔定长。如面阔一丈九尺二寸五分，里面拽枋除桃尖梁身厚一尺五寸，得长一丈七尺七寸五分，外面拽枋除桃尖梁头厚一尺，得长一丈八尺二寸五分。里、外拽枋外加两头入榫分位，各按本身厚一份。如本身厚二寸五分，得榫长各二寸五分。其廊子拽枋，里一根，一头除桃尖梁身之厚半份；外一根，一头除桃尖梁头之厚半份，各加入榫分位，按本身厚一份，如本身厚二寸五分，得榫长二寸五分。外一根，一头带撑头木长一尺五寸；里一根，收一拽架长七寸五分。高、厚与挑檐枋同。两山拽枋做法同。

凡井口枋之长，与里面拽枋同。外加两头入榫分位，各按本身厚一份。如本身厚二寸五分，得榫长各二寸五分。其廊子井口枋，一头收二拽架长一尺五寸，一头除桃尖梁身之厚半份，外加入榫，按本身厚一份。以挑檐桁之径定高。如挑檐桁径八寸，井口枋即高八寸，厚与拽枋同。两山井口枋做法同。

凡老檐桁以面阔定长。老檐桁即长一丈九尺二寸五分。外每径一尺，加搭交榫长三寸。其梢间老檐桁，按面阔内除安博脊分位，得长。径与正心桁同。

凡老檐垫板以面阔定长。如面阔一丈九尺二寸五分，内除五架梁头之厚一尺九寸，得净面阔一丈七尺三寸五分，老檐垫板即长一丈七尺三寸五分。外加两头入榫分位，照梁头之厚每尺加入榫二寸。如梁头厚一尺九寸，得榫长各三寸八分。其梢间垫板，一头除梁头厚半份，一头除金柱径半份。加榫仍照前法。两山除金柱径一份，外加入榫分位，按柱径十分之二。以斗口四份定高，一份定厚。如斗口二寸五分，得老檐垫板高一尺，厚二寸五分。

凡老檐枋以面阔定长。如面阔一丈九尺二寸五分，内除柱径一份一尺七寸，得净面阔一丈七尺五寸五分，即长一丈七尺五寸五分。外加两头入榫分位，各按柱径四分之一。如柱径一尺七寸，得榫径各四寸二分。高、厚俱与小额枋同。

凡天花垫板以举架定高。如举架高三尺五寸，内除老檐枋之高一尺，桃尖梁高一尺七寸五分，得天花垫板高七寸五分。长、厚与老檐垫板同。

凡天花枋之长与老檐枋同。以小额枋之高加二寸定高。如小额枋高一尺，得天花枋高一尺二寸。以本身高收二寸定厚，得天花枋厚一尺。

凡踩步金枋以进深定长。如进深二丈四尺七寸五分，除金柱径一份一尺七寸，得净进深二丈三尺五分，即长二丈三尺五分。外加两头入榫分位，各按柱径四分之一。如柱径一尺七寸，得榫长各四寸二分。高、厚与小额枋同。

原典图说

椽子

椽子有圆的方的两种，安放在桁檩与桁檩之间，以承受屋顶的望板、泥灰背和瓦面。安在最上一排与脊檩扶脊木相交的叫脑椽，如卷棚式顶部是双脊桁檩时称为罗锅椽或顶椽。在各金桁檩上的椽子都称花架椽。因步架有九架、七架而步架有上、中、下金之分，椽子亦因地位而有下、中、上花架椽之别，最下一步（即檐头）的椽子称为檐椽，该椽一端放在金桁檩上（如重檐下层檐椽放在承椽枋上），另一端伸出檐桁檩以外，檐椽的外上端多有一排飞头。檐桁以外挑出的檐椽和飞头称为平出。在檐桁檩上与桁檩平行，紧放在桁檩上面（即金盘）设有椽椀，椽椀是一块木板按着椽子排列的疏密，在上面做成一排圆洞，使椽子穿过，以免左右移动。在带廊子的金檩上做椽中板，在脊桁檩上用一断面呈六角形的扶脊木，扶脊木前后向下两斜面上也做成一排圆洞（即椽窝）以承受脑椽用。檐椽的下端即檐椽头的上面用小连檐将各椽头连住。从小连檐往里钉望板，顺着檐椽的位置弹上墨线为飞头椽线，钉飞檐椽位（即飞头）。在飞檐椽上面钉上大连檐。在每两根飞椽之间，并在小连檐上用一块小木板把飞椽空当封住，叫做闸挡板，如果小连檐与闸挡板连做时，而叫里口木，在大连檐上钉瓦口。

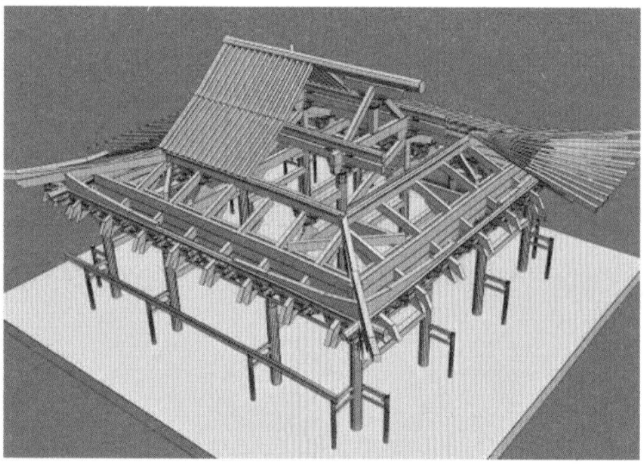

椽　子

清工部

原典

凡踩步金以进深定长。如进深二丈四尺七寸五分，两头加假桁条头，各按桁条径一份半，如桁条径一尺，得假桁条头各长一尺五寸。得踩步金长二丈七尺七寸五分。以金柱径加二寸定厚。如柱径一尺七寸，得踩步金厚一尺九寸。以本身厚每尺加二寸定高，得踩步金高二尺二寸八分。

凡五架梁以步架四份定长。如步架四份深二丈四尺七寸五分，两头各加桁条径一份，得柁头分位，如桁条径一尺，得五架梁通长二丈六尺七寸五分。高、厚与踩步金同。

凡五架随梁枋以步架四份定长。如步架四份深二丈四尺七寸五分，内除金柱径一份一尺七寸，得五架随梁枋长二丈三尺五分。外加两头入榫分位，各按柱径四分之一。如柱径一尺七寸，得榫长各四寸二分。高、厚与大额枋同。

凡天花梁之长与五架随梁枋同。以金柱径加二寸定高。如金柱径一尺七寸，得天花梁高一尺九寸。以本身之高收二寸定厚，得厚一尺七寸。

凡金瓜柱以步架加举定高。如步架深六尺一寸八分，按七举加之，得高四尺三寸二分，内除五架梁之高二尺二寸八分，得金瓜柱净高二尺四分。外每宽一尺加上、下榫各长三寸。如本身宽一尺五寸六分。得榫长各四寸六分。以三架梁之厚每尺收滚楞二寸定厚。如三架梁厚一尺七寸，得金瓜柱厚一尺三寸六分。以本身厚加二寸定宽，得宽一尺五寸六分。

凡踩步金上柁墩以桁条径尺寸加倍定宽。如桁条径一尺，得柁墩宽二尺。高与金瓜柱同，得高四尺三寸二分，内除踩步金之高二尺二寸八分并踩步金枋之高一尺，得柁墩净高一尺四分。厚与金瓜柱同。

凡角背以步架定长。如步架深六尺一寸八分，角背即长六尺一寸八分。以瓜柱之净高折半定高。如瓜柱高二尺四分，得角背高一尺二分。以瓜柱厚三分之一定厚。如瓜柱厚一尺三寸六分，得角背厚四寸五分。

凡金、脊桁之长、径做法，俱与老檐桁同。

凡金、脊枋之长、宽、厚做法，俱与老檐枋同。除瓜柱之径一份，外加入榫分位各按柱径四分之一。

凡金、脊垫板之长、宽、厚做法，俱与老檐垫板同。除梁头或脊瓜柱，外加入榫尺寸。

凡三架梁以步架二份定长。如步架二份深一丈二尺三寸六分，两头各加桁条径一份得柁头分位。如桁条径一尺，得三架梁通长一丈四尺三寸六分。以五架梁之高、厚各收二寸定高、厚。如五架梁高二尺二寸八分，厚一尺九寸，得三架梁高二尺八分，厚一尺七寸。

凡脊瓜柱以步架加举定高。如步架深六尺一寸八分，按九举加之，得高五尺五寸六分，又加平水高一尺，得共高六尺五寸六分。内除三架梁之高二尺八分，得脊瓜柱净高四尺四寸八分，外加桁条径三分之一作上桁椀，如桁条径一尺，得桁椀三寸三分。每宽一尺，加下榫长三寸。如本身宽一尺五寸六分，得下榫长四寸六分。宽、厚与金瓜柱同。

凡脊角背以步架定长。如步架深六尺一寸八分，脊角背即长六尺一寸八分。以脊瓜柱之高、厚三分之一定高、厚。如脊瓜柱净高四尺四寸八分，厚一尺三寸六分，得脊角背高一尺四寸九分，厚四寸五分。

凡扶脊木长、径做法，俱与脊桁同。照通脊之高，再加扶脊木之径一份，桁条径四分之一，得长。宽照椽径一份，厚按本身之宽折半。

凡仔角梁以出廊并出檐各尺寸用方五斜七举架定长。如出廊深五尺五寸，出檐六尺七寸五分，（原注：出檐照斗口加算，如斗口单昂[1]每斗口一寸，出檐二尺四寸。如斗口重昂[2]并单翘[3]单昂每斗口一寸，出檐二尺七寸。如单翘重昂每斗口一寸，出檐三尺。如双翘重昂每斗口一寸，出檐三尺三寸）。得长一丈二尺二寸五分，用方五斜七之法加长，又按一一五加举，共长一丈九尺七寸二分。再加翼角斜出椽径三份，如椽径三寸五分，得并长二丈七寸七分。再加套兽榫照角梁本身之厚一份。如角梁厚七寸，即套兽榫长七寸，得仔角梁通长二丈一尺四寸七分。以椽径三份定高，二份定厚。如椽径三寸五分，得仔角梁高一尺五分，厚七寸。

注释

① 单昂：在斗栱前后中线上，自斗口伸出一昂，叫做单昂。
② 重昂：斗栱上用两重昂，叫做重昂。
③ 单翘：在斗栱前后中线上，自斗口伸出一翘，叫做单翘。

清工部

原典

凡老角梁以仔角梁之长，除飞檐头并套兽榫定长。如仔角梁长二丈一尺四寸七分，内除飞檐头长三尺六寸二分，并套兽榫长七寸，得长一丈七尺一寸五分。外加后尾三岔头照金柱径一份。如金柱径一尺七寸，得老角梁通长一丈八尺八寸五分。高、厚与仔角梁同。

凡枕头木以出廊定长。如出廊深五尺五寸，即长五尺五寸。外加二拽架长一尺五寸。内除角梁之厚半份，得枕头木长六尺六寸五分。以挑檐桁径十分之三定宽。如挑檐桁径八寸，得枕头木宽二寸四分。正心桁上枕头木以出廊定长。如出廊深五尺五寸，即长五尺五寸。内除角梁之厚半份，得正心桁上枕头木净长五尺一寸五分。以正心桁径十分之三定宽。如正心桁径一尺，得枕头木宽三寸。以椽径二份半定高。如椽径三寸五分，得枕头木一头高八寸七分，一头斜尖与桁条平。两山枕头木做法同。

凡椽椀、椽中板以面阔定长。如面阔一丈九尺二寸五分，即长一丈九尺二寸五分。以椽径一份，再加椽径三分之一定高。如椽径三寸五分，得椽椀、椽中板高四寸六分。以椽径三分之一定厚，得厚一寸一分。两山椽中板、椽椀做法同。

凡檐椽以出廊并出檐加举定长。如出廊深五尺五寸，又加出檐照斗口重昂斗科二十七分。如斗口二寸五分，得六尺七寸五分，共长一丈二尺二寸五分。又按一一五加举，得通长一丈四尺八分。内除飞檐头长二尺五寸八分，得檐椽净长一丈一尺五寸。以桁条径每尺三寸五分定径寸，如桁条径一尺，得椽径三寸五分。两山檐椽做法同。每椽空档，随椽径一份。每间椽数俱应成双，档之宽窄随数均匀。

凡花架椽[1]以步架如举定长。如步架深六尺一寸八分，按一二五加举，得花架椽长七尺七寸二分。径与檐椽同。

凡脑椽以步架加举定长。如步架深六尺一寸八分，按一三五加举，得脑椽长八尺三寸四分。径与檐椽同。以上檐、脑椽一头加搭交尺寸，花架椽两头各加搭交尺寸，俱照椽径加一份。如椽径三寸五分，得搭交长三寸五分。

凡两山出梢哑叭脑椽，花架椽，俱与正脑椽、花架椽同。哑叭檐椽以挑山檩之长得长，系短椽折半核算。

凡飞檐椽以出檐定长。如出檐六尺七寸五分，按一一五加举，得长七尺七寸六分，三份分之，出头一份，得长六尺四寸五分。得飞檐椽通长九尺三分。见方与檐椽径寸同。

注释

① 花架椽：位于金步上的椽子。花架椽按位置不同有上、中、下椽之分。

原典图说

翼角椽

翼角椽系檐椽在建筑物转角处的特殊形式。翼角椽无论是平面、立面及构造形式都与正身椽不同。紧靠角梁的翼角椽为第一根，紧靠正身椽的翼角椽为最末一根。在平面投影上，正身椽与角梁的夹角逐渐增大，而翼角椽从最末一根起，至第一根，其与角梁的夹角则逐渐减小。同时，从最末一根翼角椽起，至第一根翼角椽，其外冲的长度也越来越大。第一根翼角椽冲出长度接近老角梁外冲长度，但翼角椽本身长度约等于正身檐椽，所以它的后尾大约落在老角梁的三分之二长位置处的仔角梁上。所以仔角梁梁侧应从第一根翼角椽后尾处开槽，以承搭翼角椽尾。从立面上看，翼角椽椽头从最末一根起逐渐抬高，至第一根翼角椽已接近老角梁头的高度。

翼角椽结构

原典

凡闸档板以翘档分位定长。如椽档宽三寸五分，即闸档板宽三寸五分。外加入槽每寸一分。高随椽径尺寸，以椽径十分之二定厚。如椽径三寸五分，得闸档板厚七分。其小连檐自起翘处至老角梁得长。宽随椽径一份。厚照望板之厚一分半，得厚一寸六分。两山闸档板、小连檐做法同。

凡顺望板以椽档定宽。如椽径三寸五分，档宽三寸五分，共宽七寸，即顺望板每块宽七寸。长随各椽净长尺寸，内除里口分位。以椽径三分之一定厚。如椽径三寸五分，得顺望板厚一寸一分。

凡翘飞翼角横望板以出廊并出檐加举折见方丈定长宽。飞檐压尾横望板俱以面阔飞檐尾之长折见方丈核算。以椽径十分之二定厚。如椽径三寸五分，得横望板厚七分。

凡连檐以面阔定长。如面阔一丈九尺二寸五分，即长一丈九尺二寸五分。其廊子连檐，以出廊五尺五寸，出檐六尺七寸五分，共长一丈二尺二寸五分，除角梁之厚半分，净长一丈一尺九寸。两山同。以每尺加翘一寸，共长一丈三尺九分。高、厚与檐椽径寸同。

凡瓦口[1]之长与连檐同。以椽径半份定高。如椽径三寸五分，得瓦口高一寸七分。以本身之高折半定厚，得厚八分。

凡榻脚木以步架四份，外加桁条之径二份定长。如步架四份长二丈四尺七寸五分，外加两头桁条之径各一份。如桁条径一尺，得榻脚木通长二丈六尺七寸五分。见方与桁条之径同。

凡草架柱子以步架加举定高。如步架深六尺一寸八分，第一步架按七举加之，得高四尺三寸二分。第二步架按九举加之，得高五尺五寸六分，二步架共高九尺八寸八分，得脊桁下草架柱子，即高九尺八寸八分。外两头俱加入榫分位，按本身之宽厚折半，如本身宽厚五寸，得榫长各二寸五分。以榻脚木见方尺寸折半定宽、厚。如榻脚木见方一尺，得草架柱子见方五寸。其穿以步架定长。如步架二分长一丈二尺三寸七分，即长一丈二尺三寸七分。宽、厚与草架柱子同。

凡山花以进深定宽。如进深三丈五尺七寸五分，前后各收一廊深五尺五寸，得山花通宽二丈四尺七寸五分。以脊中草架柱子之高，加扶脊木，并桁条之径定高，如草架柱子高九尺八寸八分，扶脊木、脊桁各径一尺，加之，得山花中高一丈一尺八寸八分。系尖高做法，均折核算。以桁条之径四分之一定厚。如桁条径一尺，得山花厚二寸五分。

凡博缝板随各椽之长得长。如花架椽长七尺七寸二分，即花架博缝板长七尺七寸二分。如脑椽长八尺三寸四分，即脑博缝板长八尺三寸四分。每博缝板外加搭岔分位，照本身之宽加长。如本身宽二尺一寸。每块即加长二尺一寸。以椽径六份定宽。如椽径三寸五分，得博缝板宽二尺一寸。厚与山花板厚同。

注释

① 瓦口：在大连檐的上面，专门承托底瓦和盖瓦。

原典

凡翼角翘椽长、径俱与平身檐椽同，其起翘之处，以挑檐桁中之出檐尺寸用方五斜七之法，再加廊深并正心桁中至挑檐桁中拽架各尺寸定翘数。如挑檐桁中出檐长五尺二寸五分，方五斜七加之，得长七尺三寸五分，再加廊深五尺五寸，并二拽架长一尺五寸，共长一丈四尺三寸五分，内除角梁之厚半分，得净长一丈四尺，即系翼角椽档分位。但翼角翘椽以成单为率，如逢双数，应改成单。

凡翘飞椽以平身飞檐椽之长，用方五斜七之法定长。如飞檐椽长九尺三分，用方五斜七加之，第一翘得长一丈二尺六寸四分。其余以所定翘数每根递减长五分五厘。其高比飞檐椽加高半份。如飞檐椽高三寸五分，得翘飞椽高五寸二分，厚仍三寸五分。

凡里口以面阔定长。如面阔一丈九尺二寸五分，即长一丈九尺二寸五分。以椽径一份，再加望板之厚一份半定高。如椽径三寸五分，望板之厚一份半一寸六分，得里口高五寸一分。厚与椽径同。两山里口做法同。

紫禁城角楼

原典图说

紫禁城城墙四角上的角楼

紫禁城垣四隅之上的角楼，建成于明永乐十八年（1420 年），清代重修。角楼是紫禁城城池的一部分，它与城垣、城门楼及护城河同属于皇宫的防卫设施。

角楼坐落在须弥座之上，周边绕以石栏，中为方亭式，面阔进深各三间，四面明间各加抱厦一间，靠近城垣外侧两面地势局促，而城垣内侧的两面地势较开阔，平面成为中点交叉的十字形，蕴含着曲尺楼的意匠，使得角楼与城垣这两个截然不同的建筑形体，取得了有机的联系。

由多个歇山式组成复合式屋顶，覆黄琉璃瓦，有九梁十八柱七十二条脊。上层檐为纵横相交四面显山的歇山顶，正脊交叉处置铜鎏金宝顶。檐下施单翘重昂七踩斗栱。二层檐四面各加一歇山式抱厦，四角各出一条垂脊，多角搭接相互勾连，檐下单翘单昂五踩斗栱。下层檐四面采用半坡腰檐，四角出垂脊，用围脊连贯，檐下重昂五踩斗栱。下层檐和二层檐实际上四面各是一座重檐歇山顶加垂脊集合在一起的屋顶形式。角楼梁枋饰以龙锦枋心墨线大点金旋纹彩画，三交六椀菱花槅扇门和槛窗极为精致。

角楼采用减柱造做法，室内减去四根立柱扩大了空间及面积。在房屋构架上采用趴梁式做法，檐下梁头不外露，使外观上更加突出装饰效果。

角楼造型奇特多姿，十字形屋脊，重檐三层，多角交错，黄色琉璃瓦顶和鎏金宝顶在阳光下熠熠生辉，衬着蓝天白云，越发显得庄重美观。

卷四

九檩楼房大木做法

原典

凡下檐柱①以面阔十分之八定高低，十分之七定径寸。如面阔一丈三尺，得柱高一丈四寸，径九寸一分。如次间、梢间面阔比明间窄小者，其柱、檩、柁、枋等木，径寸仍照明间，其面阔临期酌夺地势定尺寸。

凡通柱以上檐面阔十分之七定高低。如面阔一丈三尺，上檐柱高九尺一寸，并下檐柱高一丈四寸，得通长一丈九尺五寸。以檐柱径加二寸定径寸。如柱径九寸一分，得径一尺一寸一分。以上柱子，每径一尺，外加榫长三寸。

凡抱头梁以出廊定长短。如出廊深四尺，一头加檩径一份，得柁头分位。如檩径九寸一分，得通长四尺九寸一分。高按本身之厚，每尺加三寸，得高一尺四寸四分。

凡穿插枋以出廊定长短。如出廊深四尺，一头加檐柱径半份，一头加金柱径半份，又两头出榫，照檐柱径一份，得通长五尺九寸二分。高、厚与檐枋同。

凡下檐枋以面阔定长短。如面阔一丈三尺，内除柱径一份，外加两头入榫分位各按柱径四分之一，得长一丈二尺五寸四分。以檐柱径寸定高。如柱径九寸一分，即高九寸一分。厚按本身之高收二寸，得厚七寸一分。

凡檐垫板以面阔定长短。如面阔一丈三尺，内除柁头分位一份，外加两头入榫尺寸，照柁头之厚每尺加滚楞二寸，得长一丈二尺一寸一分。以檐枋之高收一寸定高。如檐枋高九寸一分，得高八寸一分。以檩径十分之三定厚。如檩径九寸一分，得厚二寸七分。高六寸以上者，照檐枋之高收分一寸，六寸以下者不收分。

凡承重以进深定长短。如进深二丈四尺，即长二丈四尺。以通柱②径加二寸定高。如柱径一尺一寸一分，得高一尺三寸一分。厚按本身之高收二寸，得厚一尺一寸一分。

凡间枋以面阔定长短，如面阔一丈三尺，内除柱径一分，外加两头入榫分位，各按柱径四分之一。得长一丈二尺四寸四分。高、厚与檐枋同。

凡承椽枋以面阔定长短。如面阔一丈三尺，即长一丈三尺。以通柱径寸定高。如柱径一尺一寸一分，即高一尺一寸一分。厚按本身之高收二寸，得厚九寸一分。

凡棋枋板以间枋之厚十分之二定厚。如间枋厚七寸一分，得厚一寸四分。宽按面阔，内除柱径一份，以出廊加举定高低，如出廊四尺，按五举加之，得高二尺，内除承椽枋之高一尺一寸一分，得高八寸九分。

注释

① 下檐柱：在二层或多层楼房中，最下面的一层的檐柱称为下檐柱。

② 通柱：位于二层楼房中贯通上下层的柱子。

原典

凡博脊枋以面阔定长短。如面阔一丈三尺，内除柱径一份，外加两头入榫分位，各按柱径四分之一，得长一丈二尺四寸四分。以通柱径减半定高。如柱径一尺一寸一分，得高五寸五分。厚按本身之高收二寸，得厚三寸五分。如博脊高大，再加棋枋板，以承椽枋之厚十分之二定厚，如承椽枋厚九寸一分，得厚一寸八分。宽按面阔，内除柱径一份。

凡楞木以面阔定长短。如面阔一丈三尺，即长一丈三尺。以承重之厚十分之六定高，如承重厚一尺一寸一分，得高六寸六分。厚按本身之高每寸收二分，得厚五寸三分。

凡楼板以进深、面阔定长短块数。内除楼梯分位，按门口尺寸，临期拟定。厚按楞木之厚三分之一定厚。如楞木厚五寸三分，得厚一寸七分。如墁砖以楞木之厚减半得厚。

楼房一词的由来

一说是：楼，重屋也，从木、娄声。“楼，言牖户诸射孔娄娄然也。”射孔，指门窗上可以照射进阳光的孔格；娄娄，空疏也。楼房是二层以上建筑，门窗射进的光线更多，室内更显“娄娄然”（空明敞亮），故称“楼”。

墁砖

墁砖即为地砖，有时也引申为铺地砖。在秦都咸阳宫殿建筑遗址，以及陕西临潼、凤翔等地发现众多的秦代画像砖和铺地青砖，除铺地青砖为素面外，大多数砖面饰有太阳纹、米格纹、小方格纹、平行线纹等。用作踏步或砌于壁面的长方形空心砖，砖面或模印几何形花纹，或阴线刻画龙纹、凤纹，也有模拟射猎、宴客等场面的。

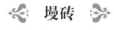

原典

凡檐椽以出廊并出檐加举定长短。如出廊深四尺，又加出檐尺寸。照檐柱高十分之三，得三尺一寸二分，共长七尺一寸二分。又按一一五加举，得通长八尺一寸八分。如用飞檐椽，以出檐尺寸分三份，去长一份作飞檐头。以椽径十分之三定径寸。如檩径九寸一分，得径二寸七分。每椽空档，随椽径一份。每间椽数俱应成双，档之宽窄，随数均匀。

凡上檐金柱以步架加举定高低。如步架深四尺，按四举加之，得高一尺六寸，并上檐柱高九尺一寸，得通长一丈七寸。径寸与通柱同。每径一尺，外加榫长三寸。

凡上檐抱头梁以出廊定长短。如出廊深四尺，一头加檩径一份，得柁头分位，一头加金柱径半份，又出榫照通柱径加半份，得通长六尺一分。以通柱径加二寸定厚。如柱径一尺一寸一分，得厚一尺三寸一分。高按本身之厚每尺加三寸，得高一尺七寸。

凡上檐合头穿插枋以出廊定长短。如出廊深四尺，内除柱径各半份，外加两头入榫分位，各按柱径四分之一，得长三尺四寸四分。高、厚与承椽枋同。

原典

凡五架梁以进深定长短。如通进深二丈四尺，内除前后廊八尺，进深得一丈六尺，两头各加檩径一份，得柁头分位。如檩径九寸一分，得通长一丈七尺八寸二分。高、厚与大额枋同。

凡随梁枋以进深定长短。如进深一丈六尺，内除柱径一份，外加两头入榫分位，各按柱径四分之一，得长一丈五尺四寸四分。其高、厚比檐枋各加二寸。

凡金瓜柱以步架加举定高低。如步架深四尺，按六举加之，得高二尺四寸，内除五架梁高一尺七寸，得净高七寸。以三架梁之厚收二寸定厚，如三架梁厚一尺一寸一分，得厚九寸一分，宽按本身之厚加二寸，得宽一尺一寸一分。每宽一尺，外加上下榫各长三寸。

凡三架梁以步架二份定长短。如步架二份深八尺，两头各加檩径一份，得柁头分位。如檩径九寸一分，得通长九尺八寸二分。以五架梁高、厚各收二寸定高、厚。如五架梁高一尺七寸，厚一尺三寸一分，得高一尺五寸，厚一尺一寸一分。

凡脊瓜柱以步架加举定高低。如步架深四尺，按八举加之，得高三尺二寸，又加平水高八寸一分，再加檩径三分之一作桁椀，得长三寸，共高四尺三寸一分。内除三架梁高一尺五寸，得净高二尺八寸一分，宽、厚同金瓜柱。每径一尺，外加下榫长三寸。

凡上檐枋、垫俱与下檐同。如金、脊枋不用垫板，照檐枋高、厚各收二寸。

凡檩木以面阔定长短。如面阔一丈三尺，即长一丈三寸。每径一尺，外加搭交榫长三寸。如硬山做法，独间成造者，应两头照柱径各加半份；如有梢间者，应一头照柱径加半份。径寸俱与下檐柱同。

凡上檐檐椽以出廊并出檐加举定长短。如出廊深四尺，又加出檐尺寸照檐柱高十分之三，得二尺七寸三分，共长六尺七寸三分，又按一一加举，得通长七尺四寸。如用飞檐椽，以出檐尺寸分三份，去长一份作飞檐头。以檩径十分之三定径寸。如檩径九寸一分，得径二寸七分。每椽空档随椽径一份。每间椽数，俱应成双，档之宽窄，随数均匀。

凡花架椽以步架加举定长短。如步架深四尺，又按一二加举，得通长四尺八寸。径寸与檐椽同。

墀头

墀头是中国古代传统建筑构建之一，是山墙伸出至檐柱之外的部分，突出在两边山墙边檐，用以支撑前后出檐。本来承担着屋顶排水和边墙挡水的双重作用，但由于它特殊的位置，远远看去，像房屋昂扬的颈部，于是含蓄的屋主用尽心思来装饰。

墀头筑于一栋房屋的两边墙上，俗称“腿子”，或“马头”，出挑后加以打磨装饰而成，所以成对使用。墀头一般由上、中、下三部分组成，上部以檐收顶，为戗檐板，呈弧形，起挑檐作用。中部称炉口，是装饰的主体，形制和图案有多种式样。下部多似须弥座，叫炉腿，有的也叫兀凳腿或花墩。墀头的装饰简繁不一，简单的则全无雕饰，只叠合多层枭混线。而复杂的基本涵盖了中国传统文化中各类吉祥图案，而且许多院落内的墀头中的图案往往取材于同一类吉祥图案或同一组人物故事，具有明显的连贯性和统一性。

原典

凡脑椽以步架加举定长短。如步架深四尺，又按一三加举，得通长五尺二寸。径寸与檐椽同。以上檐、脑椽、一头加搭交尺寸，花架椽两头各加搭交尺寸，俱照椽径加一份。

凡飞檐椽以出檐定长短。如出檐二尺七寸三分，三份分之，出头一份得长九寸一分，后尾二份得长一尺八寸二分，共长二尺七寸三分，又按一一加举，得通长三尺。见方与檐椽径寸同。

凡连檐以面阔定长短。如面阔一丈三尺，即长一丈三尺。梢间应加墀头分位。宽、厚同檐椽。

凡瓦口长短随连檐。以所用瓦料定高、厚。如头号板瓦中高二寸，三份均开，二份作底台，一份作山子，又加板瓦本身高二寸，得头号瓦口净高四寸。如二号板瓦中高一寸七分，三份均开、二份作底台，一份作山子，又加板瓦本身之高一寸七分，得二号瓦口净高一寸五分，三份均开，二份作底台，一份作山子，又加板瓦本身之高一寸五分，得三号瓦口净高三寸。其厚，俱按瓦口净高尺寸四分之一，得头号瓦口厚一寸，二号瓦口厚八分，三号瓦口厚七分。如用筒瓦即随头二三号板瓦之瓦口，应除山子一份之高。厚与板瓦瓦口同。

凡里口以面阔定长短，如面阔一丈三尺，即长一丈三尺。高厚与飞檐椽同，再加望板之厚一份半，得里口之加高数目。

清水脊

凡椽椀长短随里口，以椽径定高厚，如椽径二寸七分，再加椽径三分之一，其得高三寸六分，以椽径三分之一定厚，得厚九分。

凡扶脊木长短径寸俱同脊檩，脊椿照斗板之高，再加扶脊木一份。檩径四分之一得高，宽照椽径一份，厚按本身之宽减半。清水脊不用此欵。

凡横望板压飞檐尾，横望板以面阔进深加举折见方丈定长宽，以椽径十分之二定厚，如椽径二寸七分，得厚五分。

原典图说

清水脊

清水脊是民间小青瓦住宅用得最多的一种正脊，也是小式建筑中等级较高的一种屋脊。该脊是用施工现场的砖瓦进行加工并层层垒叠砌筑而成。

清水脊由高坡垄大脊和低坡垄小脊所组成，其中低坡垄小脊很短，只分布在屋顶边端的四列瓦（两盖瓦垄和两底瓦垄）范围，在两端低坡垄小脊之间均为高坡垄大脊。

清工部

原典

凡雀替以面阔定长短。如面阔一丈三尺，除檐柱径一份，净面阔一丈二尺九分，分为四份，雀替两边各得一份，长三尺二分，一头加入榫分位，按柱径半份，共得长三尺四寸七分。以檐枋之高定高，如檐枋高九寸一分，即高九寸一分。以柱径十分之三定厚。如柱径九寸一分，得厚二寸七分。

雀　替

原典图说

雀替

雀替是中国古建筑的特色构件之一。宋代称“角替”，清代称为“雀替”，通常被置于建筑的横材（梁、枋）与竖材（柱）相交处，作用是缩短梁枋的净跨度从而增强梁枋的承载力，减少梁与柱相接处的向下剪力，防止横竖构材间的角度之倾斜。其制作材料由该建筑所用的主要建材所决定，如木建筑上用木雀替，石建筑上用石雀替。雀替的制式成熟较晚，虽于北魏期间已具雏形，但直至明代才被广为应用，并且在构图上得到不断地发展，至清时即成为一种风格独特的构件。其形好似双翼附于柱头两侧，而轮廓曲线及其上油漆雕刻极富装饰趣味，为结构与美学相结合的产物。明清以来，雀替的雕刻装饰效果日渐突出，有龙、凤、仙鹤、花鸟、花篮、金蟾等各种形式，雕法则有圆雕、浮雕、透雕。后代的建筑都喜欢采用雀替来作为柱头装饰物。

在柱头与梁额交角的地方雀替似乎成为不可缺少之物。由于所在位置不同就产生了不同的要求，结果就出现了各种形式和风格各异的雀替了。大体上雀替的形式可归纳成为七大类，就是大雀替、龙门雀替、雀替、小雀替、通雀替、骑马雀替和花子牙等。

原典

凡三伏云子以檐枋之厚三份得长。如檐枋厚七寸一分，得长二尺一寸三分。高同雀替。厚按雀替之厚去包掩六分，得厚二寸一分。

凡栱①子以口数六寸二分定长短。如口数二寸一分，六二加之，得长一尺三寸，减半得长六寸五分。外加入榫分位，按柱径半份，共得长一尺一寸。高以斗口二份，得高四寸二分。厚与雀替同。

凡十八斗②以雀替之厚一八定长短。如雀替厚二寸七分，一八加之，得长四寸八分。以三伏云之厚得宽。如三伏云厚二寸一分外加包掩六分，得宽二寸七分。高与三伏云之厚同。

凡楼梯以柱高定长短。如下檐柱高一丈四寸，外加承重一份，楞木半份，楼板一份，共高一丈二尺二寸一分，按加举之法定长，临期拟定。宽按门口尺寸。

凡楼梯两帮以踹板之宽定宽。如踹板宽八寸，外加金边二寸，得宽一尺。厚按本身之宽十分之三，得厚三寸。踹板按两帮之厚十分之四定厚，踢板十分之三定厚。得踹板厚一寸二分，踢板厚九分。

注释

① 栱：与建筑物表面平行的弓形构件。在栱的中间部位有与翘、昂或要头相交的卯口。栱的两端有承托升的分位。在升与卯口之间，栱向下弯曲的位置叫做“要眼”。要的两端下面曲卷处叫“弯栱”。

② 十八斗：置于翘、昂或耍头等构件之上，与单才瓜栱、厢栱十字相交的斗形构件，因其宽为 1.8 斗口（即 18 分）而得名。

乾清宫

原典图说

乾清宫

乾清宫为黄琉璃瓦重檐庑殿顶，坐落在单层汉白玉石台基之上，连廊面阔 9 间，进深 5 间，建筑面积 1400m^2，自台面至正脊高 20 余米，檐角置脊兽 9 个，檐下上层单翘双昂七踩斗栱，下层单翘单昂五踩斗栱，饰金龙和玺彩画，三交六菱花槅扇门窗。

殿内明间、东西次间相通，明间前檐减去金柱，梁架结构为减柱造形式，以扩大室内空间。后檐两金柱间设屏，屏前设宝座，东西两梢间为暖阁，后檐设仙楼，两尽间为穿堂，可通交泰殿、坤宁宫。殿内铺墁金砖。殿前宽敞的月台上，左右分别有铜龟、铜鹤、日晷、嘉量，前设鎏金香炉 4 座，正中出丹陛，接高台甬路与乾清门相连。

七檩转角大木做法

原典

凡转角房俱系见方，以两边房之进深，即得转角之面阔、进深。其柱高、径寸，俱与两边房屋相同。

凡檐柱以面阔十分之八定高低，十分之七定径寸。如面阔一丈一尺，得柱高八尺八寸。径七寸七分。

凡假檐柱①照檐柱定高低。如檐柱高八尺八寸，外加平水高六寸七分，又加檩径三分之一作桁椀，共长九尺七寸二分。径寸与檐柱同。分间用此。如用代梁头，高、径俱与檐柱同。

注释

① 假檐柱：假檐柱是专用于转角房的外转角两侧，转间房的外转角两侧开间（即转角进深）大于其余两开间，为解决开间过大而附加的檐柱。

原典

凡斜单步梁①以步架一份定长短。如步架一份深三尺五寸，即长三尺五寸，用方五斜七之法加斜长，一头加檩径一份，得柁头分位，如檩径七寸七分，得通长五尺六寸七分。以双步梁②高、厚各收二寸定高、厚。如双步梁高一尺二寸六分，厚九寸七分，得高一尺六分，厚七寸七分。

凡斜三架梁③以步架二份定长短。如步架二份深七尺，用方五斜七之法加斜长，两头各加檩径一份，得柁头分位，如檩径七寸七分，得通长一丈一尺三寸四分。以里金柱径加二寸定厚。如柱径九寸七分，得厚一尺一寸七分，高按本身之厚，每尺加三寸，得高一尺五寸二分。

注释

① 单步梁：长度为一步架，后尾交于中柱或山柱之梁。多用于门庑建筑或一般建筑的两山。
② 双步梁：长度为二步架，后尾交于中柱或山柱之梁。多用于门庑建筑或一般建筑的两山。
③ 斜三架梁：用于建筑物转角位置，于山面、檐面各成 45° 的三步架。

原典

凡里金柱，以进深加举定高低。如进深二丈一尺分为六步架[1]，每坡得三步架，每步架深三尺五寸。以二步架加举，第一步架按五举加之，得高一尺七寸五分，第二步架按七举加之，得高二尺四寸五分，并檐柱之高八尺八寸，得通长一丈三尺。以檐柱径加二寸定径寸。如柱径七寸七分，得径九寸七分，以上柱子，每径一尺，外加榫长三寸。

凡斜双步梁以步架二分定长短。如步架二份深七尺，用方五斜七之法加斜长，一头加檩径一份，得柁头分位，一头加里金柱径半份，又出榫照檐柱径半份，得通长一丈一尺四寸三分。以檐柱径加二寸定厚。如柱径七寸七分，得厚九寸七分。高按本身之厚，每尺加三寸，得高一尺二寸六分。

凡斜合头枋[2]以步架二份定长短。如步架二份深七尺，用方五斜七之法加斜长，得九尺八寸。内除柱径各半份，外加两头入榫分位，各按柱径四分之一，共长九尺三寸六分。其高、厚比檐枋各加二寸。

凡金瓜柱以步架加举定高低。如步架深三尺五寸，按五加举之，得高一尺七寸五分。内除双步梁之高一尺二寸六分，得净高四寸九分。以双步梁之厚收二寸定厚。如双步梁厚九寸七分，得厚七寸七分。宽按本身之厚加二寸，得宽九寸七分。

注释

① 步架：清式建筑木构架中，相邻两条桁（檩）之间的水平距离，称为“步架”。古建筑木构架中，相邻两檩中心线的水平投影距离，也简称步；宋《营造法式》称架，或椽架。

② 斜合头枋：用于斜两步梁（或斜三步梁）下之枋，起拉结中柱与内外角柱的作用。

原典

凡脊瓜柱以步架加举定高低。如步架深三尺五寸，按九举加之，得高三尺一寸五分，又加平水高六寸七分，共高三尺八寸二分，再加檩径三分之一作桁椀，得长二寸五分，内除三架梁之高一尺五寸二分，得净高二尺五寸五分。以三架梁之厚收二寸定厚。如三架梁厚一尺一寸七分，得厚九寸七分。宽按本身之厚加二寸，得宽一尺一寸七分。每宽一尺，外加下榫长三寸。

凡脊角背以步架一份定长短。如步架深三尺五寸，即长三尺五寸。以瓜柱之高、厚三分之一定宽、厚。如瓜柱净高二尺五寸五分，厚九寸七分，得宽八寸五分，厚三寸二分。

凡檐枋以两边房之进深即转角之面阔。如进深二丈一尺；分间做法，各长一丈五寸，内除柱径一份，外加两头入榫分位，各按柱径四分之一，得长一丈一寸一分。内一根一头照柱径尺寸加一份，得箍头[1]分位。以檐柱径寸定高，如柱径七寸七分，即高七寸七分。厚按本身之高收二寸，得厚五寸七分。金脊枋各递收一步架，亦除柱径，外加入榫分位得长。宽、厚与檐枋同。如不用垫板，照檐枋之宽、厚各收二寸。

凡檐垫板长短随面阔，分间做法，各长一丈五寸，内除柁头分位一份，外加两头入榫尺寸，照柁头之厚每尺加滚楞二寸，得长九尺七寸二分。以檐枋之高收一寸定宽。如檐枋高七寸七分，得宽六寸七分。以檩径十分之三定厚。如檩径七寸七分，得厚二寸三分。金脊垫板各递收一步架，亦除柱径，外加入榫分位得长。宽、厚与檐垫板同。宽六寸以上，照檐枋之高收分一寸；六寸以下不收分。其脊垫板照面阔除脊瓜柱径一份，外加两头入榫尺寸，各按瓜柱径四分之一。

凡檐檩以面阔定长短。如面阔二丈一尺，即长二丈一尺；分间做法，各长一丈五寸。内一根外加一头交角出头分位，按本身之径一份，又加柱径半份，得通长一丈一尺六寸五分。径寸俱与檐柱同。

注释

① 箍头：是中国古代建筑檩枋尽端处的彩绘线，有“箍在枋的两头”之意。

箍头枋

原典图说

箍头枋

箍头枋是檐枋的一种特殊情况，即檐枋的一种。在建筑物的梢间或山面的转角处与角柱相交的檐枋叫“箍头枋”。在多角的亭子建筑中，与角柱相交的檐枋都是箍头枋。

箍头枋有单面箍头枋与搭脚箍头枋之分。单面箍头枋用于悬山建筑的梢间；而搭交箍头枋用于庑殿式、歇山式建筑的转角或多角形建筑的转角处。

箍头枋也有大式、小式之分。带斗栱的大式建筑中箍头枋的外伸端部常做成“霸王拳”的形状；无斗栱的小式建筑中则做成“三岔头”的形状。

原典

凡金檩以步架五份定长短。如步架五份深一丈七尺五寸，即长一丈七尺五寸。外加一头交角出头分位，按本身之径一份，又加柱径半份，得通长一丈八尺六寸五分。里掖角金檩步架一份得长。如步架一份深三尺五寸，即长三尺五寸。外加斜交尺寸，按本身之径半份，得通长三尺八寸八分。径寸俱与檐檩同。

凡里金檩以步架四份定长短。如步架四份深一丈四尺，即长一丈四尺。外加一头交角出头分位，按本身之径一份，又加柱径半份，得通长一丈五尺一寸五分。里掖角里金檩步架二份得长。如步架二份深七尺，即长七尺。外加斜交尺寸，按本身之径半份得通长七尺三寸八分。径寸俱与檐檩同。

凡脊檩以步架三份定长短。如步架三份深一丈五寸，即长一丈五寸。外加一头交角出头分位，按本身之径一份，又加柱径半份，得通长一丈一尺六寸五分。径寸俱与檐檩同。以上檩木，每径一尺，外加搭交榫长三寸。

凡仔角梁以步架并出檐加举定长短。如步架深三尺五寸，出檐照柱高十分之三，得二尺六寸四分，共长六尺一寸四分。用方五斜七之法加斜长，又按一一五加举，得通长九尺八寸八分。外加翼角斜出三椽尺寸，共得长一丈五寸七分。再加套兽榫，照本身之厚加一份，得通长一丈一尺三分。以椽径三份定高。二份定厚。如椽径二寸三分，得高六寸九分，厚四寸六分。

凡老角梁长短随仔角梁。内除飞檐椽头露明尺寸，用方五斜七之法加斜长，又按一一五加举，得一尺四寸一分，并套兽榫四寸六分，共长一尺八寸七分，扣除外，净长九尺一寸六分。外加后尾三岔头，照金瓜柱宽一份，共得长一丈一寸三分。高、厚与仔角梁同。如无飞檐椽，不用此款。

凡花架由戗以步架一份定长短，如步架一份深三尺五寸，用方五斜七之法加斜长，又按一二五加举，得通长六尺一寸二分。再加搭交按柱径半份。高、厚与仔角梁同。

凡脊由戗以步架一份定长短。如步架一份深三尺五寸，用方五斜七之法加斜长，又按一三五加举，得通长六尺六寸一分。再加搭交按柱径半份。高、厚与仔角梁同。

凡里掖角花架、脊由戗[1]同前。

注释

① 脊由戗：用于脊部的由戗。

凡里掖角梁①以步架并出檐加举定长短。如步架深三尺五寸，出檐照檐柱高十分之三，得二尺六寸四分，共长六尺一寸四分，用方五斜七之法加斜长，又按一一五加举，得通长九尺八寸八分。外加搭交按柱径半份。高、厚与仔角梁同。

凡里掖角仔角梁②以出檐定长短。如出檐二尺六寸四分，用方五斜七之法加斜长，又按一一五加举，得通长四尺二寸五分。外加套兽榫照本身之厚一份。以椽径二份定高、厚。如椽径二寸三分，得高、厚四寸六分。如无飞檐椽，不用此款。

凡枕头木以步架定长短。如步架深三尺五寸，即长三尺五寸。内除角梁之厚半份，得净长三尺二寸七分。以椽径定高。如椽径二寸三分，一头高椽子二份半，得高五寸七分；一头斜尖与檩木平。以檩径十分之三定宽。如檩径七寸七分，得宽二寸三分。不起翘，不用此款。

凡檐椽以步架并出檐加举定长短。如步架深三尺五寸，又加出檐尺寸，照檐柱高十分之三，得二尺六寸四分，共长六尺一寸四分。又按一一五加举，得通长七尺六分。如用飞檐椽，以出檐尺寸分三份，去长一份做飞檐头。以檩径十分之三定径寸。如檩径七寸七分，得径二寸三分。以面阔二丈一尺，收一步架尺寸深三尺五寸为起翘之数，除一丈七尺五寸，得平身椽。每椽空档随椽径一份。每间椽数俱应成双，档之宽窄，随数均匀。至掖角两边房檐椽，照出檐尺寸分短椽根数，折半核算。

注释

① 里掖角角梁：用于建筑物里转角部位的角梁，其断面的高度小于外转角角梁，没有冲出和翘起，主要用于两翼檐椽。

② 里掖角仔角梁：里掖角角梁两根中的上面一根，主要用于承接里角与之相交的飞椽。

大木施工

大木施工自唐宋至明清大体相同，约可分为以下五个程序。

①画杖杆。自间广、椽长、柱高，以至每一构件的长短、高厚、榫卯位置、大小，均逐一按设计用足尺画在方木杆上，同时还应画出与本构件相结合的其他构件的中线。杖杆实际上是为本工程特制的各种专用尺。每个工匠在分配到具体工作时，就给他杖杆，以便开始造作。画杖杆的工匠是全工程的主持者，他熟知全部设计及其细节，由唐至宋都称为“都料匠”。

②造作构件。工匠据杖杆造作构件及其上的榫卯。凡圆形截面的构件与矩形截面构件相结合的榫卯（如柱与额），均应随时为每个榫卯制出抽版或样板，某些一定的形象，如驼峰、蝉肚绰幕（雀替），则可预先制作样板，使形象一致。

抽版是出榫实样尺寸。此类榫卯，一般是在圆构件上先开好卯口，然后将此卯口的具体尺寸及其与圆柱的位置关系等，移画到抽版上，即以此制作出榫规范，务必使榫卯结合严密。因此，每有一个卯口即须制作一块抽版。榫卯做完试装无误后，在构件上标明它所在位置的编号。构件制成后，必须经过仔细核对，并将所有中线重新清晰地画在构件上。

③展拽（试安装）。一般在铺作构件全部制成后，在地面上试做一次总体安装。

④卓立、安勘（安装）。大木安装须先搭架，并准备吊装设施，再将柱子按位竖立，叫做“卓立”。然后再起吊额枨等大构件，随即依次安装。各项构件制成后已经过核对、榫卯试装、铺作试装，每一构件均已标明位置编号，与有关构件的关系均已画有明确的中线。因此总安装要点仅在于保证各项垂直线和水平线的准确性。

⑤钉椽、结裹。依次钉铺椽子、板栈（望板），这是大木作最后一道工序。

原典

凡花架椽以步架加举定长短。如步架深三尺五寸，按一二五加举，得通长四尺三寸七分。径寸与檐椽同。以面阔二丈一尺，收二步架尺寸深七尺，除一丈四尺，得平身椽数。内有短椽一步架，照长椽均半核算。

凡脑椽以步架加举定长短。如步架深三尺五寸，按一三五加举，得通长四尺七寸二分。径寸与檐椽同。以面阔二丈一尺，收三步架尺寸深一丈五寸，除一丈五寸得平身椽数。内有短椽一步架，照前折算。

凡里掖角檐椽以步架加举定长短。如步架深三尺五寸，加檩径半份，共长三尺八寸八分，又按一一五加举，得通长四尺四寸六分。径寸与前檐椽同。以一步架定椽根数，俱系短椽，折半核算。

凡里掖角花架椽、脑椽、长短径寸俱与前檐花架、脑椽同。花架椽以二步架定椽根数，内有短椽一步架，折半核算。脑椽以三步架定椽根数，内有短椽一步架，折半核算。以上檐、脑椽、一头加搭交尺寸；花架椽两头加搭交尺寸，俱照椽径加一份。

凡飞檐椽以出檐定长短。如出檐二尺六寸四分，三份分之，出头一份得长八寸八分，后尾二份得长一尺七寸六分，共长二尺六寸四分，又按一一五加举得通三尺三分。见方与檐椽径寸同。

凡翼角椽以步架出檐定翘数。如步架深三尺五寸，出檐二尺六寸四分，共长六尺一寸四分，内除角梁之厚半份，净长五尺九寸一分。以每尺加翘一寸，共长六尺五寸。椽数俱系成单。长、径俱与檐椽同。

翼脚构造

原典图说

翼脚构造

中国古代建筑屋角的转角部位向上翘起，使两个方向的檐部在立面上形成优美、轻灵、流畅的曲线，宛似鸟翼，故称为“翼脚”。从平面上看，在两个方向各形成一条向45°（在矩形、方形平面建筑中）斜角方向逐渐向外伸出的和缓曲线。

翼角由老角梁、仔角梁、翼角椽、翼角翘飞椽、大连檐、小连檐、檐头望板、枕头木等构件组成。

原典

凡翘飞椽长短、径寸，俱与飞檐椽同。外加斜长三椽尺寸。

凡连檐以面阔定长短。如面阔二丈一尺，内除一步架深三尺五寸，得长一丈七尺五寸。一步架深三尺五寸，并出檐二尺六寸四分，共长六尺一寸四分，除角梁之厚半份，净长五尺九寸一分，以每尺加翘一寸，共长六尺五寸，再将一丈七尺五寸并之。一面得通长二丈四尺。宽、厚同檐椽。

凡瓦口长短随连檐。以所用瓦料定高、厚。如头号板瓦中高二寸，三份均开，二份作底台，一份做山子，又加板瓦本身高二寸，得头号瓦口净高四寸。如二号板瓦中高一寸七分，三份均开，二份作底台，一份作山子，又加板瓦本身高一寸七分，得二号瓦口净高三寸四分。如三号板瓦中高一寸五分，三份均开，二份作底台，一份作山子，又加板瓦本身高一寸五分，得三号瓦口高三寸。其厚俱按瓦口净高尺寸四分之一。得头号瓦口厚一寸，二号瓦口厚八分。三号瓦口厚七分。如用筒瓦，即随头二三号板瓦之瓦口，应除岔子一份之高，厚与板瓦瓦口同。

凡里口以面阔定长短。如面阔二丈一尺，内除一步架深三尺五寸作起翘之处，得净长一丈七尺五寸。高、厚与飞檐椽同。再加望板之厚一份半，得里口之加高尺寸。

凡闸档板以翘档分位定长短。如一椽一档得长二寸三分，外加入槽每寸一分。高随檐椽径寸。以椽径十分之二定厚。如椽径二寸三分，得厚四分。其小连檐之长，自起

佛香阁

翘处至老角梁得长，其宽随椽径一份。厚照望板之厚尺寸一份半，得厚六分。

凡椽椀以面阔定长短。如面阔二丈一尺，内除一步架深三尺五寸作起翘之处，得净长一丈七尺五寸。以椽径定高、厚。如椽径二寸三分，再加椽径三分之一，共高三寸。以椽径三分之一定厚，得厚七分。

凡横望板，压飞檐尾横望板，以面阔、进深加举折见方丈定长宽。以椽径十分之二定厚。如椽径二寸三分，得厚四分。

以上俱系大木做法，其除各项工料及装修等件，逐款分别，另册开载。

如特将面阔、进深，柱高改放宽敞高矮，其木植径寸等项，照所加高矮尺寸加算。耳房、配房、群廊等房，照正房配合高宽，其木植径寸，亦照加高核算。

以下硬山、悬山各册做法，按柱高加三出檐，柱高一丈以外，如用加三三出檐者，临期酌定。

原典图说

佛香阁

佛香阁是颐和园的主体建筑，建造在万寿山前山高 20m 的方形台基上，南对昆明湖，背靠智慧海，以它为中心的各建筑群严整而对称地向两翼展开，形成众星捧月之势，气势相当宏伟。佛香阁高 41m，8 面 3 层 4 重檐，阁内有 8 根巨大铁梨木擎天柱，结构相当复杂，为古典建筑之精品。

清工部

原典

凡转角房俱系见方，以两边房之进深，即得转角之面阔进深，其柱高径寸俱与两边房屋相同。

凡檐柱以面阔十分之八定高低，十分之七定径寸，如面阔九尺，得柱高七尺二寸，径六寸三分。

凡金柱以出廊加举定高低，如出廊深三尺六寸，按五举加之，得高一尺八寸，并檐柱高七尺二寸，得通长九尺，以檐柱径加二寸定径寸，如檐柱径六寸三分，得金柱径八寸三分。以上柱子每径一尺，外加榫长三寸。后檐柱与金柱同长。

凡斜抱头梁以出廊定长短，如出廊深三尺六寸，用方五斜七之法加斜长，一头加檩径一份，得柁头分位，一头加金柱径半份，又出榫照檐柱径半份，得通长六尺四寸。以檐柱径加二寸定厚，如柱径六寸三分，得厚八寸三分，高按本身之厚每尺加三寸，得高一尺七分。

凡斜穿插枋以出廊定长短，如出廊深三尺六寸，用方五斜七之法加斜长，一头加檐柱径半份，一头加金柱径半分，又两头出榫照檐柱半分，得通长六尺四寸。高厚与檐枋同。

卷六 六檩前出廊转角大木做法

凡过角梁以进深定长短，如通进深一丈八尺，内除前廊三尺六寸，进深得一丈四尺四寸，用方五斜七之法加斜长，两头各加檩径一分得柁头分位，如檩径六寸三分，得通长二丈一尺四寸二分，以金柱径加二寸定厚，如金柱径八寸三分，得厚一尺三分。高按本身之厚每尺加三寸，得高一尺三寸三分。

凡过角随梁枋以进深定长短，如进深一丈四尺四寸，用方五斜七之法加斜长，得二丈一寸六分，内除柱径一份，外加两头入榫分位各按柱径四分之一，净长一丈九尺七寸四分，其高厚比檐枋各加二寸。

凡里金瓜柱以步架加举定高低，如步架深三尺六寸，按七举加之，得高二尺五寸二分，内除过角梁高一尺三寸三分，得净高一尺一寸九分，以三架梁之厚收二寸定厚，如三架梁厚八寸三分，得厚六寸三分，宽按本身之厚加二寸，得宽八寸三分，每宽一尺，外加上下榫各长三寸。

凡斜三架梁以步架二份定长短，如步架二分深七尺二寸，用方五斜七之法加斜长，两头各加檩径一份，得柁头分位，如檩径六寸三分，得通长一丈一尺三寸四分，以过角梁高厚各收二寸定高厚，如过角梁高一尺三寸三分，厚一尺三分，得高一尺一寸三分，厚八寸三分。

凡脊瓜柱以步架加举定高低，如步架深三尺六寸，按九举加之，得高三尺二寸四分，又加平木高五寸三分；再加檩径三分之一作桁椀，得长二寸一分，共高三尺九寸八分，内除三架梁，得长二寸一分，共高三尺九寸八分，内除三架梁高一尺一寸三分，得净高二尺八寸五分。宽厚同里金瓜柱，每宽一尺外加下榫长三寸。

凡檐枋以两边房之进深即转角之面阔，如进深连廊一丈八尺，内除前廊三尺六寸，进深得长一丈四尺八寸，桁径一丈如两头入榫，分位各按柱径四分之一得长一丈四尺八寸，以檐柱径寸定高，如柱径六寸三分，即高六寸三分，厚按本身之高收二寸，得厚四寸三分，金春枋各过收一步架亦除柱径外加入榫分位，得长高厚与檐枋同，如不用垫板照檐枋高厚各收二寸。

凡檐垫板长短随面阔，内除柁头分位一份，外加两头入榫尺寸，照柁头之厚每尺加滚楞二寸得长一丈三尺七寸三分，以檐枋之高收一寸定高，如檐枋高六寸三分，得高五寸三分，以檩径十分之三定厚，如檩径六寸三分得厚一寸八分，金脊垫板各过收一步架亦除柱径外加入榫分位得长高厚与檐垫板，同高六寸以上者照檐枋之高收分一寸，六寸以下不收分，其脊垫板照面阔除脊瓜柱径一份，外加两入头榫尺寸，各按瓜柱径四分之一。

凡檐檩以面阔定长短，如面阔连廊一丈八尺，即长一丈八尺，如出廊深三尺六寸，得长一丈四尺四寸，即长一丈四尺四寸。出廊檩子长三尺六寸，即长三尺六寸，外加一头交角出头分位，按本身径一份，又加柱径半份，得通长四尺五寸四分，径寸俱与檐柱同。

凡金檩以步架四分定长短，如步架四分深一丈四尺四寸，即长一丈四尺四寸，外加一头交角出头分位按本身径一份，又加金柱径半份，得通长一丈五尺四寸四分，径寸俱与檐檩同。凡里金檩以步架三份定长短，如步架三份深一丈八寸，即长一丈八寸外加一头交角出头分位，按本身径一份，又加柱径半份，得通长一丈一尺七寸四分。里掖角金檩以步架一份得长，如步架一份深三尺六寸，即长三尺六寸，外加斜交尺寸，按本身径半径，得通长三尺九寸一分，径寸俱与檐檩同。

凡脊檩以步架二份定长短，如步架二份深七尺二寸，即长七尺二寸，外加一头交角出头分位，按本身径一份，又加柱径半份，得通长八尺一寸四分，径寸俱与檐檩同，以上檩木每径一尺，外加搭交榫长三寸。

凡仔角梁以步架并出檐加举定长短，如步架深三尺六寸，出檐照前檐柱高十分之三。得二尺一寸六分，共长五尺七寸一分。用方五斜七之法加斜长，又按一一五加举，共长九尺二寸七分，外加翼角斜出三椽尺寸，再加套兽榫照本身之厚加一份，得通长一丈一寸七分。以椽径三份定高，二份定厚，如椽径一寸八分，得高五寸四分，厚三寸六分。

凡老角梁长短随仔角梁，内除飞檐椽头露明尺寸，用方五斜七之法如斜长，又按一一五加举，得一尺一寸五分，并套兽榫三寸六分，共长一尺五寸一分扣除外，净长八尺六寸六分，外加后尾三岔头照金柱径一份，共得长九尺四寸九分，高厚与仔角梁同，如无飞檐椽，不用此款。

凡花架由戗以步架一份定长短，如步架份深三尺六寸，用方五斜七之法加斜长，又按一二五加举得通长六尺三寸，再加搭交按柱径一分，高厚与仔角梁同。

凡脊由戗以步架一份定长短。如步架一份深三尺六寸，用方五斜七之法加斜长又按一三五加举，得通长六尺六寸。再加搭交按柱径半份，高厚与仔角梁同。

凡里掖角脊由戗同前。

凡里掖角梁以步架并出檐加举定长短，如步架深三尺六寸，出檐照后檐柱高十分之三，得二尺七寸，共长六尺三寸，用方五斜七之法加斜长，又按一二五加举，得通长一丈一尺二寸，再加搭交按柱径半份。高厚与仔角梁同。

凡里掖角仔角梁以出檐定长短，如出檐二尺七寸，用方五斜七之法加仔角斜长，又按一二五加举，得通长四尺七寸二分，外加套兽榫照本身之厚一份，以椽径二分定高厚，如椽径一寸八分，得高厚三寸六分。如无飞檐椽，不用此款。

凡枕头木以步架定长短，如步架深三尺六寸，内除角梁之厚半份，得净长三尺四寸二分，以椽径定高，如椽径一寸八分，一头高椽子二份半，得高四寸五分，一头斜尖与檩木平，以檩径十分之三定宽，如檩径六寸三分，得宽一寸八分，不起翘，不用此款。

凡前檐椽以出廊并出檐加举定长短，如出廊深三尺六寸，又加出檐尺寸照前檐柱高十分之三，得二尺一寸六分，共长五尺七寸六分，又按一一五加举，得通长六尺六寸二分，如用飞檐椽，以出檐尺寸分三份。去长一份作飞檐头，如后檐椽步架深三尺六寸，再加檩径半份，共长三尺九寸一分，又按一二五加举，得通长四尺八寸八分，以檩径十分之三定径寸，如檩径六寸三分，得径一寸八分，以面阔一丈八尺，收出廊三尺六寸为起翘之数，除一丈四尺四寸，得平身椽，每椽空档，随径一份，每间椽数，俱应成双，档之宽窄，随数均匀，至掖角两边房檐椽，照出檐尺寸分短椽根数，折半核算。

凡花架椽以步架加举定长短。如步架深三尺六寸，按一二五加举，得通长四尺五寸，径寸与檐椽同。以面阔一丈八尺收一步架尺寸深三尺六寸，除一丈四尺四寸，得平身椽数，内有短椽一步架，照长椽均半核算。

凡脑椽以步架加举定长短。如步架深三尺六寸，按一三五加举，得通长四尺八寸六分。径寸与檐椽同。以面阔一丈八尺，收二步架尺寸深七尺二寸，除一丈八寸得平身椽数，内有短椽一步架，照前折算。

凡里掖角檐椽以步架加举定长短。如步架深三尺六寸，按一二五加举，得通长四尺五寸。径寸与前檐椽同。以一步架定椽根数，俱系短椽折半核算。

凡里脑椽长短，径寸俱与前脑椽同。以二步架定椽根数，内有短椽一步架，折半核算。以上檐、脑椽，一头加搭交尺寸，花架椽两头各加搭交尺寸，俱照椽径加一份。

凡飞檐椽以出檐定长短。如前出檐二尺一寸六分，三份分之，出头一份得长七寸二分，后尾二份得长一尺四寸四分，共长二尺一寸六分。又按一一五加举，得通长二尺四寸八分。如后出檐二尺七寸，三份分之，出头一份得长九寸，后尾二份得长一尺八寸，共长二尺七寸，又按一二五加举，得通长三尺三寸七分。见方与檐椽径寸同。

凡翼角椽以步架出檐定翘数。如步架深三尺六寸，出檐二尺一寸六分，共长五尺七寸六分，内除角梁之厚半份，净长五尺五寸八分，以每尺加翘一寸，共长六尺一寸三分。椽数俱系成单。长、径俱与檐椽同。

凡翘飞椽长短、径寸，俱与飞檐椽同，外加斜长二椽尺寸。

凡连檐以面阔定长短。如面阔连廊长一丈八尺，内除出廊深三尺六寸，得长一丈四尺四寸，即长一丈四尺四寸。出廊深三尺六寸，并出檐二尺一寸六分，共长五尺七寸六分，内除角梁之厚半份，净长五尺五寸八分。以每尺加翘一寸，共长六尺一寸三分。再将一丈四尺四寸并之，一面得通长二丈五寸三分。宽、厚同檐椽。

凡瓦口长短随连檐。以所用瓦料定高、厚。如头号板瓦①中高二寸，三份均开，二份作底台，一份作山子，又加板瓦本身高二寸，得头号瓦口净高四寸。如二号板瓦中高一寸七分，三份均开，二份作底台，一份作山子，又加板瓦本身高一寸七分，得二号瓦口净高三寸四分。如三号板瓦中高一寸五分，三份均开，二份作底台，一份作山子，又加板瓦本身高一寸五分，得三号瓦口净高三寸。其厚俱按瓦口净高尺寸四分之一，得头号瓦口厚一寸，二号瓦口厚八分，三号瓦口厚七分。如用筒瓦②，即随头二三号板瓦之瓦口，应除山子一份之高。厚与板瓦口同。

注释

① 板瓦：又称底瓦，凹面朝上，逐块压叠排放。板瓦沾琉璃不少于全部瓦面的三分之二。

② 筒瓦：用于盖瓦垄，覆盖两列板瓦的接缝之上，又称盖瓦，一端作熊头与另一块筒瓦连接。

瓦口

瓦口的总长按通面阔定，明间正中应放底瓦，叫“底瓦坐中”，每挡尺寸根据瓦号分挡号垄，如琉璃瓦按正当沟定。

瓦口分两种：筒瓦和板瓦。筒瓦所用瓦口只有托底瓦的弧形口而无瓦口山。板瓦屋面的瓦口要做瓦口山。

原典

凡里口以面阔定长短，如面阔一丈八尺，内除出廊深三尺六寸作起翘之处，得净长一丈四尺四寸。高、厚与飞檐椽同。再加望板之厚一份半，得里口之加高数目。

凡闸档板以翘档分位定长短。如一椽一档，得长一寸八分。外加入槽每寸一分。高，随檐椽径寸。以椽径十分之二定厚，如椽径一寸八分，得厚三分。其小连檐之长，自起翘处至老角梁得长。其宽随椽径一份，厚照望板之厚尺寸一份半，得厚四分。

凡椽椀以面阔定长短。如面阔连廊长一丈八尺，内除出廊深三尺六寸作起翘①，得净长一丈四尺四寸。以椽径定高。如椽径一寸八分，再加椽径三分之一，共高二寸四分。以椽径三分之一定厚，得厚六分。

凡横望板、压飞檐尾横望板以面阔、进深加举折见方丈定长宽。以椽径十分之二定厚。如椽径一寸八分，得厚三分。

以上俱系大木做法，其除各项工料及装修等件逐款分别，另册开载。

如特将面阔、进深、柱高改放宽长高短，其木植径寸等项，照所加高矮尺寸加算。耳房、配房、群廊等房，照正房配合高、宽，其木植径寸，亦照加高核算。

注释

① 起翘：是屋角比屋檐升高的高度。

原典图说

山西沁县大云院

寺院坐北向南，共有两进院落，中轴线上依次有山门、前殿、后殿，两侧有朵殿、配殿、廊房等建筑。现仅存前殿、后殿等主体建筑。前殿，亦称中殿，面阔三间，进深两间，四架椽屋，单檐悬山顶。梁架简洁，斗栱精致，菱形格扇，栏额雀替，雕刻华丽，为清代重修时的风格。后殿为寺院中现存的一座主要建筑，广深三间，高台筑殿，平面形制为正方形，六架椽屋，单檐悬山顶。柱础石质，上雕覆莲瓣，花瓣清晰，刻制精细。檐柱的侧角升起显著，殿内四根金柱柱头卷杀缓和。柱头斗栱为五铺作单杪单下昂，重栱计心造。梁架斗栱用材敦厚肥实，木作手法古朴洗练。

山西沁县大云院

清工部

原典

卷七 九檩大木做法

凡檐柱以面阔十分之八定高低，十分之七定径寸。如面阔一丈三尺，得柱高一丈四寸，径九寸一分。如次间、稍间面阔，比明间窄小者，其柱、檩、柁、枋等木径寸，仍照明间。至次间、梢间面阔，临期酌夺地势定尺寸。

凡金柱以出廊加举定高低。如出廊深四尺，按五举加之，得高二尺，并檐柱之高一丈四寸，得通长一丈二尺四寸。以檐柱径加二寸定径寸。如檐柱径九寸一分，得金柱径一尺一寸一分。以上柱子每径一尺，外加榫长三寸。

凡抱头梁以出廊定长短。如出廊深四尺，一头加檩径一份，得柁头分位，一头加金柱径半分。又出榫照檐柱径半份，得通长五尺九寸二分。如用天花梁，一头加柁头分位，不出榫。以檐柱径加二寸定厚。如檐柱径九寸一分，得厚一尺一寸一分。高按本身之厚每尺加三寸，得高一尺四寸四分。

凡穿插枋以出廊定长短。如出廊深四尺，一头加檐柱径半份，一头加金柱径半份，又两头出榫，照檐柱径一份。得通长五尺九寸二分。高、厚与檐枋同。

凡七架梁以进深除廊定长短。如通进深二丈九尺，内除前后廊八尺，得二丈一尺。两头各加檩径一份，得柁头分位。如檩径九寸一分，得通长二丈二尺八寸二分。以金柱径加二寸定厚。如金柱径一尺一寸一分，得厚一尺三寸一分。高按本身厚每尺加三寸，得高一尺七寸。

凡随梁枋以进深定长短。如进深二丈一尺，内除金柱径一份。外两头加入榫分位，各按金柱径四分之一，得长二丈四寸四分。其高、厚俱按檐枋各加二寸。

凡柁墩以步架加举定高低。如步架深三尺五寸，按六举加之，得高二尺一寸，内除七架梁高一尺七寸，得净高四寸。以五架梁之厚收二寸定宽。如五架梁厚一尺一寸一分，得宽九寸一分。以柁头二份定长。如柁头二份长一尺八寸二分，即长一尺八寸二分。

凡五架梁以步架四份定长短。如步架四份深一丈四尺，两头各加檩径一份，得柁头分位。如檩径九寸一分，得通长一丈五尺八寸二分。以七架梁高、厚各收二寸定高、厚。如七架梁高一尺七寸，厚一尺三寸一分，得高一尺五寸，厚一尺一寸一分。

凡上金瓜柱以步架加举定高低。如步架深三尺五寸，按七举加之，得高二尺四寸五分，内除五架梁高一尺五寸，得净高九寸五分。以五架梁之厚收二寸定宽。如五架梁厚一尺一寸一分，得厚九寸一分。宽按本身厚加二寸，得宽一尺一寸一分。每宽一尺，外加上、下榫各长三寸。

凡三架梁以步架二份定长短。如步架二份深七尺，两头各加檩径一份，得柁头分位。如檩径九寸一分，得通长八尺八寸二分。以五架梁高、厚各收二寸定高、厚。如五架梁高一尺五寸，厚一尺一寸一分，得高一尺三寸，厚九寸一分。

凡脊瓜柱以步架加举定高低。如步架深三尺五寸，按九举加之，得高三尺一寸五分。又加平水高八寸一分，再加檩径三分之一作桁椀，得长三寸，得通高四尺二寸六分。内除三架梁高一尺三寸，得净高二尺九寸六分。宽、厚同上金瓜柱。每宽一尺，外加下榫长三寸。

凡角背以步架一份定长短，如步架深三尺五寸，即长三尺五寸。以瓜柱高、厚三分之一定宽、厚。如瓜柱净高二尺九寸六分，厚九寸一分，得宽九寸八分，厚三寸。

凡檐枋，老檐枋，金、脊枋以面阔定长短。如面阔一丈三尺，内除柱径一份，外加两头入榫分位，各按柱径四分之一，得长一丈二尺五寸四分。以檐柱径寸定高。如柱径九寸一分，即高九寸一分。厚按本身高收二寸，得厚七寸一分。其悬山做法，梢间檐枋应照柱径尺寸加一份，得箍头分位。宽、厚与檐枋同。如金、脊枋不用垫板，照檐枋宽、厚各收二寸。

凡金、脊、檐垫板以面阔定长短。如面阔一丈三尺，内除柁头分位一份，外加两头入榫尺寸照柁头之厚每尺加滚楞二寸，得长一丈二尺一寸一分。以檐枋之高收一寸定宽，如檐枋高九寸一分，得宽八寸一分。以檩径十分之三定厚。如檩径九寸一分，得厚二寸七分。宽六寸以上者照檩枋之高收分一寸，六寸以下者不收分。其脊垫板，照面阔除脊瓜柱径一份，外加两头入榫尺寸，各按柱径四分之一。

凡檩木以面阔定长短。如面阔一丈三尺，即长一丈三尺。每径一尺，外加搭交榫长三寸。如硬山做法独间成造者，应两头照山柱径各加半份。如有次间、梢间者，应一头照山柱径加半份。其悬山做法，应照出檐之法加长。径寸俱与檐柱同。

凡悬山桁条下皮用燕尾枋①，以出檐之法得长。如出檐三尺一寸二分，即长三尺一寸二分。以檩径十分之三定厚。如檩径九寸一分。得厚二寸七分。宽按本身厚加二寸，得宽四寸七分。

注释

① 燕尾枋：附着于悬山建筑两山挑出的桁条下皮，形状似燕尾的构件，可看作是垫板向外端的延伸，属装饰部件。燕尾枋是悬山建筑檩木悬挑端的衬托木，主要是为加强悬挑檩木的强度，兼起装饰作用。

原典

凡檐椽以出廊并出檐加举定长短。如出廊深四尺，又加出檐尺寸，照檐柱高十分之三，得三尺一寸二分，共长七尺一寸二分。又按一一五加举，得通长八尺一寸八分。如用飞檐椽，以出檐尺寸分三份，去长一份作飞檐头。以檩径十分之三定径寸。如檩径九寸一分，得径二寸七分。每椽空档，随椽径一份。每间椽数，俱应成双。档之宽窄，随数均匀。

凡下花架椽以步架加举定长短。如步架深三尺五寸，按一二加举，得通长四尺二寸。径寸与檐椽同。

凡上花架椽以步架加举定长短。如步架深三尺五寸，按一二五加举，得通长四尺三寸七分。径寸与檐椽同。

凡脑椽以步架加举定长短。如步架深三尺五寸，按一三五加举，得通长四尺七寸二分。径寸与檐椽同。以上檐、脑椽，一头加搭交尺寸，花架椽，两头各加搭交尺寸，俱照椽径一份。

凡飞檐椽以出檐定长短。如出檐三尺一寸二分，三份分之，出头一份得长一尺四分，后尾二份得长二尺零八分，共长三尺一寸二分。又按一一五加举，得通长三尺五寸八分。见方与檐椽柱同。

凡连檐以面阔定长短。如面阔一丈三尺，即长一丈三尺。梢间应加墀头分位。如悬山做法，随挑山之长。宽、厚同檐椽。

凡瓦口长短随连檐。以所用瓦料定高、厚。如头号板瓦中高二寸，三份均开二份作底台，一份作山子，又加板瓦本身高二寸，得头号瓦口净高四寸。如二号板瓦中高一寸七分，三份均开，二份作底台，一份作山子，又加板瓦本身高一寸七分，得二号瓦口净高三寸四分。如三号板瓦中高一寸五分，三份均开，二份作底台，一份作山子，又加板瓦本身一寸五分，得三号瓦口净高三寸。其厚俱按瓦口净高尺寸四分之一，得头号瓦口厚一寸，二号瓦口厚八分，三号瓦口厚七分如用筒瓦，即随头二三号板瓦瓦口，应除山子一份之高。厚与板瓦瓦口同。

原典图说

瓦

建筑用瓦有板瓦和筒瓦两种，其制作方法是先用泥条盘筑成类似陶水管的圆筒形坯，再切割成两半，成为两个半圆形筒瓦，如果切割成三等分，即成为板瓦。瓦坯制成后，在筒瓦前端再按上圆形或半圆形瓦当。这种筒瓦和板瓦的烧造大约起源于西周时期，在陕西扶风、岐山一带的西周宫殿建筑遗址中大量出土，它反映了中国古代劳动人民在建筑用陶上的伟大创造，开创了瓦顶房屋建筑的先河。

瓦当

原典

凡里口以面阔定长短。如面阔一丈三尺，即长一丈三尺。如悬山做法，随挑山之长。高、厚与飞檐椽同，再加望板厚一份半，得里口加高尺寸。

凡椽椀长短随里口。以椽径定高，厚。如椽径二寸七分，再加椽径三分之一，共得高三寸六分。以椽径三分之一定厚，得厚九分。

凡博缝板照椽子净长尺寸，外加斜搭交之长，按本身宽尺寸。以椽径七根定宽。如椽径二寸七分，得宽一尺八寸九分。以椽径十分之七定厚，如椽径二寸七分。得厚一寸八分。

凡扶脊木长短、径寸俱同脊檩。

凡用横望板、压飞檐尾横望板，以面阔、进深加举折见方丈定长、宽。以椽径十分之二定厚。如椽径二寸七分，得厚五分。

凡天花梁以进深定长、短。如进深二丈一尺，内除金柱径一份，外加两头入榫分位，各按金柱径四分之一，得通长二丈四寸四分。以柱径加二寸定高。如柱径一尺一寸一分，得高一尺三寸一分，厚按本身高收二寸，得厚一尺一寸一分。

凡天花枋以面阔定长短。如面阔一丈三尺，内除金柱径一份，外加两头入榫分位，各按金柱径四分之一，得通长一丈二尺四寸四分。其高、厚俱按檐枋各加二寸。

凡帽儿梁以面阔定长短。如面阔一丈三尺，内除柁厚一份，得长一丈一尺六寸九分，以枝条三份定径寸。如枝条宽、厚二寸二分，得径六寸六分。

凡贴梁①长随面阔、进深，内除枋、梁之厚各一份。以檐枋高四分之一定宽、厚。如檐枋高九寸一分，得宽、厚各二寸二分。

凡连二枝条②以天花板③尺寸定长短。如天花见方一尺八寸，得长三尺六寸。再每井加安天花板分位七分，得连二枝条通长三尺七寸四分。宽、厚与贴梁同。

凡单枝条④以天花板尺寸定长短。如天花见方一尺八寸，再每井加安天花板分位七分，得长一尺八寸七分。宽、厚与连二枝条同。

凡天花板按面阔、进深，除枋梁分位得井数之尺寸。以枝条三分之一定厚。如枝条厚二寸二分，得厚七分。

以上俱系大木做法，其余各项工料及装修等件逐款分别，另册开载。

如特将面阔、进深、柱高改放宽长高矮，其木植径寸等项照所加高矮尺寸加算。耳房、配房、群廊等房，照正房配合高宽。其木植径寸亦照加高核算。

注释

① 贴梁：贴附在天花梁或天花枋侧面的枝条。

② 连二枝条：长度为两倍井口的支条，用于通枝条之间。

③ 天花板：天花板即室内顶棚，因特征而得名。“天”，指房子的顶棚位置；“花”，即花纹、文采，说的是房顶的装饰。古代建筑的顶棚，多呈棋盘格布置，上绘龙凤、花卉、几何纹样，或做成浮雕图案，故名“天花”。

④ 单枝条：长度为一井天花的支条，用于连二枝条之间。

独乐寺

原典图说

独乐寺

独乐寺占地总面积 1.6 万 m^2，山门面阔三间，进深四间，上下为两层，中间设平座暗层，通高 23m。独乐寺的主要建筑为观音阁，为了把高 16m 的观音塑像安放在殿阁的正中，独具匠心地设计了一个上下直贯的空间。在阁的第一层的上部为矩形的空井，第二层在塑像胸部有抹角式的斜撑，变矩形为六角形，第三层位于佛像的头部，设计成了八角形的藻井。阁内各层藻井的形状不一、错落有致，不仅显示了建筑的多样性、艺术性，而且能抵御侧向压力，增强了建筑的稳固性。观音阁的外观是两层，实际为三层，中间有一暗层，在这里使用了巨大的斜撑戗柱，从而起到了装饰与加固的双重作用。

卷八

八檩卷棚大木做法

原典

凡檐柱以面阔十分之八定高低，十分之七定径寸，如面阔一丈二尺，得柱高九尺六寸，径八寸四分，如次间稍间面阔，比明间窄小者，其柱檩柁枋等木径寸仍照明间至次间，稍间面阔临期酌夺地势定尺寸。

凡金柱以出廊加举定高低，如出廊深四尺五寸，按五举加之，得高二尺二寸五分，并檐柱之高九尺六寸，得通长一丈一尺八寸五分，以檐柱径加二寸定径寸，如檐柱径八寸四分得金柱径一尺四分，以上柱子每径一尺，外加榫长三寸。

凡抱头梁以出廊定长短，如出廊深四尺五寸，一头加檩径一份，得柁头分位，一头加金柱径半份，又出榫照檐柱径半分，得通长六尺二寸八分，以檐柱径加二寸定厚，如柱径八寸四分，得厚一尺四分高按本身之厚，每尺加三寸，得高一尺三寸五分。

凡穿插枋以出廊定长短，如出廊深四尺五分，一头加檐柱径半分，一头加金柱径半份，又两头出榫照檐柱径一份，得通长六尺二寸八分，高厚与檐枋同。

凡六架梁以进深定长短，如通进深二丈九尺，内除前后廊九尺，进深得二丈，两头各加檩径一份，得柁头分位，如檩径八寸四分，得通长二丈一尺六寸八分，以金柱径加二寸定厚，如柱径一尺四分，得厚一尺二寸四分，高按本身之厚，每尺加三寸，得高一尺六寸一分。

凡随梁枋以进深定长短。如进深二丈，内除柱径一份，外加两头入榫分位，各按柱径四分之一，得长一丈九尺四寸八分。其高、厚俱按檐枋各加二寸。

凡柁墩以步架加举定高低。如进深二丈，除月梁二尺五寸二分，其余尺寸四步架分之。每步架得长四尺三寸七分。按六举加之，得高二尺六寸二分。内除六架梁①之高一尺六寸一分，得净高一尺一分。以四架梁之厚收二寸定宽。如四架梁厚一尺四分，得宽八寸四分。以柁头两份定长。如柁头二份长一尺六寸八分，即长一尺六寸八分。

凡四架梁以进深定长短。如进深二丈，以二步架得长八尺七寸四分。再加月梁分位二尺五寸二分。两头各加檩径一份，得柁头分位。如檩径八寸四分。得通长一丈二尺九寸四分。以六架梁高、厚各收二寸定高、厚。如六架梁高一尺六寸一分，厚一尺二寸四 分。得高一尺四寸一分，厚一尺四分。

注释

① 四架梁、六架梁：用于卷棚顶（也叫元宝脊）上，卷棚顶没有正脊，脊部做成圆弧形，下用月梁支撑，月梁两端各设一根脊瓜柱，承受月梁传下的荷载。

清工部

原典

凡顶瓜柱以步架加举定高低。如进深二丈。除月梁二尺五寸二分，其余尺寸四步架分之，每步得长四尺三寸七分。按七举加之，得高三尺六分。内除四架梁高一尺四寸一分。得净高一尺六寸五分。以四架梁厚收二寸定厚。如四架梁厚一尺四分，得厚八寸四分，宽按本身厚加二寸，得宽一尺四分。每宽一尺，外加上、下榫各长三寸。

凡月梁以檩径三份定长短。如檩径八寸四分，三份得长二尺五寸二分。两头各加檩径一份得柁头分位。如檩径八寸四分，得通长四尺二寸。以四架梁高、厚各收二寸定高、厚。如四架梁高一尺四寸一分，厚一尺四分。得高一尺二寸一分。厚八寸四分。

凡角背长按月梁尺寸。两头各加半步架，得通长六尺八寸九分。以瓜柱之高、厚三分之一定宽、厚。如瓜柱净高一尺六寸五分，厚八寸四分。得宽五寸五分，厚二寸八分。

月梁

月梁在中国北方地区的木结构建筑中，多做平直的梁，而南方的做法则将梁稍加弯曲，形如月亮，故称之为月梁。加之南方天气炎热，殿堂基本上都做“彻上明造”而不做天棚，这样一来月梁的形象暴露于外，当人们进入殿堂时，全部梁架构造一目了然。

月梁一般用于大住宅、大府第、大厅堂、大佛殿、大祠堂等比较大型的建筑，而且大月梁与平梁的表面不是光秃秃的，在施工完毕之后都要进行雕刻或绘彩画，在皇家的建筑中都雕绘龙凤之类的图画。月梁在北方大建筑上也时有出现，不过绝对没有很深的雕刻，在月梁上都是画的彩画，而且北方的月梁的数量远远没有南方数量多，北方的月梁做得弯曲度极小，十分不规范。

原典

凡檐枋，老檐枋，金，脊枋以面阔定长短。如面阔一丈二尺，内除柱径一份，外加两头入榫分位，各按柱径四分之一，得长一丈一尺五寸八分。以檐柱径寸定高。如柱径八寸四分，即高八寸四分。厚按本身高收二寸，得厚六寸四分。其悬山做法，梢间檐枋应照柱径尺寸加一份，得箍头分位。宽、厚与檐枋同。如金、脊枋不用垫板，照檐枋宽、厚各收二寸。

凡金、脊、檐垫板以面阔定长短。如面阔一丈二尺，内除柁头分位一份，外加两头入榫尺寸，照柁头之厚每尺加滚楞二寸，得长一丈一尺一寸六分。以檐枋高收一寸定高。如檐枋高八寸四分，得高七寸四分。以檩径十分之三定厚，如檩径八寸四分，得厚二寸五分。高六寸以上者，照檐枋之高收分一寸。六寸以下者不收分。其脊垫板，照面阔除脊瓜柱径一份，外加两头入榫尺寸，各按柱径四分之一。

凡檩木以面阔定长短。如面阔一丈二尺，即长一丈二尺。每径一尺，外加搭交榫长三寸。如硬山做法，独间成造者，应两头照柱径各加半份。如有次间，梢间者，应一头照柱径加半份。其悬山做法，应照出檐之法加长。径寸俱与檐柱同。

凡机枋条子①长随檩木。以檩径十分之三定宽，如檩径八寸四分，得宽二寸五分，以椽径三分之一定厚。如椽径二寸五分，得厚八分。

凡悬山桁条下皮用燕尾枋，以出檐之法得长，如出檐二尺八寸八分，即长二尺八寸八分。以檩径十分之三定厚。如檩径八寸四分，得厚二寸五分。宽按本身之厚加二寸，得宽四寸五分。

凡檐椽以出廊并出檐加举定长短。如出廊深四尺五寸，又加出檐尺寸，照檐柱高十分之三，得二尺八寸八分，共长七尺三寸八分。又按一一加举得通长八尺一寸一分。如用飞檐椽，以出檐尺寸分三份，去长一份作飞檐头。以檩径十分之三定径寸。如檩径八寸四分，得径二寸五分。每椽空档，随椽径一份。每间椽数，俱应成双。档之宽窄，随数均匀。

凡下花架椽以步架加举定长短。如步架深四尺三寸七分，按一二加举，得通长一尺一寸四分。径寸与檐椽同。

凡上花架椽以步架加举定长短。如步架深四尺三寸七分，按一三加举，得通长五尺六寸八分。径寸与檐椽同。以上檐椽一头加搭交尺寸；花架椽两头各加搭交尺寸，俱照椽径加一份。

凡顶椽②以月梁定长短。如月梁长二尺五寸二分，两头各加檩径半份，得通长三尺三寸六分。径寸与檐椽径寸同。

注释

① 机枋条子：衬垫罗锅椽下脚的木条，用于双脊檩建筑，其宽按椽径厚按 1/3 椽径，长按面宽。

② 顶椽：又叫罗锅椽、蝼蝈椽，它是卷棚式屋顶位于两根顶金桁（即脊檩）之间的椽子。

原典图说

卷棚式

卷棚式屋顶，又称元宝顶，是古代建筑的一种屋顶样式，为双坡屋顶，两坡相交处不做大脊，由瓦垄直接卷过屋面成弧形的曲面卷棚顶整体外貌与硬山、悬山一样，唯一的区别是没有明显的正脊，屋面前坡与脊部呈弧形滚向后坡，颇具一种曲线所独有的阴柔之美。

卷棚式屋顶

清工部

原典

凡飞檐椽以出檐定长短。如出檐二尺八寸八分，三份分之，出头一分得长九寸六分，后尾二份得长一尺九寸二分，共长二尺八寸八分。又按一一加举，得通长三尺一寸六分。见方与檐椽径同。

凡连檐以面阔定长短，如面阔一丈二尺，即长一丈二尺。梢间应加墀头分位。加悬山做法，随挑山之长。宽、厚同檐椽。

凡瓦口长短随连檐。以所用瓦料定高、厚。如头号板瓦中高二寸，三份均开，二份作底台，一份作山子，又加板瓦本身高二寸，得头号瓦口净高四寸。如二号板瓦中高一寸七分，三份均开，二份作底台，一份作山子，又加板瓦本身高一寸七分，得二号瓦口净高三寸四分。如三号板瓦中高一寸五分，三份均开，二份作底台，一份作山子，又加板瓦本身高一寸五分。得三号瓦口净高三寸。其厚俱按瓦口净高尺寸四分之一。得头号瓦口厚一寸，二号瓦口厚八分，三号瓦口厚七分。如用筒瓦，即随头二三号板瓦之瓦口，应除山子一份之高。厚与板瓦瓦口同。

凡里口以面阔定长短。如面阔一丈二尺，即长一丈二尺。如悬山做法，随挑山之长。高、厚与飞檐椽同，再加望板之厚一份半，得里口之加高尺寸。

凡椽椀长短随里口。以椽柱定高、厚。如椽径二寸五分，再加椽径三分之一，共得高三寸三分。以椽径三分之一定厚，得厚八分。

凡博缝板照椽子净长尺寸。外加斜搭交之长，按本身宽尺寸。以椽径七根定宽，如椽径二寸五分，得宽一尺七寸五分。以椽径十分之七定厚，如椽径二寸五分，得厚一寸七分。

凡用横望板、压飞檐尾横望板，以面阔、进深加举折见方丈定长、宽。以椽径十分之二定厚。如椽径二寸五分，得厚五分。

以上俱系大木做法，其余各项工料及装修等件，逐款分别，另册开载。如特将面阔、进深、柱高改放长宽高矮，其木植径寸等项，照所加高矮尺寸加算。耳房、配房、群廊等房，照正房配合高宽，其木植径亦寸照加高核算。

颐和园的谐趣园

原典图说

颐和园的谐趣园

谐趣园是仿无锡寄畅园建的，位于颐和园的东北角，宫门坐东朝西，东接一抱厦。宫门的屋顶造型颇为考究，南面为硬山式样，连接三间小值房，北面为歇山式样，与游廊相勾连。屋顶大多是卷棚式的，在宫殿建筑中，太监、佣人居住的偏房多为此项。整个谐趣园有十三处建筑，全部由游廊串起来，其中涵远堂是所有建筑中体量最大的，建筑规格是谐趣园等级最高的，湛清轩位于谐趣园最北端，面阔三间，四周出廊，顶部为卷棚歇山式，灰色筒瓦，其内的书法石刻很精美，谐趣园包括山、水、石、植物与楼、台、轩、榭等各种建筑物，融建筑、绘画、雕塑、书法、文学等艺术于一体，利用对景、框景等各种造园手法，巧妙地实现了“有自然之理，得自然之趣”，达到了“虽由人作，宛自天开”的上乘境界。

卷九 七檩大木做法

原典

凡檐柱以面阔十分之八定高低。十分之七定径寸。如面阔一丈二尺，得柱高九尺六寸，径八寸四分。如次间、梢间面阔比明间窄小者，其柱、檩、柁、枋等木径寸，仍照明间。至次间、梢间面阔，临期酌夺地势定尺寸。

凡金柱以出廊加举定高低。如出廊深三尺，按五举加之，得高一尺五寸，并檐柱之高九尺六寸，得通长一丈一尺一寸。以檐柱径加二寸定径寸。如檐柱径八寸四分，得金柱径一尺四分。以上柱子每径一尺，外加榫长三寸。

凡山柱以进深加举定高低。如通进深一丈八尺，内除前后廊六尺，进深得一丈二尺。分为四步架，每坡得二步架，每步架深三尺。第一步架按七举加之，得高二尺一寸。第二步架按九举加之，得高二尺七寸。又加平水高七寸四分，再加檩径三分之一作桁椀，得长二寸八分，并金柱高一丈一尺一寸，得通长一丈六尺九寸二分。径寸与金柱同。每径一尺，外加榫长三寸。

凡抱头梁以出廊定长短。如出廊深三尺，一头加檩径一份得柁头分位，一头加金柱径半份，又出榫照檐柱径半份，得通长四尺七寸八分。以檐柱径加二寸定厚。如檐柱径八寸四分，得厚一尺四分。高按本身之厚每尺加三寸，得高一尺三寸五分。

凡穿插枋以出廊定长短。如出廊深三尺，一头加檐柱径半份。一头加金柱径半份，又两头出榫照檐柱径一份，得通长四尺七寸八分。高、厚与檐枋同。

凡五架梁以进深出廊定长短。如通进深一丈八尺，内除前后廊六尺，进深得一丈二尺。两头各加檩径一份，得柁头分位，如檩径八寸四分，得通长一丈三尺六寸八分。以金柱径加二寸定厚。如柱径一尺四分，得厚一尺二寸四分。高按本身之厚每尺加三寸，得高一尺六寸一分。

凡随梁枋以进深定长短。如进深一丈二尺，内除柱径一份，外加两头入榫分位，各按柱径四分之一，得长一丈一尺四寸八分。其高、厚俱按檐枋各加二寸。

凡柁墩以步架加举定高低。如步架深三尺，按七举加之，得高二尺一寸。内除五架梁高一尺六寸一分，得净高四寸九分。以三架梁之厚收二寸定宽。如三架梁厚一尺四分，得宽八寸四分。以柁头两份定长。如柁头二份长一尺六寸八分，即长一尺六寸八分。

凡三架梁以步架二份定长短。如步架二份深六尺，两头各加檩径一份，得柁头分位。如檩径八寸四分，得通长七尺六寸八分。以五架梁高、厚各收二寸定高厚。如五架梁高一尺六寸一分，厚一尺二寸四分，得高一尺四寸一分，厚一尺四分。

凡双步梁以步架二份定长短。如步架二份深六尺，一头加檩径一份，得柁头分位；如檩径八寸四分，得通长六尺八寸四分。高、厚与五架梁同。

凡合头枋以步架二份定长短。如步架二份深六尺，内除柱径各半份，外加两头入榫分位，各按檐柱径四分之一，得长五尺四寸八分。其高、厚俱按檐枋各加二寸。

凡单步梁以步架一份定长短。如步架一份深三尺，一头加檩径一份得柁头分位。如檩径八寸四分，得通长三尺八寸四分。高、厚与三架梁同。

凡檐枋、老檐枋，金、脊枋以面阔定长短。如面阔一丈二尺。内除柱径一份，外加两头入榫分位，各按檐柱径四分之一，得长一丈一尺五寸八分。以檐柱径寸定高。如柱径八寸四分，即高八寸四分。厚按本身之高收二寸，得厚六寸四分。其悬山做法，梢间檐枋应照柱径尺寸加一份，得箍头分位，宽、厚与檐枋同。如金、脊枋不用垫板，照檐枋之宽、厚各收二寸。

凡金、脊、檐垫板以面阔定长短。如面阔一丈二尺，内除柁头分位一份，外加两头入榫尺寸，照柁头之厚每尺加滚楞二寸，得长一丈一尺一寸六分。以檐枋之高收一寸定高。如檐枋高八寸四分，得高七寸四分。以檩径十分之三定厚。如檩径八寸四分，得厚二寸五分。宽六寸以上者，照檐枋之高收分一寸；六寸以下者不收分。其脊垫板，照面阔除脊瓜柱径一分，外加两头入榫尺寸，各按瓜柱径四分之一。

凡脊瓜柱以步架加举定高低。如步架深三尺，按九举加之，得高二尺七寸。又加水平高七寸四分，再加檩径三分之一作桁椀，得长二寸八分，得通高三尺七寸二分。内除三架梁高一尺四寸一分，得净高二尺三寸一分。以三架梁之厚收二寸定厚。如三架梁厚一尺四分，得厚八寸四分。宽按本身之厚加二寸，得宽一尺四分。每宽一尺，外加下榫长三寸。

凡檩木以面阔定长短。如面阔一丈二尺，即长一丈二尺。每径一尺，外加搭交榫长三寸。如硬山做法，独间成造，应两头照山柱径各加半份。如有次间、梢间，应一头照山柱径加半份。其悬山做法，应照出檐之法加长。径寸俱与檐柱同。

凡悬山桁条下皮用燕尾枋以出檐之法得长。如出檐二尺八寸八分，即长二尺八寸八分。以檩径十分之三定厚。如檩径八寸四分，得厚二寸五分。宽按本身之厚加二寸，得宽四寸五分。

凡檐椽以出廊并出檐加举定长短。如出廊深三尺，又加出檐尺寸，照檐柱高十分之三，得二尺八寸八分。共长五尺八寸八分。又按一一五加举，得通长六尺七寸六分。如用飞檐椽，以出檐尺寸分三份，去长一份作飞檐头。以檩径十分之三定径寸。如檩径八寸四分，得径二寸五分。每椽空档，随椽径一份。每间椽数，俱应成双。档之宽窄，随数均匀。

凡花架椽以步架加举定长短。如步架深三尺，按一一五加举，得通长三尺七寸五分。径寸与檐椽同。

凡脑椽以步架加举定长短。如步架深三尺，按一三五加举，得通长四尺五分，径寸与檐椽同。以上檐、脑椽一头加搭交尺寸。花架椽两头各加搭交尺寸，俱照椽径加一份。

凡飞檐椽以出檐定长短。如出檐两尺八寸八分，三份分之。出头一份得长九寸六分，后尾两份得长一尺九寸二分。共长二尺八寸八分。又按一一五加举，得通长三尺三寸一分。见方与檐椽径寸同。

凡连檐以面阔定长短。如面阔一丈二尺，即长一丈二尺。梢间应加墀头分位。如悬山做法，随挑山之长。宽、厚同檐椽。

凡瓦口长短随连檐。以所用瓦料定高、厚。如头号板瓦中高二寸，三份均开，二份作底台，一份作山子，又加板瓦本身之高二寸，得头号瓦口净高四寸。如二号板瓦中高一寸七分，三份均开，二份作底台，一分作山子，又加板瓦本身之高一寸七分，得二号瓦口净高三寸四分。如三号板瓦中高一寸五分，三份均开，二份作底台，一份作山子，又加板瓦本身之高一寸五分，得三号瓦口净高三寸。其厚俱按瓦口净高尺寸四分之一。得头号瓦口厚一寸，二号瓦口厚八分，三号瓦口厚七分。如用筒瓦，即随头二三号板瓦之瓦口，应除山子一份之高，厚与板瓦瓦口同。

凡里口以面阔定长短。如面阔一丈二尺，即长一丈二尺。如悬山做法，随挑山之长。高、厚与飞檐椽同，再加望板之厚一份半，得里口之加高尺寸。

凡椽椀长短随里口。以椽径定高，厚。如椽径二寸五分，再加椽径三分之一，共得高三寸三分。以椽径三分之一定厚，得厚八分。

凡扶脊木长短径寸俱同脊檩。

凡博缝板照椽子净长尺寸，外加斜搭交①之长，按本身宽尺寸。以椽径七根定宽，如椽径二寸五分，得宽一尺七寸五分。以椽径十分之七定厚。如椽径二寸五分，得厚一寸七分。

凡用横望板、压飞檐尾横望板以面阔、进深加举折见方丈定长、宽。以椽径十分之二定厚。如椽径二寸五分，得厚五分。

以上俱系大木做法，其余各项工料及装修等件逐款分别，另册开载。

如特将面阔、进深、柱高改放宽敞高矮，其木植径寸等项，照所加高矮尺寸加算。耳房、配房、群廊等房，照正房配合高宽，其木植径寸，亦照加高核算。

注释

①斜搭交：在多角攒尖顶式建筑，如四角亭、五角亭、六角亭、八角亭中，按形制不同，檩条以120°、135°或其他角度不等来搭置，称“斜搭交桁檩”。

原典图说

大王庙

大王庙是藏山神晋国大夫赵武的行宫，现庙内建筑仅存大殿，据脊檩题记，建于明成化三年（1467年）。大殿坐北朝南，面阔三间，进深三间，边长9.7m，平面呈正方形，单檐歇山顶。前檐墙下建须弥座，下有青石包基。四周施单翘单昂栱，补间斗栱各一朵。殿内梁架前后内额与四椽袱构成井口方梁，纵横摆在梢间的中间，四角用三层抹角梁与斗栱层层挑起井口梁，下饰垂梁柱，构成“悬梁吊柱”，因此也称为“无梁殿”。

山西盂县大王庙

卷十 六檩大木做法

原典

凡檐柱①以进深加举定高低。如通进深一丈六尺，内除前廊三尺二寸，进深得一丈二尺八寸。凡檐柱以面阔十分之八定高低，十分之七定径寸。如面阔一丈一尺，得柱高八尺八寸，径七寸七分。如次间、梢间面阔比明间窄小者，其柱、檩、柁、枋等木径寸，仍照明间。至次间，梢间面阔，临期酌夺地势定尺寸。

凡金柱②以出廊加举定高低，如出廊深三尺二寸，按五举加之，得高一尺六寸，并檐柱高八尺八寸得通长一丈四寸。以檐柱径加二寸定径寸。如檐柱径七寸七分，得金柱径九寸七分。以上柱子，每径一尺，外加榫长三寸。凡山柱以进深加举定高低。如通进深一丈六尺，内除前廊三尺二寸，进深得一丈二尺八寸。分为四步架，每坡得二步架，每步架按深三尺二寸，第一步按七举加之得高二尺二寸四分。第二步架按九举加之，得高二尺八寸八分，又加平水高六寸七分，再加檩径三分之一作桁椀，得长二寸五分，并金柱之高一丈四寸，得通长一丈六尺四寸四分。径寸与金柱同。前落金做法，后檐柱高低、径寸俱与前金柱同，每径一尺，加榫长三寸。

原典

凡五架梁以进深除廊定长短。如通进深一丈六尺，内除前廊三尺二寸，进深得一丈二尺八寸。两头各加檩径一份，得柁头分位，如檩径七寸七分，得通长一丈四尺三寸四分。以金柱径加二寸定厚。如柱径九寸七分，得厚一尺一寸七分。高按本身之厚每尺加三寸，得高一尺五寸二分。

凡随梁枋以进深定长短，如进深一丈二尺八寸，内除柱径一份，外加两头入榫分位，各按柱径四分之一，得长一丈二尺三寸一分。其高、厚俱按檐枋各加二寸。

凡金瓜柱[1]以步架加举定高低。如步架深三尺二寸，按七举加之，得高二尺二寸四分。内除五架之高一尺五寸二分，得净高七寸二分，以三架梁之厚收二寸定厚。如三架梁厚九寸七分，得厚七寸七分。宽按本身之厚加二寸，得宽九寸七分。每宽一尺，外加上、下榫各长三寸。

凡三架梁以步架二份定长短。如步架二份深六尺四分，两头各加檩径一份，得柁头分位。如檩径七寸七分，得通长七尺九寸四分。以五架梁高、厚各收二寸定高、厚。如五架梁高一尺五寸二分，厚一尺一寸七分，得高一尺三寸二分，厚九寸七分。

凡双步梁以步架二份定长短。如步架二份深六尺四寸，一头加檩径一份得柁头分位。如檩径七寸七分，得通长七尺一寸七分。高、厚与五架梁同。

凡抱头梁以出廊定长短。如出廊深三尺二寸，一头加檩径一份，得柁头分位。一头加金柱径半份，又出榫照檐柱径半份，得通长四尺八寸四分。以檐柱径加二寸定厚，如柱径七寸七分，得厚九寸七分，高按本身之厚每尺加三寸，得高一尺二寸六分。

凡穿插枋以出廊定长短。如出廊深三尺二寸，一头加檐柱径半份，一头加金柱径半径，又两头出榫照檐柱径一份，得通长四尺八寸四分。高、厚与檐枋同。

注释

① 檐柱：凡檐下最外一列的柱子。
② 金柱：檐柱以内的柱子。

凡合头枋以步架两份定长短。如步架二分深六尺四寸，内除柱径各半份，外加两头入榫分位，各按柱径四分之一，得长五尺九寸一分。其高厚俱按檐枋各加二寸。

凡单步梁以步架一份定长短，如步架一份深三尺二寸，一头加檩径一份，得柁头分位。如檩径七寸七分，得通长三尺九寸七分。高、厚与三架梁同。

凡檐枋、老檐枋、金脊枋以面阔定长短。如面阔一丈一尺，内除柱径一份，外加二头入榫分位，各按柱径四分之一，得长一丈六寸一分。以檐柱径寸定高。如径七寸七分，即高七寸七分。厚按本身之高收二寸，得厚五寸七分。如金、脊枋不用垫板，照檐枋宽厚各收二寸。

凡金、脊、檐垫板以面阔定长短。如面阔一丈一尺，除柁头分位一份，外加两头入榫尺寸，照柁头之厚每尺加滚楞二寸，得长一丈二寸二分。以檐枋之高收一寸定高。如檐枋高七寸七分，得高六寸七分。以檩径十分之三定厚。如檩径七寸七分，得厚二寸二分。高六寸以上者，照檐枋之高收寸一分；六寸以下者不收分。其脊垫板，照面阔除脊瓜柱径一份，外加两头入榫尺寸，各按瓜柱径四分之一。

凡脊瓜柱以步架加举定高低。如步架深三尺二寸，按九举加之，得高二尺八寸八分；又加平水高六寸七分，再加檩径三分之一作桁椀，得长二寸五分，内除三架梁高一尺三寸二分，得净高二尺四寸八分。宽、厚同金瓜柱，每宽一尺，外加下榫长三寸。

凡檩木以面阔定长短。如面阔一丈一尺，即长一丈一尺。每径一尺，外加搭交榫长三寸。如硬山做法，独间成造者，应两头照山柱径各半份。如有次间，梢间者，应一头照山柱径加半份。径寸俱与檐柱同。

凡前檐椽以出廊并出檐加举定长短。如出廊深三尺二寸，又加出檐尺寸照前檐柱高十分之三，得二尺六寸四分，共长五尺八寸四分。又按一一五加举，得通长六尺七寸一分。如步架深三尺二寸，又加出檐尺寸照后檐柱高十分之三，得三尺一寸二分，共长六尺三寸二分。又按一二五加举，得通长七尺九寸。如用飞檐椽，以出檐尺寸分三份，共长一份作飞檐头。以檩径十分之三定径寸，如檩径七寸七分，得径二寸三分。椽每空档，随椽径一份，每间椽数，俱应成双。档之宽窄，随数均匀。

凡后檐封护檐②椽以步架加举定长短。如步架深三尺二寸，再加檩径半份，共长三尺五寸八分。又按一二五加举，得通长四尺四寸七分。径寸与前檐椽同。

凡前檐花架椽以步架加举定长短。如步架深三尺二寸，按一二五加举，得通长四尺。径寸与檐椽同。

凡脑椽以步架加举定长短。如步架深三尺二寸，按一三五加举，得通长四尺三寸二分。径寸与檐椽同。以上檐脑椽一头加搭交尺寸；花架椽两头各加搭交尺寸，俱照椽径加一份。

凡飞檐椽以出檐定长短。如前出檐二尺六寸四分，三份分之，出头一份得长八寸八分，后尾二份得长一尺七寸六分，共长二尺六寸四分。又按一一五加举，得通长三尺三分。如后出檐三尺一寸二分三份分之，出头一份得长一尺四分，后尾二份得长二尺八分，共长三尺一寸二分。又按一二五加举，得通长三尺九寸。见方与檐椽径寸同。

飞椽

注释

① 金瓜柱：在横梁上支承上层檩条的柱子。

② 封护檐：前后两坡，尤其是后坡，往往有不出檐的，檐椽只架到檐檩上而不伸出，外面用砖垒到檐平，将檐头完全封起，不露在外面，叫封护檐。这种封护檐有时还用砖做成假椽头和假连檐的样子。

原典

凡连檐以面阔定长短。如面阔一丈一尺即长一丈一尺。梢间应加墀头分位。宽、厚同檐椽。

凡瓦口长短随连檐。以所用瓦料定高、厚，如头号板瓦中高二寸，三份均开，二份作底台，一份作山子，又加板瓦本身高二寸，得头号瓦口净高四寸，如二号板瓦中高一寸七分，三份均开，二份作底台，一份作山子，又加板瓦本身高一寸七分，得二号瓦口净高三寸四分。如三号板瓦中高一寸五分，三份均开，二份作底台，一份作山子，又加板瓦本身高一寸五分，得三号瓦口净高三寸。其厚俱按瓦口净高尺四分之一，得头号瓦口厚一寸，二号瓦口厚八分，三号瓦口厚七分。如用筒瓦，随即头二三号板瓦之瓦口，应除山子一份之高，厚与板瓦瓦口同。

凡里口以面阔定长短。如面阔一丈一尺，即长一丈一尺。高、厚与飞檐椽同，再加望板之厚一份半，得里口加高数目。

凡椽椀长短随里口。以椽柱定高、厚。如椽径二寸三分，再加椽径三分之一，共得高三寸。以椽径三分之一定厚，得厚七分。

凡扶脊木长短、径寸俱同脊檩。

凡用横望板、压飞檐尾横望板，以面阔、进深加举折见方丈定长、宽。以椽径十分之二定厚。如椽径二寸三分，得厚四分。如特将面阔、进深、柱高改放宽长高矮，其木植径寸等项，照所加高矮尺寸加算。耳房、配房、群廊等房，照正房配合高宽。其木植径寸，亦照加高核算。

山西平遥镇国寺万佛殿

原典图说

万佛殿

万佛殿面阔、进深各 3 间，单檐九脊歇山顶。正立面左右开二窗，前后明间各开一门，四周砖墙。檐高 527cm，檐出 294cm，举高 360cm，总高 886cm。殿宇用柱 12 根，高 342cm，柱颈上阑额不出头，柱均向内侧，斗栱总高 185cm，大斗直接坐在柱头上，外檐柱头斗栱七铺作双杪双下昂重栱偷心造，补间斗栱各一朵，铺作出跳 143cm，材宽厚为 22cm × 16cm，高 10cm，屋内建筑形式为彻上明造。通檐二柱结构，当心间东、西两缝上各用一根长 1028cm、截面为 41cm × 28cm 的椽栿搭地前后檐的柱头铺作上。其上则用六椽草栿、四椽栿、平梁和侏儒柱叉手以承托脊梁栿。四椽和平梁的两端，并用“托脚”斜撑。梁枋两侧横截面联结，用攀间枋牵拉。其主要特征是：该殿近正方形，屋顶庞大，出檐深远，但由于屋顶采取了举折，屋角反翘，使沉重庞大的屋顶呈现出轻巧活泼的建筑艺术形象，整个外观给人一种雄伟壮观、气势非凡的感觉。这其中“斗栱”起了决定性的作用。再从正立面看各间，明间采取了略大的方式。这就满足了功能的需要，又使外观有了主次分明的艺术效果。殿内梁架结构，纵横构件，联结牢固，用材科学合理，结构与装饰并重。

卷十一 五檩大木做法

匠心·营造

原典

凡檐柱以面阔十分之八定高低。十分之七定径寸。如面阔一丈，得柱高八尺，径七寸。每径一尺，外加榫长三寸。如次间、梢间面阔比明间窄小者，其柱、檩、柁、枋等木径寸，仍照明间。至次间，梢间面阔，临期酌夺地势定尺寸。

凡山柱以进深加举定高低。如进深一丈二尺，分为四步架，每坡得二步架，每步架深三尺。第一步架按五举加之，得高一尺五寸。第二步架按七举加之，得高二尺一寸。又加平水高六寸，再加檩径三分之一作桁椀，长二寸三分，并檐柱之高八尺，得通长一丈二尺四寸三分。以檐柱径加二寸定径寸。如柱径七寸，得径九寸，每径一尺，外加榫长三寸。

凡五架梁以进深定长短。如进深一丈二尺，两头各加檩径一份，得柁头分位。如檩径七寸，得通长一丈三尺四寸。以檐柱径加二寸定厚。如柱径七寸，得厚七寸。高按本身之厚每尺加三寸。得高一尺一寸七分。

凡随梁枋以进深定长短。如进深一丈二尺，内除柱径一份，外加两头入榫分位，各按柱径四分之一，得长一丈一尺六寸五分。其高、厚俱按檐枋各加二寸。

五檩大木结构建筑

凡柁橔以步架加举定高低。如步架深三尺，按五举加之，得高一尺五寸。内除五架梁高一尺一寸七分，得净高三寸三分。以三架梁之厚收二寸定宽。如三架梁厚七寸，得宽五寸以柁头二份定长。如柁头二份长一尺四寸，即长一尺四寸。

凡三架梁以步架二份定长短。如步架二份深六尺，两头各加檩径一份，得柁头分位。如檩径七寸，得通长七尺四寸。以五架梁高、厚各收二寸定高、厚。如五架梁高一尺一寸七分，厚九寸，得高九寸七分，厚七寸。

凡双步架以步架二份定长短。如步架二份深六尺，一头加檩径一份得柁头分位，如檩径七寸，得通长六尺七寸。高，厚与五架梁同。

凡合头枋以步架二份定长短。如步架二份深六尺，内除柱径各半份，外加两头入榫分位，各按檐柱径四分之一，得长五尺六寸。其高、厚俱按檐枋各加二寸。

凡单步梁以步架一份定长短。如步架一份深三尺，一头加檩径一份，得柁头分位。如檩径七寸，得通长三尺七寸。高，厚与三架梁同。

凡金、脊、檐枋以面阔定长短。如面阔一丈，内除柱径一份，外加两头入榫分位，各按柱径四分之一，得长九尺六寸五分。以檐柱径寸定高。如柱径七寸，即高七寸，厚按本身之高收二寸，得厚五寸。其悬山做法，梢间檐枋应照柱径尺寸加一份，得箍头分位。高，厚与檐枋同。如金、脊枋不用垫板，照檐枋之高、厚各收二寸。

原典图说

大梁

梁架之中最重要的是大梁，又称五架梁，梁上的雕刻彩绘多集中在五架梁上，一般的做法是先在枋心绘成斜枋套环式，在梁的左右箍头之外，雕画出云锦，梁底面雕画牡丹花，左右丁头栱侧绘出云卷，在斗栱上以承担脊博。

大 梁

原典

凡金、脊、檐垫板以面阔定长短。如面阔一丈，内除柁头分位一份，外加两头入榫尺寸，照柁头之厚每尺加滚楞二寸，得长九尺二寸八分。收檐枋之高收一寸定高。如檐枋高七寸，得高六寸。以檩径十分之三定厚。如檩径七寸，得厚二寸一分。高六寸以上者，照檐枋之高收分一寸；六寸以下者不收分。其脊垫板，除脊瓜柱径一份，外加两头入榫尺寸，俱按瓜柱径四分之一。

凡脊瓜柱以步架加举定高低。如步架深三尺，按七举加之，得高二尺一寸；又加平水高六寸，再加檩径三分之一作桁椀，得长二寸三分。内除三架梁高九寸七分，得净高一尺九寸六分。以三架梁之厚收分二寸定厚。如三架梁厚七寸，得厚五寸。宽按本身之厚加二寸，得宽七寸。每宽一尺，外加下榫长三寸。

凡脊角背以步架一份定长短。如步架深三尺，即长三尺。以瓜柱之高、厚三分之一定宽、厚。如瓜柱净高一尺九寸六分，厚五寸；得宽六寸五分，厚一寸六分。

凡檩木以面阔定长短。如面阔一丈即长一丈，每径一尺，外加搭交榫长三寸。如硬山做法，独间成造者，应两头照山柱径各加半份。如有次间、梢间者，应一头照山柱径半份。其悬山做法，应照山檐之法加长，径寸与檐柱同。

凡悬山桁条下皮用燕尾枋，以出檐之法得长。如出檐二尺四寸，即长二尺四寸。以檩径十分之三定厚。如檩径七寸，得厚二寸一分。宽按本身之厚加二寸，得宽四寸一分。

凡檐椽以步架并出檐加举定长短。如步架深三尺，又加出檐尺寸照檐柱高十分之三，得二尺四寸，共长五尺四寸。又按一一五加举，得通长六尺二寸一分。如用飞檐椽，以出檐尺寸分三份，去长一份作飞檐头。以檩径十分之三定径寸。如檩径七寸，得径二寸一分。每椽空档，随椽径一份。每间椽数，俱应成双。档之宽窄，随数均匀。

凡脑椽以步架加举定长短。如步架深三尺，按一二五加举，得通长三尺七寸五分。径寸与檐椽同。以上檐、脑椽一头加搭交尺寸。俱照椽径加一份。

凡飞檐椽以出檐定长短。如出檐二尺四寸，三份分之，出头一份得长八寸，后尾二份得长一尺六寸，共长二尺四寸。又按一一五加举，得通长二尺七寸六分。见方与檐椽径寸同。

凡连檐以面阔定长短。如面阔一丈，即长一丈。梢间应加墀头分位。如悬山做法，随挑出之长。宽、厚同檐椽。

凡瓦口长短随连檐。以所用瓦料定高、厚。如头号板瓦中高二寸，三份均开，二份作底台，一份作山子，又如板瓦本身高二寸，得头号瓦口净高四寸。如二号板瓦中高一寸七分，三份均开，二分作底台，一份作山子，又加板瓦本身高一寸五分，三份均开，二份作底台，一份作山子，又加板瓦本身高一寸五分，得三号瓦口净高三寸。其厚俱按瓦口净高尺寸四分之一。得头号瓦口厚一寸，二号瓦口厚八分，三号瓦口厚七分。如用筒瓦，即随头、二、三号板瓦之瓦口，应除山子一份之高，厚与板瓦瓦口同。

凡里口以面阔定长短。如面阔一丈，即长一丈，如悬山做法，随挑山之长。高、厚与飞檐椽同。再加望板之厚一份半，得里口之加高数目。

凡椽椀长短随里口。以椽径定高、厚。如椽径二寸一分，再加椽径三分之一，共得高二寸八分。以椽柱三分之一定厚，得厚七分。

凡博缝板照椽子净长尺寸，外加斜搭交之长，按本身宽尺寸。以椽径七根定宽，如椽径二寸一分，得宽一尺四寸七分，以椽径十分之七定厚。如椽径二寸一分。得厚一寸四分。

凡用横望板、压飞檐尾横望板以面阔、进深加举折见方定长、宽。以椽径十分之二定厚。如椽径二寸一分，得厚四分。如特将面阔、进深、柱高改放长宽高矮，其木植径寸等项照所加高矮尺寸加算。耳房、配房、群廊等房，照正房配合高宽，其木植径寸亦照加高核算。

故宫保和殿

原典图说

保和殿

保和殿面阔9间，进深5间（含前廊1间），建筑面积1240.00m^2，高29.50m。屋顶为重檐歇山顶，上覆黄色琉璃瓦，上下檐角均安放9个小兽。上檐为单翘重昂七踩斗栱，下檐为重昂五踩斗栱。

内外檐均为金龙和玺彩画，天花为沥粉贴金正面龙。六架天花梁彩画极其别致，与偏重丹红色的装修和陈设搭配协调，显得华贵富丽。

殿内金砖铺地，坐北向南设雕镂金漆宝座。东西两梢间为暖阁，安板门两扇，上加木质浮雕如意云龙浑金毗庐帽。建筑上采用了减柱造做法，将殿内前檐金柱减去六根，使空间宽敞舒适。

保和殿后阶陛中间设有一块雕刻着云、龙、海水和山崖的御保和殿后的石阶路石，人们称之为云龙石雕。这是紫禁城中最大的一块石雕，长16.57m，宽3.07m，厚1.70m，重为250t。原明朝雕刻，清朝乾隆时期又重新雕刻。图案是在山崖、海水和流云之中，有九条口戏宝珠的游龙，它们的形象动态十足，生机盎然。

卷十二 四檩卷棚大木做法

原典

凡檐柱以面阔十分之八定高低。十分之七定径寸。如面阔一丈，得柱高八尺，径七寸。每径一尺，外加榫长三寸。如次间、梢间面阔比明间窄小者，其柱、檩、柁、枋等木径寸，仍照明间。至次间、梢间面阔，临期酌夺地势定尺寸。

凡四架梁以进深定长短。如进深一丈二尺，两头各加檩径一份，得柁头分位。如檩径七寸，得通长一丈三尺四寸。以檐柱径加二寸定厚，如柱径七寸，得厚九寸。高按本身厚每尺加三寸，得高一尺一寸七分。

凡随梁枋以进深定长短。如进深一丈二尺，内除柱径一份，外加两头入榫分位，各按柱径四分之一，得长一丈一尺六寸五分。其高、厚俱按檐枋各加二寸。

凡顶瓜柱以步架加举定高低。如进深一丈二尺，除月梁二尺四寸，前后步架各得四尺八寸，按五举加之，得高二尺四寸。内除四架梁高一尺一寸七分，得净高一尺二寸三分。以月梁之厚收二寸定厚。如月梁厚七寸，得厚五寸。宽按本身厚加二寸，得宽七寸。每宽一尺，外加上、下榫各长三寸。

角脊

檐柱

凡月梁以进深定长短。如进深一丈二尺，五份分之，居中一份深二尺四寸，两头各加檩径一份，得柁头分位，如檩径七寸，得通长三尺八寸。以四架梁高、厚各收二寸定高、厚。如四架梁高一尺一寸七分，厚九寸，得高九寸七分，厚七寸。

凡角脊长按月梁尺寸除柁头，加倍定长短。如月梁除柁头净长二尺四寸，角背应长四尺八寸。以瓜柱高、厚三分之一定宽、厚。如瓜柱净高一尺二寸三分，厚五寸，得宽四寸一分。厚一寸六分。

原典图说

角脊

有山墙的中式建筑，其屋顶为二落水；没有山墙的屋顶，就是四落水了。还有庑殿式的屋顶也是四落水。四落水屋顶就会出现“角脊”。就是四个角的屋檐的脊，翘得很高，这是中式建筑最具有特色之处。

原典

凡檐、脊枋以面阔定长短。如面阔一丈，内除柱径一份，外加两头入榫分位，各按柱径四分之一，得长九尺六寸五分。以檐柱径寸定高。如柱径七寸，即高七寸。厚按本身高收二寸，得厚五寸。其悬山做法，梢间檐枋应照柱径尺寸加一份，得箍头分位。高、厚与檐枋同。如脊枋不用垫板，照檐枋高、厚各收二寸。

凡檐、脊垫板以面阔长短。如面阔一丈，内除柁头分位一份，外加两头入榫尺寸，照柁头厚每尺加滚楞二寸，得长九尺二寸八分。以檐枋之高收一寸定高。如檐枋高七寸，得高六寸。以檩径十分之三定厚。如檩径七寸，得厚二寸一分。高六寸以上者，照檐枋之高收分一寸，六寸以下者不收分。其脊垫板，照面阔除脊瓜柱径一份，外加两头入榫尺寸，各按瓜柱径四分之一。

凡檩木以面阔定长短。如面阔一丈，即长一丈，每径一尺，外加搭交榫长三寸。如硬山做法，独间成造者，应两头照柱径尺寸各加半份。若有次间、梢间者，应一头照柱径尺寸加半份。其悬山做法，照出檐之法加长。径寸俱与檐柱同。

凡机枋条子长随檩木。以檩径十分之三定高。如檩径七寸，得高二寸一分。以椽径三分之一定厚。如椽径三分之一定厚。如椽径二寸一分，得厚七分。

卷棚顶

凡悬山桁条下皮用燕尾枋，以出檐之法得长。如出檐二尺四寸，即长二尺四寸。以檩径十分之三定厚。如檩径七寸，得厚二寸一分。高按本身之厚加二寸，得高四寸一分。

原典图说

卷棚顶山面的木构造

一般的卷棚歇山顶是由双脊檩和罗锅椽所形成的脊檩延伸至山面的部分，由两根草架柱支撑，并落脚于月梁之上。

最简单的卷棚顶歇山构架是将脊檩改成双脊檩，并将山面承托双脊檩的月梁改成踩步金的形式即可。当歇山建筑的体量较小时，会使脊檩外端挑出的距离也很小，此时安装草架柱、横穿、榻脚木等构件会出现拥挤或安装不下的情况，此时，可将这三件省去，只借用脊檩端头来钉博缝板和山花板即可。

凡檐椽以步架并出檐加举定长短。如步架深四尺八寸，又加出檐尺寸照檐柱高十分之三，得一尺四寸，共长七尺二寸。又按一一五加举，得通长八尺二寸八分。如用飞檐椽，以出檐尺寸三份，去长一份作飞檐头。以檩径十分之三定径寸，如檩径七寸，得径二寸一分。一头加搭交尺寸，照椽径一份。每椽空档，随椽径一份，每间椽数，俱应成双。档之宽窄，随数均匀。

凡顶椽以月梁定长短，如月梁长二尺四寸，两头各加檩径半份，得通长三尺一寸。见方与檐椽同。

凡飞檐椽以出檐定长短，如出檐二尺四寸，三份分之出头一份得长八寸，后尾二份得长一尺六寸，共长二尺四寸。又按一一五加举，得通长二尺七寸六分。见方与檐椽同。

凡连檐以面阔定长短。如面阔一丈，即长一丈。档间应加墀头分位。如悬山做法，随挑山之长。宽、厚同檐椽。

凡瓦口长短随连檐。以所用瓦料定高、厚。如头号板瓦中高二寸，三份均开，二份作底台，一份作山子，又加板瓦本身高二寸，得头号瓦号净高四寸。如二号板瓦中高一寸七分，三份均开，二份作底台，一份作山子，又加板瓦本身之高一寸七分，得二号瓦口净高三寸四分。如三号板瓦中高一寸五分，三份均开，二份作底台，一份作山子，又加板瓦本身之高一寸五分，得三号瓦口净高三寸。其厚俱按瓦口净高尺寸四分之一。得头号瓦口厚一寸，二号瓦口厚八分，三号瓦口厚七分。如用筒瓦，即随头、二、三号板瓦瓦口，应除山子一份之高，厚与板瓦瓦口同。

凡里口以面阔定长。如面阔一丈，即长一丈。如悬山做法，随挑出之长。高、厚与飞檐椽同。再加望板之厚一份半，得里口之加高尺寸。

凡檐椽长短随里口。以椽径定高、厚。如椽径二寸一分，再加椽径三分之一，共得高二寸八分。以椽柱三分之一定厚，得厚七分。

凡博缝板照椽子净长尺寸，外加斜搭交之长，按本身宽尺寸。以椽径七根定宽，如椽径二寸一分，得宽一尺四寸七分，以椽径十分之七定厚。如椽径二寸一分。得厚一寸四分。

凡用横望板、压飞檐尾横望板，以面阔、进深加举折见方定长、宽。以椽径十分之二定厚。如椽径二寸一分，得厚四分。如特将面阔、进深、柱高改放长宽高矮，其木植径寸等项照所加高矮尺寸加算。耳房、配房、群廊等房，照正房配合高宽，其木植径寸，亦照加高核算。

清工部

原典

凡檐柱高低随前后房之柱高。如前后房檐柱高一丈，即长一丈。以面阔十分之七定径寸。如面阔一丈，得径七寸。如次间、梢间面阔比明间窄小者，其柱、檩、柁、枋等木径寸，仍照明间面阔，临期酌夺地势定尺寸。

凡五架梁以前后房明间面阔定长短。如前后房面阔一丈四尺，两头各加檩径一份，得柁头分位。如檩径七寸，得通长一丈五尺四寸。以檐柱径加二寸定厚。如柱径七寸，得九寸。高按本身厚每尺加三寸，得高一尺一寸七分。

凡随梁枋以进深定长短。如进深一丈四尺，内除柱径一份，外加两头入榫分位，各按柱径四分之一，得长一丈三尺六寸五分。其高、厚照檐枋各加二寸。

凡金瓜柱以步架一份加举定高低。如步架一份深三尺五寸，按五举加之，得高一尺七寸五分。内除五架梁高一尺一寸七分，得净高五寸八分。以三架梁厚收二寸定厚，如三架梁厚七寸，得厚五寸。宽按本身厚加二寸，得宽七寸。每宽一尺，外加上、下榫各长三寸。

卷十三

五檩川堂大木做法

凡三架梁以步架二份定长短。如步架二份深七尺，两头各加檩径一份，得柁头分位。如檩径七寸，得通长八尺四寸。以五架梁高，厚各收二寸定高、厚。如五架梁高一尺一寸七分，厚九寸，得高九寸七分，厚七寸。

凡脊瓜柱以步架一份加举定高低。如步架一份深三尺五寸，按七举加之，得高二尺四寸五分。又加平水高六寸，再加檩径三分之一作桁椀，长二寸三分，得通长三尺二寸八分。内除三架梁高九寸七分，得净高二尺三寸一分。宽、厚同金瓜柱，每宽一尺，外加下榫长三寸。

凡两山柁墩以步架一份加举定高低。如步架一份深三尺五寸，按五举加之，得高一尺七寸五分。内除五架梁高一尺一寸七分，又除前后房檐檩径半份，得净高二寸三分。以三架梁厚收二寸定宽。如三架梁厚七寸，得宽五寸。以柁头二份定长。如柁头两份长一尺四寸，即长一尺四寸。

凡金、脊、檐枋以面阔定长短，如面宽一丈，内除柱径一份，外加两头入榫分位，各按柱径四分之一，得通长九尺六寸五分。以檐柱径寸定高，如柱径七寸，即高七寸。厚按本身高收二寸，得五寸。如金、脊、枋不用垫板，照檐枋高厚各收二寸。

凡金、脊、檐垫板以面阔定长短，如面阔一丈，内除柁头分位一份，外加两头入榫尺寸，照柁头厚，每尺加滚楞二寸，得通长九尺二寸八分。以檐枋之高收一寸定高。如檐枋高七寸，得高六寸。以檩径十分之三定厚。如檩径七寸，得厚二寸一分，宽六寸以上者，照檐枋之高收分一寸，六寸以下者不收分。其脊垫板，照面阔除脊瓜柱径一份，外加两头入榫尺寸，各按瓜柱径四分之一。

凡檩木以面阔定长短。如面阔一丈，即长一丈。每径一尺，外加搭交榫长三寸。梢间金檩一头加一步架，脊檩加二步架，径寸俱与檐柱同。

凡角梁以步架并出檐加举定长短。如步架深三尺五寸，出檐照檐柱高十分之三。得三尺，共长六尺五寸，用方五斜七之法得斜长，又按一一五加举，得通长一丈四寸六分。以椽径三份定高，二份定厚。如椽径二寸一分，得厚六寸三分，厚四寸二分。

凡掖角仔角梁以出檐加举定长短。如出檐三尺，用方五斜七之法加斜长，又按一一五加举，共长四尺八寸三分。外加套兽榫照本身厚一份，得通长五尺二寸五分。以椽径二份定高、厚。如椽径二寸一分，得高、厚四寸二分。如无飞檐椽，不用此款。

凡檐椽以步架并出檐加举定长短。如步架深三尺五寸，又加出檐尺寸照檐柱高十分之三，得三尺，共长六尺五寸。又按一一五加举，得通长七尺四寸七分。如用飞檐椽，以出檐尺寸分三份，去长一份作飞檐头。以檩径十分之三定径寸。如檩径七寸，得径二寸一分。每椽空档，随椽径一份，每间檩数，俱应成双。档之宽窄，随数均匀。梢间面阔之外，加短椽一步架，折半核算。

凡脑椽以步架加举定长短。如步架深三尺五寸，按一二五加举，得通长四尺三寸七分。径寸与檐椽同。梢间面阔之外，加椽两步架，内有短椽一步架，折半核算。

凡飞檐椽以出檐加举定长短。如出檐三尺，三份分之，出头一份得长一尺，后尾三份得长二尺，共长三尺。又按一一五加举，得通长三尺四寸五分。见方与檐椽径同。

凡两山花板以步架二份定宽。如步架二份深七尺，即宽七尺，内除柁头一份，净宽五尺六寸。高随柁墩净高尺寸。如柁墩高二寸三分，即高二寸三分，厚五分。

凡象眼板①以步架一份定宽。如步架一份深三尺五寸，即宽三尺五寸，内除柁墩半份，净宽二尺八寸。以步架加举定高低。如步架深三尺五寸，按五举加之，得高一尺七寸五分，内除五架梁高一尺一寸七分，外加平水高六寸，檩径七寸，净得高一尺八寸八分。厚五分。

凡脊象眼板以步架二份定宽。如步架两份深七尺，内除瓜柱径一份，净宽六尺三寸。以步架一份加举定高低。如步架一份深三尺五寸，按七举加之，得高二尺四寸五分，内除三架梁高九寸七分，外加平水高六寸，檩径七寸，得净高二尺七寸八分。厚五分。以上两项，系象眼做法，折半核算。

注释

① 象眼板：用于封堵挑山建筑山面梁架间空隙的木板，具有分割室内外空间、防寒保温等作用。象眼是古建筑构建中，因为结构自然组合围合而成的三角形空间，分五花象眼、门廊象眼、垂带象眼和腮帮象眼，其中，施以装饰的是五花象眼和门廊象眼。在象眼装饰上，题材包括吉祥花卉、博古器物、古典故事等，不仅记录主人的印迹，更赋予古宅院以灵魂。

原典

凡连檐以面阔定长短。如面阔一丈，即长一丈，梢间应收出檐分位。宽、厚同檐椽。凡瓦口长短随连檐。以所用瓦料定高、厚。如号板瓦中高二寸，四分均开，二份作底台，一份作山子，又加板瓦本身之高二寸，得头号瓦口净高四寸。如二号板瓦中高一寸七分，三分均开，二份作底台，一份作山子，又加板瓦本身之高一寸七分，得二号瓦口净高三寸四分。如三号板瓦中高一寸五分，三分均开，二份作底台，一份作山子，又加板瓦本身之高一寸五分，得三号瓦口净高三寸。其厚俱按瓦口净高尺寸四分之一，得头号瓦口厚一寸，二号瓦口厚八分，三号瓦口厚七分。如用筒瓦，即随头、二、三号板瓦瓦口，应除山子一份之高。厚与板瓦瓦口同。

凡里口以面阔定长短。如面阔一丈，即长一丈，梢间应收出檐分位，外加飞檐椽头一份。高、厚与飞檐椽同。再加望板之厚一份半，得里口加高尺寸。

凡椽椀以面阔定长短。如面阔一丈，即长一丈。梢间应除檩径一份。以椽径定高、厚。如椽径二寸一分，再加椽径三分之一，共得高二寸八分。以椽径三分之一定厚，得厚七分。

凡用横望板、压飞檐尾横望板，以面阔、进深加举折见方丈定长、宽。以椽径十分之二定厚。如椽径二寸一分，得厚四分。如特将面阔、进深、柱高改放长宽高矮，其木植径寸等项照所加高矮尺寸加算。耳房、配房、群廊等房照正房配合高宽木植径寸，亦照加高核算。

原典图说

甘熙宅第

甘熙宅第

甘熙宅第又称甘熙故居或甘家大院，始建于清嘉庆年间，俗称“九十九间半”，是中国最大的私人民宅，与明孝陵、明城墙并称为南京明清三大景观，具有极高的历史、科学和旅游价值，是南京现有面积最大，保存最完整的私人民宅。现已辟为南京民俗博物馆，2006 年列为全国重点文物保护单位。

甘熙故居并非徽派建筑，门楼装饰较素，显得简朴大方，封火墙特别高大注重实用等，故居的布局严谨对称、主次分明、中高边低、前低后高、循序渐进，步步推向高潮。每落位于主轴线上的明间较两侧的开间略大，而整个住宅的入口位于正落中间。正落沿纵深轴线布置的各种用房按顺序排列是：一进门厅，二进轿厅，三进正厅，四、五进为内厅等。正落中轴线贯通，左右边落的处理有较大的差异。相对正落而言，边落没有直接对外的主要街道入口，要进入这个大家庭，任何人都必须通过正落的入口，这种布局体现了封建家庭中不能另立门户的观念，基于这种原因，在边落中不设正厅，保证了家庭中主要的礼仪接待活动都必须在正落中进行。布置在边落中的建筑无论在开间的面宽和总的间数等各方面都较正落为小，正落与边落间有通长的备弄。一般情况下，边落中各进的平面与正落不完全相同。边落中轴线是不完全贯通的，各进厅堂要经过备弄和天井才能进入。大宅布局上强调中央轴线的突出地位，是封建社会生活方式和意识形态的反映。

传统的地方材料及气候条件使民居具有较统一的色调，即小青瓦屋面、白粉墙、棕红色广漆所形成的灰、白、棕三色的建筑主调，这种主调与江南的青山绿树共同组成淡雅、恬静、安宁、平和的色调，由于色彩的统一，结构的多变，使民居造型既有一致性又有灵活性。

甘熙精研金石地学，擅长风水堪舆、星相之术。其故居朝向上坐南朝北，一是因甘氏家族从丹阳来宁以经商发家，而《论衡·诘术》中的“图宅术”中提到：商家门不宜南向，因商为金，南方为火，火克金为凶，而北方为水，金生水相生相吉。可见甘氏住宅朝向上的“悖异”原来是根据风水理论决定的。另外《百家姓》中甘姓后注“渤海”，甘氏源出于此。

故居内大小天井多达 35 个，据说有水井、窖井 32 个，被发现的 10 多个水井，有的在天井中，有的在房间里，有的在檐口下，有的在门槛边，很好地解决了房屋的通风、采光以及上下水等问题，屋面檐口下的水槽让雨水从暗沟流向院内天井，起到“四水归明堂，肥水不外流”的作用。

上檐七檩三滴水歇山正楼一座下檐斗口单昂斗科斗口四寸大木做法

原典

凡明间以城门洞之宽定面阔。如门洞宽一丈八尺，每边各加三尺，得面阔二丈四尺。凡次、梢间以斗科攒数定面阔。如斗口四寸，以科中分算，得斗科每攒宽四尺八寸。如面阔用平身科半拈，加两边柱头科各半攒，共斗科三攒，并之，得面阔一丈四尺四寸。

凡进深以城墙顶之宽、前后各收一廓尺寸定进深。如墙顶宽六丈四尺，廊深八尺，前后共收回水一丈六尺，得通进深四丈八尺。

凡下檐柱以斗口三十五份定高。如斗口四寸，得檐柱高一丈四尺。每径一尺，外加上、下榫各长三寸。如柱径一尺六寸，得榫长各四寸八分。以斗口四份定径。如斗口四寸，得径一尺六寸，两山檐柱做法同。

凡外金柱以下檐柱之高定高。如下檐柱高一丈四尺，再加平板枋八寸，斗口单昂斗科高二尺八寸八分。桐柱①高七尺，平台平板枋八寸，品字科高二尺八寸八分，间枋二尺一分，楼板二寸，上檐露明高一丈五寸，得通高四丈一尺七分，每径一尺外加上下榫各长三寸。以檐柱径定径。如檐柱径一尺六寸加二寸，得径一尺八寸，再以每长一丈，加径一寸，共径二尺二寸一分。

注释

① 桐柱：柱脚落于梁背上，用于支顶上层檐或平座支柱，又称童柱。

凡里金柱以外金柱之高定高。如外金柱高四丈一尺七分，再加中檐。平板枋八寸斗口重昂斗科高三尺六寸八分，桐柱高七尺，上檐平板枋九寸，斗口重昂斗科高四尺一寸四分，得通高五丈七尺五寸九分，每径一尺，外加上下榫各长三寸。以外金柱径定径。如外金柱径二尺二寸一分，加二寸，得径二尺四寸一分，再以外金柱加长尺寸，每长一丈加径一寸，共径二尺五寸七分。

凡下檐大额枋以面阔定长。如面阔二丈四尺，内除檐柱径一份一尺六寸，得净长二丈二尺四寸。外加两头入榫分位，各按柱径四分之一。如檐柱径一尺六寸，得榫长各四寸。其廊子大额枋，一头加檐柱径一份，得霸王拳分位，一头除柱径半份，外加入榫分位，亦按柱径四分之一。以斗口四份半定高。如斗口四寸，得大额枋高一尺八寸。以本身之高每尺收三寸定厚，得厚一尺二寸六分。两山大额枋做法同。

城　墙

原典图说

城墙

城墙，指旧时农耕民族为应对战争，使用土木、砖石等材料，在都邑四周建起的用作防御的障碍性建筑，是古代军事防御设施，由墙体和其他辅助军事设施构成的军事防线。

城墙的含义，根据其功能有广义和狭义之分。广义的城墙分为两类，即一类为构成长城的主体，另一类属于城市防御建筑，由墙体和附属设施构成封闭区域。狭义的城墙指由墙体和附属设施构成的城市封闭型区域。封闭区域内为城内，封闭区域外为城外。

城墙主要由墙体、女墙、垛口、城楼、角楼、城门和瓮城等部分构成，绝大多数城墙外围还有护城河。从建筑的原材料分，分为板筑夯土墙、土坯垒砌墙、青砖砌墙、石砌墙和砖石混合砌筑多种类型。

凡平板枋以面阔定长。如面阔二丈四尺，即长二丈四尺，每宽一尺，外加扣榫长三寸。如平板枋宽一尺二寸，得扣榫长三寸六分。其廊子平板枋，一头加檐柱径一份，得交角出头分位。如檐柱径一尺六寸，得出头长一尺六寸。以斗口三份定宽，二份定高。如斗口四寸，得平板枋宽一尺二寸，高八寸。两山平板枋做法同。

凡采步梁以廊子进深并正心桁中至挑檐桁中定长。如廊深八尺，正心桁中至挑檐桁中长一尺二寸，又加一拽架长一尺二寸得出头分位，再加升底半份二寸六分，得通长一丈六寸六分。以檐柱径定厚。如檐柱径一尺六寸，即厚一尺六寸。以本身之厚每尺加三寸定高。如本身厚一尺六寸，得高二尺八分。两山采步梁做法同。

凡穿插枋以廊子定长。如廊子深八尺，一头加檐柱径半份，又出榫照檐柱径加半份，共长九尺六寸。以斗口二份半定高。如斗口四寸，得高一尺。以本身之高减二寸定厚。如本身高一尺，得厚八寸。两山穿插枋做法同。

凡斜采步梁，以正采步梁之长。用方五斜七之法定长。如正采步架净长一丈四寸，得长一丈四尺五寸六分。宽、厚与正采步梁同。

凡随梁以廊子定长。如廊子深八尺，用方五斜七之法得长一丈一尺二寸。外加二拽架长二尺四寸，再加昂嘴[①]一寸二分，共得长一丈三尺七寸二分。以斗口二份定高。如斗口四寸，得高八寸，以本身之高收二寸定厚，得厚六寸。

凡承椽枋以面阔定长。如面阔二丈四尺，内除外金柱径一份二尺二寸一分，得净长二丈一尺七寸九分。外加两头入榫分位，各按柱径四分之一。如柱径二尺六寸一分，得榫长各五寸五分。以椽径四分定高，三份定厚。如椽径四寸六分，得高一尺八寸四分。厚一尺五寸八分。两山承椽枋做法同。

注释

① 昂嘴：昂向外伸出的一端为昂嘴。

原典

凡仔角梁①以出廊并出檐加举定长短。如出廊深八尺，共檐八尺，共长一丈六尺，用方五斜七之法加长，又按一一五加举，得长二丈五尺七寸六分。再加翼角斜出椽径三份。如椽径四寸六分，得并长二丈七尺一寸四分。再加套兽榫照角梁本身之厚一份。如角梁厚九寸二分，而套兽榫长九寸二分，得仔角梁通长二丈八尺六分。以椽径三份定高，二份定厚。如椽径四寸六分，得仔角梁高一尺三寸八分。厚九寸二分。

凡老角梁以仔角梁之长除飞檐头并套兽榫定长。如仔角梁长二丈八尺六分，内除飞檐头长四尺二寸八分。并套兽榫长九寸二分，得净长二丈二尺八寸六分。高、厚与仔角梁同。

注释

① 仔角梁：在建筑屋顶上的垂脊处，也就是屋顶的正面和侧面相接处，最下面一架斜置并伸出柱子之外的梁，叫做“角梁”。角梁一般有上下两层，其中的下层梁在宋式建筑中称为“大角梁”，在清式建筑中称为“老角梁”。老角梁上面，即角梁的上层梁为“仔角梁”，也称“子角梁”。

原典

凡正心桁以面阔定长。如面阔二丈四尺即长二丈四尺。其梢间正心桁，一头加交角出头分位，按本身之径一份。如本身径一尺四寸，得出头长一尺四寸。以斗口三份半定径，如斗口四寸，得正心桁径一尺四寸，每径一尺，外搭交榫长三寸，如柱径一尺四寸，得榫长四寸二分。两山正心桁做法同。

凡正心枋以面阔定长。如面阔二丈四尺，内除采步梁厚一尺六寸，外加两头入榫分位各按本身之高半份，如本身高八寸，得榫长各四寸，得通长二丈三尺二寸。其梢间正心枋，照面阔一头除采步梁之厚半份，外加入榫分位，仍照前法。以斗口二份定高。如斗口四寸，得正心枋高八寸。以斗口一份外加包掩定厚。如斗口四寸，加包掩六分，得正心枋厚四寸六分。两山正心枋做法同。

凡挑檐桁以面阔定长。如面阔二丈四尺，即长二丈四尺。每径一尺，外加扣榫长三寸。其廊子挑檐桁，一头加一拽架长一尺二寸，又加交角出头分位，按本身之径一份半，如本身径一尺二寸，得交角出头一尺八寸。以正心桁之径收二寸定径寸。如正心桁径一尺四寸，得挑檐桁径一尺二寸。两山挑檐桁做法同。

凡挑檐枋以面阔定长。如面阔二丈四尺，内除采步梁厚一尺六寸，外加两头入榫分位各按本身之厚一份。如本身厚四寸，得榫长各四寸，得通长二丈三尺二寸。其梢间挑檐枋，照面阔一头加一拽架长一尺二寸，又加交角出头分位，按挑檐枋之径一份半。如挑檐桁径一尺二寸，得出头长一尺八寸。一头除采步梁之厚半份，外加入榫分位，仍照前法。以斗口二份定高，一份定厚。如斗口四寸，得高八寸，厚四寸。两山挑檐枋做法同。

凡檐椽以出廊并出檐加举定长。如出廊深八尺，出檐八尺，共长一丈六尺，内除飞檐椽头长二尺六寸六分，净长一丈三尺三寸四分，按一一五加举，得通长一丈五尺三寸四分。以桁条之径三分之一定径。如桁条径一尺四寸，得径四寸六分。两山檐椽做法同。每椽空档随椽径一份。每间椽数，俱应成双，档之宽窄随数均匀。

凡飞檐椽以出檐定长。如出檐八尺，三份分之，出头一份得长二尺六寸六分，后尾二份半，得长六尺六寸五分，又按一一五加举，得飞檐椽通长一丈七寸。见方与檐椽径寸同。

凡翼角翘椽长、径俱与平身檐椽同。其起翘处，以挑檐桁中至出檐尺寸用方五斜七之法，再加廊深并正心桁中至挑檐桁中之拽架各尺寸定翘数。如挑檐桁中出檐六尺八寸，方五斜七加之，得长九尺五寸二分，再加廊深八尺，一拽架长一尺二寸，共长一丈八尺七寸二分。内除角梁之厚半份，得净长一丈八尺二寸六分，即系翼角椽档分位。翼角翘椽以成单为率，如逢双数，应改成单。

凡翘飞椽以平身飞檐椽之长，用方五斜七之法定长。如飞檐椽长一丈七寸，用方五斜七加之，第一翘得长一丈四尺九寸八分，其余以所定翘数每根递减长五分五厘。其高比飞檐椽加高半份，如飞檐椽高四寸六分，得翘飞檐高六寸九分，厚仍四寸六分。

原始楼阁

中国最原始的楼阁，其实就是搭建于土坯台上的单层建筑，在四周围加以斗栱平座。这时的楼阁其实还算不上是真正的楼，因为木构的部分只有一层。真正使这种建筑区别于平地建筑的，正是周围的那一圈平座。

这种原始土木楼阁的平座搭建比较简单，只需将斗栱搭于土台上即可。当楼阁逐渐发展到出现纯木的两层结构时，平座的搭建便出现了真正的挑战。因为平座不能直接搭建于支撑建筑主体的通天柱上，所以，要在不破坏建筑整体美感的基础上，另外想办法安置柱子以搭建斗栱平座。

清工部

原典

凡顺望板以椽档定宽。如椽径四寸六分，档宽四寸六分，共宽九寸二分，即顺望板每宽九寸二分。长随各椽净长尺寸。以椽径三分之一定厚。如椽径四寸六分，得顺望板一寸五分。

凡翘飞翼角横望板以起翘处并出檐加举折见方丈。飞檐压尾横望板，俱以面阔并飞檐尾之长折见方丈核算。以椽径十分之二定厚。如椽径四寸六分，得横望板厚九分。

凡里口以面阔定长，如面阔二丈四尺，即长二丈四尺。以椽径一份，再加望板之厚一份半定高。如椽径四寸六分，望板之厚一份半一寸三分，得里口高五寸九分。厚与椽径同。

凡闸档板以翘档分位定宽。如翘椽档宽四寸六分，即闸档板宽四寸六分。外加入槽每寸一分。高随椽径尺寸，以椽径十分之二定厚。如椽径四寸六分，得闸档板厚九分。其小连檐，自起翘处至老角梁得长。宽随椽径一份。厚照望板之厚一份半，得厚一寸三分。

凡连檐以面阔定长。如面阔二丈四尺，即长二丈四尺。其廊子连檐以出廊八尺，出檐八尺，共长一丈六尺，内除梁角之厚半份，净长一丈五尺五寸四分。两山同。以起翘处每尺加翘一寸，共长一丈七尺九分。高、厚与檐椽径寸同。

凡瓦口之长与连檐同。以椽径半份定高，如椽径四寸六分，得瓦口高二寸三分。以本身之高折半定厚。如本身高二寸三分，得厚一寸一分。

凡椽椀、椽中板以面阔定长。如面阔二丈四尺，即长二丈四尺。以椽径一份再加椽径三分之一定高。如椽径四寸六分，得椽椀并椽中板高六寸一分。以椽径三分之一定厚，得厚一寸五分。两山椽椀并椽中板做法同。

凡枕头木以出廊定长。如出廊深八尺，即长八尺。外加一拽架长一尺二寸，内除角梁之厚半份，得枕头木长八尺七寸四分。以挑檐桁之径十分之三定宽。正心桁上枕头木，以出廊定长。如出廊深八尺，内除角梁之厚半分，得正心桁上枕头木净长七尺五寸四分。以正心桁之径十分之三定宽。如正心桁径一尺四寸，得枕头木宽四寸二分。以椽径二份半定高。如椽径四寸六分，得枕头木一头高一尺一寸五分，一头斜尖与桁条平。两山枕头木做法同。

平台品字科斗口四寸大木做法。

凡平台海墁下桐柱，即平台檐柱，以出廊半份并正心桁中至挑檐桁中一拽架尺寸加举定高。如出廊八尺，得深四尺，正心桁中至挑檐桁中一拽架深一尺二寸，共深五尺二寸，按五举加之，得高二尺六寸。再加椽径一份四寸六分，顺望板一份一寸五分，上头大额枋一尺八寸，博脊分位高一尺九寸九分，共得通高七尺。每柱径一尺，外加上下榫各长三寸。以檐柱径收三寸定径，如檐柱径一尺六寸，得径一尺三寸。

凡大额枋以面阔定长。如面阔二丈四尺，内除桐柱径一份一尺三寸，得净长二丈二尺七寸，外加两头入榫分位各按柱径四分之一，如柱径一尺三寸，得榫长各三寸二分。其廊子大额枋，照出廊尺寸，一头加桐柱径一份，得霸王拳分位，一头除相柱径半份，外加入榫分位，按柱径四分之一。以斗口四份半定高。如斗口四寸，得大额枋高一尺八寸。以本身之高每尺收三寸定厚，得厚一尺二寸六分。两山大额枋做法同。

凡平板枋以面阔定长。如面阔二丈四尺，即长二丈四尺，外加扣榫长三寸。其廊子平板枋，一头加柱径一份得交角出头分位。如桐柱径一尺三寸，得出头长一尺三寸。以斗口三份定宽，二份定高。如斗口四寸，得平板枋宽一尺二寸，高八寸。两山平板枋做法同。

凡采步梁以廊子半份并正心桁中至挑檐桁中定长。如廊子半份深四尺，外加二拽长二尺四寸，再加升底半份二寸六分，共得长六尺六寸六分。以桐柱径定厚。如柱径一尺三寸，即厚一尺三寸。以本身之厚每尺加三寸定高。如本身厚一尺三寸，得高一尺六寸九分。两山采步梁做法同。

凡斜采步梁以正采步梁之长，用方五斜七之法定长。如正采步梁长六尺六寸六分，得长九尺三寸二分。宽、厚与正采步梁同。

凡随梁以廊子半分得长，如廊子半份深四尺，即得四尺，外加二拽架长二尺四寸，再加升底半份二寸六分。共得长六尺六寸六分，四角随梁，以正随梁之长用方五斜七之法，得长九尺三寸二分。以斗口二份定高、厚，如斗口四寸，得高八寸，厚八寸。两山随梁做法同。

凡采梁枋以廊子半份定长。如廊子半份深四尺，外加二拽架长二尺四寸，再加底半份二寸六分，共得长六尺六寸六分。以斗口二份定高，一份定厚。如斗口四寸，得高八寸，厚四寸。两山采梁枋做法同。

凡正心枋以面阔定长。如面阔二丈四尺，内除采步梁之厚一尺三寸，外加两头入榫分位，各按本身之高半分，如本身高八寸，得榫长各四寸，得通长二丈三尺五寸。其廊子正心枋，照出廊尺寸，一头除采步梁之厚半份，外加入榫分位，按本身之高半份，得榫长四寸。以斗口二份定高。如斗口四寸，得高八寸。以斗口一份，外加包掩定厚。如斗口四寸，加包掩六分，得正心枋厚四寸六分。两山正心枋做法同。

凡机枋以面阔定长，如面阔二丈四尺，内除采步梁之厚一尺三寸，外加两头入榫分位，各按本身之厚一份，如本身厚四寸，得榫长各四寸，通长二丈三尺五寸。其廊子机枋，照出廊尺寸，一头除采步梁厚半份，外加入榫分位，仍照前法。一头加一拽架长一尺二寸，以斗口二份定高，一份定厚。如斗口四寸，得高八寸，厚四寸。两山机枋做法同。

凡挂落枋[1]以面阔定长。如面阔二丈四尺。即长二丈四尺。其廊子挂落枋，照出廊尺寸，一头带二拽架长二尺四寸，再加本身之厚一份，得通长六尺八寸。以斗口一份定见方。如斗口四寸，得见方四寸。两山挂落枋做法同。

凡沿边木②以面阔定长。如面阔二丈四尺，即长二丈四尺。其廊子沿边木，照出廊尺寸，一头加二拽架二尺四寸，再加挂落枋之厚一份四寸，得长六尺八寸。以楼板之厚五份定宽。如楼板厚二寸，得宽一尺。以本身之宽减二寸定厚。如本身宽一尺，得厚八寸。两山沿边木做法同。

注释

① 挂落枋：是传统建筑中额枋下的一种构件，常用镂空的木格或雕花板做成，也可由细小的木条搭接而成，用作装饰同时划分室内空间。挂落在建筑中常为装饰的重点，常做透雕或彩绘。在建筑外廊中，挂落与栏杆从外立面上看位于同一层面，并且纹样相近，有着上下呼应的装饰作用。而自建筑中向外观望，则在屋檐、地面和廊柱组成的景物图框中，挂落有如装饰花边，使图画空阔的上部产生了变化，出现了层次，具有很强的装饰效果。

② 沿边木：沿楼房平座（平台）边缘安装，用来固定滴珠板或挂落板的木枋，见于楼阁建筑中。

原典

凡滴珠板①以面阔定宽。如面阔二丈四尺，即宽二丈四尺。其廊子滴珠板，照出廊尺寸，一头加二拽架长二尺四寸，再加挂落枋之厚一份四寸。又加本身之厚一份，得宽七尺六分。以斗科之高定高。如品字科高二尺四寸，又如斗底四寸八分，共高二尺八寸八分，即高二尺八寸八分。以沿边木之厚三份之一定厚。如沿边木厚八寸，得厚二寸六分，两山滴珠板做法同。

凡间枋以面阔定长。如面阔二丈四尺，内除外金柱径二尺二寸一分，得长二丈一尺七寸九分，外加两头入榫分位，按柱径四分之一，如柱二尺二寸一分，得榫长各五寸五分。以金柱径收二寸定高。如柱径二尺二寸一分，得高二尺一分。以本身之高每尺收三寸定厚。如本身高二尺一分，得厚一尺四寸一分。

凡承重以进深定长。如山明间一丈六尺，即长一丈六尺，山梢间八尺，即长八尺。高、厚与间枋同。

凡楞木以面阔定长。如面阔二尺四尺，即长二丈四尺。以承重之高折半定高。如承重高二尺一分，得楞木高一尺。以本身之高收二寸定厚。如本身高一尺，得厚八寸。

凡楼板以面阔、进深定长短块数。内除楼梯分位，按门口尺寸，临期拟定。以楞木之厚四分之一定厚。如楞木厚八寸，得厚二寸。如墁砖，以楞木之厚减半得厚。

中覆檐斗口重昂斗科斗口四寸大木做法。

凡擎檐柱②以檐高除举架定长。如檐柱露明一丈五寸，平板枋八寸，斗科二尺八寸八分，桁条一尺四寸，枕头木一尺一寸五分，望板九分，通高一丈六尺八寸二分。以出檐八尺，内除正心桁中至挑檐桁中二拽架二尺四寸，得长五尺六寸，按五举核算，应除长二尺八寸，净得擎檐柱长一丈四尺二分。以角梁之厚十分之八定见方。如角梁厚九寸二分，得见方七寸三分。

注释

① 滴珠板：又叫燕翅板。滴珠板是清代的叫法，指的是平座外沿的挂落板，由一些竖向木板拼接而成。其高度同平座斗栱高，厚度为沿边木厚度（2 斗口）的 1/3。滴珠板下端常做成如意头形状，如意头宽为板高的 1/2，或按总面阔划定。

② 擎檐柱：是木结构建筑用以支撑屋面出檐的柱子。多用于重檐或重檐带平座的建筑物上，用来支撑挑出较长的屋檐及角梁翼角等。柱子断面有圆、方之分，通常为方形，柱径较小。擎檐柱与其他联络构件如枋、檐柱、华板、栏杆等结合在一起兼有装饰的作用。

原典

凡中覆檐大额枋以面阔定长。如面阔二丈四尺，内除外金柱径二尺二寸一分，得长二丈一尺七寸九分，外加两头入榫分位，各按柱径四分之一。如柱径二尺二寸一分，得榫长各五寸五分。其梢间大额枋，一头加上檐柱径一份，得霸王拳分位，一头除柱径半份，外加入榫分位，按柱径四分之一。以斗口四份半定高。如斗口四寸，得大额枋高一尺八寸。以本身之高每尺收三寸定厚，得厚一尺二寸六分。两山大额枋做法同。

凡平板枋以面阔定长。如面阔二丈四尺，即长二丈四尺。每宽一尺，外加扣榫长三寸。其梢间平板枋，一头加柱径一份，得交角出头分位，如柱径二尺二寸一分，即出头长二尺二寸一分。以斗口三份定宽，二份定高。如斗口四寸，得平板枋宽一尺二寸，高八寸。两山平板枋做法同。

凡采步梁以廊子进深并正心桁中至挑檐桁中定长。如廊深八尺，正心桁中至挑檐桁中二拽架长二尺四寸，又加一拽架长尺二寸，得出头分位，再加升底半份二寸六分，得通长一丈一尺八寸六分。以檐柱径十分之八定厚，如柱径二尺二寸一分，得厚一尺七寸六分。以本身之厚每尺加四寸定高。如本身厚一尺七寸六分，得高二尺四寸六分，得高二尺四寸六分。

凡顺梁①以梢间面阔定长。如梢间面阔一丈四尺四寸，外加正心桁中至挑檐桁中二拽架长二尺四寸，又加一拽架长一尺二寸，得出头分位，再加升底半份二寸六分，得通长一丈八尺二寸八分。高、厚与采步梁同。

廊下的一排柱子——擎檐柱

注释

① 顺梁：用于建筑物山面，平行于建筑物面宽方向之梁。多用于无斗栱建筑，相当于无斗栱建筑的顺桃尖梁。顺梁无论是标高、形式和断面尺寸皆与相对应的正身梁相同。设置顺梁有一个基本条件，即顺梁下面必须有柱承接。在有斗栱的大式建筑中，常见的顺梁为"挑间顺梁"。若下面没有柱承接，则只能用趴梁。顺趴梁的里端搭在正身梁架上，外端扣在山面桁檩上，其上用瓜柱或柁墩承托上一层桁檩，趴梁和顺梁的区别在于趴梁扣在桁檩上，靠桁檩支撑；顺梁在桁檩下，两端承托桁檩。按位置不同，顺趴梁又有上金顺趴梁和下金顺趴梁之别。

原典

凡仔角梁以出廊并出檐加举定长。如出廊梁八尺，出檐八尺，共长一丈六尺，用方五斜七之法加长，又按一一五加举，得长二丈五尺七寸七分，再加翼角斜出椽径三份。如椽径四寸六分，共长二丈七尺一寸四分。再加套兽榫照角梁本身之厚一份，如角梁厚九寸二分，即套兽榫长九寸二分，得仔角梁通长二丈八尺六分。以椽径三份定高，二份定厚如椽径四寸六分，得仔角梁高一尺三寸八分，厚九寸二分。

凡老角梁以仔角之长除飞檐头并套兽榫定长。如仔角梁长二丈八尺六分，内除飞檐头长四尺二寸八分。并套兽榫长九寸二分，得净长二丈二尺八寸六分。高、厚与仔角梁同。

凡正心桁以面阔定长。如面阔二丈四尺，即长二丈四尺。其梢间正心桁，一头加交角出头分位，按本身之径一分。如本身径一尺四寸，得出头长一尺四寸。以斗口三份半定径，如斗口四寸，得正心桁径一尺四寸。外每桁条径一尺，加搭交长榫三寸，如径一尺四寸，得榫长四寸二分。两山正心桁做法同。

凡正心枋计三层，以面阔定长。如面阔二丈四尺，内除采步梁之厚一尺七寸六分，得长二丈二尺二寸四分。外加两头入榫分位，各按本身之高半份。如本身高八寸，得榫长各四寸。其梢间正心枋，一头除采步梁之厚半份，外加入榫分位按本身之高半份，得榫长四寸，第一层，一头带蚂蚱头长三尺六寸；第二层，一头带撑头木长二尺四寸；第三层，照面阔之长，除梁头之厚，加入榫分位按本身之高各半份。以斗口二份定高，如斗口四寸，如正心枋高八寸。以斗口一份，外加包掩定厚，如斗口四寸，得正心枋厚四寸六分。两山正心枋做法同。

凡挑檐桁以面阔定长。如面阔二丈四尺，即长二丈四尺，每径一尺外加扣榫长三寸。其梢间挑檐桁，一头加二拽架长二尺四寸，又加交角出头分位，按本身之径一份半，如本身径一尺二寸，得交角出头一尺八寸。以正心桁之径收二寸定径寸。如正心桁径一尺四寸，得挑檐桁径一尺二寸。两山挑檐桁做法同。

凡挑檐枋以面阔定长。如面阔二丈四尺，内除采步梁之厚一尺七寸六分，得长二丈二尺二寸四分。外加两头入榫分位，按本身之高各半份，如本身高八寸，得榫长各四寸。其梢间挑檐枋，一头加二拽架长二尺四寸，又加交角出头分位，按挑檐桁径一份半，如挑檐桁径一尺二寸，得出头长一尺八寸；一头除采步梁头之厚半份，外加入榫分位，仍照前法。以斗口一份定高，一份定厚。如斗口四寸，得高八寸，厚四寸。两山挑檐枋做法同。

凡拽枋以面阔定长。如面阔二丈四尺，内除采步梁之厚一尺七寸六分，得长二丈二尺四寸四分，外加两头入榫分位，按本身之高各半份，如本身高八寸，得榫长各四寸。其梢间拽枋，一头除采步梁之厚半份，外加入榫分位，仍照前法。一头加二拽架长二尺四寸。高、厚与挑檐枋同。两山拽枋做法同。

凡檐椽以出廊并出檐加举定长。如出廊深八尺，出檐八尺，共长一丈六尺，内除飞檐椽头二尺六寸六分，净长一丈三尺三寸四分。按一一五加举，得通长一丈五尺三寸四分。径与下檐檐椽同。两山檐椽做法同。每椽空档随椽径一份。每间椽数俱应成双，档之宽窄，随数均匀。

原典图说

楼阁常识

很多楼阁都是以单檐为主，兴建重檐的楼阁，除了支撑建筑主体的柱子外，还需要支撑下檐以及外层围廊的围廊柱。

在平地建筑上，围廊柱可以直接置于地面，而重檐楼阁则需要将整个外层围廊以及下檐都搭建于平座之上。

大多数的城楼等一般都还是采用单层的土木楼阁或者单檐的楼阁。

双层或双层以上的重檐楼阁真正普及是在明代，许多的城楼、宗教楼阁等都采用了这种形制。

如果仔细观察一个重檐楼阁，不难分辨出其中的原始因素，也就是由通天柱所支撑的基本楼体、平座，以及重檐楼阁所特有的平座围廊和下檐。

如果要完成一座更为精妙的、拥有更多明代特征的楼阁，那么光有这些基本楼体、平座和平座围廊还不够，还要再加上诸如悬空抱厦这一类的装饰才够完美。

楼 阁

凡飞檐椽以出檐定长，如出檐八尺，三份分之，出头一份得长二尺六寸六分，后尾二份半，得长六尺六寸五分，又按一一五加举，得飞檐椽通长一丈七寸。见方与檐椽径寸同。

凡翼角翘椽长径与平身檐椽同。其起翘处，以挑檐桁中至出檐尺寸用方五斜七之法，再加廊深并正心桁中至挑檐桁中之拽架各尺寸定翘。数如挑檐桁中至出檐长五尺六寸，方五斜七加之，得七尺八寸四分，再加廊深八尺，又加二拽架长二尺四寸，共长一丈八尺二寸四分，内除角梁之厚半份，得净长一丈七尺七寸八分，即系翼角椽档分位。翼角翘椽以成单为率，如逢双数，应改成单。

凡翘飞椽以平身飞檐椽之长用方五斜七之法定长。如飞檐椽长一丈七寸，用方五斜七加之，第一翘得长一丈四尺九寸八分，其余以所定翘数每根递减长五分五厘。其高比飞檐椽加高半份。如飞檐椽高四寸六分，得翘飞椽高六寸九分。厚仍四寸六分。

凡横望板、压飞尾横望板以面阔、进深并出檐加举折见方丈定长宽。以椽径十分之二定厚。如椽径四寸六分，得横望板厚九分。

凡里口以面阔定长。如面阔一丈四尺，即长一丈四尺。以椽径一份再加望板之厚一份半定高。如椽径四寸六分，望板厚一份半一寸三分，得里口高五寸九分。厚与椽径同。两山里口做法同。

凡闸档扳以翘档分位定宽。如翘椽档宽四寸六分，即闸档板宽四寸六分。外加入槽每寸一分。高随椽径尺寸。以椽径十分之二定厚，如椽径四寸六分，得闸档板厚九分。其小连檐，自起翘处至老角梁得长，宽随椽径一份，厚照望板之厚一份半，得厚一寸三分。两山闸档板，小连檐做法同。

凡连檐以面阔定长。如面阔二丈四尺，即长二丈四尺。其廊子连檐以出廊八尺，出檐八尺，共长一丈六尺，除角梁厚半份，净长一丈五尺五寸四分，以每尺翘一寸，得通长一丈七尺九分。高厚与檐椽径寸同。两山连檐做法同。

凡瓦口长与连檐同。以椽径半份定高，如椽径四寸六分，得瓦口高二寸三分。以本身之高折半定厚，得厚一寸一分。

凡椽椀、椽中板以面阔定长。如阔二丈四尺，即长二丈四尺。以椽径一份，再加椽径三分之一定高，如椽径四寸六分，得椽椀并椽中板高六寸一分，以椽径三分之一定厚，得厚一寸五分。两山椽中板并椽椀做法同。

凡枕头木以出廊定长。如出廊深八尺，外加二拽架长二尺四寸，内除角梁厚半份，得枕头木通长九尺九寸四分。以挑檐桁径十分之三定宽。如挑檐桁径一尺二寸，得枕头木宽三寸六分。正心桁上枕头木，以出廊定长。如出廊深八尺，内除角梁之厚半份。得正心桁上枕头木净长七尺五寸四分。以正心桁径十分之三定宽，如正心桁径一尺四寸，得枕头木宽四寸二分。以椽径二份半定高，如椽径四寸六分，得枕头木一头高一尺一寸五分，一头斜尖与桁条平。两山枕头木做法同。

凡天花梁以进深定长。如进深一丈六尺，内除里金柱径二尺五寸七分，得长一丈三尺四寸三分。外加两头入榫分位，各按柱径四分之一。如柱径二尺五寸七分，得榫长六寸四分。以里金柱径十分之六定厚，十分之八定高。如里金柱径二尺五寸七分，得厚一尺五寸四分，高二尺五分。

凡天花枋以面阔定长。如面阔二丈四尺，内除柱径二尺五寸七分，得净长二丈一尺四寸三分。外加两头入榫分位，各按柱径四分之一。如柱径二尺五寸七分，得榫各长六寸四分。高厚与天花梁同。

凡贴梁长随面阔、进深，内除枋、梁之厚各半份。以天花梁之高五分之一定宽。如天花梁高二尺五分，得宽四寸一分。以本身之宽收一寸定厚，得厚三寸一分。

凡海墁天花①，每间按面阔、进身除枋梁各半份得长宽。如面阔二丈四尺，内除天花梁之厚一尺五寸四分，得长二丈二尺四寸六分，如进深除廊一丈六尺，内除天花枋之厚一尺五寸四分，得长一丈四尺四寸六分。以贴梁之厚三分之一定厚。如贴梁厚三寸一分，得厚一寸。

注释

① 海墁天花：一般建筑中使用海墁天花。这种天花是用木吊挂将一个个的木顶格吊挂在梁架或檩子上。木吊挂由边框、抹头组成框子，中间用棂子槅成一个个方格，木顶格底面糊纸。

凡四角顶柱①以桐柱之高定高。如桐柱高七尺，再加上檐平板枋九寸，斗科四尺一寸四分，正心桁之径一尺五寸七分，得共高一丈三尺六寸一分。以上檐顺梁之厚十分之七定宽，如顺梁厚一尺八寸二分，得宽一尺二寸七分。以本身之宽十分之七定厚。如本身宽一尺二寸七分，得厚八寸六分。

凡承椽枋以面阔定长。如面阔二丈四尺，即长二丈四尺。以椽径四份定高，三份定厚。如椽径四寸六分，得高一尺八寸四分，厚一尺三寸八分。

上覆檐斗口重昂斗科斗口四寸五分大木做法。

凡桐柱以出廊半份并正心枋中至挑檐桁中二拽架尺寸加举定高。如出廊深八尺，得深四尺，正心桁中至挑檐桁中二拽架深二尺七寸，共深六尺七寸，按五举加之，得高三尺三寸五分，再加椽径四寸六分，望板九分，共高三尺九寸，上头大额枋二尺二分，共得五尺九寸二分，博脊分位高一尺八分，共得高七尺。径与平台桐柱径寸同。

凡大额枋以面阔定长。如面阔二丈四尺，两头共除柱径一份一尺三寸，得长二丈二尺七寸。外加两头入榫分位各按柱径四分之一。如柱径一尺三寸，得榫长各三寸三分。其梢间大额坊，照面阔收一步架深四尺，得长一丈四寸，一头加桐柱径一份，得霸王拳分位，一头除柱径半份，外加入榫分位，仍照前法。以斗口四份半定高，如斗口四寸五分，得大额枋高二尺二分，以本身之高每尺收三寸定厚，得厚一尺四寸二分。

凡平板坊以面阔定长。如面阔二丈四尺，即长二丈四尺。每宽一尺外加扣榫长三寸。其梢间平板枋，照面阔收一步架深四尺，得长一丈四寸。一头加柱径一份，得交角出头分位。如桐柱径一尺三寸，得出头长一尺三寸。以斗口三份定宽，二份定高。如斗口四寸五分，得平板枋宽一尺三寸五分，高九寸。两山平板枋做法同。

凡顺梁以梢间面阔定长。如面阔一丈四尺四寸，收一步架深四尺，得长一丈四寸，一头加三拽架长四尺五分，又加升底半份二寸九分，共得长一丈四尺七寸四分。以斗口份半定高，如斗口四寸五分，得高二尺二分。以本身之高减二寸定厚。如本身高二尺二分，得厚一尺八寸二分。

注释

① 四角顶柱：是指底面为四边形的柱体，当底面为正方形时会成为正六面体。所有四角柱都有 6 个面 8 个顶点和 12 个边。对偶多面体是双四角锥。

原典

凡七架梁以进深定长。如进深二丈四尺，两头各加三拽架四尺五分，再加升底半份二寸九分，共长三丈二尺六寸八分。以斗口五份半定高，四份定宽。如斗口四寸五分，得高二尺四寸七分，得宽一尺八寸。

凡采步金以进深定长。如山明间进深一丈六尺，两头各加桁条之径一份半，得假桁条头分位。如桁条径一尺五寸七分，各得长二尺三寸五分，得通长二丈七寸。以七架梁之高收三寸定高，如三架梁高二尺四寸七分，得高二尺一寸七分。以七架梁之宽定宽，如七架梁一尺八寸，即宽一尺八寸。

凡五架梁以步架四份定长。如步架四份深一丈六尺，两头各加桁条径一份，得柁头分位。如桁条径一尺五寸七分，得通长一丈九尺一寸四分、高、厚与采步金同。

凡三架梁以步架二份定长。如步架二份深八尺，两头各加桁条径一份，得柁头分位。如桁条径一尺五寸七分，得通长一丈一尺一寸四分。以五架梁之高每尺收三寸定高。如五架梁高二尺一寸七分，得高一尺五寸二分。以五架梁之宽收六寸定宽，如五架梁宽一尺八寸，得宽一尺二寸。

凡下金柁橔以步架加举定高。如步架深四尺，再加二拽架二尺七寸，共深六尺七寸，按五举加之，得高三尺三寸五分，内除七架梁高二尺四寸七分，得净高八寸八分。以五架梁之宽，每尺收滚楞二寸定宽，如五架梁宽一尺八寸，得宽一尺四寸四分。以柁头二份定长。如柁头长一尺五寸七分，得长三尺一寸四分。

重檐楼阁

凡脊瓜柱以步架加举定高。如步架深四尺，按九举加之，得高三尺六寸，又加平水一尺三寸五分，得共高四尺九寸五分，内除三架梁高一尺五寸二分，净高三尺四寸三分，外加桁条径三分之一作上桁椀。如桁条径一尺五寸七分，得桁椀五寸二分，又以本身每宽一尺加下榫长三寸，如本身宽一尺一寸六分，得下榫长三寸四分。以三架梁之宽，每尺收滚楞二寸定厚。如三架梁宽一尺二寸，得厚九寸六分，以本身之厚加二寸定宽，如本身厚九寸六分，得宽一尺一寸六分。

凡正心桁以面阔定长。如面阔二丈四尺，即长二丈四尺。其梢间桁条，一头收一步架定长。如梢间面阔一丈四尺四寸，收一步架深四尺，得长一丈四寸，外加一头交角出头分位，按本身径一份。如本身径一尺五寸七分，得长一丈一尺九寸七分。以斗口三份半定径。如斗口四寸五分，得径一尺五寸七分。每径一尺外加搭交榫长三寸。两山正心桁做法同。

原典图说

重檐楼阁

重檐楼阁为将上层的外圈柱子，也就是上层的回廊柱直接搭建在斗栱之上的。

重檐楼阁还有另外一种做法，就是将平座延伸到外圈柱的外面，如此就是外圈柱直接包墙，上层就没有真正的回廊了。这样的楼阁就和单檐楼阁的平座结构很像了。

清代建筑与明代建筑的区别在于清代楼阁弃用平座的比较多。当然，清代楼阁也有用平座的，但是弃用平座的楼阁远比前代要多。

凡正心枋三层，以面阔定长。如面阔二丈四尺，内除七架梁头厚一尺八寸，外加两头入榫分位，各按本身高半份，如本身高九寸，得榫长各四寸五分，得通长二丈三尺一寸。其梢间正心枋，照面阔一头收一步架，又除七架梁头厚半份，外加入榫分位，按本身高半份，如本身高九寸，得榫长四寸五分。第一层，一头外带蚂蚱头长四尺五分；第二层，一头外带撑头木长二尺七寸；第三层，照面阔之长，除梁头之厚一份，外加入榫分位，按本身之高各半份。以斗口二份定高。如斗口四寸五分，得高九寸。以斗口一份，外加包掩定厚，如斗口四寸五分，加包掩六分，得正心枋厚五寸一分。两山正心枋做法同。

凡挑檐桁以面阔定长。如面阔二丈四尺，即长二丈四尺。每径一尺外加扣榫长三寸。其梢间挑檐桁照面阔，一头收一步架，四尺，一头加二拽架长二尺七寸，又加交角出头分位，按本身径一份半，如本身径一尺一寸七分，得交角出头一尺七寸五分。以正心桁之径收四寸定径寸。如正心桁径一尺五寸七分，得挑檐桁径一尺一寸七分。两山挑檐桁做法同。

凡挑檐枋以面阔定长。如面阔二丈四尺，内除七架梁头厚一尺八寸，得净长二丈二尺二寸。外加两头入榫分位，各按本身高半份。如本身高九寸，得榫长各四寸五分。其梢间挑檐枋，照面阔，一头收一步架，又除七架梁头厚半份外加，入榫分位，仍照前法。一头带二拽架长二尺七寸，又加交角出头分位，按挑檐桁之径一份半，如挑檐枋径一尺一寸七分，得交角出头一尺七寸五分。以斗口二份定高，一份定厚。如斗口四寸五分，得高九寸，厚四寸五分。

凡拽枋以面阔定长。如面阔二丈四尺，内除七架梁头厚一尺八寸，得净长二丈二尺二寸，外加两头入榫分位，各按本身高半份，如本身高九寸，得榫长各四寸五分。其梢间拽枋，照面阔一头收一步架，又除七架梁头厚半份，外加入榫分位，仍照前法。一头加二拽架长二尺七寸。高、厚与挑檐枋同。两山拽枋做法同。

凡金、脊桁以面阔定长。如面阔二丈四尺，即长二丈四尺。每径一尺外加榫长三寸。其梢间桁条，一头收正心桁之径一份定长，如梢间面阔一丈四尺四寸，一头收正心桁径一尺五寸七分，得净长一丈二尺八寸三分。径寸与正心桁同。

凡金、脊枋以面阔定长。如面阔二丈四尺，两头共除柁墩瓜柱之厚一份，外加两头入榫分位，各按柁墩瓜柱之厚四分之一。其梢间一头收一步架定长。如梢间面阔一丈四尺四寸，收一步架深四尺，得长一丈四寸，除柁墩、瓜柱半份，外加入榫，仍照前法。以斗口三份定高，二份定厚。如斗口四寸五分，得高一尺三寸五分，厚九寸。

凡后尾压科枋以面阔定长。如面阔二丈四尺，内除七架梁厚一尺八寸，外加两头入榫分位，各按本身厚半份。其梢间并两山压科枋，照面阔，一头除七架梁厚半份，一头收二拽架长二尺七寸，外加斜交分位，按本身厚一份，如本身厚九寸，即长九寸。以斗口二份半定高，二份定厚。如斗口四寸五分，得高一尺一寸二分，厚九寸。

凡金、脊垫板以面阔定长。如面阔二丈四尺，内除柱径一份，外加两头入榫分位，各按柱径十分之二。以斗口三份定高半份定厚。如斗口四寸五分，得厚二寸五分，高一尺三寸五分。

其脊垫板，照面阔除脊瓜柱之厚一份，外加两头入榫，各按脊瓜柱之厚四分之一。

凡仔角梁以步架并出檐加举定长。如步架深四尺，挑檐桁中至正心桁中二拽架长二尺七寸，出檐四尺，外加出水二分，得八寸，共长一丈一尺五寸，用方五斜七之法加长，又按一一五加举，得长一丈八尺五寸一分，再加翼角斜出椽径三份，如椽径四寸六分，得并长一丈九尺八寸九分。再加套兽榫照角梁厚一份，如角梁厚九寸二分，即套兽榫长九寸二分，得仔角梁通长二丈八寸一分。以椽径三份定高，二份定厚。如椽径四寸六分，得高一片三寸八分，厚九寸二分。

凡老角梁以仔角梁之长，除飞檐头并套兽榫定长。如仔角梁长二丈八寸一分，内除飞檐头长二尺五寸七分，并套兽榫长九寸二分，得净长一丈七尺三寸二分。外加后尾三岔头，照桁条之径一份，如桁条径一尺五寸七分，共得长一丈八尺八寸九分。高、厚与仔角梁同。

凡枕头木以步架定长。如步架深四尺，即长四尺。外加二拽架长二尺七寸，共长六尺七寸。内除角梁厚半份，得枕头木长六尺二寸四分。以挑檐桁径十分之三定宽。如挑檐桁径一尺一寸七分，得宽三寸五分。正心桁上枕头木，以步架定长。如步架深四尺，即长四尺，内除角梁厚半份，得正心桁上枕头木净长三尺五寸四分。以正心桁径十分之三定宽，如正心桁径一尺五寸七分，得宽四寸七分。以椽径二份半定高。如椽径四寸六分，得枕头木一头高一尺一寸五分，一头斜尖与桁条平。两山枕头木做法同。

凡椽椀、椽中板以面阔定长。如面阔二丈四尺，即长二丈四尺。以椽径一份，再加椽径三分之一定高。如椽径四寸六分，得椽椀并椽中板高六寸一分。以椽径三分之一定厚，得厚一寸五分。两山椽椀并椽中板做法同。

凡檐椽以步架并出檐加举定长。如步架深四尺，正心桁中至挑檐桁中二拽架二尺七寸，出檐四尺，又加出水八寸，共长一丈一尺五寸，内除飞檐头一尺六寸，净长九尺九寸，按一一五加举，得通长一丈一尺三寸八分。外加一头搭交尺寸，按本身径一份，如本身径四寸六分，即长四寸六分。径与下檐檐椽径寸同。两山檐椽做法同。每椽空档，随椽径一份。每间椽数，俱应成双，档之宽窄，随数均匀。

凡飞檐椽以出檐定长。如出檐四尺八寸，三份分之，出头一份得长一尺六寸，后尾二份半得长四尺，又按一一五加举，得飞檐椽通长六尺四寸四分。见方与檐椽径寸同。

凡翼角翘椽长，径俱与平身檐椽同。其起翘处以挑檐中至出檐尺寸，用方五斜七之法，再加步架并正心桁中至挑檐桁中之拽架各尺寸定翘数。如挑檐桁中出檐四尺八寸，方五斜七加之，得长六尺七寸二分，再加步架深四尺，二拽架长二尺七寸，共长一丈三尺四寸二分。内除角梁厚半份，四寸六分，得净长一丈二尺九寸六分，即系翼角椽档分位。翼角翘椽以成单为率，如逢双数，应改成单。

凡翘飞椽以平身飞檐椽之长，用方五斜七之法定长，如飞檐椽长六尺四寸四分，用方五斜七加之，第一翘得长九尺一分，其余以所定翘数每根递减长五分五厘。其高比飞檐椽加高半份，如飞檐椽高四寸六分，得翘飞椽高六寸九分。厚仍四寸六分。

凡花架椽以步架加举定长。如步架深四尺，按一二五加举，得长五尺，两头各加搭交尺寸，按本身径一份。径与檐椽同。

凡脑椽以步架加举定长。如步架深四尺，按一三五加举，得长五尺四寸，一头加搭交尺寸，按本身径一份。径与檐椽同。

凡两山出梢哑叭花架、脑椽，俱与正花架、脑椽同。哑叭檐椽以挑山檩之长得长，系短椽折半核算。

凡横望板、压飞尾横望板，俱与面阔、进深加举折见方丈定长宽。以椽柱十分之二定厚。如椽径四寸六分，得厚九分。

凡里口以面阔定长。如面阔二丈四尺，即长二丈四尺。以椽径一份，再加望板厚一份半定高。如椽径四寸六分，望板厚一份半一寸三分，得里口高五寸九分。厚与椽径同。两山里口做法同。

凡闸档板以椽档分位定宽。如椽档宽四寸六分，即闸档板宽四寸六分。外加入槽每寸一分。高随椽径尺寸，以椽径十分之二定厚。如椽径四寸六分，得闸档板厚九分。其小连檐自起翘处至老角梁得长。宽随椽径一份，厚照望板厚一份半，得厚一寸三分。两小闸档板、小连檐做法同。

凡连檐以面阔定长。如面阔二丈四尺，即长二丈四尺。其梢间连檐照面阔，一头收一步架四尺，净长一丈四寸，外加出檐四尺并出水八寸，又加正心桁中至挑檐桁中二拽架二尺七寸，共长一丈七尺九寸，除角梁厚半份，净长一丈七尺四寸四分。其起翘处起至仔角梁，每尺加翘一寸。高厚与檐椽径寸同。两山连檐做法同。

凡瓦口长与连檐同。以椽径半份定高。如椽径四寸六分，得瓦口高二寸三分。以本身之高折半定厚，得厚一寸一分。

凡扶脊木长，径俱与脊桁同。脊椿，照通脊之高，再加扶脊木之径一份，桁条之径四分之一得长。宽照椽径一份，厚按本身之高折半。

凡榻脚木以步架四份，外加桁条径二份定长。如步架四份长一丈六尺，外加两头桁条之径各一份，如桁条径一尺五寸七分，得榻脚木通长一丈九尺一寸四分。见方与桁条径同。

凡草架柱子以步架加举定高。如步架深四尺，第一步架按七举加之，得高二尺八寸，第二步架按九举加之，得高三尺六寸，二步架共高六尺四寸，脊桁下柱子即高六尺四寸。外加两头入榫分位，按身之宽、厚折半，如本身宽厚七寸八分，得榫长各三寸九分。以榻脚木见方尺寸折半定宽、厚。如榻脚木见方一尺五寸七分，得草架柱子见方七寸八分。其穿以步架二份定长。如步架二份共长八尺，即长八尺。宽、厚与草架柱子同。

凡山花板以进深定宽。如进深二丈四尺，前后各收一步架深四尺，得山花板通宽一丈六尺。以脊中草架柱子之高，加扶脊木并桁条之径高。如草架柱子高六尺四寸，扶脊木、脊柱各径一尺五寸七分，得山花板通高尺五寸四分。系尖高做法，均折核算。以桁条之径四分之一定厚。如桁条径一尺五寸七分，得山花板厚三寸九分。

凡博缝板随各椽之长得长。如花架椽长五尺，花架博缝板即长五尺，如脑椽长五尺四寸，脑博缝板即长五尺四寸。每博缝板外加搭岔分位，照本身之宽加长，如本身宽二尺七寸六分，即每加长二尺七寸六分。以椽径六份定宽。如椽径四寸六分，得博缝板宽二尺七寸六分。厚与山花板之厚同。

西安鼓楼

原典图说

西安鼓楼

西安鼓楼是现存于我国最大的鼓楼，位于西安城内西大街北院门的南端，鼓楼主体建筑位于基座中心，结构为重檐三滴水式。第一层楼上置腰檐和平座，第二层楼上覆盖绿琉璃瓦，属于重檐歇山顶式。上下两层面阔各为 7 间，进深均为 3 间，四周环有走廊。外檐和平座均饰有青绿彩绘斗栱，使楼的层次更为分明。

重檐七檩歇山转角楼一座计四层下层一斗三升斗口四寸大做法

原典

凡面阔、进深以斗科攒数而定，每攒以口数十二份定宽。如斗口四寸以科中分算，得斗科每攒宽四尺八寸。如面阔用平身科二攒，加两边柱头科各半攒，共斗科三攒，得面阔一丈四尺四寸。梢间如收半攒，即『连瓣科』，得面阔一丈二尺。如进深共用斗科五攒，得进深二丈四尺。

凡下檐柱以楼三层之高定高，如楼三层每层八尺，内上层加平板枋八寸，一斗三升斗科二尺八分，共高一丈八寸八分，得檐柱通高二丈六尺八寸八分。每径一尺，外加上、下榫各长三寸。如柱径一尺六寸，得榫长各四寸八分。以斗口四份定径。如斗口四寸，得径一尺六寸。

凡前檐金柱，以下檐柱之高定高。下檐柱通高二丈六尺八寸八分，再加承重一尺六寸，上檐露明柱高八尺，大额枋一尺八寸，得通长三丈八尺二寸八分。每径一尺，外加上下榫各长三寸。以檐柱径定径寸。如檐柱径一尺六寸，加二寸，得径一尺八寸。再以每长一丈，径一寸，共径二尺一寸八分。

凡山柱①长与金柱同。以檐柱径加二寸定径寸，如檐柱径一尺六寸，得径一尺八寸。每径一尺，外加上、下榫各长三寸。

凡转角房山柱，以两山山柱之长定长。如山柱长三丈八尺二寸八分，再加平板枋八寸，斗科二尺八寸八分，得长四丈一尺九寸六分。每径一尺，外加上、下榫各长三寸。以金柱径加二寸定径。如金柱径二尺一寸八分，得径二尺三寸八分。

转角楼

注释

① 山柱：建筑构件名。我国古代硬山或悬山式房屋建筑的山墙内，正中由台基上直通脊檩下的柱子称为山柱，其柱之口径比檐柱再加二寸。

原典图说

转角楼

转角楼和吊脚楼类似，是土家族建筑中有艺术特点的建筑之一，鄂西地区普遍流行。建在室内名叫转角楼，建在室外即如今日之转角阳台。有“天井”的房子，楼上四角走廊相通，形成转角楼，也就是内阳台。转角楼建造起来比吊脚楼的难度要大得多，榫口设计要求相当准确，两脉相合，长短相同，三边的“公母榫”合拢要求斧口不差。如能允许设内挑梁，那就容易多了，但习惯上不允许设斜梁，认为斜梁不正，不吉利。老木工们说，转角楼难造就难在这里。

原典

凡下、中二层承重以进深定长。如进深二丈四尺，即长二丈四尺，两山分间承重，得长一丈二尺。以檐柱径定高，如檐柱径一尺六寸，即高一尺六寸，以本身之高收二寸定厚，如本身高一尺六寸，得厚一尺四寸。

凡转角斜承重以进深定长，如转角房见方二丈四尺，分间得长一丈二尺，用方五斜七之法得斜承重长一丈六尺八寸。高、厚与正承重同。

凡下层间枋以面阔定长。如面阔一丈四尺四寸，前檐除前金柱径二尺一寸八分，后檐除檐柱径一尺六寸，外加两头入榫分位各按柱径四分之一。如转角分间得长一丈二尺。以檐柱径收三寸定高。如檐柱径一尺六寸得高一尺三寸。以本身之高每尺收三寸定厚。如本身高一尺三寸，得厚九寸一分。

凡中、上层间枋长与下层间枋同。以檐柱径折半定见方。如檐柱径一尺六寸，得见方八寸。

凡上、中、下三层楞木以面阔定长。如面阔一丈四尺四寸，即长一丈四尺四寸。以承重之高折半定高，如承重高一尺六寸，得高八寸。以本身之高收二寸定厚，如本身高八寸，得厚六寸。

凡上层挑檐承重梁以进深定长。如进深二丈四尺，即长二丈四尺。一头外加一步架长四尺，又加一拽架长一尺二寸，再加出头分位照挑檐桁之径一份，如挑檐桁径一尺二寸，即出一尺二寸，共长三丈四寸。两山分间承重，每根得一丈二尺，一头外加一步架长四尺，又加一拽架长一尺二寸，再加出头分位，照挑檐桁之径一份，共长一丈八尺四寸。高、厚与下层承重同。

凡斜挑檐承重以正挑檐桁承重之长定长。如正挑檐承重长一丈八尺四寸，用方五斜七加之，得长二丈五尺七寸六分。高、厚与正承重同。

凡间枋、楞木、长宽厚与俱下层间枋、楞木同。

凡楼板三层，俱以面阔、进深定长短块数。内楼梯分位，按门口尺寸，临期酌定。以楞木厚四分之一定厚。如楞木厚六寸，得厚一寸五分。墁砖以楞木之厚折半得厚。

凡两山挑檐采步梁以步架定长。如步架深四尺，又加一拽架长一尺二寸，再加出头分位照挑檐桁之径一份，如挑檐桁径一尺二寸，即出一尺二寸，共长六尺四寸。以山柱径定高。如山柱径一尺八寸，即高一尺八寸。以本身之高每尺收三寸定厚，如本身高一尺八寸，得厚一尺二寸六分。

凡四角斜挑檐梁步采以正挑檐采步梁之长定长。如正挑檐采步梁长六尺四寸，用方五斜七之法得长八尺九寸六分。高、厚与正挑檐采步梁同。

凡正心桁以面阔定长。如面阔一丈四尺四寸，即长一丈四尺四寸。其梢间及转角正心桁，照面阔，后檐一头加一步梁，又加交角出头分位，按本身之径一份，共长一丈七尺四寸；前檐照梢间面阔加两头交角出头分位，俱按本身之径一份，如本身径一尺四寸，即出头长一尺四寸。两山正心桁，前后各加一步梁，又加交角出头分位按本身之径一份。以斗口三份半定径寸。如斗口四寸，得径一尺四寸。每径一尺，外加搭交榫长三寸如径一尺六寸，得榫长四寸二分。

凡正心枋以面阔定长。如面阔一丈四尺四寸，内除挑檐采步梁厚一尺二寸六分，得净长一丈三尺一寸四分。外加两头入榫分位各按本身高半份，如本身高八寸，得榫长各四寸，通长一丈三尺九寸四分。其梢间及转角，照面阔。两山按进深各折半尺寸，一头加一步架，一头除挑檐采步梁厚半份，外加入榫分位，仍照前法。以斗口二份定高。如斗口四寸，得正心枋高八寸。以斗口一份，外加包掩定厚。如斗口四寸，加包掩六分，得正心枋厚四寸六分。

凡挑檐桁以面阔定长如面阔一丈四尺四寸，即长一丈四尺四寸。每径一尺，外加扣榫长三寸。其梢间及转角后檐挑檐桁，一头加一步架，又加一拽架，再加交角出头分位按本身之径一份半。如梢间及转角分间做法，得长一丈二尺，一步架深四尺，一拽架长一尺二寸，交角出头一尺八寸，共长一丈九尺。前檐照梢间面阔，一头加交角分位按一拽架尺寸。一头加一拽架，又加交角出头分位按本身之径一份半。两山挑檐桁，前后各加一步架并一拽架及交角出头分位按本身之径一份半。以正心桁之径收二寸定径，如正心桁径一尺四寸，得挑檐桁径一尺二寸。

凡挑檐枋以面阔定长。如面阔一丈四尺四寸，内除挑檐采步梁厚一尺二寸六分，得净长一丈三尺一寸四分。外加两头入榫分位各按本身高半份，如本身高八寸，得榫长各四寸，得通长一丈三尺九寸四分。其梢间及转角后檐，一头加步架，又加一拽架，再加交角出头分位按挑檐桁之径一份半，如挑檐桁一尺二寸，得出头长一尺八寸，一头除采步梁厚半份，外加入槽分位，仍照前法。转角前檐照面阔尺寸。两山挑檐枋与梢间后檐尺寸同。以斗口二份定高，一份定厚。如斗口四寸，得高八寸，厚四寸。

凡坐斗枋①以面阔定长。如面阔一丈四尺四寸，即长一丈四尺四寸。每宽一尺，外加扣榫长三寸。如坐斗枋宽一尺二寸，得扣榫长三寸六分。其梢间及转角后檐并梢间前檐坐斗枋，一头俱加一步架，两山两头各加一步架长四尺，再加本身宽一份得斜交分位，如本身宽一尺二寸，即加长一尺二寸，得通长三丈四尺四寸。以斗口三份定宽，二份定高，如斗口四寸，得宽一尺二寸，高八寸。

凡采斗板以面阔定长。如面阔一丈四尺四寸，即长一丈四尺四寸。其梢间及转角后檐并梢间前檐采斗板，一头俱加一步架。两山两头各加一步架，再加本身厚一份得搭交尺寸。以斗口二份，再加斗底五分之三定高，如斗口四寸，得高八寸，斗底四寸八分，共高一尺二寸八分。以斗口一份定厚，如斗口四寸，即厚四寸。

凡仔角梁以步架并出檐加举定长，如步架深四尺，拽架长一尺二寸，出檐四尺，共长九尺二寸，用方五斜七之法加长，又按一一五加举，得长一丈四尺八寸一分。再加翼角斜出椽径三分，如椽径四寸六分，得并长一丈六尺一寸九分，再加套兽榫，照角梁本身之厚一份，如角梁厚九

注释

① 坐斗枋：即平板枋，安在大额枋上面，坐斗枋与额枋用销子连接。

寸二分，即套兽榫长九寸二分，得仔角梁通长一丈七尺一寸一分。以椽径三份定高，二份定厚。如椽径四寸四分，得仔角梁高一尺三寸八分，厚九寸二分。转角角梁同。

凡老角梁以仔角梁之长，除飞檐头并套兽榫定长。如仔角梁长一丈七尺一寸一分，内除飞檐头长二尺一寸四分，并套兽榫长九寸二分，得净长一丈四尺五分。高、厚与仔角梁同。转角角梁同。

凡枕头木以步架定长，如步架深四尺，即长四尺，外加一拽架长一尺二寸，内除角架梁厚半份四寸六分，得枕头木长四尺七寸四分。以挑檐桁径十分之三定宽，如挑檐桁径一尺二寸，得枕头木宽三寸六分。正心桁上枕头木以步架定长。如步架深四尺，内除角梁厚半份，得正心桁上枕头木长三尺五寸四分。以正心桁径十分之三定宽，如正心桁径一尺四寸，得枕头木宽四寸二分。以椽径二份半定高。如椽径四寸六分，得枕头木一头高一尺一寸五分，一头斜尖与桁条平。两山枕头木做法同。

凡承椽枋以面阔定长。如面阔一丈四尺四寸，前檐除金柱径一份，后檐除檐柱一份，两山一头除山柱径半份，一头除檐柱径半份。外加两头入榫分位按柱径四分之一。以檐柱径收二寸定高。如檐柱径一尺六寸，得高一尺四寸。以本身之高每尺收三寸定厚，如本身高一尺四寸，得厚九寸八分。

凡檐椽以步架并出檐加举定长。如步架深四尺，一拽架长一尺二寸，出檐四尺，共长九尺二寸，内除飞檐椽头一尺三寸三分，得长七尺八寸七分，按一一五加举，得通长九尺五分。以桁条径三分之一定径寸，如桁条径一尺四寸，得径四寸六分。两山檐椽做法同。每椽空档随椽径一份。每间椽数俱应成双，档之宽窄，随数均匀。

凡飞檐椽以出檐定长。如出檐四尺，三份分之，出头一份得长一尺三寸三分，后尾二份半，得长三尺三寸二分，又按一一五加举，得飞檐椽通长五尺三寸四分。见方与檐椽径寸同。

凡翼角翘椽长，径俱与平身檐椽同。其起翘处以挑檐中至出檐尺寸用方五斜七之法，再加一步架并正心桁中至挑檐桁中之拽架各尺寸定翘数，如挑檐桁中出檐四尺，方五斜七加之，得长五尺六寸，再加一步架深四尺，一拽架长一尺二寸，共长一丈八寸，内除角梁厚半份，得净长一丈三寸四分，即系翼角椽档分位。翼角翘椽以成单为率，如逢双数应改成单。

凡翘飞椽以平身飞檐椽之长用方五斜七之法定长。如飞檐椽长五尺三寸四分，用方五斜七加之，第一翘得长七尺四寸七分，其余以所定翘数每根递减长五分五厘。其高比飞檐椽加高半份。如飞檐椽高四寸六分，得翘飞椽高六寸九分，厚仍四寸六分。

凡横望板，压飞檐尾横望板，以面阔、进深加举折见方丈定长宽。以椽径十分之二定厚。如椽径四寸六分，得厚八分。

举架

举架是中国建筑带坡屋顶的房屋用的结构。举的高度与步架的长度之比即为举架（即屋面坡度）。工程做法中有五、六、六五、七五、九举等名称，是指举架高与步架长度之比为十分之五、六、六五、七五、九等的意思。一般的屋面坡度其比例为一常数，整个屋面轮廓形成具有一定坡度的直线，而古建工程的举架，在每个步架内均不相同。由檐步至脊步逐步增加，使整个屋面轮廓形成一下缓，上急的曲线。举架的缓急以房屋进深的大小和檩数多少而定。一般檐步为五举（即五举拿头）。飞檐为三五举。以上各步，如为五檩则脊步为六五、七举，如为七檩则金步六五举、脊步八举。如为九檩则下金为六五举，上金步为七五举，脊步为九举。如为十一檩则下金为六举，中金为六五举，上金为七五举，脊步为九举。或由设计人根据具体情况而定（但必须桷举）。最上一举有时在九举之上还加一平水。

平水高度即各桁檩下的垫板高度，有斗栱的大式大木平水为四斗口、无斗栱者按檩径或檩径的十分之八，如建筑物较高举架太小或檩数少，在建筑物近处不易看见屋脊，也可将平水加大。

原典

凡里口以面阔定长。如面阔一丈四尺四寸，即一丈四尺四寸。以椽径一份再加望板厚一份半定高。如椽径四寸六分，望板厚一份半一寸三分，得里口高五寸九分。厚与椽径同。两山里口做法同。

凡闸档板以翘档分位定宽。如翘档宽四寸六分，即闸档板宽四寸六分，外加入槽每寸一分。高随椽径尺寸。以椽径十分之二定厚，如椽径四寸六分，得闸档板厚九分。其小连檐自起翘处至老角梁得长。宽随椽径一份，厚照望板之厚一份半，得厚一寸三分。两山闸档板，小连檐做法同。

凡连檐以面阔定长。如面阔一丈四尺四寸，即长一丈四尺四寸。其梢间及转角连檐，一头加一步架并出檐尺寸，又加正心桁中至挑檐桁中一拽架共长二丈一尺二寸，内除角梁之厚半份，净长二丈七寸四分。其起翘处起至仔角梁每尺加翘一寸。高、厚与檐椽径寸同。两山连檐做法同。

凡瓦口长与连檐同。以椽径半份定高。加椽径四寸六分，得瓦口高二寸三分。以本身之高折半定厚。如本身高二寸三分，得厚一寸一分。

凡椽椀、椽中板以面阔定长。如面阔一丈四尺四寸，即长一丈四尺四寸。以椽径一份再加椽径三分之一定高。如椽径四寸六分，得椽椀并椽中板高六寸一分。以椽径三分之一定厚，得厚一寸五分。两山椽椀并中板做法同。

凡周围榻脚木以面阔定长。如面阔一丈四尺四寸，即长一丈四尺四寸。以椽径一份半定宽，一份定厚。如椽径四寸六分，得宽六寸九分，厚四寸六分。

上檐单翘单昂斗科斗口四寸大木做法。凡上复檐桐柱之高，以步架尺寸加举定高。如步架深四尺，按五举加之得高二尺，露明檐柱高八尺，额枋一尺八寸，共高一丈一尺八寸。每径一尺，外加上下榫各长三寸。径与檐柱径寸同。

凡大额枋以面阔定长。如面阔一丈四尺四寸，内除桐柱径一尺六寸，得净长一丈二尺八寸。外加两头入榫分位，各按柱径四分之一。如柱径一尺六寸，得榫长各四寸。共长一丈三尺六寸。前檐除金柱径一份，外加入榫仍照前法。其梢间及转角并两山大额枋，一头加桐柱径一份得霸王拳分位。如柱径一尺六寸，即出一尺六寸。一头除柱径半份，外加入榫分位，仍照前法。以斗口四份半定高。如斗口四寸，得高一尺八寸。以本身之高每尺收三寸定厚。如本身高一尺八寸，得厚一尺二寸六分。

凡平板枋以面阔定长。如面阔一丈四尺四寸，即长一丈四尺四寸。每宽一尺，外加扣榫长三寸。其梢间及转角，照面阔，一头加桐柱径一份。两山按进深两头各加桐柱径一份，得交角出头分位。如柱径一尺六寸，得出头长一尺六寸。以斗口三份定宽，二份定高。如斗口四寸，得平板枋宽一尺二寸，高八寸。

凡七架梁以进深定长。如进深二丈四尺，两头各加三拽架三尺六寸，再加升底半份二寸六分，共得长三丈一尺七寸二分。以斗口七份定高，四份半定厚。如斗口四寸，得高二尺，厚一尺八寸，以斗口四份定梁头之厚，如斗口四寸，得梁头厚一尺六寸。

凡随梁枋以进深定长。如进深二丈四尺，内除前后柱径各半份，外加入榫分位，各按柱径四分之一，得通长二丈三尺五分。以檐柱径定高。如柱径一尺六寸，即高一尺六寸，以本身之高每尺收二寸定厚。如本身高一尺六寸，得厚一尺二寸八分。

凡两山代梁头以拽架定长。如单翘单昂里外各二拽架长二尺四寸，再加蚂蚱头长一尺二寸，又加升底半份二寸六分，里外共长七尺七寸二分。高、厚与七架梁同。

凡两山由额枋以进深定长。如进深二丈四尺，分间得一丈二尺，内除柱径各半份，外加入榫分位，各按柱径四分之一，得通长一丈一尺一寸五分。以大额枋之高收二寸定高，如大额枋高一尺八寸，得高一尺六寸。以大额枋之厚每尺收滚楞二寸定厚。如大额枋厚一尺二寸六分，得厚一尺一分。

凡扒梁①以梢间面阔定长。如梢间面阔一丈二尺，即长一丈二尺。以七架梁之高折半定高。如七架梁高二尺八寸，得高一尺四寸。以本身之高收二寸定厚，如本身高一尺四寸，得厚一尺二寸。

凡采步金以步架四份定长。如步架四份深一丈六尺，两头各加桁条径一份半得假桁条头分位，如桁条径一尺四寸，各加长二尺一寸，得通长二丈二寸。高、厚与三架梁同。

凡采步金枋以步架四份定长。如步架四份深一丈六尺，内除上金柁墩之厚一份，外加入榫分位，按本身厚四分之一，得通长一丈五尺五寸三分。以七架随梁之厚定高。如七架随梁厚一尺二寸八分，即高一尺二寸八分，以采步金之厚每尺收滚楞二寸定厚。如采步金厚一尺一寸六分，得厚九寸三分。

凡递角梁②以进深并拽架定长。如进深二丈四尺，两头各加三拽架长三尺六寸，共长三丈一尺二寸，用方五斜七之法，得长四丈三尺六寸八分。以转角山柱径定厚。如山柱径二尺三寸八分，即厚二尺三寸八分，以本身之每尺加二寸定高，如本身厚二尺三寸八分，得高二尺八寸五分。

注释

①扒梁：两头放在梁上或桁上，而不是放在柱上的梁，叫扒梁，也称“趴梁”。扒梁和顺梁的方向一致，但是扒梁的两端不是直接架在下面的柱头上，而是扣在椽上或是一般的梁的上面。扒梁既是梁，同时也起着枋的作用，或者说它同时也是一根枋。

②递角梁：又叫斜五步梁，用于建筑物转角位置，于山面、檐面各成 45° 的五步架。

原典

凡随梁以进深定长。如进深二丈四尺，分间得一丈二尺，用方五斜七加之，得长一丈六尺八寸。高、厚与七架随梁同。

凡五架梁以步架四份定长。如步架四份深一丈六尺，两头各桁条径一份得柁头分位，如桁条径一尺四寸，得通长一丈八尺八寸。以七架梁之厚定高。如七架梁厚一尺八寸，即高一尺八寸。以本身之高每尺收二寸定厚。如本身高一尺八寸，得厚一尺四寸四分。

凡三架梁以步架二份定长。如步架二份深八尺，两头各加桁条径一份得柁头分位。如桁条径一尺四寸，即各加长一尺四寸，得通长一丈八寸。以五架梁厚一尺四寸四分，即高一尺四寸四分。以本身之高每尺收二寸定厚。如本身高一尺四寸四分，得厚一尺一寸六分。

凡下金柁墩以步架加举定高。如步架深四尺，再加二拽架二尺四寸，共深六尺四寸，按五举加之，得高三尺二寸，内除七架梁之高二尺八寸，净高四尺。以柁头二份定长。如柁头长一尺四寸，得长二尺八寸。以五架梁之厚每尺收滚楞二寸定宽。如五架梁厚一尺四寸四分，得宽一尺一寸六分。

凡上金柁墩以步架加举定高。如步架深四尺，按七举加之，得高二尺八寸，内除五架梁高一尺八寸，得净高一尺。以三架梁之厚每尺收滚楞二寸定厚。如三架梁厚一尺一寸六分，得厚九寸三分。以柁头二份定长。如柁头长一尺四寸，得长二尺八寸。

凡四角瓜柱以步架加举定高。如步架深四尺，再加二拽架二尺四寸，共六尺四寸，按五举加之，得高三尺二寸。内除扒梁高半份七寸，采步金一尺四寸四分，净长一尺六分。每宽一尺外加下榫长三寸。以五架梁之厚、每尺收滚楞二寸定厚。如五架梁厚一尺四寸四分，得厚一尺一寸六分。以本身之厚加二寸定宽。如身厚一尺一寸六分，得宽一尺三寸六分。

凡脊瓜柱以步架加举定高。如步架深四尺，按九举加之，得高三尺六，内除三架梁高一尺四寸四分，得净高二尺一寸六分，外加平水高八寸，桁条径三分之一作上桁椀。如桁条径一尺四寸，得桁椀高四寸六分。又以本身每宽一尺外加下榫长三寸。如本身宽一尺一寸三分，得下榫长三寸三分。以三架梁之厚每尺收滚楞二寸定厚。如三架梁宽一尺一寸六分，得厚九寸三分。以本身之厚加二寸定宽。如本身厚九寸三分，得宽一尺一寸三分。

凡正心桁以面阔定长。如面阔一丈四尺四寸，即长一丈四尺四寸。其梢间及转角桁，外加一头交角出头分位，按本身径一份，身径一尺四寸，即加长一尺四寸。以斗口三份定径寸。如斗口四寸，得径一尺四寸。每径一尺，外加搭交榫长三寸。两山正心桁做法同。

凡正心枋三层，以面阔定长。如面阔一丈四尺四寸，内除七架梁头厚一尺六寸，得净长一丈二尺八寸。外加两头入榫分位。各按本身高半份。如本身高八寸，得榫长各四寸。其梢间及转角照面阔，两山按进深各折半尺寸，一头除七架梁头厚半份，外加入榫分位，按本身高半份。第一层，一头带蚂蚱头长三尺六寸；第二层，一头带撑头木长二尺四寸；第三层，照面阔之长，除梁头之厚，加入榫分位，仍照前法。以斗口二份定高。如斗口四寸，得高八寸。以斗口一份，外加包掩定厚，如斗口四寸，加包掩六分，得厚四寸六分。

凡挑檐桁以面阔定长。如面阔一丈四尺四寸，即长一丈四尺四寸。每径一尺，外加扣榫长三寸。其梢间及转角并山挑檐桁，一头加二拽架长二尺四寸，又加交角出头分位，按本身之径一份半，如本身径一尺二寸，得交角出头一尺八寸。以正心桁之径收二寸定径。如正心桁径一尺四寸，得挑檐桁径一尺二寸。

凡挑檐枋以面阔定长。如面阔一丈四尺四寸，内除七架梁头厚一尺六寸，得净长一丈二尺八寸。外加两头入榫分位，各按本身高半份。如本身高八寸，得榫长各四寸。其梢间及转角并两山挑檐枋，一头除七架梁头厚半分，外加入榫分位，按本身之厚一份，一头外带二拽架长二尺四寸，又加交角出头分位，按挑檐桁之径一份半，如挑檐桁径一尺二寸，得交角出头一尺八寸。以斗口二份定高，一份定厚。如斗口四寸得高八寸，厚四寸。

凡拽枋以面阔定长。如面阔一丈四尺四寸，内除七架梁头厚一尺六寸，得长一丈二尺八寸。外加两头入榫分位，各按本身高半份。如本身高八寸，得长各四寸。其梢间及转角并两山拽枋，一头加二拽榫架尺寸，一头除七架梁头厚半份。外加入榫，仍照前法，得通长一丈四尺。高、厚与挑檐枋同。

凡后尾压科枋①以面阔定长。如面阔一丈四尺四寸，内除七架梁之厚一尺八寸，外加两头入榫分位，各按本身厚半份。如本身厚八寸，得榫长各四寸。其梢间及转角并山压科枋，一头收二拽架长二尺四寸，外加斜交分位按本身之厚一份，如本身厚八寸，即长八寸。一头除七架梁厚一份，外加入榫，仍照前法。以斗口二份半定高，二份定厚。如斗口四寸，得高一尺，厚八寸。

凡斜五架梁②以步架四份定长。如步架四份长一丈六尺，两头各加桁条之径一份，得头分位。如桁条径一尺四寸，得通长一丈八尺八寸，用方五斜七之法，得长二丈六尺三寸二分，以递角梁之厚定高。如递角梁厚二尺三寸八分，即高二尺三寸八分。以本身之高每尺收二寸定厚，如本身高二尺三寸八分，得厚一尺九寸一分。

注释

① 后尾压科枋：衬压斗栱后尾以防外倾的木枋，多见于城垣类建筑。

② 斜五架梁：用于建筑物转角位置，于山面、檐面各成45°的五步架。斜五步梁又称递角梁。

原典

凡转角采步金以面阔定长。如通面阔二丈四尺，内收桁条之径一份，如桁条径一尺四寸，得长二丈二尺六寸。高、厚气五架梁同。

凡下金柁墩以步架加举定高。如步架四尺再加二拽架二尺四寸，共深六尺四寸，按五举加之，得高三尺二寸。内除递角梁之高二尺八寸五分，得净高三寸五分。以柁头二份定长。如柁长一尺四寸，得长二尺八寸。以斜五架梁之厚，每尺收滚楞二寸定宽，如五架梁厚一尺九寸一分，得宽一尺五寸三分。

凡斜三架梁以步架二份定长。如步架二份深八尺，两头各加桁条之径一份得柁头分位。如桁条径一尺四寸，得通长一丈八寸，用方五斜七之法，得长一丈五尺一寸二分。以斜五架梁之厚定高。如五架深厚一尺九寸一分，即高一尺九寸一分。以本身之高每尺收二寸定厚。如本身高一尺九寸一分。得厚一尺五寸三分。

凡上金柁墩以步架加举定长。如步架深四尺，按七举加之，得高二尺八寸。内除斜五架梁之高二尺三寸八分，得净高四寸二分。以斜三架梁之厚，每尺收滚楞二寸定宽。如三架梁厚一尺五寸三分，得宽一尺二寸三分。以柁头二份定长。如柁头长一尺四寸，得长二尺八寸。

凡脊瓜柱以步架加举定高。如步架四尺，按九举加之，得高三尺六寸。内除斜三架梁之高一尺九寸一分，得净高一尺六寸九分。外加平水高八寸，桁条径三分之一作上桁椀。如桁条径一尺四寸，得桁椀高四寸六分，又以本身每径一尺加下榫长三寸。如本身径一尺二寸三分，得下榫长三寸六分。以斜三架梁之厚每尺收滚楞二寸定径，如三架梁厚一尺五寸三分，得径一尺二寸三分。

凡金、脊枋以面阔定长。如面阔一丈四尺四寸，内除柁墩或瓜柱之一份，外加两头入榫分位，各按柁墩、瓜柱厚四分之一。其梢间，一头收一步架定长。如梢间面阔一丈二尺，收一步架深四尺，得长八尺。除柁墩、瓜柱一份，外加入榫，仍照前法。以斗口三份定高，二份定厚。如斗口四寸，得高一尺二寸，厚八寸。

凡金、垫板以面阔定长。如面阔一丈四尺四寸，内除柁头或瓜柱之厚一分，外加两头入榫分位，各按柁头或瓜柱之厚每尺加入榫二寸。其梢间垫板，一头收一步架，再除柁头或瓜柱之厚，外加入榫，仍照前法。以斗口二份定高，半份定厚。如斗口四寸，得高八寸，厚二寸。

凡金、脊桁以面阔定长，如面阔一丈四尺四寸，即长一丈四尺四寸。其梢间桁条，一头收正心桁之径一份。如梢间面阔一丈二尺，一头收正心桁径一尺四寸，得净长一丈六寸。径寸与正心桁同。每径一尺，外加扣榫长三寸。

凡转角下金枋以面阔定长。如通面阔二丈四尺，内除一步架深四尺，得长二丈，两头共除柁墩，瓜柱之厚一份。外加两头入榫分位，各按柁橔，瓜柱厚四分之一，内存短枋一步架长四尺，两头共除柁墩、瓜柱之厚一份，外加两头入榫分位，各按柁墩、瓜柱厚四分之一，内存短枋一步架长四尺，两头共除柁墩、瓜柱之厚一份，外加两头入榫分位，仍照前法。高、厚与金、脊枋同。

凡转角上金枋以面阔定长。如通面阔二丈四尺，内除一步架深四尺，得长二丈，两头共除柁墩、瓜柱之厚一份，外加两头入榫分位，各按柁墩、瓜柱厚四分之一，内有短枋一步架长四尺，两头共除柁墩、瓜柱之厚一份，外加两头入榫分位，仍照前法。高、厚与下金枋同。

凡转角脊枋以面阔定长。如面阔二丈四尺，内除一步架深四尺，得长二丈，两头共除柁墩、瓜柱之厚一份，外加两头入榫分位，各按柁墩，瓜柱厚四分之一，内有短枋两步架长八尺，两头共除柁阔，瓜柱之厚一份，外加两头入榫分位，仍照前法。高、厚与下金枋同。

脊

原典图说

古建筑的各种屋脊

正脊，又叫大脊、平脊，位于屋顶前后两坡相交处，是屋顶最高处的水平屋脊，正脊两端有吻兽或望兽，中间可以有宝瓶等装饰物，称脊刹。庑殿顶、歇山顶、悬山顶、硬山顶均有正脊，卷棚顶、攒尖顶、盝顶没有正脊，十字脊顶则为两条正脊垂直相交，盝顶则由四条正脊围成一个平面。汉朝以前，正脊平直，汉朝起正脊开始出现两端翘的曲线，这种做法盛行于唐、宋，到明、清时期则多恢复直线。古建筑正脊两端的兽头，称为鸱吻，因其位置和形态又称正吻、龙吻、大吻。

垂脊是中国古代屋顶的一种屋脊。在歇山顶、悬山顶、硬山顶的建筑上自正脊两端沿着前后坡向下，在攒尖顶中自宝顶至屋檐转角处。

戗脊是在有不同方向的承梁板的屋顶中，其两个斜屋面交接处所形成的外角，又称岔脊，是中国古代歇山顶建筑自垂脊下端至屋檐部分的屋脊，与垂脊成 45°，对垂脊起支戗作用。重檐屋顶的下层檐（如重檐庑殿顶和重檐歇山顶的第二檐）的檐角屋脊也是戗脊，称重檐戗脊。对庑殿顶自正脊两端之房檐的屋脊称为戗脊，也可称为垂脊。戗脊上安放戗兽，以戗兽为界分为兽前和兽后两段，兽前部分安放蹲兽，数量根据等级大小各有不同。

围脊是中国古建筑屋脊的一种，是重檐式建筑（例如重檐庑殿顶、重檐歇山顶、重檐攒尖顶等）的下层檐和屋顶相交的脊，由于其围绕着屋顶，故名围脊。围脊四角有脊兽，根据建筑等级不同，分别为合角吻（吻兽）或合角兽。

脊刹位于正脊的正中位置，装饰的样式多种多样，有宝瓶状、宝塔状、楼阁状等。

原典

凡转角里上金枋以二步架得长，下金枋一步架得长，两头共除柁墩、瓜柱之厚一份，外加两头入榫分位，仍照前法。高、厚与金、脊枋同。

凡转角外面上、下金、脊垫板长，与金、脊枋之净长同。里面上、下金垫板，与内里上、下金枋之净长同。外加两头入榫分位，各按柁头之厚每尺加入榫二寸。高、厚俱与金、脊垫板同。

凡转角外上金、脊桁以面阔定长。如通面阔二丈四尺，内一头收桁条径一份。如桁条径一尺四寸，得长二丈二尺六寸。里下金桁一步架得长四尺，上金桁二步架得长八尺，一头外加本身之径各一份，得交角出头分位之长。径与正心桁之径同。

凡转角外面假桁条头以步架定长。如下金桁条头一步架长四尺，内一头收桁条径一份一尺四寸，一头收桁条径半份长七寸，外加入榫按本身径四分之一。上金桁条头二步架长八尺，内一头收桁条径一份一尺四寸，得长六尺六寸。径与金、脊桁之径同。

凡仔角梁以步架并出檐加举定长。如步架深四尺，二拽架长二尺四寸，出檐四尺，外加出水二分得八寸，共长一丈一尺二寸，用方五斜七之法加长，又按一一五加举，共长一丈八尺三分。再加翼角斜出椽径三份。如椽径四寸六分得并长一丈九尺四寸一分。再加套兽榫照角梁本身之厚一份，如角梁厚九寸二分，即套兽榫长九寸二分，得仔角梁通长二丈三寸三分。以椽径三份定高，二份定厚。如椽径四寸六分，得仔角梁高一尺三寸八分，厚九寸二份。

凡老角梁以仔角梁之长除飞檐头并套兽榫定长。如仔角梁长二丈三尺三寸，内除飞檐头长二尺五寸七分，并套兽榫长九寸二分，得净长一丈六尺八寸四分，外加后尾三岔头照桁条之径一份，如桁条径一尺四寸，共得长一丈八尺二寸四分。高、厚与仔角梁同。

凡转角里掖角角梁以步架定长。如步架深四尺，用方五斜七之法，又按一一五加举，得通长六尺四寸四分。高、厚与仔角梁同。

凡转角四面花架由戗以步架一份定长。如步架一份深四尺，用方五斜七之法，又按一一五加举，得通长七尺。高、厚与仔角梁同。二面二根，以椽径二份定高、厚。如椽径四寸六分，得高、厚九寸二分。

凡转角四面脊由戗以步架一份定长。如一步架一份深四尺，用方五斜七之法，又按一三五加举，得通长七尺五寸六分。高、厚与仔角梁同。二面二根，以椽径二份定高、厚。如椽径四寸六分，得高、厚九寸二分。以上由戗，每根一头加斜搭交尺寸，按本身之厚一份。

凡外面枕头木以步架定长。如步架深四尺，即长四尺。外加二拽架长二尺四寸，内除角梁之厚半份四寸六分，得枕头木长五尺九寸四分。以挑檐桁径十分之三定宽。如挑檐桁径一尺二寸，得宽三寸六分。正心桁上枕头木，以步架定长。如步架深四尺，内除角梁厚半份四寸六分，得正心桁上枕头木净长三尺五寸四分。以正心桁径十分之三定宽。如正心桁径一尺四寸，得宽四寸二分。以椽径二份半定高。如椽径四寸六分，得枕头木一头高一尺一寸五分，一头斜尖与桁条平。两山枕头木做法同。

凡檐椽以步架并出檐加举定长。如步架深四尺，二拽架长二尺四寸，出檐四尺，又加出水八寸，共长一丈一尺二寸。内除飞头长一尺六寸，净长九尺六寸，按一一五加举，得通长一丈一尺四分。再加一头搭交尺寸，按本身之径一份。如本身径四寸六分，即长四寸六分。径与下檐檐椽同。每椽空档，随椽径一份。每间椽数，俱应成双，一档之宽窄，随数均匀。里檐转角之处，以出檐尺寸，见方分短椽根数折半核算。

凡飞檐椽以出椽定长。如出檐并出水共四尺八寸，三份分之，出头一份得长一尺六寸，后尾二份半得长四尺。又按一一五加举，得飞檐椽通长六尺四寸四分。见方与檐椽径寸同。

凡翼角翘椽长，径俱与平身檐椽同。其起翘处，以挑檐桁中至出檐尺寸用方五斜七之法，再加二步架并正心桁中至挑檐桁中之拽架各尺寸定翘数。如挑檐四尺八寸，方五斜七加之，得长六尺七寸二分，再加步架深四尺，二拽架长二尺四寸，共长一丈三尺一寸二分，内除角梁厚半份四寸六分，得净长一丈二尺六寸六分，即系翼角椽档分位。翼角翘椽以成单为率，如逢双数，应改成单。

凡翘飞椽以平身飞檐椽之长，用方五斜七之法定长，如飞檐椽长六尺四寸四分，用方五斜七加之，第一翘得长九尺一分，其余以所定翘数每根递减长五分五厘。其高比飞檐椽加高半份。如飞檐椽高四寸六分，得翘飞椽高六寸九分。厚仍四寸六分。以上椽子转角同。

凡花架椽以步架加举定长。如步架深四尺，按一二五加举，得长五尺。两头各加搭交尺寸。如本身径四寸六分，即长四寸六分。径与檐椽径寸同。

凡脑椽以步架加举定长。如步架深四尺，按一三五加举，得长五尺四寸，一头加搭交尺寸，按本身径一份。径与檐椽径寸同。

凡转角里檐椽以步架加举定长。如步架深四尺，按一一五加举，得长四尺六寸。径与前檐椽同。一步架，得短椽根数，折半核算。

凡转角里花架椽以步架加举定长。如步架深四尺，按一二五加举，得长五尺。径与前檐花架椽同。二步架得椽根数，内有短椽一步，折半核算。

凡转角里脑椽以步架加举定长。如步架深四尺，按一三五加举，得长五尺四寸。径与前檐脑椽同。三步架得椽根数，内有短椽一步，架折半核算。

凡转角外六面花架椽以步架加举定长。如步架深四尺，按一二五加举，得长五尺。内二面，每面二步架存短椽一步架，四面，每面一步架俱系短椽，折半核算。径与檐椽径寸同。

凡转角外六面脑椽以步架加举定长。如步架深四尺，按一三五加举，得长五尺四寸。内二面，每面三步架。四面，每面二步架得平身椽数，俱有短椽一步架，折半核算。径与檐椽径寸同。

凡两山及转角两山哑叭花架、脑椽，俱与正花架、脑椽同。以一步架尺寸，除桁条之径一份得椽根数，如步架四尺，除桁条径一尺四寸，净得二尺六寸，分椽根数。花架有短椽，折半核算。

凡横望板、压飞檐尾横望板，俱与面阔，进深加举折见方丈定长宽。以椽径十分之二定厚。如椽径四寸六分，得厚九分。

凡连檐以面阔定长。如面阔一丈四尺四寸，即长一丈四尺四寸。其梢间及转角并两山连檐，一头加出檐并出水尺寸，又加正心桁中至挑檐桁中二拽架，共长一丈九尺二寸。内除角梁之厚半份，净长一丈八尺七寸四分。其起翘处，起至仔角梁，每尺加翘一寸。高、厚与檐径寸同。

凡瓦口长与连檐同。以椽径半份定高。如椽径四寸六分，得瓦口高二寸三分。以本身之高折半定厚。如本身高二寸三分，得厚一寸一分。

凡里口以面阔定长。如面阔一丈四尺四寸，即长一丈四尺四寸。梢间及转角照面阔一头收一步架。两山两头各收一步架分位。以椽径一份再加望板厚一份半定高。如椽径四寸六分，望板之厚一份半一寸三分，得里口高五寸九分。厚与椽径同。

凡闸档板以翘椽档分位定宽。如翘椽档宽四寸六分，即闸档板宽四寸六分。外加入槽每寸一分。高随椽径尺寸，以椽径十分之二定厚。如椽径四寸六分，得闸档板厚九分。其小连檐，自起翘处至老角梁得长。宽随椽径一份，厚照望板之厚一份半得厚一寸三分。两山闸档板，小连檐做法同。

凡椽椀、椽中板以面阔定长。如面阔一丈四尺四寸，即长一丈四尺四寸。梢间及转角照面阔一头收一步架。两山两头各收一步架分位。以椽一份及再加椽径三分之一定高。如椽四寸六分，得四寸六分，得椽椀并椽中板高六寸一分。以椽径三分之一定厚，得厚一寸五分。

凡扶脊木长、径俱与脊桁同。脊桁照通脊之高再加扶脊木之径一份，桁条径四分之一得长。宽照椽径一份，厚按本身之宽折半。

凡榻脚木以步架四份，外加桁条之径二份定长。如步架四份长一丈六尺，外加两头桁条径各一份，如桁条径一尺四寸，得榻脚木通长一丈八尺八寸。见方与桁条径寸同。

凡草架柱子以步架加举定高。如步架深四尺，第一步架按七举加之，得高二尺八寸。第二步架按九举加之，得高三尺六寸，二步架共高六尺四寸，脊桁草架柱子即高六尺四寸。外加两头入榫分位，按本身之宽厚折半，如本身宽厚七寸，得榫长各三寸五分。以榻脚木见方尺寸折半宽厚。如榻脚木见方一尺四寸，得草架柱子见方七寸。其穿[①]，以步架二份定长。如步架二份共长八尺即长八尺。宽、厚与草架柱子同。

凡山花板以进深定宽。如进深二丈四尺，前后各收一步架深四尺，得山花板通宽一丈六尺。以脊中草架柱子之高，加扶脊木并桁条之径定高。如草架柱子高六尺四寸，扶脊木、脊桁各径一尺四寸，得山花板中高九尺二寸，系尖高做法，折半核算。以桁条径四分之一定厚。如桁条径一尺四寸，得山花板厚三寸五分。

凡博缝板随各椽之长得长。如花架椽长五尺，花架博缝板即长五尺。如脑椽五尺五寸，脑博缝板即长五尺四寸。每博缝板外加搭岔分位，照本身之宽加长。如本身宽二尺七寸六分，每块即加长二尺七寸六分。以椽径六份定宽。如椽径四寸六分，得博缝板宽二尺七寸六分。厚与山花板之厚同。转角二面榻脚木、山花、博缝、草架柱子、穿、长、高、厚俱与两山同。

注释

① 穿：连系草架柱的水平构件，草架柱与穿构件的纵横木架有辅助固定山花板的作用。

原典

凡下槛并引条已于装修册内声明。

凡穿插枋以步架定长。如步架深七尺二寸，即长七尺二寸，外加两头出头尺寸，各按桐柱径一份。如桐柱径一尺得通长九尺二寸。高、厚与檐枋同。

凡转角斜穿插枋①以正穿插枋之长定长。如正穿插枋长九尺二寸，用方五斜七之法得长一丈二尺八寸八分。高、厚与正穿插枋同。

注释

① 斜穿插枋：位于廊子转角部位，用来拉结角檐柱和角金柱的枋子，见于周围廊转角建筑。

原典

前接檐一檩转角两搭一座大木做法。

凡进深以正楼面阔定进深。如正楼面阔一丈四尺四寸，两搭连庑座即进深一丈四尺四寸，内二份均之，得两搭进深七尺二寸。

凡桐柱以正楼前金柱之高定高。如前金柱上层露明柱高八尺，大额枋一尺八寸，平板枋八寸，斗科二尺八寸八分，正心桁一尺四寸，共高一丈四尺八寸八分，内以一步架七尺二寸，按五举核算，除三尺六寸，又除三架梁高一尺九寸，净得桐柱高九尺三寸八分。再加桁条径三分之一桁椀，如桁条径一尺二寸，得桁椀高四寸，共长九尺七寸八分。每径一尺加下榫长三寸，以三架梁之厚收二寸定径，如三架梁一尺二寸，得径一尺。

凡檐桁以面阔定长、如面阔一丈四尺四寸，即长一丈四尺四寸，每径一尺，外加搭交榫长三寸。其梢间桁条一头加一步架长四尺，内收本身径一份，如本身径一尺二寸，即收一尺二寸，得长一丈七尺二寸。转角一头加交角出头分位，按本身之径一份。以挑檐桁之径定径。如挑檐桁径一尺二寸，即径一尺二寸。

凡檐枋以面阔定宽。如面阔一丈四尺四寸，内除桐柱径一份。外加入榫分位，各按柱径四分之一。以斗口二份半定高，二份定厚。如斗口四寸，得高一尺，厚八寸。

凡檐垫板以面阔定长。如面阔一丈四尺四寸，内除桐柱径一份，外加入榫分位，各按柱径十分之二。以檐枋之厚定高。如檐枋厚八寸，得高八寸。以本身高四分之一定厚。如本身高八寸，得厚二寸。

凡靠背走马板①以面阔定宽。如面阔一丈四尺四寸，内除桐柱径一尺，净宽一丈三尺四寸。以桐柱净高尺寸定高。如桐柱净高九尺三寸八分。折半得四尺六寸九分，内除檐枋一尺，垫板八寸，得净高二尺八寸九分。其厚一寸。

注释

① 走马板：古建筑中，将大面积的槅板统称走马板。走马板常用于庑殿建筑大门的上方、重檐建筑棋枋与承椽枋之间的大面积空间中。

原典

凡里角梁以步架并出檐加举定长。如步架深七尺二寸，出檐以步架折半得三尺六寸，出水二分得七寸二分，共长一丈一尺五寸二分。又按一一五加举，得通长一丈三尺二寸四分。外加套兽榫照本身之厚一份。如本身厚九寸二分，即出九寸二分。以椽径五份定高，二份定厚。如椽径四寸六分，得高二尺三寸，厚九寸二分。

凡博缝板以步架并出檐定长。如步架深七尺二寸，内除二拽架二尺四寸，外加博脊一尺五寸，又加出檐并出水尺寸，共长一丈六寸二分。按一一五加举，得通长一丈二尺二寸一分。以椽径四份定宽。如椽径四寸六分，得宽一尺八寸四分。以桁条径四分之一定厚。如桁条径一尺二寸，得厚三寸。

凡山花板以步架定宽。如步架七尺二寸，内除二拽架二尺四寸，净宽四尺八寸。外加挑檐桁径半份六寸，共宽五尺四寸。以金柱定高。如金柱上檐露明八尺，大额枋一尺八寸，平板枋八寸，斗科二尺八寸八分，挑檐桁一尺二寸，椽径四寸六分，共高一丈五尺一寸四分。内除博缝板一尺八寸四分，净高一丈三尺三寸。外加椽径一份得搭头分位，系二斜做法，三份均之，得高四尺四寸三分。以椽径四分之一定厚。如椽径四寸六分，得厚一寸一分。

凡檐椽以步架并出檐加举定长。如步架深七尺二寸，博脊一尺五寸，再加出檐照步架半份三尺六寸，出水七寸二分，共长一丈三尺二分。内除飞檐出头一尺六寸，净长一丈一尺四寸二分，按一一五加举，得通长一丈三尺一寸二分。一头外加搭交尺寸，按本身之径一份。径与正楼檐椽径寸同。

凡转角檐椽以出檐尺寸定长。如出檐四尺三寸二分，其檐椽根数俱系短椽，折半核算。径寸与檐椽同。两搭前按檐三檩转角庑座大木做法。

凡面阔与正楼面阔同。

凡檐柱长、径俱与正楼檐柱同。

凡大额枋以面阔定长。如面阔一丈四尺四寸，两头共除柱径一尺六寸，得净长一丈二尺八寸。外加两头入榫分位，各按柱径四分之一。如柱径一尺六寸，得榫长各四寸。其梢间及转角并两山大额枋，一头加柱径一份得箍头分位。如柱径一尺六寸，一头除柱径半份，外加入榫分位，按柱径四分之一。以斗口四份半定高。如斗口四寸，得高一尺八寸。以本身之高每尺收三寸定厚。如本身高一尺八寸，得厚一尺二寸六分。

凡承重以进深定长。如庑座连两搭通进深一丈四尺四寸，外加一头出榫照檐柱径加一份，如檐柱径一尺六寸，即长一尺六寸，通长一丈六尺。高、厚与正楼承重同。

凡斜承重①以正承重之长定长。如正承重长一丈六尺，用方五斜七之法得长二尺四寸。高、厚与正承重同。

注释

①斜承重：用于楼房转角处，与山面、檐面成45°的承重梁。

原典

凡五架梁以进深定长。如通进深一丈四尺四寸，一头加二拽架长二尺四寸，通长一丈六尺八寸。以斗口五份定高。如斗口四寸，得高二尺。以本身之高每尺收三寸定厚。如本身高二尺，得厚一尺四寸。

凡五架递角梁，以正五架梁之长定长。如正五架梁长一丈六尺八寸，用方五斜七之法，得通长二丈三尺五寸二分。高、厚与正五架梁同。

凡柁墩以步架加举定高。如步架二尺八寸五分，按五举加之，得一尺四寸二分，应除五架梁高二尺，但五架梁之高过于加举，此款不用。

凡三架梁以步架定长。如步架二尺八寸五分，两搭一步架长七尺二寸，又加博脊分位一尺五寸，再一头加桁条径一份得柁头分位，如桁条径一尺二寸，即加长一尺二寸，得通长一丈二尺七寸五分。以五架梁之高、厚各收二寸定高、厚。如五架梁高二尺，厚一尺四寸，得高一尺八寸，厚一尺二寸。

凡斜三架梁以正三架梁之长定长。如正三架梁长一丈二尺七寸五分，用方五斜七之法，得通长一丈七尺八寸五分。高、厚与正三架梁同。

凡脊瓜柱以步架加举定长。如步架二尺八寸五分，按七举加之，得高一尺九寸九分。内除三架梁高一尺八寸，得净高一寸九分。再加桁条径三分之一作桁椀。如桁椀径一尺二寸，得高四寸，共高五寸九分。每径一尺外加下榫长三寸。以三架梁之厚收二寸定径。如三架梁厚一尺二寸，得径一尺。

凡金、脊枋以面阔定长。如面阔一丈四尺四寸，内除柁墩、瓜柱各一份，外加入榫分位各按柁墩、瓜柱厚四分之一。以斗口二份半定高、二份定厚。如斗口四寸，得高一尺，厚八寸。

凡金、脊垫板以面阔定长。如面阔一丈四尺四寸，内除柁墩、瓜柱各一份，外加入榫分位各按墩瓜柱厚，每尺加入榫二寸。以金枋之厚定高。如金枋厚八寸，得高八寸。以本身之高四分之一定厚。如本身高八寸，得厚二寸。

凡金、脊桁以面阔定长。如面阔一丈四尺四寸，即长一丈四尺四寸。每径一尺，外加扣榫长三寸。其梢间桁条，一头加一步架长四尺，内收本身径一份。如本身径一尺二寸，得长一丈七尺二寸。径与正心桁同。

凡坐斗枋以面阔定长。如面阔一丈四尺四寸，即长一丈四尺四寸。其梢间坐斗枋一头加一步架长四尺，又加合角尺寸，按本身之宽一份。两山按进深收一步架，两头各加搭角尺寸，按本身之宽一份。转角一头加搭交尺寸，亦按本身之宽一份。以斗口三份定宽，二份定厚。如斗口四寸，得宽一尺二寸，厚八寸。

凡采斗板以面阔定长。如面阔一丈四尺四寸，即长一丈四尺四寸。其梢间采斗板一头加一步架长四尺，又加合角尺寸按本身之厚一份。两山收一步架，两头各加合角尺寸，转角一头加合角尺寸，俱按本身之厚一份。以斗口四份定高。如斗口四寸，得高一尺六寸，再加斗底五分之三得四寸八分，共高二尺八分。以斗口一份定厚。如斗口四寸，即厚四寸。

凡正心桁以面阔定长。如面阔一丈四尺四寸，即长一丈四尺四寸。其梢间正心桁一头加一步架深四尺，再加交角出头分位，按本身之径一份，如本身径一尺二寸，得出头长一尺二寸，通长一丈九尺六寸。两山收一步架，两头各加交角出头分位，转角一头加交角出头分位，仍照前法。径与两搭檐桁之径同。每桁条径一尺加搭交椽长三寸。如桁条径一尺二寸，得椽长三寸六分。

凡挑檐桁以面阔定长。如面阔一丈四尺四寸，即长一丈四尺四寸。每径一尺，外加扣椽长三寸。其梢间挑檐桁一头加一步架，又加一拽架，再加交角出头分位，按本身之径一份半。如梢间面阔一丈四尺四寸，一步架深四尺，一拽架长一尺二寸。交角出头一尺八寸，共长二丈一尺四寸。两山照进深，里一头收一步架深四尺，外加合角尺寸，按本身之径半份。外一头加一拽架长一尺二寸，又加交角分位，按本身之径一份半。转角一头加交角尺寸，按本身之径一份半。径与正楼下檐挑檐桁径寸同。

凡挑檐枋以面阔定长。如面阔一丈四尺四寸，内除五架梁厚一尺四寸，得净长一丈三尺。外加两头入榫分位，各按半身高半份，如本身高八寸，得榫长各四寸。其梢间，一头除五架梁厚半份，外加入榫分位，仍照前法。一头加一步架，又加一拽架。再加交角出头分位，按挑檐桁之径一份半，如挑檐桁径一尺二寸，得出头长一尺八寸。两山一头收一步架，一头加一拽架。转角一头加一拽架得长。以斗口二份定高，一份定厚。如斗口四寸，得高八寸，厚四寸。

凡仔角梁以步架并出檐加举定长。如步架深二尺八寸五分，出檐四尺，拽架长一尺二寸，共长八尺五分。用方五斜七之法加长，又按一一五加举，得长一丈二尺九寸六分。再加翼角斜出椽径三份，如椽径四寸六分，得并长一丈四尺三寸四分。再加套兽榫照角梁本身之厚一份，如角梁厚九寸二分，即套兽榫长九寸二分，得仔角梁通长一丈五尺二寸六分。以椽径三份定高，二份定厚。如椽径四寸六分，得仔角梁高一尺三寸八分，厚九寸二分。

凡老角梁以仔角梁之长除飞椽头并套兽榫定长。如仔角梁长一丈五尺二寸六分，内除飞檐头长二尺一寸四分，并套兽榫长九寸二分，得净长一丈二尺二寸。外加后尾三岔头照桁条径一份，如桁条径一尺二寸，即长一尺二寸。高、厚与仔角梁同。

凡里角梁并转角里角梁之长与老角梁同。内除后尾三岔头尺寸。以椽径四份定高。如椽径四寸六分，得高一尺八寸四分，厚与老角梁厚同。

角 梁

原典图说

角梁

角梁分为上下两层。下面一层为老角梁，上面的是仔角梁。老角梁与仔角梁后尾交于搭交金桁处。老角梁的上皮做桁椀（承接桁檩之带椀口的构件，垂直于面宽方向，叠置于撑头木之上，中部承正心桁，前端承挑檐桁。椀大小同桁径，以承受桁或檩）。仔角梁的下皮做桁椀，并合抱住搭交金桁的交点处，这是最常用的做法。另一种做法叫“插金做法”（俗称“刀把做法”），用于重檐或多层檐的下层檐角梁，其后尾不和搭交金桁相交，而是做榫插入角柱。榫可做成半榫，也可将老角梁后尾做成透榫，出榫部分做成方头或“麻叶云头”。

角梁的伸出和翘起有“冲三翘四”之说。“冲三”是指仔角梁梁头的平面投影位置，比正身檐平出（即檐椽头部至挑檐桁中线之间的水平距离）的长度再加上 3 个椽径。老角梁的前端头部，一般做成霸王拳的形式，后尾刻做三岔头。所谓“翘四”是指仔角梁头部边棱线（即大连檐下皮，第一翘上皮位置）比正身飞椽椽头高出 4 椽径。

角梁的翘起有以下三个因素。

①老角梁的前部是扣压在正心桁和挑檐桁上面的，而后尾却被压在金桁下面，使老角梁本身前端向上翘起。

②仔角梁头部探出老角梁以外部分，比它的正身下皮延长线又翘起一个角度，使仔角梁头比老角梁头翘起更高。

③角梁本身的高度尺寸大于正身檐椽和飞椽。

凡枕头木以步架定长。如步架深四尺，即长四尺。外加一拽架长一尺二寸，内除角梁之厚半份，得枕头木长四尺七寸四分。以挑檐桁径十分之三定宽。如挑檐桁径一尺二寸，得宽三寸六分。正心桁上枕头木以步架定长，如步架深四尺，内除角架之厚半份，得正心桁上枕头木净长三尺五寸四分。以正心桁径十分之三定宽，如正心桁径一尺二寸，得宽三寸六分。以椽径二份半定高。如椽径四寸六分，得枕头木一头高一尺一寸五分，一头斜尖与桁条平。两山枕头木做法同。

凡檐椽以步架并出檐加举定长。如步架深二尺八寸五分，一拽架长一尺二寸，出檐四尺，共长八尺五分，内除飞檐头一尺二寸三分，净长六尺七寸二分，按一一五加举，得通长七尺七寸二分。再加一头搭交尺寸，按本身径一份，如本身径四寸六分，即长四寸六分。径与上檐檐椽同。两山檐椽做法同。每椽空档，随椽径一份，每间椽数，俱应成双，档之宽窄，随数均匀。

凡飞檐椽以出檐定长。如出檐四尺，三份分之，出头一份得长一尺三寸三分，后尾二份半得长三尺三寸二分，又按一一五加举，得飞檐椽通长五尺三寸四分。见方与檐椽径寸同。

凡翼角翘椽长，径俱与平身檐椽同。其起翘处以挑檐桁中至出檐尺寸，用方五斜七之法，再加一步架并正心桁中至挑檐桁中之拽架各尺寸定翘数。如挑檐中出檐四尺，方五斜七加之，得长五尺六寸，再加步架深四尺，一拽架一尺二寸，共长一丈八寸。内除角梁厚半份，得净长一丈三寸四分，即系翼角椽档分位。翼角翘椽以成单为率，如逢双数，应改成单。

凡翘飞椽以平身飞檐椽之长，用方五斜七之法定长。如飞檐椽长五尺三寸四分，用方五斜七加之，第一翘得长七尺四寸七分，其余以所定翘数每根递减长五分五厘。其高比飞檐椽加高半份。如飞檐椽高四寸六分，得翘飞椽高六寸九分，厚仍四寸六分。

翘飞椽

翘飞椽是正身飞椽在建筑物翼角部分的特殊形式。它和正身飞椽的区别在于：①翘飞椽随仔角梁向外冲出，所以比正身飞椽长；②翘飞椽需随仔角梁翘起，所以它的上皮线不是一条直线；③翘飞椽头随着起翘而逐渐翻转，呈不同角度的菱形，而与正身飞椽的方形椽头不同；④翘飞椽随起翘而产生的扭脖（称翘飞母）的角度不断改变。

原典

凡脑椽以步架加举定长。如步架深二尺八寸五分，按一二五加举，得长三尺五寸六分，一头加搭交尺寸，按本身径一份，如本身径四寸六分，即加长四寸六分。径与檐椽径寸同。

凡横望板，压飞尾横望板俱以面阔、进深加举折见方丈定长、宽。以椽径十分之二定厚。如椽径四寸六分，得厚九分。

凡连檐以面阔定长。如面阔一丈四尺四寸，即长一丈四尺四寸。其梢间连檐，一头加一步架深四尺，一拽架一尺二寸，出檐四尺，共长二丈三尺六寸。内除角梁厚半份，净长二丈三尺一寸四分。其起翘处，起至仔角梁，每尺加翘一寸。高、厚与檐椽径寸同。两山连檐做法同。

凡瓦口长与连檐同。以椽径半份定高。如椽径四寸六分，得瓦口高二寸三分。以本身之高折半定厚。如本身高二寸三分，得厚一寸一分。

凡里口以面阔定长。如面阔一丈四尺四寸，即长一丈四尺四寸。两山收一步架尺寸。以椽径一份，再加望板厚一份半定高。如椽径四寸六分，望板厚一份半一寸三分，得里口高五寸九分。厚与椽径同。

凡闸档板以翘椽档分位定宽。如翘椽档宽四寸六分，即闸档板宽四寸六分。外加入槽每寸一分。高随椽径尺寸。以椽径十分之二定厚。如椽径四寸六分，得闸档板厚九分。其小连檐自起翘处至老角架得长。宽随椽径一份，厚照望板之厚一份半，得厚一寸三分。两山闸档板、小连檐做法同。

凡椽椀、椽中板以面阔定长。如面阔一丈四尺四寸，即长一丈四尺四寸。两山收一步架尺寸，以椽径一分，再加椽径三分之一定高。如椽径四寸六分，得椽椀并椽中板高六寸一分，以椽径三分之一定厚，得厚一寸五分。

凡山花板以步架定宽。如前檐步架一份二尺八寸五分，后檐步架一份七尺二寸，内除柱径半份一尺九分，得六尺一寸一分，再加博脊一尺五寸，共宽一丈四寸六分。以步架加举定高。如前檐步架深二尺八寸五分，按七举加之，得高一尺九寸九分，再加桁条之径一份一尺二寸，共高三尺一寸九分，系斜尖做法。以桁条径四分之一定厚。如桁条径一尺二寸，得山花板厚三寸。

凡博缝板以步架加举定长。如前坡一步架深二尺八寸五分，博脊分位一尺五寸，按一二五加举，得通长五尺四寸三分。后坡六尺一寸，按一一五加举，得通长七尺一分。以椽径六份定宽。如椽径四寸六分，得博缝宽二尺七寸六分。厚与山花板之厚同。

东南角楼

原典图说

北京东南角楼

北京东南角楼始建于明正统元年（1436 年），是中国唯一的、规模最大的城垣转角楼。角楼建于突出城墙外缘方形台座上，台高 12m，底边长 39.45m，上边长 15m，楼高 17m，通高 29m。楼沿城台外缘转角建起，平面呈曲尺形，四面砖垣，重檐歇山顶，两条大脊于转角处相交成十字，灰筒瓦绿剪边，绿琉璃列脊饰兽头。楼体外侧向东、向南两阔面和向西、向北两侧面，均辟箭窗，亦称射孔。上檐下一排，下檐下三排，阔面每排 14 孔，侧面每排 4 孔，共 144 孔。楼体内侧（背面）随主楼各抱厦，亦相连成转角房，辟二门，一西向、一北向。门上设直棂窗。楼内立金柱 20 根，支撑梁架，设射孔，铺设楼板三层。整座楼的建筑面积为 701.3m^2。

清工部

原典

凡面阔、进深以斗科攒数而定。每攒以斗口十二分定宽。如斗口四寸，以科中分算，得斗科每攒宽四尺八寸。如面阔用平身科两攒，加两边柱头科各半攒，共计科三攒，得面阔一丈四尺四寸。梢间如收半攒，即连瓣科，得面阔一丈二尺。如进深共用斗科五攒，得进深二丈四尺。

凡下檐柱以楼三层之高定高。如楼三层每层八尺，内上层加平板枋八寸，一斗三升斗科二尺八分；共高一丈八寸八分，得檐柱通高二丈六尺八寸八分。每径一尺，外加上、下榫各长三寸。如柱径一尺六寸，得榫长各四寸八分。以斗口四份定径。如斗口四寸，得径一尺六寸。

凡前檐金柱以下檐柱之高定高。如下檐柱通高二丈六尺八寸八分，再以步架四尺按五举加之，得承椽枋分位高二尺，承重一尺六寸，上檐露明柱高八尺，额枋一尺八寸，得金柱通长四丈二寸八分。每径一尺，外加上、下榫

卷十六 重檐七檩歇山箭楼一座计四层下檐一斗三升斗口四寸大木做法

各长三寸。以檐柱径定径寸。如檐柱径一尺六寸，加二寸得一尺八寸。再以每长一丈加径一寸，共径二尺二寸。

凡山柱长与金柱同。以檐柱径加二寸定径。如檐柱径一尺六寸，得径一尺八寸，每径一尺，外加上、下榫各长三寸。

凡下、中两层承重以进深定长。如进深二丈四尺，即长二丈四尺。两山分间承重得长一丈二尺。以檐柱径定高。如檐柱径一尺六寸，即高一尺六寸，以本身之高收二寸定厚。如本身高一尺六寸，得厚一尺四寸。

凡下、中二层间枋以面阔定长。如面阔一丈四尺四寸，前檐除前金柱径二尺二寸，后檐除檐柱径一尺六寸，外加两头入榫分位，各按柱径四分之一。以檐柱径收三寸定高。如檐柱径一尺六寸，得高一尺三寸。以本身之高每尺收三寸定厚。如本身高一尺三寸，得厚九寸一分。

凡下、中两层楞木以面阔定长，如面阔一丈四尺四寸，即长一丈四尺四寸。以承重之高折半定高。如承重高一尺六寸，得高八寸。以本身之高收二寸定厚。如本身高八寸，得厚六寸。

凡上层挑檐承重梁以进深定长，如进深二丈四尺，即长二丈四尺。一头外加一步架长四尺，又加一拽架一尺二寸，再加出头分位照挑檐桁之径一份，如挑檐桁径一尺二寸，即出一尺二寸，共长三丈四寸。两山分间承重每根得一丈二尺。一头外加一步架长四尺，又加一拽架长一尺二寸，再加出头分位照挑檐桁之径一份，共长一丈八尺四寸。高、厚与下层承重同。

凡间枋、楞木长、宽、厚俱与下层间桁、楞木同。

原典图说

箭楼

箭楼是古代城门上的楼。辟有洞户，供瞭望和射箭之用。古代武器落后，城门又是唯一的出入通道，因而这里是封建统治者苦心经营的防御重点。一般在城门口分别有正楼、箭楼、闸楼三重城门。闸楼在最外，其作用是升降吊桥，箭楼在中，正面和两侧设有方形窗口，供射箭用。正楼在最里，是城的正门。箭楼与正楼之间用围墙连接，叫瓮城，是屯兵的地方。

大同永泰门的箭楼

精工部

原典

凡楼板三层俱以面阔、进深定长短块数。内除楼梯分位，按门口尺寸，临期酌定。以楞木厚四分之一定厚。如楞木厚六寸，得厚一寸五分。如墁砖以楞木之厚折半得厚。

凡两山挑檐采步梁以步架定长。如步架深四尺，又加一拽架长一尺二寸，再加出头分位照挑檐桁之径一份，如挑檐桁径一尺二寸，即长一尺二寸，共长六尺四寸。以山柱径定高。如山柱径一尺八寸，即高一尺八寸。以本身之高每尺收三寸定厚。如本身之高一尺八寸，得厚一尺二寸六分。

凡四角斜挑檐采步梁以正挑檐采步梁之长定长。如正挑檐采步梁长六尺四寸，用方五斜七之法，得长八尺九寸六分。高、厚与正挑檐采步梁同。

凡正心桁以面阔定长。如面阔一丈四尺四寸，即长一丈四尺四寸。其梢间、正心桁照面阔。后檐一头加一步架，又加交角出头分位，按本身之径一份，共长一丈七尺四寸。前檐照梢间面阔加两头交角出头分位，俱按本身之径一份，如本身径一尺四寸，即出头长一尺四寸。两山正心桁前后各加一步架，又加交角出头分位按本身之径一份。以斗口三份半定径寸。如斗口四寸，得径一尺四寸。每径一尺，外加搭交榫长三寸。如径一尺四寸，得榫长四寸二分。

凡正心枋以面阔定长。如面阔一丈四尺四寸，内除挑檐采步梁厚一尺二寸六分，得净长一丈三尺一寸四分。外加两头入榫分位，各按本身高半份，如本身高八寸，得榫长各四寸，通长一丈三尺九寸四分。其梢间照面阔。两山按进深各折半尺寸，一头加一步架，一头除挑檐采步梁厚半份，外加入榫分位，仍照前法，以斗口二份定高。如斗口四寸，得正心桁高八寸。以斗口一份外加包掩定厚。如斗口四寸，加包掩六分，得正心枋厚四寸六分。

凡挑檐桁以面阔定长。如面阔一丈四尺四寸，即长一丈四尺四寸。每径一尺，外加扣榫长三寸。其梢间、后檐挑桁一头加一步架，又加一拽架，再加交角出头分位，按本身之径一份半，如梢面阔一丈二尺，一步架深四尺，一拽架长一尺二寸，交角出头一尺八寸，共长一丈九尺。前檐照梢间面阔，一头加交角分位按一拽架尺寸，一头加一拽架，又加交角出头分位，按本身之径一份半。两山挑檐桁前后各加一步架，并一拽架及交角出头分位，按本身之径一份半。以正心桁之径收二寸定径。如正心桁径一尺四寸，得挑檐桁径一尺二寸。

歇山顶

歇山顶亦叫九脊殿。除正脊、垂脊外，还有四条戗脊。正脊的前后两坡是整坡，左右两坡是半坡。重檐歇山顶的第二檐与庑殿顶的第二檐基本相同。整座建筑物造型富丽堂皇，在等级上仅次于重檐庑殿顶。在古建筑中如天安门、太和门、保和殿等均为此种形式。从外部形式看，是悬山顶和庑殿顶的结合，形成两坡和四面坡屋顶的混合形式，有一条正脊、四条垂脊，俗称九脊顶。宫殿建筑中重要大殿多采用重檐歇山顶。

到了宋、元时期，歇山顶已经大为流行，一些建筑物的单檐庑殿式主殿开始改为重檐歇山式，明代时重檐歇山更广为运用到殿宇建筑之中，超越单檐庑殿，成为仅次于重檐庑殿的最高等级建筑样式。

原典

凡挑檐枋以面阔定长。如面阔一丈四尺四寸，内除挑檐采步梁厚一尺二寸六分，得净长一丈三尺一寸四分。外加两头入榫分位，各按本身高半份。如本身高八寸，得榫长各四寸。得通长一丈三尺九寸四分。其梢间、后檐一头加一步架，又加一拽架，再加交角出头分位，按挑檐桁之径一份半，如挑檐桁径一尺二寸，得出头长一尺八寸。一头出采步架梁厚半份，外加入榫分位，仍照前法。前檐加一拽架，再加交角出头分位，得长一丈四尺七寸七分。两山挑檐枋与梢间后檐尺寸同。以斗口二份定高，一份定厚。如斗口四寸，得高八寸，厚四寸。

凡坐斗枋以面阔定长。如面阔一丈四尺四寸，即长一丈四尺四寸。每宽一尺，外加扣榫长三寸。如坐斗枋宽一尺二寸，得扣榫长三寸六分。其梢间，后檐坐斗枋一头加一步架。两山两头各加一步架长四尺，再加本身宽一份，得斜交分位，如本身宽一尺二寸，即加长一尺二寸，得通长三丈四尺四寸。以斗口三份定宽，二份定高，如斗口四寸，得宽一尺二寸，高八寸。

凡采斗板以面阔定长。如面阔一丈四尺四寸，即长一丈四尺四寸。其梢间，后檐采斗板一头加一步架，两山分头各加一步架，再加本身厚一份得搭交尺寸。以斗口二份，再加斗底五分之三定高。如斗口四寸，得高八寸，斗底四寸八分，共高一尺二寸八分。以斗口一份定厚，如斗口四寸，即厚四寸。

凡仔角梁以步架并出檐加举定长。如步架深四尺，拽架长一尺二寸，出檐四尺，共长九尺二寸。用方五斜七之法加长，又按一一五加举，得长一丈四尺八寸一分。再加翼角斜出椽径三份，如椽径四寸六分，得并长一丈六尺一寸九分。再加套兽榫照角梁本身之厚一分，如角梁厚九寸二分，即套兽榫长九寸二分，得仔角梁通长一丈七尺一寸一分。以椽径三份定高，二份定厚。如椽径四寸六分，得仔角梁高一尺二寸八分。厚九寸二分。

凡老角梁以仔角梁之长除飞檐头并套兽榫定长。如仔角梁长一丈七尺一寸一分，内除飞檐头长二尺一寸四分，并套兽榫九寸二分，得净长一丈四尺五分。高、厚与仔角梁同。

凡枕头木以步架定长。如步架深四尺，即长四尺。外加一拽架长一尺二寸，内除角梁厚半份四寸六分，得枕头木长四尺七寸四分。以挑檐桁径十分之三定宽。如挑檐桁径一尺二寸，得枕头木宽三寸六分。正心桁上枕头木以步架定长。如步架深四尺，内除角梁厚半份，得正心桁上枕头木净长三尺五寸四分。以正心桁径十分之三定宽，如正心桁径一尺四寸，得枕头木宽四寸二分。以椽径二份半定高。如椽径四寸六分，得枕头木一头高一尺一寸五分，一头斜尖与桁条平。两山枕头木做法同。

凡承椽枋以面阔定长。如面阔一丈四尺四寸，前檐除金柱径一份，后檐除檐柱径一份，两山一头除山柱径半份，一头除檐柱径半份，外加两头入榫分位，各按柱径四之分一。以檐柱径收二寸定高。如檐柱径一尺六寸，得高一尺四寸。以本身之高每尺收三寸定厚，如本身高一尺四寸，得厚九寸八分。

凡檐椽以步架并出檐加举定长。如步架深四尺，一拽架长一尺二寸，出檐四尺，共长九尺二寸。内除飞檐椽头一尺三寸三分，净长七尺八寸七分，按一一五加举，得通长九尺五分。以桁条径三分之一定径寸，如桁条径一尺四寸，得径四寸六分。两山檐椽做法同。每椽空档，随椽径一份。每间椽数，俱应成双。档之宽窄，随数均匀。

戗脊

原典图说

戗脊

戗脊又称岔脊，是古代歇山顶建筑自垂脊下端至屋檐部分的屋脊，与垂脊成 45°，对垂脊起支戗作用。在有不同方向的承梁板的屋顶中，是其两个斜屋面交接处所形成的外角。

在歇山顶建筑中，垂脊的下方从博缝板尾处开始至套兽间的脊，叫做“戗脊”。

重檐屋顶的下层檐（如重檐庑殿顶和重檐歇山顶的第二檐）的檐角屋脊也是戗脊，称重檐戗脊。

戗脊上安放戗兽，以戗兽为界分为兽前和兽后两段，兽前部分安放蹲兽，数量根据等级高低各有不同。

清工部

原典

凡飞檐椽以出檐定长。如出檐四尺，三份分之，出头一份得长一尺三寸三分，后尾二份半得长三尺三寸二分。又按一一五加举，得飞檐椽通长五尺三寸四分。见方与檐椽径寸同。

凡翼角翘椽长、径俱与平身檐椽同。其起翘处以挑檐桁中至出檐尺寸用方五斜七之法，再加一步架，并正心桁中至挑檐桁中之拽架各尺寸定翘数。如挑檐桁中出檐四尺，方五斜七加之，得长五尺六寸，再加一步架深四尺，一拽架长一尺二寸，共长长一丈八寸。内除角梁厚分，得净长一丈三寸四分。即系翼角椽档分位。翼角翘椽以成单为率，如逢双数，应改成单。

凡翘飞椽以平身飞檐椽之长，用方五斜七之法定长。如飞檐椽长五尺三寸四分，用方五斜七加之，第一翘得长七尺四寸七分。其除以所定翘数每根递减长五分五厘。其高比飞檐椽加高半份。如飞檐椽高四寸六分，得翘飞椽六寸九分，厚仍四寸六分。

凡横望板、压飞尾横望板以面阔进深加举折见方丈定长宽。以椽径十分之二定厚。如径椽四寸六分，得厚九分。

凡里口以面阔定长。如面阔一丈四尺四寸，即长一丈四尺四寸。以椽径一份。再加望板厚一份半定高。如椽径四寸六分，望板厚一份半一寸三分，得里口高五寸九分。厚与椽径同。两山里口做法同。

凡闸档板以翘椽档分位定宽。如翘椽档宽四寸六分，即闸档板宽四寸六分，外加入槽，每寸一分。高随椽径尺寸。以椽径十分之二定厚。如椽径四寸六分，得闸档板厚九分。其小连檐自起翘处至老角梁得长。宽随椽径一份，厚照望板之厚一份半，得厚一寸三分。两山闸档板、小连檐做法同。

凡连檐以面阔定长。如面阔一丈四尺四寸，即长一丈四尺四寸。其梢连檐，一头加一步架并出檐尺寸，又如正心桁中挑檐桁中一拽架，共长二丈一尺二寸。内除角梁厚半份，净长二丈七寸四分。其起翘处起至仔角梁，每尺加翘一寸。高、厚与檐椽径寸同。两山连檐做法同。

尖山顶与卷棚顶的承重木构件

尖山顶歇山建筑的承重木构架要将山面形成山花板的垂直面，因此，除需具有庑殿木构架中所有木构件外，还增加了草架柱、横穿、榻脚木、踩步金等木构件。在草架柱、横穿、榻脚木的外皮封钉木板即形成三角形歇山面，一般称为“山花板”。山花板以下接山面斜坡檐椽，形成两山的坡屋面。

卷棚顶歇山建筑的承重木构架，除脊顶部分有所不同外，其他部分的木构件完全一样。

卷棚顶歇山建筑的脊顶是两根平行的脊檩，放置在“月梁”上再在脊檩上安置弧形的“罗锅椽”形成卷棚顶。

月梁由脊瓜柱支立在四架梁上，四架梁以下为六架梁，其他与尖山顶相同。

凡瓦口长与连檐同。以椽径半份定高。如椽径四寸六分，得瓦口高二寸三分。以本身之高折半定厚，如本身高二寸三分，得厚一寸一分。

凡椽椀、椽中板以面阔定长。如面阔一丈四尺四寸，即长一丈四尺四寸，以穿椽径一份，再加椽三分之一定高。如椽径四寸六分，得椽椀并椽中板高六寸一分。以椽径三分之一定厚。得厚一寸五分。两山椽椀并椽中板做法同。

凡周围榻脚木以面阔定长。如面阔一丈四尺四寸，即长一丈四尺四寸。以椽径一份半定宽。一份定厚。如椽径四寸六分，得宽六寸九分，厚四寸六分。

上檐斗口单昂斗科斗口四寸大木做法。

凡上伏檐桐柱之高以步架尺寸加举定高。如步架深四尺，按五举加之，得高二尺，露明檐柱高八尺，额枋一尺八寸。得共高一丈一尺八寸。每径一尺，外加上、下榫各长三寸。径与檐柱径寸同。

凡大额枋以面阔定长。如面阔一丈四尺四寸，内除桐柱径一尺六寸，得净长一丈二尺八寸。外加两头入榫分位，各按柱径四分之一，如柱径一尺六寸，得榫长各四寸，共长一丈三尺六寸。前檐除金柱径一份，外加入榫，仍照前法。其梢间并两山大额枋，一头加桐柱径一份，得霸王拳分位。如柱径一尺六寸，即出一尺六寸。一头除柱径半份，外加入榫分位，仍照前法。以斗口四份半定高，如斗口四寸，得高一尺八寸。以本身之高每尺收三寸定厚，如身高一尺八寸，得厚一尺二寸六分。

凡平板枋以面阔定长。如面阔一丈四尺四寸，即长一丈四尺四寸。每宽一尺，外加扣榫长三寸。其梢间、照面阔一头加桐柱径一份，两山按进深两头各加桐柱径一份，得交角出头分位。如柱径一尺六寸，得出头长一尺六寸。以斗口三份定宽。二份定高。如斗口四寸，得平板枋宽一尺二寸，高八寸。

凡七架梁以进深定长，如进深二丈四尺，两头共加二拽架长二尺四寸，再加升底半份二寸六分，共得长二丈九尺三寸二分。以斗口七份定高。四份半定厚。如斗口四寸，得高二尺八寸，厚一尺八寸。以斗口四份定梁头之厚，如斗口四寸，得梁头厚一尺六寸。

凡随梁以进深定长。如进深二丈四尺，内除前后柱径各半份，外加入榫分位，各按柱径四分之一，得通长二丈三尺五分。以檐柱径定高。如柱径一尺六寸，即高一尺六寸。以本身之高，每尺收二寸定厚。如本身高一尺六寸，厚一尺二寸八分。

原典图说

歇山建筑的屋面构造分类

歇山建筑的屋面构造，分为尖山顶和卷棚顶。

①尖山顶屋面。这种屋面有前后两坡和两个山面的半斜坡，这种半斜坡有的称为“撒头”，除一条正脊和四条垂脊外，还有四条戗脊和两条博脊，如果是重檐建筑还要加四条角脊和围脊，正脊两端为垂立的三角形山花板，因常刷成红色，故又称“小山红”。

②卷棚顶屋面。该屋面的正脊是一条圆弧形脊，一般称它为过垄脊。

歇山建筑

原典

凡两山伐梁头以拽架定长。如斗口单昂，里外各一拽架长一尺二寸，再加蚂蚱头长一尺二寸，又加升底半份二寸六分，里外共长五尺三寸二分。高、厚与七架梁同。

凡两山由额枋以进深定长。如进深二丈四尺，分间得一丈二尺，内除柱径各半份，外加入榫分位，各按柱径四分之一，得通长一丈一尺一寸五分。以大额枋高一尺八寸，得高一尺六寸。以大额枋之厚每尺收滚楞二寸定厚。如大额枋厚一尺二寸六分，得厚一尺一分。

凡扒梁以梢间面阔定长。如梢间面阔一丈二尺，即长一丈二尺。以七架梁之高折半定高。如七架梁高二尺八寸得高一尺四寸。以本身之高收二寸定厚。如本身高一尺四寸，得厚一尺二寸。

凡五架梁以步架四份定长。如步架四份深一丈六尺，两头各加桁条径一份，得柁头分位。如桁条径一尺四寸。得通长一丈八尺八寸。以七架梁之厚定高。如七架梁厚一尺八寸，即高一尺八寸。以本身之高每尺收二寸定厚，如本身高一尺八寸，得厚一尺四寸四分。

凡三架梁以步架二份定长。如步架二份深八尺，两头各加桁条径一份，得柁头分位。如桁条径一尺四寸，即各加长一尺四寸，得通长一丈八寸。以五架梁之厚定高。如架梁厚一尺四寸四分，即高一尺四寸四分。以本身之高每尺收二寸定厚，如本身高一尺四寸四分，得厚一尺一寸六分。

凡采步金以步架四份定长。如步架四份深一丈六尺，两头各加桁条径一份半，得假桁条头分位。如桁条径一尺四寸，条长二尺一寸，得通长二丈二寸。高、厚与三架梁同。

凡采步金枋以步架四份定长。如步架四份深一丈六尺，内除上金柁墩之厚一份，外加入榫分位按本身厚四分之一，得通长一丈五尺五寸三分。以七架随梁之厚定高。如七架随梁厚一尺二寸八分，即高一尺二寸八分。以采步金之厚每尺收滚楞二寸定厚。如采步金厚一尺一寸六分，得厚九寸三分。

歇山建筑的平面柱网布置

歇山建筑的平面柱网布置分为无廊柱网布置、多开间无廊柱网布置、带前（后）廊柱网布置和带围廊柱网布置。

1. 无廊柱网布置

单开间无廊柱网这是一种小型建筑的柱网布置，常用于园林建筑的亭榭和钟楼。它只有四根角柱做支撑，没有正身部分的木构架，因此，只需两山踩步金部分的构件即可。在园林建筑中多做成透空型的空间，也可采用门窗槅扇的封闭空间，但很少采用砖墙维护。

2. 多开间无廊柱网

这是在单开间的基础上扩大而成，除角柱外还有前后檐柱，其木构架由正身部分和两山部分组成，房屋间数可根据需要设定，多用于园林建筑中的单檐歇山房屋，三开间可做成透空型的亭榭，也可做成封闭型围护。三开间以上的歇山，一般采用槅扇门窗或墙体围护。

3. 带前（后）廊柱网

这种布置是一般房屋所常用的。它除一圈外檐柱外，还有前排（或后排）金柱，在金柱排列的两端柱子就成为山面的檐柱，有了这根山檐柱，就可布置顺梁或布置趴梁，以作为山面承重构件的支柱。在布置时，除廊轴线外，一般在金柱轴线采用门槛窗槅扇，其他三面采用墙体或槅扇围护，也可在两山采用墙体，后檐采用槅扇进行围护。

4. 带围廊柱网布置

其前后左右都带柱网布置，是歇山建筑中规模最大的一种柱网布置。它有檐柱和金柱两圈柱子，在山面除山檐柱外还有两根山金柱，这列山金柱正好成为山面构件（踩步金）的支柱，这样就可以不再需要设置顺梁或趴梁了。

原典

凡下金柁墩以步架加举定高。如步架深四尺，再加一拽架一尺二寸，共深五尺二寸，按五举加之，得高二尺六寸。应除七架梁高二尺八寸，但七架梁之高过于举架尺寸，此款不用。

凡上金柁墩以步架加举定高。如步架深四尺，按七举加之，得高二尺八寸。内除五架梁高一尺八寸，得净高一尺。以三架梁之厚每尺收滚楞二寸定厚。如三架梁厚一尺一寸六分，得厚九寸三分。以柁头二份定长。如柁头长一尺四寸，得长二尺八寸。

凡四角瓜柱以步架加举定高。如步架深四尺，再加一拽架一尺二寸，共五尺二寸。按五举加之，得高二尺六寸，内除扒梁高半份七寸，采步金一尺四寸四分，净长四寸六分。每宽一尺，外加下榫长三寸。以五架梁之厚每尺收滚楞二寸定厚。如五架梁厚一尺四寸四分。得厚一尺一寸六分。以本身之厚加二寸定宽，得宽一尺三寸六分。

凡脊瓜柱以步架加举定高。如步架深四尺，按九举加之，得高三尺六寸。内除三架梁高一尺四寸四分，净高二尺一寸六分。外加平水高八寸，桁条径三分之一作上桁椀，如桁条径一尺四寸，得桁椀高四寸六分，又以本身每宽一尺外加下榫长三寸，如本身宽一尺一寸三分，得下榫长三寸三分。以三架梁之厚每尺收滚楞二寸定厚。如三架梁宽一尺一寸六分，得厚九寸三分，以本身之厚加二寸定宽，如本身厚九寸三分，得宽一尺一寸三分。

凡正心桁以面阔定长。如面阔一丈四尺四寸，即长一丈四尺四寸。其梢间正心桁外加一头交角出头分位，按本身径一份。如本身径一尺四寸，即加长一尺四寸。以斗口三份半定径寸，如斗口四寸，得径一尺四寸。每径一尺，外加搭交榫长三寸。两山正心桁做法同。

凡正心枋二层，以面阔定长。如面阔一丈四尺四寸，内除七架梁头厚一尺六寸，得净长一丈二尺八寸。外加两头入榫分位，各按本身高半份，如本身高八寸，得榫长各四寸。其梢间照面阔，两山按进深各折半尺寸。一头除七架梁头厚一份，外加入榫分位，按本身高半份。第一层一头带撑头木长一尺二寸，第二层照面阔之长除梁头之厚加入榫分位，仍照前法。以斗口二份定高。如斗口四寸，得高八寸。以斗口一份外加包掩定厚。如斗口四寸，加包掩六分，得厚四寸六分。

凡挑檐桁以面阔定长。如面阔一丈四尺四寸，即长一丈四尺四寸。每径一尺，外加扣榫长三寸。其梢间并两山挑檐桁一头加一拽架长一尺二寸，又加交角出头分位，按本身之径一份半。如本身得径一尺二寸，得交角出头一尺八以正心桁之径收二寸定径。如正心桁径一尺四寸。得挑檐桁径一尺二寸。

凡挑檐枋以面阔定长。如面阔一丈四尺四寸，内除七架梁头厚一尺六寸，得净长一丈二尺八寸。外加两头入榫分位，各按本身高半份，如本身高八寸，得榫长各四寸。其梢间并两山挑檐枋，一头除七架梁头厚半份，外加入榫分位，按身之厚一份，一头外带一拽架长一尺二寸。外加交角出头分位，按挑檐桁之径一份半。如挑檐桁径一尺二寸，得交角出头一尺八寸。以斗口二份定高，一份定厚。如斗口四寸，得高八寸，厚四寸。

原典图说

歇山建筑的木构架

歇山建筑的木构架分为以下三种。

1. 卷棚顶构架。

卷棚顶构造是由月梁承托双脊檩构成，月梁之下为四架梁，由前后檐柱支撑，可做成四架、六架、八架梁等木构架。

2. 尖山顶构架。

尖山顶构架广泛用于各种普通歇山建筑的房屋上，它分别由三架梁、五架梁、七架梁等组成。

3. 有廊构架。

有廊构架可以做成尖山顶或卷棚顶，如果将金柱增高即可改变成重檐建筑，如果增大檐步架，即可扩大廊步空间，这时可将抱头梁换成单步梁、双步梁。

歇山木构架

凡后尾压科枋以面阔定长。如面阔一丈四尺四寸，内除七架梁厚一尺八寸，外加两头入榫分位，各按本身厚半份，如本身厚八寸，得榫长各四寸。其梢间并两山压科枋，一头收一拽架长一尺二寸，外加斜交分位，按本身之厚一份。如本身厚八寸，即长八寸。一头除七架梁厚半份，外加入榫，仍照前法。以斗口两份半定高，二份定厚。如斗口四寸，得高一尺，厚八寸。

凡金、脊枋以面阔定长。如面阔一丈四尺四寸，内除柁墩或瓜柱之厚一分，外加两头入榫分位，各按柁墩、瓜柱厚四分之一。其梢间一头收一步架定长。如梢间面阔一丈二尺，收一步架深四尺，得长八尺。除柁墩、瓜柱一份，外加入榫仍照前法。以斗口三份定高，二份定厚，如斗口四寸，得高一尺二寸，厚八寸。

凡金、脊垫板以面阔定长。如面阔一丈四尺四寸，内除柁头或瓜柱之厚一份，外加两头入榫分位，各按柁头或瓜柱之厚每尺加入榫二寸。其梢间垫板，一头收一步架，再除柁头或瓜柱之厚，外加入榫，仍照前法。以斗口二份定高，半份定厚。如斗口四寸，得高八寸，厚二寸。

凡金、脊桁以面阔定长。如面阔一丈四尺四寸，即长一丈四尺四寸。其梢间桁条一头收正心桁之径一份。如梢间面阔一丈二尺，一头收正心桁径一尺四寸，得净长一丈六寸。径寸与正心桁同。每径一尺，外加扣榫长三寸。

凡仔角梁以步架并出檐加举定长。如步架深四尺，挑檐桁中至正心桁中一拽架长一尺二寸，出檐四尺，外加出水二份得八寸，共长一丈，用方五斜七之法加长，又按一一五加举，得长一丈六尺一寸，再加翼角斜出椽径三份，如椽径四寸六分，得并长一丈七尺四寸八分。再加套兽榫照角梁本身之厚一份，如角梁厚九寸二分，即套兽榫长九寸二分，得仔角梁通长一丈八尺四寸。以椽径三份定高，二份定厚。如椽径四寸六分，得高一尺三寸八分，厚九寸二分。

凡老角梁以仔角梁之长除飞椽头并套兽榫定长。如仔角梁长一丈八尺四寸，内除飞椽头长二尺五寸七分，并套兽榫长九寸二分，得长一丈四尺九寸一分。外加后尾三岔头，照桁条径一份，如桁条径一尺四寸，即长一尺四寸，得通长一丈六尺三寸一分。高、厚与仔角梁同。

凡枕头木以步架定长。如步架深四尺，外加一拽架长一尺二寸，内除角梁半份四寸六分，得枕头木长四尺七寸四分。以挑檐桁径十分之三定宽。如挑檐桁径一尺二寸，得宽三寸六分。

凡正心桁上枕头木以步架定长。如步架深四尺，内除角梁厚半份，得正心桁上枕头木净长三尺五寸四分。以正心桁径十分之三定宽。如正心桁径一尺四寸，得宽四寸二分。以椽径二份半定高。如椽径四寸六分，得枕头木一头高一尺一寸五分，一头斜尖与桁条平。两山枕头木做法同。

凡檐椽以步架并出檐加举定长。如步架深四尺，一拽架长一尺二寸，出檐四尺，又加出水八寸，共长一丈。内除飞檐头一尺六寸，净长八尺四寸。按一一五加举，得通长九尺六寸六分。外加一头搭交尺寸，按本身径一份，如本身径四寸六分，即长四寸六分。径与下檐檐椽同。两山檐椽做法同。每椽空档，随椽径一份。每间椽数，俱应成双。档之宽窄，随数均匀。

凡飞檐椽以出檐定长。如出檐并出水共四尺八寸，三份分之，出头一份得长一尺六寸，后尾二份半得长四尺，又按一一五加举，得飞檐椽通长六尺四寸四分。见方与檐椽径寸同。

凡翼角翘椽长、径俱与平身檐椽同。其起翘处以挑檐桁中至出檐尺寸，用方五斜七之法，再加一步架，并正心桁中至挑檐桁中之拽架各尺寸定翘数。如挑檐桁中出檐并出水共四尺八寸，方五斜七加之，得长六尺七寸二分，再加步架深四尺，一拽架长一尺二寸，共长一丈一尺九寸二分，内除角梁厚半份，得净长一丈一尺四寸六分，即系翼角椽档分位。翼角翘椽以成单为率，如逢双数，应改成单。

歇山建筑正身部分的木构件

木构架的横向构件主要有横梁和横枋。横梁包括屋架梁、抱头梁、承重等。

屋架梁是承受屋架主要荷重的梁，清称为“架梁”，宋称为“椽栿”（不做卷杀的称为“草栿”），架梁是以其上所承担的檩木根数而命名的，如在本梁上有三根檩木就称为“三架梁”，有四根檩木就称为“四架梁”。而“椽栿”是以檩木之间的空当数而命名的，如梁以上有五根檩木四个空当，就称为“四椽栿”，其他的有六椽栿、八椽栿、十椽栿等，其中，对承接有三根檩木的脊顶横梁称为“平梁”。

抱头梁位于檐柱和金柱之间，承接檐廊步上檩木所传荷重的横梁，梁的一端做榫插入金柱，另一端为抱头，依其抱头形式不同，分为素方抱头梁（一般简称抱头梁，用于无斗栱建筑）和桃尖梁（用于有斗栱建筑）。但如果其上有多根檩木，将廊步分成多步而设梁者，分别称为单步梁、双步梁、三步梁等。

承重是承重梁的简称，它是清制阁楼建筑中承托楼板荷载的主梁，与前后檐柱或金柱榫接。

为保证木构架的安全稳定性，常在受力梁下面用一根横枋将柱穿连起来，如在带斗栱建筑中，最底部的架梁下面设有一根横枋，称为“随梁枋”，也称为“随梁”，而在那个抱头（或桃尖）梁下面设有“穿插枋”，它们都用穿插榫与柱连接。

歇山建筑

原典

凡翘飞椽以平身飞檐椽之长用方五斜七之法定长。如飞檐椽长六尺四寸四分，用方五斜七加之，第一翘得长九尺一分，其余以所定翘数每根递减长五分五厘。其高比飞檐椽加高半份，如飞檐椽高四寸六分，得翘飞椽高六寸九分。厚仍四寸六分。

凡花架椽以步架加举定长。如步架深四尺，按一二五加举，得长五尺，两头各加搭交尺寸，按本身径一份，如本身径四寸六分，即加长四寸六分。径与檐椽径寸同。

凡前檐下花架椽以步架加举定长。如步架深四尺，按一一五加举，得长四尺六寸。两头各加搭交尺寸，按本身径一份。径与檐椽径寸同。

凡脑椽以步架加举定长。如步架深四尺，按一三五加举，得长五尺五寸。一头加搭交尺寸，按本身径一份。径与檐椽径寸同。

凡两山出梢哑叭花架，脑椽俱与正脑椽、花架椽同。哑叭檐椽以挑山檩之长得长。系短椽折半核算。

凡横望板、压飞檐尾横望板俱以面阔、进深加举折见方丈定长宽。以椽径十分之二定厚。如椽径四寸六分，得厚九分。

凡连檐以面阔定长。如面阔一丈四尺四寸，即长一丈四尺四寸。其梢间并两山连檐，一头加出檐并出水尺寸，又加正心桁中至挑檐桁中一拽架，共长一丈八尺，内除角梁厚半份，净长一丈七尺五寸四分。其起翘处起至仔角梁每尺加翘一寸。高、厚与檐椽径寸同。

凡瓦口长与连檐同。以檐径半份定高。如椽径四寸六分，得瓦口高二寸三分。以本身之高折半定厚。如本身高二寸三分，得厚一寸一分。

凡里口以面阔定长。如面阔一丈四尺四寸，即长一丈四尺四寸。梢间照面阔一头收一步架，两山两头各收一步架分位。以椽径一份再加望板厚一份半定高。如椽径四寸六分，望板厚一份半一寸三分，得里口高五寸九分。厚与椽径同。两山里口做法同。

凡闸档板以翘椽档分位定宽。如翘椽档宽四寸六分，即闸档板宽四寸六分。外加入槽，每寸一分。高随椽径尺寸。以椽径十分之二定厚。如椽径四寸六分，得闸档板厚九分。其自起翘处至老角梁得长。宽随椽径一份。厚照望板之厚一份半，得厚一寸三分。两山闸档板、小连檐做法同。

凡椽椀、椽中板以面阔定长。如面阔一丈四尺四寸，即长一丈四尺四寸。梢间照面阔一头收一步架，两山两头各收一步架分位。以椽径一份。再加椽径三分之一定高。如椽径四寸六分，得椽椀并椽中板高六寸一分。以椽径三分之一定厚，得厚一寸五分。

凡扶脊木长，径俱与脊桁同。照通脊之高再加扶脊木之径一份，桁条径四分之一得长。宽照椽径一份，厚按本身之宽折半。

凡榻脚木以步架四份外加桁条之径二份定长。如步架四份长一丈六尺，外加两头桁条径各一份，如桁条径一尺四寸，得榻脚木通长一丈八尺八寸。见方与桁条径寸同。

凡草架柱子以步架加举定高。如步架深四尺，第一步架按七举加之，得高二尺八寸，第二步架按九举加之，得高三尺六寸，二步架共高六尺四寸，脊桁下草架柱子即高六尺四寸。外加两头入榫分位，按本身之宽，厚折半。如本身宽、厚七寸，得榫长各三寸五分。以榻脚木见方尺寸折半定宽、厚。如榻脚木见方一尺四寸，得草架柱子见方七寸。其以步架二份定长。如步架两份共长八尺，即长八尺。宽、厚与草架柱子同。

凡山花板以进深定宽。如进深二丈四尺，前后各收一步架深四尺，得山花板通宽一丈六尺。以脊中草架柱子之高加扶脊木并桁条之径定高。如草架柱子高六尺四寸，扶脊木、脊桁各径一尺四寸，得山花板中高九尺二寸。系兴高做法，折半核算。以桁条径四分之一定厚。如桁条径一尺四寸，得山花板厚三寸五分。

凡博缝板随各椽之长得长。如花架椽长五尺，花架博缝板即长五尺。如脑椽长五尺四寸，即脑博缝板即长五尺四寸。每博缝板外加搭岔分位，照本身之宽加长，如本身宽二尺七寸六分，每块即加长二尺七寸六分。以椽径六分定宽。如椽径四寸六分，得博缝板宽二尺七寸六分。厚与山花板之厚同。

前接檐二檩雨搭[1]一座大木做法。

凡桐柱以正楼前金柱之高定高。如前金柱上层露明柱高八尺，大额枋一尺八寸，平板枋八寸，斗科二尺八寸八分，正心桁一尺四寸，共高一丈四尺八寸八分。内以两步架九尺五寸，按五举核算，除四尺七寸五分，又除三架梁一份高一尺七寸，净得桐柱高八尺四寸三分，外加桁条径三分之一作桁椀，如桁条径一尺二寸，得桁椀高四寸，共长八尺八寸三分。每径一尺，加下榫长三寸。以三架梁之厚收二寸定径。如三架梁厚一尺二寸，得径一尺一寸。

凡金、檐桁以面阔定长。如面阔一丈四尺四寸。即长一丈四尺四寸，每径一尺，外加搭交榫长三寸，其梢间桁条一头加一步架长四尺，内收本身径一份，如本身径一尺二寸，即收一尺二寸。得长一丈七尺二寸。以挑檐桁之径定径。如挑檐桁径一尺二寸，即径一尺二寸。

凡金、檐枋以面阔定长。如面阔一丈四尺四寸，内除桐柱、瓜柱径各一份，外加入榫分位，各按柱径四分之一。以斗口二份半定高、二份定厚。如斗口四寸，得高一尺，厚八寸。

凡金、檐垫板以面阔定长。如面阔一丈四尺四寸，内除桐柱、瓜柱径各一份，外加入榫分位，各按柱径十分之二。以金、檐枋之厚定高。如金檐枋厚八寸，得高八寸。以本身高四分之一定厚。如本身高八寸，得厚二寸。

凡瓜柱以桐柱之高折半定长。如桐柱高八尺四寸三分，得金瓜柱长四尺二寸一分。再加桁条径三分之一作桁椀。如桁条径一尺二寸，得桁椀高四寸。每宽一尺，外加下榫长三寸。以二穿梁②之厚每尺收滚楞二寸定厚。如二穿梁厚一尺，得厚八寸。以本身之厚加二寸定宽，得宽一尺。

注释

①雨搭：其作用是防雨，早期因为用的是夯土墙，怕雨水，在栱的制作中，因挑檐长度有限，只好再置一檩，以增其长。

②穿梁：左右两根草架柱子之间，在各层同高的桁间，用小梁横穿支撑着，谓之穿梁。

雨搭建筑

歇山建筑的木构架垂直构件

歇山建筑的木构架垂直构件包括檐柱、金柱、重檐金柱和瓜柱等。

①檐柱。在重檐建筑中，上层檐的檐柱除用底层金柱向上伸出代替外，还可以采用“童柱”。

②金柱。金柱分为单檐金柱、重檐金柱和里金柱。

③瓜柱。它是设在架梁之间所需要的垂直传力构件，高的为“瓜柱”，矮的为“柁墩”，瓜柱按其位置分为脊瓜柱和金瓜柱，一般为矩形截面，但南方多为圆柱形。

原典

凡角背以步架一份定长。如步架一份深四尺七寸五分，即长四尺七寸五分。以瓜柱之净高、厚三分之一定高厚。如瓜柱除桁椀净高四尺二寸一分，厚九寸六分，得角背高一尺四寸，厚三寸二分。

凡靠背走马板以面阔定宽。如面阔一丈四尺四寸，内除桐柱径一尺一寸，净宽一丈三尺三寸。以桐柱之净高尺寸定高。如桐柱净高八尺四寸三分，折半得四尺二寸一分。内除檐枋一尺，垫板八寸，得净高二尺四寸一分。其厚一寸。

凡下槛并引条已于装修册内声明。

凡博缝板以步架并出檐定长。如步架深九尺五寸，内除一拽架长一尺二寸，外加博脊一尺五寸，又加出檐照半步架二尺三寸七分，出水照正楼八寸，共长一丈二尺九寸七分，按一一五加举，得通长一丈四尺九寸一分。以椽径四份定宽。如椽径四寸六分，得宽一尺八寸四分。以桁条径四分之一定厚。如桁条径一尺二寸，得厚三寸。

凡山花板以步架定宽。如步架九尺五寸，内除一拽架一尺二寸，净宽八尺三寸。外加挑檐桁径半份六寸，共宽八尺九寸。以金柱定高。如金柱上檐露明八尺，大额枋一尺八寸，平板枋八寸，斗科二尺八寸八分，挑檐桁一尺二寸，椽径四寸六分，共高一丈五尺一寸四分。内除博缝板一尺八寸四分，净高一丈三尺三寸。外加椽径一份得搭头分位，系二斜做法。三份均之，得高四尺四寸三分。以椽径四分之一定厚。如椽径四寸六分，得厚一寸一分。

凡檐椽以步架并出檐加举定长。如步架深九尺五寸，博脊一尺五寸，再加出檐照步架半份二尺三寸七分，出水八寸，共长一丈四尺一寸七分。内除飞檐出头一尺六寸，净长一丈二尺五寸七分。按一一五加举，得通长一丈四尺四寸五分。一头外加搭交尺寸，按本身之径一份。径与箭楼檐椽同。

雨搭前接檐四檩庑座大木法。

凡面阔与箭楼面阔同。

凡檐柱长、径俱与箭楼檐柱同。

凡承重枋以进深定长。如庑座连雨搭通进深二丈五寸，一头除柱径半份，外加入榫分位按柱径四分之一。一头外加出榫照檐柱径加一份，一尺七寸。高、宽与箭楼承重同。

凡间枋以面阔定长。如面阔一丈四尺四寸，内除柱径一份，外加入榫分位，按柱径四分之一，如柱径一尺六寸，得榫各长四寸。高、宽与箭楼间枋同。

凡七架梁以进深定长。如通进深二丈五寸，一头加一步架长四尺，又加二拽架长二尺四寸，得通长二丈六尺九寸。以斗口五份定高。如斗口四寸，得高二尺。以本身之高每尺收三寸定厚，如不身高二尺，得厚一尺四寸。

凡五架梁以步架并博脊分位定长。如步架四份长一丈九尺，再加博脊一尺五寸，一头加桁条径一份得柁头分位，如桁条径一尺二寸，即加长一尺二寸，得通长二丈一尺七寸。以七架梁之高收二寸定高。如七架梁高二尺，得高一尺八寸。厚与七架梁厚同。

凡三架梁以步架并博脊分位定长。如步架三份长一丈四尺二寸五分，再加博脊一尺五寸，一头加桁条径一份，得柁头分位，如桁条径一尺二寸，即加长一尺二寸，得通长一丈六尺九寸五分。以五架梁之高、厚各收一寸定高、厚。如五架梁高一尺八寸，厚一尺四寸，得高一尺七寸，厚一尺三寸。

凡二穿梁以步架定长。如步架两份深九尺五寸，一头加檩径一份，得出榫分位，如檩径一尺二寸，即加长一尺二寸，得通长一丈七寸。以三架梁之厚收一寸定高。如三架梁厚一尺三寸，得高一尺二寸，以本身之高收二寸定厚，得厚一尺。

凡两山采步梁以步架定长。如步架深四尺，一头加一拽架长一寸二寸，再加出头分位，照挑檐桁之径一尺二寸，共长六尺四寸，高、厚与七架梁同。

凡两山斜采步梁以正采步梁之长定长。如正采步梁长六尺四寸，用方五斜七之法，得长八尺九寸六分。高、厚与正采步梁同。

凡金、脊桁以面阔定长。如面阔一丈四尺四寸，即长一丈四尺四寸。每径一尺，外加搭交榫长三寸。其梢间桁条一头加一步架长四尺，内收本身径一份，如本身径一尺二寸，得长一丈七尺二寸。径与正心桁同。

凡金、脊枋以面阔定长。如面阔一丈四尺四寸，内除

三架梁

柁墩、瓜柱各一份，外加入榫分位，各按柁墩瓜柱厚四分之一。以斗口二份半定高，二份定厚。如斗口四寸，得高一尺，厚八寸。

凡金、脊垫板以面阔定长。如面阔一丈四尺四寸，内除柁头、瓜柱各一份，外加入榫分位，各按柁头、瓜柱厚每尺加入榫二寸。以金枋之厚定高。如金枋厚八寸，得高八寸。以本身之高四分之一定厚。如本身高八寸，得厚二寸。

凡坐斗枋以面阔定长。如面阔一丈四尺四寸，即长一丈四尺四寸。其梢间坐斗枋，一头加一步架长四尺，再加本身之宽一份，得斜交分位，如本身宽一尺，即加长一尺。两山以进深得长。外加斜交分位，仍照前法。以斗口三份定宽，二份定高。如斗口四寸，得宽一尺二寸，高八寸。

凡正心桁以面阔定长。如面阔一丈四尺四寸，即长一丈四尺四寸。每径一尺，外加搭交榫长三寸。其梢间正心桁，一头加一步架深四尺，再加交角出头分位，按本身之径一份；如本身径一尺二寸，得出头长一尺二寸，通长一丈九尺六寸。两山以进深得长。外两头各加交角出头分位，仍照前法。径与雨搭檐桁之径同。

凡正心枋以面阔定长，如面阔一丈四尺四寸。内除七架梁头厚一尺四寸。得正心枋净长一丈三尺。外加两头入榫分位，各按本身之高半份。如本身高八寸，得榫长各四寸。其梢间正心枋一头加一步架长四尺，一头除七架梁头厚半分，外加入榫分位，仍照前法。以斗口二份定高，一份定厚。如斗口四寸，得高八寸、厚四寸。两山正心枋做法同。

原典图说

歇山建筑木构架中的檩三件

歇山建筑木构架中的檩三件包括檩木、檩垫板和檩枋木。

①檩木。它是承托屋面的木基层，并将其荷重传递给梁柱的构件，在带斗栱的建筑中称为“桁”，在无斗栱的建筑中称为“檩”。檩木依不同位置分别称为挑檐桁、檐檩、金檩、脊檩。

②檩垫板。它是填补檩木与枋木之间空隙的木板，起装饰作用，依位置分为檐垫板、金垫板、脊垫板等。

③檩枋木。它是连接立柱与立柱，使之稳定面阔方向的连系木，分为檐枋、金枋和脊枋，为矩形截面。

檩

原典

凡挑檐桁以面阔定长。如面阔一丈四尺四寸，即长一丈四尺四寸。每径一尺，外加扣榫长三寸。其梢间挑檐桁一头加一步架深四尺，再加一拽架长一尺二寸，又加交角出头分位按本身之径一份半；如本身径一尺二寸，得交角出头一尺八寸，通长二丈一尺四寸。两山照进深收一步架深四尺。一头加一拽架长一尺二寸，又加交角尺寸按身之径一份半。径与正楼下檐挑檐桁径寸同。

凡挑檐枋以面阔定长。如面阔一丈四尺四寸，内除七架梁厚一尺四寸，得净长一丈三尺。外加两头入榫分位，各按本身高半份，如本身高八寸，得榫长各四寸，其梢间一头除七架梁厚半份，外加入榫分位，仍照前法。一头加一步架，又加一拽架，又加交角出头分位，按挑檐桁之径一份半，得通长二丈一尺一寸。以斗口二份定高，一份定厚。如斗口四寸，得高八寸，厚四寸。

凡采斗板以面阔定长。如面阔一丈四尺四寸，即长一丈四尺四寸。其梢间采斗板一头加一步架长四尺，又加含角尺寸，按本身之厚一份。以斗口二份定高。如斗口四寸，得高八寸。又加斗底四寸八分，共得高一尺二寸八分。以斗口一份定厚。如斗口四寸，即厚四寸。两山采斗板做法同。

凡仔角梁以步架并出檐加举定长。如步架深四尺，拽架长一尺二寸，出檐四尺，共长九尺二寸，用方五斜七之法加长，又按一一五加举，得长一丈四尺八寸一分，再加翼角斜出椽径三份，如椽径四寸六分，并长一丈六尺一寸九分。再加套兽榫照角梁本身之厚一份，如角梁厚九寸二分，即套兽榫长九寸二分，得仔角梁通长一丈七尺一寸一分。以椽径三份定高，二份定厚。如椽径四寸六分，得仔角梁高一尺三寸八分，厚九寸二分。

凡老角梁以仔角梁之长除飞檐头并套兽榫定长。如仔角梁长一丈七尺一寸一分，内除飞檐头长二尺一寸四分，并套兽榫九寸二分，得净长一丈四尺五分。外加后尾三岔头照桁条径一份。如桁条径一尺二寸，即长一尺二寸。高、厚与仔角梁同。

歇山建筑

原典图说

歇山建筑

歇山建筑的正身部分仍由柱梁枋等所组成的若干排架连接而成，延伸部分除了檩及其檩三件外，主要有草架柱、横穿、榻脚木、踩步金等，它们的荷重由下面的顺梁所承担。

①顺梁。顺梁是指顺面阔方向的横梁，一般顺面阔方向的横构件称为额或枋，起连系各排架柱的作用，很少起承重梁的作用，故一般不称为梁，而顺梁虽也是顺面阔方向，但起承重作用。顺梁的外端直接落脚在山檐柱的柱顶上，梁头做檩槽承接山面檐檩，顺梁的里端做榫与金柱连接，踩步金通过柁墩或瓜柱落脚在顺梁上。

②榻脚木。榻脚木是承托几根草架柱的横向受力构件，在其背上做有卯口立草架柱榫，底皮为斜面，压在山面檐椽上。两端与正身部分延伸过来的前后金檩扣接。

③草架柱。草架柱是支撑歇山部分檩木的支柱，在柱顶凿凹槽以承接脊檩和上金檩，柱脚做榫插入榻脚木卯口内。

④横穿。横穿是连接并稳定草架柱的横撑。与草架柱、榻脚木等形成歇山山面的骨架，在它们的外皮用木板封闭起来形成三角形的“山花板”。

⑤踩步金。相当于三架梁之下五架梁的木构件，但它的作用又比五架梁多一个，即既起架梁的作用，又起搭承山面檐椽的檩木作用，因此，在它的外侧面剔凿有若干个承接山面檐椽的椽窝，因一木两用，故取特殊名称为踩步金。

⑥踩步金与顺梁的配合。一种是将踩步金变为踩步梁，不用顺梁；另一种就是使用踩步金，增加顺梁。

原典

凡里角梁之长与老角梁同。内除后尾三岔头尺寸，以椽径四份定高。如椽径四寸六分，得高一尺八寸四分。厚与老角梁厚同。

凡柁墩以步架加举定高。如步架深四尺，一拽架长一尺二寸，共长五尺二寸。按五举加之，得高二尺六寸。内除七架梁高二尺，得净高六寸。以五架梁之厚，每尺收滚楞二寸定宽。如五架梁厚一尺四寸，得宽一尺一寸二分。以柁头二份定长。如柁头长一尺二寸，得长二尺四寸。

凡上金瓜柱以步架加举定高。如步架深四尺七寸五分，按七举加之，得高三尺三寸二分。内除五架梁高一尺八寸，净高一尺五寸二分。以三架梁之厚，每尺收滚楞二寸定厚。如三架梁厚一尺三寸，得厚一尺四分。以本身之厚，加二寸定宽，如本身厚一尺四分，得宽一尺二寸四分。每宽一尺，加上、下榫各长三寸。

凡脊瓜柱以步架加举定高。如步架深四尺七寸五分，按九举加之，得高四尺二寸七分，内除三架梁高一尺七寸，净高二尺五寸七分。外加平水八寸，桁条径三分之一作上桁椀，如桁条径一尺二寸，得桁椀高四分。每宽一尺加下榫长三寸。以三架梁之厚，每尺收滚楞二寸定厚。如三架厚一尺三寸，得厚一尺四寸。以本身之厚，加二寸定宽。如本身厚一尺四分，得宽一尺二寸四分。

凡枕头木以步架定长。如步架深四尺，外加一拽架长一尺二寸，内除角梁厚半分，得枕头木长四尺七寸四分。以挑檐桁径十分之三定宽。如挑檐桁径一尺二寸，得宽三寸六分。

凡正心桁上枕头木以步架定长。如步一架深四尺，内除角梁厚半份，得正心桁上枕头木净长三尺五寸四分。以正心桁径十分之三定宽。如正心桁径一尺二寸，得宽三寸六分。以椽径二份半定高。如椽径四寸六分，得枕头木一头高一尺一寸五分。一头斜尖与桁条平。两山枕头木做法同。

凡檐椽以步架并出檐加举定长。如步架深四尺，一拽架长一尺二寸，出檐四尺，共长九尺二寸。内除飞檐椽头一尺三寸三分，净长七尺八寸七分。按一一五加举，得通长九尺五分。再加一头搭交尺寸，按本身之径一份，如本身径四寸六分，即长四寸六分。两山檐椽不加搭交尺寸。径与上檐檐椽同。每椽空档，随椽径一份。每间椽数，俱应成双。档之宽窄，随数均匀。

凡飞檐椽以出檐定长。如出檐四尺，三份分之，出头一份得长一尺三寸三分，后尾二份半得长三尺三寸二分，又按一一五加举，得飞檐椽通长五尺三寸四分。见方与檐椽径寸同。

凡翼角翘椽长、径俱与平身檐椽同。其起翘处以挑檐桁中至出檐尺寸用方五斜七之法，再加一步架，并正心桁中至挑檐桁中之拽架各尺寸定翘数。如挑檐桁中出檐四尺，方五斜七加之，得长五尺六寸，再加步架深四尺，一拽架长一尺二寸，共长一丈八寸。内除角梁厚半份，得净长一丈三寸四分。即系翼角椽档分位。翼角翘椽以成单为率，如逢双数，应改成单。

凡翘飞椽以平身飞檐椽之长用方五斜七之法定长。如飞檐椽长五尺三寸四分，用方五斜七加之，第一翘得长七尺四寸七分，其余以所定翘数每根递减长五分五厘。其高比飞檐椽加高半份。如飞檐椽高四寸六分，得翘飞檐高六寸九分，厚仍四寸六分。

凡花架穿椽以步架加举定长。如步架深四尺七寸五分，按一一五加举，得长五尺九寸三分。两头各加搭交尺寸，按本身之径一份。如本身径四寸六分，即长四寸六分。径与檐椽径寸同。

凡脑椽以步架加举定长。如步架四尺七寸五分，按一三五加举，得长六尺四寸一分，一头加搭交尺寸，按本身之径一份，如本身径四寸六分，即长四寸六分。径与檐椽同。

凡横望板、压飞檐尾横望板俱与面阔、进深加举折见方丈定长宽。以椽径十分之二定厚。如椽径四寸六分，得横望板厚九分。

凡连檐以面阔定长。如面阔一丈四尺四寸，即长一丈四尺四寸。其梢间连檐一头加一步架深四尺，一拽架长一尺二寸，出檐四尺，共长二丈三尺六寸。内除角梁厚半份，净长二丈三尺一寸四分。两山以进深尺寸，一头加一拽架并出檐除角梁厚半份得长。其起翘处起至仔角梁，每尺加翘一寸。高、厚与檐椽径寸同。

凡瓦口长与连檐同。以椽径半份定高。如椽径四寸六分，得瓦口高二寸三分。以本身之高折半定厚，如本身高二寸三分，得厚一寸一分。

凡里口以面阔定长。如面阔一丈四尺四寸，即长一丈四尺四寸。两山以进深收一步架长四尺。以椽径一份再加望板厚一份半定高。如椽径四寸六分，望板厚一份半一寸三分，得里口高五寸九分，厚与椽径同。

凡闸档板以翘档分位定宽。如翘档分位宽四寸六分，即闸档板宽四寸六分，外加入槽每寸一分。高随椽径尺寸。以椽径十分之二定厚。如椽径四寸六分，得闸档板厚九分。其小连檐自起翘处至老角梁得长。宽随椽径一份，厚照望板之厚一份半，得厚一寸三分。两山闸档板做法同。

凡椽椀、椽中板以面阔定长。如面阔一丈四尺四寸，即长一丈四尺四寸。以椽径一份，再加椽径三分之一定高。如椽径四寸六分，得桁椀、并椽中板高六寸一分。以椽径三分之一定厚，得厚一寸五分。两山椽椀、椽中板做法同。

凡山花板以步架定宽。如前坡步架二份九尺五寸，后坡步架二份九尺五寸。内除柱径半份一尺一寸，得八尺四寸，再加博脊一尺五寸，共宽一丈九尺四寸。以步架加举定高。如前坡步架深四尺七寸五分，第一步架按七举加之，得高三尺三寸二分，第二步架按九举加之，得高四尺二寸七分，二步架共得尖高七尺五寸九分；再加桁条径一尺二寸，共高八尺八寸，系斜长做法。以桁条径四分之一定厚。如桁条径一尺二寸，得山花板厚三寸。

凡博缝板以步架加举定长。如步架深四尺七寸五分，前坡第一步架按一二五加举，得长五尺九寸三分，即长五尺九寸三分。第二步架按一三五加举，得长六尺四寸一分，即长六尺四寸一分。后坡一步架并博脊分位，按一一五加举，得通长七尺一寸八分。以椽径六份定宽。如椽径四寸六分，得博缝板宽二尺七寸六分。厚与山花板之厚同。

原典图说

正阳门箭楼

正阳门箭楼始建于明正统四年（1439 年），建筑形式为砖砌堡垒式，城台高 12m，门洞为五袱五券栱券式，开在城台正中，是内城九门中唯一箭楼开门洞的城门，专走龙车凤辇。箭楼为重檐歇山顶、灰筒瓦绿琉璃剪边。上下共四层，东、南、西三面开箭窗 94 个，供对外射箭用。箭楼四闼七间，宽 62m，北出抱厦五间，宽 42m，楼高 24m，门两重，前为吊落式闸门（即千斤闸），后为对开铁叶大门。

正阳门箭楼

卷十七 五檩歇山转角闸楼大木做法

清工部

原典

凡明间以门洞之宽定面阔。如外门洞宽一丈三尺四寸，每边各加一尺八寸，得面阔一丈七尺。

凡梢间以明间面阔十分之七定面阔。如明间面阔一丈七尺，得面阔一丈一尺九寸。

凡进深以瓮城墙之顶宽折半定进深。如墙顶除墙皮中宽三丈四尺，折半得进深一丈七尺。

凡下檐柱以城墙高十分之二定高。如城墙高三丈五尺，得高七尺。内除柱顶石六寸，得檐柱净高六尺四寸。以梢间面阔十分之七定径寸。如梢间面阔一丈一尺九寸，得径八寸三分。

凡上檐柱以下檐柱之高定高。如下檐柱高七尺，再加檐枋之高一份八寸三分，共高七尺八寸三分。径与下檐柱径寸同。每径一尺，外加上、下榫各长三寸。

凡承重枋以进深定长。如进深一丈七尺，再加两头出头照檐柱径一份半，如柱径八寸三分，得长二尺四寸九分，共长一丈九尺四寸九分。以檐柱径加二寸定厚。如柱径八寸三分，得厚一尺三分。以本身之厚每尺加四寸定高。如本身厚一尺三分，得高一尺四寸四分。

凡楞木以面阔定长。如面阔一丈七尺，即长一丈七尺。以承重之高折半定径寸。如承重高一尺四寸四分，得厚七寸二分。

凡楼板以进深、面阔定长短块数。内除楼梯分位，按门口尺寸，临期酌定。以楞木之厚四分之一定厚。如楞木厚七寸二分，得厚一寸八分。如墁砖，以楞木之厚，折半得厚。

凡坐千金栈转柱以下檐柱定高。如下檐柱高六尺四寸，又加柱顶六寸，共高七尺，即高七尺。以檐柱之径加二寸定径。如柱径八寸三分，得径一尺三分。

凡转轩以进深一份定长。如进深一丈七尺，三份分之，得长五尺六寸六分。以转柱之径三分之一定径。如柱径一尺三分，得径三寸四分。

凡转柱顶以转柱径加倍定见方。如柱径一尺三分，得见方二尺六分。以本身之见方折半定高。如见方二尺六分，得高一尺三分。

凡千金栈两旁承重柱以下檐柱之高定高。如下檐柱净高六尺四寸，即高六尺四寸。径与檐柱同。

凡上檐顺扒梁以进深定长。如梢间进深一丈七尺，即长一丈七尺。外加桁条脊面半份，如桁条径八寸三分，得脊面二寸四分，加长一寸二分。以檐柱径加二寸定厚。如柱径八寸三分，得厚一尺三分。以本身之厚每尺加三寸定高。如本身厚一尺三分，得高一尺三寸三分。

凡采步金以步架定长。如步架两份长八尺五寸，两头各加桁条之径一份半，得假桁条头分位。如桁条径八寸三分，各得长一尺二寸四分，通长一丈九寸八分。以扒梁之高、厚，各收二寸定高、厚。如扒梁高一尺三寸三分，厚一尺三分；得采步金高一尺一寸三分，厚八寸三分。

凡采步金枋以步架二份定长，如步架两份长八尺五寸，内除交金墩之宽一份六寸五分，净长七尺八寸五分。外加两头入榫分位，各按交金墩宽四分之一，高与金枋同。厚与交金墩之宽同。

凡四角交金墩以步架定高。如步架深四尺二寸五分，按五举加之，得高二尺一寸二分，内除扒梁之高半份六寸六分，净高一尺四寸六分。以采步金之厚定宽。如采步金厚八寸三分，每尺收滚楞二寸，得宽六寸六分。以假桁条头长二份定长。如假桁条头长一尺二寸四分，得长二尺四寸八分。

凡五架梁以进深定长。如进深一丈七尺，即长一丈七尺。两头各加桁条之径一份，得柁头分位。如桁条径八寸三分，得五架梁通长一丈八尺六寸六分。高、厚与顺扒梁同。

凡随梁以进深定长。如进深一丈七尺，内除柱径一份，外加两头入榫分位，各按柱径四分之一。以檐柱之径定厚。如柱径八寸三分，即厚八寸三分。以本身之厚加二寸定高。如本身厚八寸三分，得高一尺三分。

凡三架梁以步架两份定长。如步架两份深八尺五寸，即长八尺五寸。两头各加桁条径一份得柁头分位，如桁条径八寸三分，得三架梁通长一丈一寸六分。高、厚与采步金同。

凡金瓜柱以步架加举定高。如步架深四尺二寸五分，按五举加之，得高二尺一寸二分。内除五架梁之高一尺三寸三分，得净高七寸九分。以三架梁之厚每尺收滚楞二寸定厚。如三架梁厚八寸三分，得厚六寸六分，宽按本身之厚加二寸，得宽八寸六分。每宽一尺，外加上、下榫各长三寸。

凡脊瓜柱以步架加举定高。如步架深四尺二寸五分，按七举加之，得高二尺九寸七分，又加平水高七寸三分，共高三尺七寸。再加桁条径三分之一作桁椀，得二寸七分。内除三架梁之高一尺一寸三分，得净高二尺八寸四分。宽、厚同金瓜柱。每宽一尺，外加下榫长三寸。

凡檐枋以面阔定长。如面阔一丈七尺，内除柱径一份，外加入榫分位，各按柱径四分之一。其梢间照面阔，一头加柱径一份，得箍头分位，一头除柱径半份，外加入榫分位，按柱径四分之一。两山两头各加柱径一份。以檐柱径寸定高。如柱径八寸三分，即高八寸三分，厚按本身之高收二寸，得厚六寸三分。

趴梁的设置

在歇山建筑中，趴梁的设置情况有两种：一种是对称设置，另一种是不对称设置。

1. 对称设置

①顺面阔方向对称设置。采用前后廊柱网布置的小型歇山建筑，前后各一根顺趴梁对称布置。当采用多开间无廊柱网布置时，因没有了金柱也应采用对称趴梁设置，趴梁的里端可以直接搁置在五架梁上，以代替三架梁下的柁墩。

②垂直面阔方向对称设置。当采用单开间柱网布置时，因没有了正身梁架，这时可采用垂直面阔方向的对称趴梁，以替代架梁来承接踩步金，趴梁趴在檐檩上，趴梁距山面檐檩的距离为一步架，趴梁与踩步金之间用柁墩做支撑。

当一个开间的进深和面阔尺寸较大时，为了减轻正身檐檩和趴梁的荷载，也可在正身檐檩和山面檐檩之间布置斜向趴梁（一般称为抹角梁），以四根斜角趴梁代替两根垂直趴梁，让踩步金下的柁墩各落脚在一根斜趴梁上。

2. 不对称设置

趴梁的不对称设置主要用于只带前廊或后廊的柱网，因为带廊的部分有一排金柱，在此轴线的尽间，可将金枋改制成趴梁，称为“趴梁枋”，该枋的外端趴在山面的檐檩上，里端与金柱榫接。

在无廊的部分可设置趴梁，该趴梁的外端趴在山面的檐檩上，里端搁置在正身架梁上代做柁墩。

原典

凡金，脊枋以面阔定长，如面阔一丈七尺，内除瓜柱、柁墩各一份，外加入榫分位，各按瓜柱、柁墩宽、厚四分之一。其梢间金、脊枋照面阔一头收一步架深四尺二寸五分，一头除柱径半份，外加入榫分位，按柱径四分之一，高、厚与檐枋同。如不用垫板，照檐枋高、厚各收二寸。

凡檐垫板以面阔定长。如面阔一丈七尺，内除柁头一份，外加两头入榫分位，各按柁头十分之二。两山同进深。以檐枋之高收一寸定宽，如檐枋高八寸三分，得宽七寸三分。以桁条径十分之三定厚。如桁条径八寸三分，得厚二寸四分。宽六寸以上收分一寸，六寸以下不收分。

凡金、脊垫板以面阔阔定长。如面一丈七尺，内除瓜柱、柁墩之宽、厚各一份，外加入榫分位，各按瓜柱柁墩厚十分之二。其梢间垫板，照面阔一头收一步架尺寸深四尺二寸五分，一头除柁头半份，外加入榫，照柁头之厚每尺加滚楞二寸。宽、厚与檐垫板同。

凡采步金垫板之宽照交金墩之高。内除采步金枋之高得宽。其背垫板照面阔除脊瓜柱径一份，外加两头入榫尺寸，各按瓜柱径四分之一。

凡檐桁以面阔定长。如面阔一丈七尺，即长一丈七尺。其梢间桁条照面阔一头加交角出头分位，按本身之径一份，如本身径八寸三分，得出头长八寸三分。两山两头各加交角出头分位，按本身之径一份得长。每径一尺，外加搭交榫长三寸。径寸与檐柱同。

凡金、脊桁以面阔定长。如面阔一丈七尺，即长一丈七尺。其梢间桁条照面阔一头收桁条之径一份。如面阔一丈一尺九寸，内除桁条之径八寸三分，得净长一丈一尺七分。径与檐桁同。每径一尺，外加搭交榫长三寸。

凡两山代梁头以桁条之径三份定长。如桁条径八寸三分，得长二尺四寸九分。以平水一份半定高。如平水高七寸三分，得高一尺九分。厚与五架梁同。分间做法用此。

凡四角花梁头①以代梁头之长定长。如代梁头长二尺四寸九分，用方五斜七之法，得通长三尺四寸八分。高、厚与代梁头同。

注释

① 四角花梁头：是置于角柱柱头，沿角平分线放置的梁头，用于承接搭接檩，两端常做成麻叶头状。花梁头又称角云。其多用于四角亭、六角亭、八角亭等建筑。圆亭柱头上也常放置花梁头。

原典

凡仔角梁以步架并出檐加举定长。如步架深四尺二寸五分，出檐照檐柱高十分之三，得二尺三寸四分；得长六尺五寸九分。用方五斜七之法加长，又按一一五加举，共长一丈六寸一分。再加翼角斜出椽径三份，如椽径二寸四分，得并长一丈一尺三寸三分。再加套兽榫照角梁本身之厚一份，如角梁厚四寸八分，即套兽榫长四寸八分，得仔角梁通长一丈一尺八寸一分。以椽径三份定高，二份定厚。如椽径二寸四分，得仔角梁高七寸二分，厚四寸八分。

凡老角梁以仔角梁之长除飞檐头并套兽榫定长。如仔角梁长一丈一尺八寸一分，内除飞檐头长一尺二寸五分，并套兽榫长四寸八分，得长一丈八分。高、厚与仔角梁同。

凡枕头木以步架定长。如步架深四尺二寸五分，内除角梁之厚半份，得枕头木长四尺一分。以桁条之径十分之三定宽。如桁条径八寸三分，得枕头木宽二寸四分。以椽径二分半定高。如椽径二寸四分，得枕头木一头高六寸，一头斜头与桁条平。两山枕头木做法同。

凡檐椽以步架并出檐加举定长。如步架深四尺二寸五分，又加出檐尺寸照上檐柱高十分之三，得二尺三寸四分，共长六尺五寸九分。内除飞檐椽头一份七寸八分，净长五尺八寸一分。又按一一五加举，得通长六尺六寸八分。以桁条之径十分之三定径寸。如桁条八寸三分，得径二寸四分。两山檐椽做法同。每椽空档，随椽径一份。每间椽数，俱应成双。档之宽窄，随数均匀。

凡飞檐椽以出檐定长。如出檐二尺三寸四分，三份分之，出头一分得长七寸八分，后尾两份半得长一尺九寸五分，又按一一五加举，得飞檐椽通长三尺一寸三分。见方与檐椽径寸同。

凡翼角翘椽长，径俱与平身檐椽同。其起翘之处以出檐尺寸用方五斜七之法，再加步架尺寸定翘数。如出檐二尺三寸四分，方五斜七加之，得长三尺二寸七分。再加步架四尺二寸五分，共长七尺五寸二分。内除角梁之厚半份，得净长七尺二寸八分，即系翼角椽档分位。但翼角翘椽以成单为率，如逢双数，应改成单。

凡翘飞椽以平身飞檐椽之长，用方五斜七之法定长。如飞檐椽长三尺一寸三分，用方五斜七加之，第一翘得长四尺三寸八分，其余以所定翘数每根递减长五分五厘。其高比飞檐椽加高半份。如飞檐高二寸四分，得翘飞椽高三寸六分，厚仍二寸四分。

凡脑椽以步架加举定长。如步架深四尺二寸五分，按一二五加举，得长五尺三寸一分。径与檐椽同。以上檐、脑椽外加一头搭交尺寸，按本身之径一份。如本身径二寸四分，即长二寸四分。

凡两山出梢①哑叭脑椽与正脑椽长、径同。

凡哑叭檐椽以挑山檩之长得长。系短椽折半核算。

注释

① 出梢：悬山建筑梢间的檩木不是包砌在山墙之内，而是挑出山墙之外，挑出的部分称为“出梢”，这是它区别于硬山的主要之点。

凡横望板，压飞檐尾横望板俱以面阔、进深加举折见方丈核算。以椽径十分之二定厚。如椽径二寸四分，得厚四分。

凡连檐以面阔定长。如面阔一丈七尺，即长一丈七尺。其梢间，连檐面阔一丈一尺九寸，出檐二尺三寸四分，共长一丈四尺二寸四分。内除角梁之厚半份，净长一丈四尺。以起翘处每尺加翘一寸，共长一丈五尺四寸，两山同。高、厚与檐椽径寸同。

凡瓦口之长与连檐同。以椽径半份定高。如椽径二寸四分，得瓦口高一寸二分。以本身之高折半定厚，得厚六分。

凡里口以面阔定长。如面阔一丈七尺，即长一丈七尺。其梢间照面阔一头收一步架深四尺二寸五分。两山两头各收一步架尺寸得长。以椽径一份，再加望板之厚一份半定高。如椽径二寸四分，望板之厚一份六分，得里口高三寸。厚与椽径同。

凡闸档板以翘档分位定宽。如翘档宽二寸四分，外加入槽每寸一分。高随椽径尺寸。以椽径十分之二定厚。如椽径二寸四分，得闸档板四分。其小连檐自起翘处至老角梁得长。宽随椽径一份。厚照望板之厚一份半，得厚六分。两山闸档板做法同。

凡椽椀长随里口。以椽径一份，再加椽径三分之一定高。如椽径二寸四分得椽椀，高三寸二分。以椽径三分之一定厚，得厚八分。两山椽椀做法同。

凡榻脚木以步架二份，外加桁条之径二份定长。如步架两份长八尺五寸，外加两头桁条之径各一份，如桁条径八寸三分，得榻脚木通长一丈一寸六分。见方与桁条之径同。

凡草架柱子以步架加举定高。如步架深四尺二寸五分，按七举加之，得高二尺九寸七分。脊桁下草架柱子即高二尺九寸七分。外加两头入榫分位。按本身之宽厚折半。如本身宽，厚四寸一分，得榫长二寸。以榻脚木见方尺寸折半定宽、厚。如榻脚木见方八寸三分，得草架柱子见方四寸一分。

凡山花板以步架梁定宽。如步架二份深八尺五寸，即宽八尺五寸。以脊中草架柱子之高加桁条之之径定高。如草架柱子高二尺九寸七分，桁条径八寸三分，得山花板中高三尺八寸。系尖高做法，均折核算。以桁条之径四分之一定厚。如桁条径八寸三分，得山花板厚二寸。

凡博缝板随各椽之长得长。如脑椽长五尺三寸一分，即长五尺三寸一分。外加斜尖分位照本身之宽加长，如本身宽一尺四寸四分。以椽径六份定宽。如椽径二寸四分，得博缝板宽一尺四寸四分。厚与山花板同。

卷十八

五檩硬山闸楼大木做法

原典

凡明间以门洞之宽定面阔。如外门洞宽一丈三尺四寸，每边各加一尺八寸，得面阔一丈七尺。凡梢间以明间面阔十分之七定面阔。如明间一丈七尺，得面阔一丈一尺九寸。

凡进深以城墙之顶宽折半定进深。如墙顶除墙皮中宽三丈四尺，折半得进深一丈七尺。

凡下檐柱以城墙高十分之二定高。如城墙高三丈五尺，得高七尺。内除柱顶石①六寸，檐柱净高六尺四寸。每径一尺，外加上、下榫各长三寸。以梢间面阔十分之七定径寸。如梢间面阔一丈一尺九寸，得径八寸三分。

注释

① 柱顶石：又名柱础，是一种中国传统建筑石制构件，一部分埋于台基之中，一部分出自台明，叫古镜。柱顶石顶端上有空，叫海眼，与木柱下端的榫相配合，使柱子得到固定；也有的柱顶石顶端上有落窝，柱子可以安放在石窝内，也相当于为柱子安了管脚榫（管脚榫：固定柱脚的榫，用于各种落地柱根部。童柱与梁架或檫斗相交处也用管脚榫，它的作用是防止柱脚移位）。

古建筑中柱子与石柱础的连接方法

有一种柱础是平的，主要靠建筑自身重力使柱础和柱子间产生摩擦，早期建筑中柱子多有侧脚，增加了其稳固性。但这种连接形式在直下型地震中，如果建筑自重较轻，柱子容易跳起来，与柱础产生错位，如果完全错出柱础，会造成重大损坏。

还有一种柱础中间有一卯口，柱子底部有一榫头，但这种比较少见，而且多用于石柱中。

凡上檐柱以下檐柱之高定高。如下檐柱高七尺，再加檐枋之高一份八寸三分。共高七尺八寸三分。每径一尺，外加上、下榫各长三寸。径与下檐柱之径同。

凡山柱以步架加举定高。如进深一丈七尺，每步架得深四尺二寸五分。第一步架按五举加之，得高二尺一寸二分。第二步架按七举加之，得高二尺九寸七分，再加檐柱高七尺八寸三分，得通高一丈二尺九寸二分。再加平水一份七寸三分，又加桁条径三分之一作桁椀，如桁条径八寸三分，得桁椀二寸七分，共高一丈三尺九寸二分。每径一尺，外加下榫长三寸。以檐柱径加二寸定径。如檐柱径八寸三分，得径一尺三分。

凡承重枋以进深定长。如进深一丈七尺，再加两头出头照檐柱径各一份半，如柱径八寸三分，得长二尺四寸九分，共长一丈九尺四寸九分。以檐柱径加二寸定厚。如柱径八寸三分，得厚一尺三分。以本身之厚每尺加四寸定高。如本身厚一尺三分，得高一尺四寸四分。

凡楞木以面阔定长。如面阔一丈七尺，即长一丈七尺。以承重枋之高折半定径寸。如承重枋高一尺四寸四分，得径七寸二分。

凡楼板以进深面阔定长短、块数。内除楼梯分位，按门口尺寸，临期酌定。以楞木厚四分之一定厚。如楞木厚七寸三分，得厚一寸八分。如墁砖，以楞木之厚折半得厚。

凡坐千金栈转柱以下檐柱定高。如下檐柱高六尺四寸，又加柱顶六寸，共高七尺，即高七尺，以檐柱之径加二寸定径。如柱径八寸三分，得径一尺三分。

凡转杆以进深三分之一定长。如进深一丈七尺，三份分之，得长五尺六寸六分。以转柱之径三分之一定径。如柱径一尺三分，得径三寸四分。

凡转柱顶以转柱径加倍定见方。如柱径一尺三分，得见方二尺六分，以本身之见方折半定高，如见方二尺六分，得高一尺三分。

凡千金栈两傍承重柱以下檐柱之高定高。如下檐柱净高六尺四寸，即高六尺四寸。径与檐柱同。

原典图说

排山梁架

在硬山建筑中，贴着山墙的梁架称为“排山梁架”。山柱由地面直通屋脊支顶脊檩，将梁架从中分为两段，使五架梁变成双步梁，三架梁变成单步梁。三架梁居中安装脊瓜柱，脊瓜柱通常较高，稳定性较差，常辅以角背，以增加脊瓜柱的稳定性。

在木构件上面，是屋面木基层，这部分构件主要有椽子（包括檐椽、脑椽、花架椽）、望板、连檐、瓦口等。椽子是屋面木基层的主要构件，小式建筑的椽子多为方形，园林建筑多用圆椽。由于古建筑屋面每步架的高度不同，屋面上椽子分为若干段，每相邻两檩一段，椽子依位置不同分为檐椽、花架椽、脑椽，其中，用于檐步架并向外挑出者为檐椽，用于脊步架的为脑椽，檐椽、脑椽之间的各部分均为花架椽，在各段椽子中，檐椽最长。

在檐椽之上，还有一层椽子，附在檐头向外挑出，后尾呈楔形，叫做飞椽。飞椽的使用，使檐椽之外又挑出一段飞檐，飞檐部分略向上翘，有利于室内采光。同时，由于飞椽部分举度较缓，还可将屋面流下的雨水抛出更远，以免雨水垂直溅落在柱根柱身。有些较简陋的民居，屋檐外只用一层椽子，不用飞椽，称为“老檐出”做法。檐椽和飞椽头部都有横木相连系，称为“连檐”，连系老檐椽头的横木称为小连檐，连系飞椽头的横木称为大连檐，安装瓦口承托瓦件，在椽子上面铺钉望板，望板也是木基层的主要构件，屋面木基层之上是灰泥背和瓦屋面部分。

古式排山梁架结构建筑

原典

凡五架梁以进深定长。如进深一丈七尺，即长一丈七尺外加两头桁条径各一份，得柁头分位。如桁条径八寸三分，并长一丈八尺六寸六分。以檐柱径加二寸定厚。如柱径八寸三分，得厚一尺三分。以本身之厚每尺加三寸定高。如本身厚一尺三分，得高一尺三寸三分。

凡随梁以进深定长。如进深一丈七尺，内除柱径一份，外加两头入榫分位，各按柱径四分之一。以檐柱径定厚。如柱径八寸三分，即厚八寸三分。以身之厚加二寸定高。如本身厚八寸三分，得高一尺三分。

凡三架梁以步架二份定长。如步架二份深八尺五寸，即长八尺五寸。两头各加桁条径一份得柁头分位，如桁条径八寸三分，共长一丈一寸六分。以五架梁之高厚各收二寸定高、厚。如五架梁高一尺三寸三分，厚一尺三分，得三架梁高一尺一寸三分，厚八寸三分。

凡双步梁以步架二份定长。如步架二份长八尺五寸，即长八尺五寸。外加一头桁条之径一份，得柁头分位。如桁条径八寸三分，共长九尺三寸三分。高、厚与五架梁同。

凡单步梁以步架一份定长。如步架一份长四尺二寸五分，即长四尺二寸五分。一头加桁条径一份得柁头分位，如桁条径八寸三分，共长五尺八分。高、厚与三架梁同。

凡合头枋以步架二份定长。如步架二份长八尺五寸，内除前后柱径各半份，外加入榫分位，各按柱径四分之一。高、厚与随梁枋同。

凡金瓜柱以步架加举定高。如步架深四尺二寸分五，扶五举加之，得高二尺一寸二分。内除五架梁之高一尺三寸三分，得净高七寸九分。以三架梁之厚，每尺收滚楞二寸定厚。如三架梁厚八寸三分，得厚六寸六分。宽按本身之厚加二寸，得宽一尺，外加上、下榫各长三寸。

凡脊瓜柱以步架加举定高。如步架深四尺二寸五分，按七举加之，得高二尺九寸七分，又加平水高七寸三分，共高三尺七寸；再加桁条径三分之一作桁椀，得二寸七分，内除三架梁之高一尺一寸三分，得净高二尺八寸四分。宽、厚同金瓜柱。每宽一尺，外加下榫长三寸。

凡金、脊、檐枋以面阔定长。如面阔一丈七尺，内除柱径一份，外加入榫分位，各按柱径四分之一。以檐柱之径定高。如柱径八寸三分，即高八寸三分。厚按本身之高收二寸，得厚六寸三分。如金、脊枋不用垫板，照檐枋宽厚各收二寸。

凡金、脊、檐垫板以面阔定长。如面阔一丈七尺，内除柁头之厚一份，外加入榫，照柁头之厚每尺加滚楞二寸。以檐枋之高收一寸定宽。如檐枋高八寸三分，得宽七寸三分。以桁条之径十分之三定厚。如桁条径八寸三分，得厚二寸四分。宽六寸以上，照檐枋之高收分一寸，六寸以下不收分。其脊垫板照面阔除脊瓜柱一份，外加两头入榫尺寸，各按瓜柱径四分之一。

凡桁条以面阔定长，如面阔一丈七尺，即长一丈七尺。其梢间桁条一头照山柱径加半份。每径一尺，外加搭交榫长三寸。径与檐柱同。凡前檐椽以步架并出檐加举定长。如步架深四尺二寸五分，又加出檐尺寸，照上檐柱高十分之三，得二尺三寸四分，共长六尺五寸九分。又按一一五加举，得通长七尺五寸七分。如用飞檐椽尺寸分三份，去长一份作飞檐头。以桁条径十分之三定径寸。如桁条径八寸三分，得径二寸四分。每椽空档，随椽径一份。每间椽数，俱应成双，档之宽窄，随数均匀。

凡后檐椽以步架加举定长。如步架深四尺二寸五分，按一一五加举，得通长四尺八寸八分，再加桁条之径半份，得四寸一分，共长五尺二寸九分。径寸与前檐椽同。

凡飞檐椽以出檐定长。如出檐二尺三寸四分，三份分之，出头一份得长七寸八分，后尾二份得长一尺五寸六分，共长二尺三寸四分，又按一一五加举，得通长二尺六寸九分。见方与檐椽之径同。

凡脑椽以步架加举定长，如步架深四尺二寸五分，即长四尺二寸五分，又按一二五加举，得通长五尺三寸一分。径寸与檐椽同。以上檐脑椽一头加搭交尺寸，俱照椽径加一份。

凡连檐以面阔定长。如面阔一丈七尺，即长一丈七尺。梢间应加墀头分位。宽、厚与檐椽径寸同。

凡瓦口长随连檐。以所用瓦料定高、厚。如头号板瓦中高二寸，三份均开，二份作底台，一份作山子，又加板瓦本身之高二寸，得头号瓦口净高四寸，如二号板瓦中高一寸七分，三份均开，二份作底台，一份作山子，又加板瓦本身之高一寸七分，得二号瓦口净高三寸四分。如三号板瓦中高一寸五分，三份均开，二份作底台，一份作山子，又加板瓦本身之高一寸五分，得三号瓦口净高三寸。其厚俱按瓦口净高尺寸四分之一。得头号瓦口厚一寸，二号瓦口厚八分，三号瓦口厚七分。如用筒瓦，即随头、二、三号板瓦瓦口，应除山子一份之高，厚与板瓦瓦口同。

凡里口以面阔定长。如面阔一丈七尺，即长一丈七尺。高、厚与飞檐椽同。再加望板之厚一份半，得里口之加高尺寸。

凡椽椀长短随里口。以椽径定高。如椽径二寸四分，再加椽径三分之一，共得高三寸二分。以椽径三分之一定厚，得厚八分。

凡横望板、压飞檐尾横望板以面阔、进深加举折见方丈核算。以椽径十分之二定厚。如椽径二寸四分，得厚四分。

北京东便门

原典图说

北京东便门

北京东便门城楼为单层单檐歇山小式，灰筒瓦顶，四面开过木方门，无窗；面阔三间宽 11.2m，进深一间深 5.5m，高 5.2m；楼连城台通高 12.2m。瓮城为半圆形，东西宽 27.5m，南北长 15.5m，单层单檐硬山小式，灰筒瓦顶，南背面辟过木方门，东西北三面辟箭窗，每面各二层，北面每层 4 孔，东西面每层 2 孔；面阔三间宽 9m，进深一间深 4.6m，高 4.7m；其城台正中辟门，外侧栱券顶，内侧为过木方门；楼连城台通高 10.5m。

现存的东便门角楼建于突出城墙外缘的方形台座上，通高 29m，四面开箭窗 144 个。角楼内立金柱 20 根，整座楼建筑面积为 793m^2。加之相连的南城墙，总占地面积约 3654m^2。

卷十九

十一檩挑山仓房面阔一丈三尺进深四丈五尺檐柱高一丈二尺五寸径一尺所有大木做法

原典

凡里金柱以进深加举定高低。如进深四丈五尺，分为三份，每份得进深一丈五尺，内二份各得三步架，每步架深五尺。第一步架按四举加之，得高二尺。第二步架按五举加之，得高二尺五寸。第三步架按六举加之，得高三尺。共高七尺五寸，并檐柱高一丈二尺五寸，得通长二丈。以檐柱径加四寸定径寸。如柱径一尺，得径一尺四寸。以上柱子，每径一尺，外加榫长三寸。

凡三穿梁以通进深三分之一定长短。如通进深四丈五尺，一份得长一丈五尺，即长一丈五尺。一头加檩径一份得柁头分位，一头加里金柱径半份，又出榫照檐柱径半份，得通长一丈七尺二寸，径一尺五寸。瓜柱以步架加举定高低。如步架深五尺，按四举加之，得高二尺，内除三穿梁头下皮做平分高一尺三寸五分，得净高六寸五分径一尺。

凡双步梁以步架二份定长短。如步架二份深一丈，一头加檩径一份得柁头分位，一头加金柱径半份，又出榫照檐柱径半份，得通长一丈二尺二寸，径一尺三寸。瓜柱以步架加举定高低。如步架深五尺，按五举加之，得高二尺五寸，内除双步梁头下皮做平分位高一尺一寸五分，得净高一尺三寸五分，径一尺。

凡单步梁以步架一份定长短。如步架一份深五尺，一头加檩径一份得柁头分位，一头加金柱径半份，又出榫照檐柱径半份，得通长七尺二寸，径一尺一寸。

凡五架梁以通进深三分之一定长短。如通进深四丈五尺，一份得一丈五尺，两头各加檩径一份得柁头分位。如檩径一尺，得通长一丈七尺，径一尺五寸。瓜柱，以步架加举定高低。如步架深三尺七寸五分，按七举加之，得高二尺六寸二分，内除五架梁头下皮做平分位高一尺三寸五分，得净高一尺二寸七分，径一尺。以上瓜柱，每径一尺，外加上、下榫各长三寸。

挑山

挑山，又称悬山，古代建筑屋顶形式的一种。屋面有前后两坡，而且两山屋面悬于山墙或山面屋架之外的建筑，称为悬（亦称挑山）式建筑。悬山建筑梢间的檩木不是包砌在山墙之内，而是挑出山墙之外，挑出的部分称为“挑山”，这是它区别于硬山的主要之点。

悬山顶，即悬山式屋顶，宋朝时称“不厦两头造”，清朝称“悬山”“挑山”，又名“出山”，是中国古代建筑的一种屋顶样式，也传到日本、朝鲜半岛和越南。在古代，悬山顶等级上低于庑殿顶和歇山顶，仅高于硬山顶，只用于民间建筑，是东亚一般建筑中最常见的一种形式。

悬山顶是两坡出水的五脊二坡式，一般由一条正脊和四条垂脊构成，但也有无正脊的卷棚悬山式。与硬山顶不同，悬山顶建筑两侧的山墙凹进屋顶，屋顶的檩伸出墙外，加博缝板保护。由于此类建筑的屋顶悬伸外挑于山墙之外，故名悬山顶或挑山顶。

悬山顶是两面坡屋顶的早期样式，但在唐朝以前并未用于重要建筑。与硬山顶相比，悬山顶有利于防雨，而硬山顶有利于防风和防火，因此南方民居多用悬山顶，北方则多用硬山顶。

注释

① 廒：即仓廒，古代储存粮食的处所。

原典

凡三架梁以步架二份定长短。如步架二份深七尺五寸，两头各加檩径一份得柁头分位。如檩径一尺，得通长九尺五寸，径一尺三寸。瓜柱，以步架加举定高低。如步架深三尺七寸五分，按八举加之，得高三尺，又加平水高八寸，再加檩径三分之一作桁椀长三寸三分，得通高四尺一寸三分。内除三架梁头下皮做平分位高一尺一寸五分，得净高二尺九寸八分，径一尺。每径一尺，外加下榫长三寸。

凡檐枋以面阔定长短。如面阔一丈三尺，内除柱径一份，外加两头入榫分位各按柱径四分之一，得长一丈二尺五寸。以檐柱径寸定高。如柱径一尺，即高一尺。厚按本身高收三寸，得厚七寸。如金、脊枋不用垫板，照檐枋宽、厚各收二寸。

凡垫板以面阔定长短。如面阔一丈三尺，内除柁头分位一份，外加两头入榫尺寸，照柁头之厚每尺加滚楞二寸，得长一丈二尺四分。以檐枋高收二寸定宽。如檐枋高一尺，得宽八寸。以檩径十分之三定厚。如檩径一尺，得厚三寸。

凡檩木以面阔定长短。如面阔一丈三尺，即长一丈三尺。每径一尺，外加搭交榫长三寸。悬山做法梢间应照出檐之法加长。径寸俱与檐柱同。

凡檐椽以步架并出檐加举定长短。如步架深五尺，又加出檐尺寸照檐柱高十分之三，得三尺七寸五分，其长八尺七寸五分，又按一一加举，得通长九尺六寸二分，再加搭交分位，照檩径一份。廒①门口一间，檐椽不加出檐尺寸。

原典

凡下花架椽以步架加举定长短。如步架深五尺，按一一五加举，得通长五尺七寸五分。

凡中花架椽以步架加举定长短。如步架深五尺，按一二加举，得通长六尺。

凡上花架椽以步架加举定长短。如步架深三尺七寸五分，按一二五加举，得通长四尺六寸八分。

凡脑椽以步架加举定长短。如步架深三尺七寸五分，按一三加举，得通长四尺八寸七分。以上椽子俱见方三寸。檐、脑椽一头加搭头尺寸，花架椽两头各加搭头尺寸，俱照檩径一份。

凡连檐以面阔定长短。如面阔一丈三尺，即长一丈三尺。悬山做法随挑山之长。宽、厚同檐椽。

凡瓦口长短随连檐。以所用瓦料空高、厚。如头号板瓦中高二寸，三份均开，二份作底台，一份作山子，又加板瓦本身之高二寸，得号瓦口净高四寸。如二号板瓦中高一寸七分，三份均开。二份作底台，一份作山子，又加板瓦本身之高一寸七分，得二号瓦口净高三寸四分。俱厚一寸。

凡博缝板照椽子净长尺寸，外加斜搭交之长按本身宽尺寸。以椽径七份定宽。如椽径三寸，得宽二尺一寸。以椽径十分之七定厚，得厚二寸一分。

凡山墙上象眼窗[1]以脊瓜柱定高低。如脊瓜柱除桁椀高一尺八寸五分，再加檩径，平水各一份，共得高三尺八寸五分，再加檩径，平水各一份，共得高三尺六寸五分，折半核算。以步架一份除瓜柱径定长短。如步架一份深三尺七寸五分，内除瓜柱径一份，得净长二尺七寸五分。每扇直楞厚一寸，宽一寸五分，每空二寸得八根五分，横穿五根，宽与直楞之厚同，厚以直楞厚减半，得厚五分。周围边档抹头[2]宽厚，俱与直楞同。

注释

① 象眼窗：悬山山墙上瓜柱梁上皮及椽三者所包括之三角形部分。

② 抹头：是槅扇与槛窗扇上不可缺少的横向构件。因槅扇与槛窗较高并经常开启，为防止开榫或变形设抹头予以加固。抹头的位置及样式的变化还可使槅扇与槛窗增加美观效果。凡用攒边的方法做成的方框，如桌面、凳面、床面等，两根长而出榫的叫“大边”，两根都凿有榫眼的叫“抹头”。如四根一般长，则以出榫的叫“大边”，凿眼的叫“抹头”。大边和抹头可以合起来简称“边抹”。

原典

凡廒门下槛以面阔定长短。如面阔一丈三尺，内除柱径一份，外加两头榫木各二寸，得长一丈二尺四寸。以柱径十分之八定宽。如柱径一尺，得下槛宽八寸，以本身宽折半定厚，得厚四寸。

凡间抱柱①以檐柱定长短。如檐柱高一丈二尺五寸，内除檐枋高一尺，下槛宽八寸，得间抱柱净长一丈七寸，外加两头榫木各二寸。宽、厚与下槛同。

注释

① 抱柱：框架中左右紧贴柱子而立的竖木，叫抱柱，高按柱高除上下槛宽各一份，宽按下槛八扣定宽，厚同下槛。

原典

凡闸板①之高同抱柱净长尺寸。长按净面阔，内除间抱柱分位，两头各加入槽尺寸照本身厚各一份，以抱柱四分之一定厚。如抱柱厚四寸，得厚一寸。

三檩气楼②面阔九尺进深七尺五寸，柱高二尺七寸宽六寸厚五寸所有大木做法。

注释

① 闸板：即闸档板，用以堵塞飞椽之间空当的闸板。其厚同望板，高同飞椽高，宽为飞椽空当净宽加两侧入槽尺寸。闸档板与小连檐配合使用。如安装里口木则不再用小连檐和闸档板。

② 气楼：指米仓屋顶上通气的小楼，也可以认为房屋顶上两侧有窗，用作通风或采光的突起部分也叫气楼。

原典

凡榻脚木以面阔定长短。如面阔九尺，两头各加一尺，得通长一丈一尺。宽、厚同檐枋。

凡三架梁以进深定长短。如进深七尺五寸，两头各加檩径一份得柁头分位。如檩径六寸，得通长八尺七寸。

凡檐枋以面阔定长短。如面阔九尺，即长九尺。两头应照柱径尺寸加一份得箍头分位。以檐柱径寸定高。如柱宽六寸，即高六寸。厚按本身高收二寸，得厚四寸。

凡脊枋以面阔定长短。如面阔九尺，内除柱径一份，外加两头入榫分位各按柱径四分之一，得长八尺五寸二分。宽、厚照檐枋各收二寸。

凡垫板以面阔定长短。如面阔九尺，内除柁头分位一份，外加两头入榫尺寸照柁头之厚每尺加滚楞二寸，得长八尺四寸四分。以檐枋之高收一寸定宽。如檐枋高六寸，得宽五寸。以檩径十分之三定厚。如檩径六寸，得厚一寸八分。

悬山（挑山）式建筑木件

悬山式建筑是在硬山式建筑的基础上，加以适当改进而成，改进的部位主要有以下三个。

①两端山墙的山间部位，不是与屋面封闭相交，而是屋盖悬挑出山墙以外，即为“悬山”式。

②屋顶的屋脊部位，除两坡正交（即为尖角）成屋脊形式外，还有卷棚（即圆弧顶）过陇脊形式。

③屋檩数除硬山建筑的 5~7 檩外，还可做成四檩、六檩的卷棚形式，并且一般不做成带廊形式。

清工部

原典

凡脊瓜柱以步架加举定高低。如步架深三尺七寸五分，按五举加之，得高一尺八寸七分。再加檩径三分之一作桁椀，得长二寸，内除三架梁之高八寸四分，得净高一尺二寸三分。以三架梁之厚收一寸定径寸，如三架梁厚七寸，得径六寸。每径一寸，外加下榫长三寸。

凡檩木以面阔定长短，如面阔九尺，两头各加挑山一尺，共得长一丈二尺。径寸同檐柱之宽。如檐柱宽六寸，即径六寸。

凡檐椽以步架并出檐加举定长短。如步架深三尺七寸五分，又加出檐尺寸，以柱高并榻脚木十分之六得一尺八寸六分，共长五尺六寸一分。又按一一五加举，得通长六尺四寸五分。以檩径十分之三定径寸，如檩径六寸，得见方一寸八分。

凡连檐、瓦口做法同前。

凡博缝板照椽子净长尺寸，外加斜搭交之长按本身宽尺寸。以椽径五份定宽。如椽径一寸八分，得宽九寸。以椽径十分之七定厚，得厚一寸二分。

凡前后风窗以面阔定长短。如面阔九尺，除内柱宽一份，得净长八尺四寸。高按檐柱高尺寸，除檐枋分位，得净高二尺一寸。做法与山墙象眼同。

凡两山上、下象眼窗以进深定长短，如进深七尺五寸，内除柱厚一份，得净长七尺。以脊瓜柱之高定高。如脊瓜柱高一尺八寸七分，内除三架梁高八寸四分，再加檩径一份得高，折半核算。其做法与廒房山墙象眼窗同。

抱厦①面阔一丈三尺，进深七尺五寸，柱高九尺五寸，径八寸。所有大木做法。

注释

① 抱厦：为围绕厅堂、正屋后面的房屋。在形式上如同搂抱着正屋、厅堂。"抱厦"是建筑术语，是指在原建筑之前或之后接建出来的小房子，如果"抱厦"建在正房的北侧，就是"倒座抱厦"，如果在正房或厢房的两侧接建出小房子，这就叫"耳房"，像正房长出两个小耳朵。

原典

凡抱头梁以进深定长短。如进深七尺五寸，一头加檩径一份得柁头分位，一头加檐柱径半份，又出榫照抱厦檐柱径半份，得通长九尺二寸，径一尺二寸。

凡随梁枋以进深定长短。如进深七尺五寸，内除柱径各半份，外加两头入榫分位各按柱径四分之一，得长七尺五分。其高、厚比檐枋各收二寸。

凡檐枋以面阔定长短。如面阔一丈三尺，两头应照柱径各加一份得箍头分位，得通长一丈四尺六寸。以檐柱径寸定高。如柱径八寸，即高八寸，厚按本身高收二寸，得厚六寸。

凡垫板以面阔定长短。如面阔一丈三尺，即长一丈三尺，内除柁头分位一份，外加两头入榫尺寸，照柁头之厚每尺加滚楞二寸。以檐枋之高收二寸定宽。如檐枋高八寸，得宽六寸。以檩径十分之三定厚。如檩径八寸，得厚二寸四分。

凡檩木以面阔定长短。如面阔一丈三尺，两头各加挑山一尺，共得长一丈五尺。径寸与檐柱同。

凡檐椽以步架定长短。如步架长七尺五寸，又加出檐尺寸照檐柱高十分之三，得二尺八寸五分，共长一丈三寸五分。又按一一五加举，得通长一丈一尺三寸八分。见方三寸。

凡连檐、瓦口做法同前。

凡博缝板照椽子净长尺寸。如椽子通长一丈一尺三寸八分，即长一丈一尺三寸八分。以椽径五份定宽。如椽径三寸，得宽一尺五寸。以椽径十分之七定厚。如椽三寸，得厚二寸一分。

北京南新仓

原典图说

北京南新仓

南新仓是明清两朝代京都储藏皇粮、俸米的皇家官仓，南新仓现保留古仓廒 9 座，是全国仅有、北京现存规模最大、现状保存最完好的皇家仓廒，是京都史、漕运史、仓储史的历史见证。

南新仓的廒房，清沿明制，有一座一廒者，有一座二廒联排者。以每五间为一廒，每廒面阔约 24m，进深约 17m，高约 7m。建筑屋顶采用悬山形式，合瓦屋面上施瓦条脊，两端原有蝎子尾，现残缺不全。屋顶前后出檐椽，不用飞子，于前坡出宽 4.4m、进深 2m 的悬山披檐廒门，并于廒顶中心位置开气楼（天窗）一座。廒底砌砖，其上铺木板，板下架空以防潮。廒房用五花山墙，墙体用“黑城砖”，以糙淌白砌法成造，仅于各开间中开小方窗。墙体厚重，以达到保温要求，其底部厚达 1.5m，顶部约 1m，收分显著。仓房结构为五间七架椽屋，内用金柱八根，中三架梁，前后双步梁。

卷二十

七檩硬山封护檐库房大木做法

原典

凡檐柱以面阔十分之八定高低、径寸。如面阔一丈四尺，得柱高一丈一尺二寸，径一尺一寸二分。如次间、梢间面阔比明间窄小者，其柱檩柁枋等木径寸，仍照内间，其面阔临期酌夺地势定尺寸。

凡金柱以出廊加举定高低。如出廊深七尺，按五举加之，得三尺五寸，并檐柱高一丈一尺二寸，得通长一丈四尺七寸。以檐柱之径加二寸定寸径。如檐柱径一尺一寸二分，得全柱径一尺三寸二分。以上柱子每径一寸，外加榫长三寸。

凡抱头梁以出廊定长短。如出廊深七尺，一头加檩径一份得柁头分位，一头加金柱径半份，又出榫照檐柱径半份，得通长九尺三寸四分。以檐柱径加二寸定厚。如柱径一尺一寸二分，得厚一尺三寸二分。高按本身之厚每尺加三寸，得高一尺七寸一分。

凡穿插枋以出廊定长短。如出廊深七尺，一头加檐柱径半份，一头加金柱径半份，又两头出榫照檐柱径一份，得通长九尺三寸四分。高、厚与檐枋同。

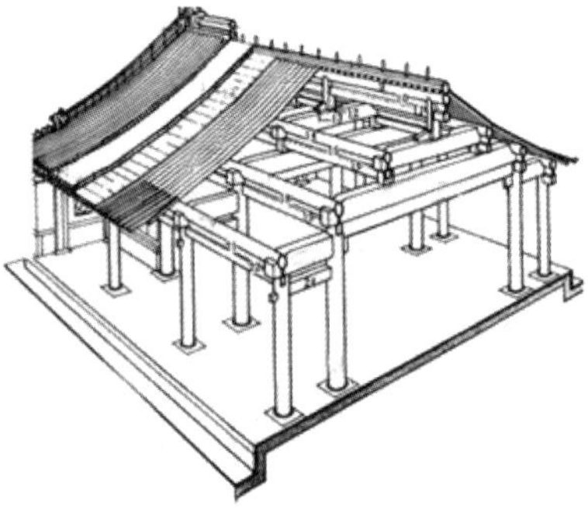

清式七檩硬山大木架示意图

硬山式建筑

硬山式建筑是指双坡屋顶的两端山墙与屋面封闭相交，将木构架全部封砌在山墙以内的一种建筑。它的特点是山墙面没有伸出的屋檐，山尖显露突出。

硬山式建筑根据屋檩的多少，常分别五至九檩等几种构造，但园林建筑多在七檩以下，其中五檩建筑最简单，九檩建筑最为豪华。

原典

凡五架梁以进深定长短。如通进深三丈四尺，内除前后廊一丈四尺，进深得二丈。两头各加檩径一份得柁头分位。如檩径一尺一寸二分，得通长二丈二尺二寸四分。以金柱径加二寸定厚。如柱径一尺三寸二分，得厚一尺五寸二分。高按本身之厚每尺加三寸，得高一尺九寸七分。

凡随梁枋以进深定长短。如进深二丈，内除柱径一份，外加两头入榫分位，各按柱径四分之一，得长一丈九尺三寸四分。其高、厚比檐枋各加二寸。

凡金瓜柱以步架加举定高低。如步架深五尺，按七举加之，得高三尺五寸，内除五架梁高一尺九寸七分，得净高一尺五寸三分。以三架梁之厚收二寸定径寸。如三架梁厚一尺三寸二分，得金瓜柱径一尺一寸二分。每径一尺，外加上、下榫各长三寸。

凡三架梁以步架二份定长短。如步架二份深一丈，两头各加檩径一份得柁头分位。如檩径一尺一寸二分，得通长一丈二尺二寸四分。以五架梁高、厚各收二寸定高、厚。如五架梁高一尺九寸七分，厚一尺五寸二分，得高一尺七寸七分，厚一尺三寸二分。

凡脊瓜柱以步架加举定高低。如步架深五尺，按九举加之，得高四尺五寸，又加平水高一尺二分，再加檩径三分之一作桁椀，桁椀得长三寸七分，共高五尺八寸九分。内除三架梁高一尺七寸七分，净高四尺一寸二分。径寸同金瓜柱。每径一尺，外加下榫长三寸。

凡檐、金、脊枋以面阔定长短。如面阔一丈四尺，内除柱径一份，外加两头入榫分位，各按柱径四分之一，得长一丈三尺四寸四分。以檐柱径寸定高。如柱径一尺一寸二分，即高一尺一寸二分。厚按本身之高收二寸，得厚九寸二分。

凡金、脊、檐垫板以面阔定长短。如面阔一丈二尺，内除柁头分位一份，外加两头入榫尺寸，照柁头之厚每尺加滚楞二寸，得长一丈二尺九寸四分。以檐枋之高收一寸定高。如檐枋高一尺一寸二分，得高一尺二分。以檩径十分之三定厚，如檩径一尺一寸二分，得厚三寸三分。高六寸以上者，照椽枋之高收分一寸，六寸以下者不收分。其脊垫板，照面阔除脊瓜柱径一份，外加两头入榫分位，各按瓜柱径四分之一。

凡檩木以面阔定长短。如面阔一丈四尺，即长一丈四尺。每径一尺，外加搭交榫长三寸。梢间檩应一头照柱径加半份。径寸俱与檐柱同。

凡板椽以面阔、进深加举，前、后檐各加檩径半份，折见方丈定长、宽。以檩径十分之三定厚。如檩径一尺一寸二分，得厚三寸三分。

凡横望板亦以面阔、进深加举，前、后檐各加檩径半份，折见方丈定长、宽。以檩径十分之一定厚。如檩径一尺一寸二分，得厚一寸一分。

瓦口同。

凡里口以面阔定长短。如面阔一丈，两头各加挑山之长，得通长一丈二尺。梢间，一头加挑山之长。高、厚与飞檐椽同。再加望板厚一份半，得里口加高尺寸。

七檩硬山建筑

原典图说

七檩硬山建筑的木构件

七檩硬山建筑的木构件包含以下几类。

1. 梁

梁是组成屋架的横向承托构件，在硬山式建筑中有架梁、抱头梁、随梁和穿插枋等。

①架梁。它是横架于前后金柱之间承托瓜柱和檩木的构件，宋称“缘栿”，清叫“架梁”。

②随梁。随梁其实不是梁，它并不承接上面的荷重，它只是将前后金柱连接起来，形成一个稳定排架的横向连接构件。

③抱头梁。它是横架于檐柱和金柱之间，承接檐檩的构件，梁头上部剔凿有檩椀、槽口，形似将檩抱住而取名为“抱头梁”，宋称为“乳栿”。

④穿插枋。它与随梁一样，是将檐柱和金柱连接成整体的横向连接构件。在《营造法原》中称为“川夹底”，《营造法式》不设此构件，由乳栿代替。

2. 檩木

檩木又称“檩子”“檩条”“桁条”等，它是承托屋面荷重并将其均匀传递给梁柱的构件，它从一端山墙横贯到另一端山墙。

3. 构架连接件

房屋构架在进深方向由梁柱等组成若干个排架，而在面阔方向则由檩木、枋子、垫板等将各排架连接起来成为整体。

①枋子：起连接作用的矩形断面木材，它同檩木一样，分别称为“檐枋”“脊枋”和“金枋”。

②垫板。因为檩木和枋子分别安装在梁的上下，檩枋之间就形成了一个空隙，这个空隙就由垫板来填补，以形成一个整体效果。一般将檩、垫、枋三件叠在一起的做法称为“檩三件”做法。

原典

凡椽椀长短随里口。以椽径定高、厚。如椽径一寸八分，再加椽径三分之一，共得高二寸四分。以椽径三分之一定厚，得厚六分。

凡博缝板照椽子净长尺寸，外加斜搭交之长按本身宽尺寸。以椽径七份定宽，如椽径一寸八分，得宽一尺二寸六分。以椽径十分之七定厚。如椽径一寸八分，得厚一寸二分。

凡梢间靠明间两山博缝头以出檐定长。如出檐三尺，按一一五加举，得通长三尺四寸五分。宽、厚与长博缝同。

凡用横望板、压飞尾横望板以面阔、进深加举折见方丈定长、宽。以椽径十分之二定厚。如椽径一寸八分，得厚三分。

凡抱鼓石[1]上壶瓶牙子以抱鼓石高定高。如抱鼓石高三尺三分，即高三尺三分。以抱鼓石长减半定宽。如抱鼓长二尺五寸，得宽一尺二寸五分。以中柱径十分之三定厚。如中柱径一尺，得厚三寸。其石鼓高、宽尺寸，载于石作册内。

注释

① 抱鼓石：相传古代打仗凯旋的将领为了显耀其战功，就将战鼓放置在自家门口，后来就慢慢地演变成以抱鼓石来代替战鼓的做法。抱鼓石有击鼓、升堂、听政之意，一般只有衙门或官宦之宅门方可放置。抱鼓石的造型有方圆两种，由两部分组成，下部是须弥座，上部为鼓形，饰以花纹浮雕。

原典

凡两山穿插枋下云栱雀替以进深定长短。如通进深六尺，内除垂柱径六寸，中柱见方一尺外，得长四尺四寸，每坡得二尺二寸，四份分之，雀替得三份，长一尺六寸五分，再加一倍尺寸，并中柱径一份，得通长四尺三寸。以穿插枋之宽定高。如穿插枋宽七寸，即高七寸。以柱径十分之三定厚。如柱径一尺，得厚三寸。

原典

凡三伏云子以穿插枋厚三份定长。如穿插枋厚五寸，得长一尺五寸。高同雀替。厚按雀替之厚去包掩六分，如雀替厚三寸，得厚二寸四分。

凡拱子以口数六寸二分定长短。如口数二寸四分，六二加之，得长一尺四寸八分八厘，外加入榫分位按中柱径一份，共得长二尺四寸八分八厘。以斗口二份定高。如斗口二寸四分，得高四寸八分。厚与雀替同。

凡十八斗以雀替之厚一八定长短。如雀替厚三寸，一八加之，得长五寸四分。以三伏云厚得宽，如三伏云厚二寸四分，外加包掩之分，得宽三寸。高与三伏云厚同。

凡厢穿插档用假素雀替连垫栱板以进深定长短。如进深六尺，内除两头垂柱径各半份，得长五尺四寸，外加两头入榫尺寸照垂柱径四分之一，得通长五尺七寸。以穿插档之宽定宽，如穿插档宽七寸，即宽七寸。以穿插枋厚三分之一定厚。如穿插枋厚六寸，得厚二寸。

牛腿和雀替

在古建筑中，牛腿和雀替是相似的构件但又不完全相同。雀替是指位于柱与横梁之间的撑木，它既可以起到传承力的作用，又可以起到装饰的作用。相当于现代建筑中混凝土加腋梁中的加腋部分。

牛腿有的地方又叫“马腿”，也是指从柱中伸出的一段短木，它一般只起装饰的作用而不起传承力的作用。但在有些地方和有些资料中，牛腿和雀替两者是混称的。

牛腿和雀替都是古建筑中雕画装饰的重点。

原典

凡厢象眼①用角背或象眼板，临期拟定。如用角背，以步架一份定长短。如步架一份深三尺，即长三尺。以中柱举架高三分之一定宽。如举架高一尺五寸，得宽五寸。以中柱见方三分之一定厚。如柱见方一尺，得厚三寸三分。如用象眼板，以步架二份定宽。如步架二份深六尺，内除中柱径一份，净宽五尺。以步架一份加举定高低，如步架一份深三尺，按五举加之，得高一尺五寸。外加檩径六寸，共得高二尺一寸。厚五分。系象眼做法，折半核算。

注释

① 象眼：是古建筑构建中，因为结构自然组合围合而成的三角形空间，分五花象眼、门廊象眼、垂带象眼和腮帮象眼，其中，施以装饰的是五花象眼和门廊象眼。在象眼装饰上，题材包括吉祥花卉、博古器物、古典故事等。

露明做法镂花山花象眼

露明做法抹灰假缝山花象眼

原典

凡檐、脊檩按一斗三升斗科。以斗口八份定攒数。如明间面阔一丈，斗口一寸五分，得平身科八攒。每攒大斗一个，以斗口三份定长、宽，二份定高。如斗口一寸五分，得长、宽各四寸五分，高三寸。正心瓜栱①一件，以口数六点二份定长短。如斗口一寸五分，六二加之得，长九寸三分。以斗口每寸加二分四厘定厚。如斗口一寸五分，二四加之，得三分六厘，加斗口一份，得厚一寸八分六厘。明间斗科攒数，俱应成双，档之宽窄，随数均匀。

注释

① 正心瓜栱：位于檐柱轴线位置，与头翘十字相交的构件。正心瓜栱为足材栱，有传导荷载的作用。宋称之为泥道栱。

原典

凡柱头科、大斗以斗口四份定长，三份定高。如斗口一寸五分，得长六寸，宽四寸五分，高三寸。正心瓜拱一件，长、高、厚俱与平身科瓜拱同。

凡斗科每攒槽升三件，每件以斗口之数外加十分之三定长短。如斗口一寸五分，一三加之，得长一寸九分五厘。以斗口之数外加十分之七二定宽，如斗口一寸五分，七二加之，得宽二寸五分八厘。以斗一份定高，如斗口一寸五分，即高一寸五分。

绛雪轩

原典图说

绛雪轩

绛雪轩位于北京御花园东南，后依宫墙，坐东面西，面阔 5 间，黄琉璃瓦硬山式顶，前接歇山卷棚顶抱厦 3 间，平面呈“凸”字形。明间开门，次间、梢间为槛窗，上为福寿万字支窗，下为大玻璃方窗。门窗为楠木本色不加油饰，柱、框、梁、枋饰斑竹纹彩画，朴实淡雅。

轩前一座琉璃花坛制作得极为精细，体量、造型恰到好处，下部为五彩琉璃的须弥座，饰有行龙及缠枝西番莲图案，上部用翠绿色栏板、绛紫色望柱环绕，基座与栏板之间施用了一条汉白玉石的上枋，色彩对比强烈，却又十分协调，为宫中花坛少有之杰作。

卷二十一 三檩垂花门①大木做法

原典

凡中柱②以面阔之外每丈加四尺定长短。如面阔一丈，得高一丈四尺，以面阔十分之一定见方，如面阔一丈，得见方一尺。如梢间面阔比明间窄小者，其柱檩柁枋等木径寸，仍照明间。梢间面阔，临期酌夺地势定尺寸。

注释

① 垂花门：是古代民居建筑院落内部的门，是四合院中一道很讲究的门，它是内宅与外宅（前院）的分界线和唯一通道。因其檐柱不落地，垂吊在屋檐下，称为垂柱，其下有一垂珠，通常彩绘为花瓣的形式，故被称为垂花门。垂花门是装饰性极强的建筑，它的各个突出部位几乎都有十分讲究的装饰。垂花门向外一侧的梁头常雕成云头形状，称为“麻叶梁头”，这种做出雕饰的梁头，在一般建筑中是不多见的。在麻叶梁头之下，有一对倒悬的短柱，柱头向下，头部雕饰出莲瓣、串珠、花萼云或石榴头等形状，酷似一对含苞待放的花蕾，这对短柱称为“垂莲柱”，垂花门名称的由来大概就与这对特殊的垂柱有关。联络两垂柱的部件也有很美的雕饰，题材有“子孙万代”“岁寒三友”“玉棠富贵”“福禄寿喜”等。这些雕刻寄予着房宅主人对美好生活的憧憬，也将这道颇具地位的内宅门面装点得格外富丽华贵。

② 中柱：处在建筑物纵中线上并顶着屋脊（不在山墙里面）的柱子，叫中柱。

垂花门

原典

凡边柱以中柱定长短。如中柱高一丈四尺，内除脊檩一份，计六寸，正心枋一份，计三寸，斗科四寸八分，坐斗枋一份，计八寸，共二尺一寸八分，得净长一丈一尺八寸二分。径寸与中柱同。以上柱子，每见方一尺，加榫长三寸。

凡垂莲柱以中柱高三分之一定长短。如中柱一丈四尺，得长四尺六寸六分，边间以中间垂莲柱高尺寸内除檩枋、斗科、坐斗枋分位，得高二尺四寸八分。以中柱见方尺寸十分之六定径寸。如中柱见方一尺，得径六寸。

凡脊额枋以面阔定长短。如面阔一丈，即长一丈。以中柱径寸收二寸定高。如中柱见方一尺，得高八寸。厚按本身高二寸，得厚六寸。

凡棋枋板以面阔定宽。如面阔一丈，内除柱径一份，得净宽九尺。以额枋厚十分之二定厚，如额枋厚六寸，得厚一寸二分，高按中柱之高，内除檩枋、斗科、吉门口上、下槛各分位得高，临期拟定。

凡坐斗枋长、宽、厚俱与脊额枋同。

凡正心、檐、脊枋以面阔定长短。如面阔一丈，即长一丈。以斗口二份定高，一份定厚。如斗口一寸五分，得高三寸，厚一寸五分。

凡悬山桁条下皮用燕尾枋以挑山之长定长短。如挑山长一尺，即长一尺。外一头加柱径半份。以檩径十分之三定厚。如檩径六寸，得厚一寸八分。宽按本身厚加二寸，得宽三寸八分。

凡檐、脊檩木以面阔定长短。如面阔一丈，即长一丈。外加两头柱径各半份，再加挑山长各一尺，得通长一丈三尺。梢间按面阔、一头加挑山之长。以斗口四份定径寸。如斗口一寸五分，得径六寸。

凡麻叶抱头梁①以进深定长短。如进深六尺，两头各按本身高加一份得麻叶头分位。如本身高一尺，得通长八尺。以中柱见方尺寸定宽高。如中柱见方一尺，即高一尺。以柱宽十分之六定厚。如柱宽一尺，得厚六寸。

凡麻叶穿插枋②以进深定长短。如进深六尺，两头各按本身之高加一份得麻叶头分位。如本身高七寸，得通长七尺四寸。以抱头梁宽高十分之七定宽高。如抱头梁宽高一尺，得宽高七寸。厚按本身宽高收二寸，得厚五寸。

注释

① 麻叶抱头梁：梁头做成麻叶头形状的抱头梁。垂花门的主梁亦称麻叶抱头梁。

② 麻叶穿插枋：出榫部分做成麻叶头饰的穿插枋，多用于垂花门等装饰性强的建筑物。

原典

凡檐额枋以面阔定长短。如面阔一丈，两头各加檩径一份得箍头分位。如檩径六寸，得通长一丈一尺二寸。梢间一头加檩径一份得箍头分位。以垂柱径寸定高。如柱径六寸，即高六寸，厚按本身高收二寸，得厚四寸。

凡檐椽以步架一份并出檐加举定长短。如步架一份深三尺，出檐以中柱之高，内除举架尺寸并麻叶抱头梁之高一份，净高一丈一尺五寸，出檐照柱高十分之三得三尺四寸五分。檐不过步，如步架深三尺，出檐不过三尺，共长六尺，又按一一五加举，得通长六尺九寸。如用飞檐椽，以出檐尺寸分三份，去长一份作飞檐头。以檩径十分之三定径寸，如檩径六寸，得径一寸八分。每椽空档，随椽径一份，每间椽数，俱应成双，档之宽窄，随数均匀。

凡飞檐椽以出檐定长短。如出檐三尺，三份分之，出头一份得长一尺，后尾二份得长二尺，共长三尺，又按一一五加举，得通长三尺四寸五分。见方与檐椽径同。

垂花门楼

北京四合院中，有一个极富装饰的地方，这便是垂花门楼，也称中门。垂花门是院落中间的一个门，即民间所说的“一宅分为两院”。它将四合院的院落分为里外两个部分。里面一部分为正方形院落，而外面一部分分为一东西长、南北狭的长条形院落。垂花门内是正房与东西厢房，垂花门外是倒座房。中门之所以叫做垂花门，是因为中门外面的檐柱不落地，檐柱只有一尺多长，垂吊在中门屋檐下，而最下面的柱头，做成吊瓜的形式，有圆有方，而两头不落地的檐柱之间，全是镂空的木雕装饰，也饰以艳丽的色彩。正因为如此，才被人们称为垂花门。从外面看中门只是一个不大的门，但进到里面才会感到这门楼屋顶下的空间也有一个小房间那么大。

原典

凡连檐以面阔定长短。如面阔一丈，即长一丈。两头各加挑山之长。梢间一头加挑山之长。宽、厚同檐椽。

凡瓦口长短随连檐。以所用瓦料定高、厚。如二号板瓦中高一寸七分，三份均开，二份作底台，一份作山子，又加板瓦口净高三寸四分。如三号板瓦中高一寸五分，三份均开，二份作底台，一份作山子，又加板瓦本身高一寸五分，得三号瓦口净高三寸。如拾样板瓦中高一寸，三份均开，二份作底台，一份作山子，又加板瓦身高一寸，得二号瓦本身高一寸，得拾样瓦口净高二寸。其厚、俱按瓦口净高尺寸四分之一，得二号瓦口厚八分，三号瓦口厚七分，拾样瓦口厚五分。如用筒瓦，即随二三号，拾样板瓦瓦口应除山子一份之高。厚与板瓦瓦口同。

凡里口以面阔定长短。如面阔一丈，两头各加挑山之长，得通长一丈二尺。梢间，一头加挑山之长。高、厚与飞檐椽同。再加望板厚一份半，得里口加高尺寸。

原典图说

垂花门

垂花门是四合院内的一个重要建筑，它以端庄华丽的形象成为四合院的外院与内宅的分水岭。垂花门一般都在外院北侧正中，与临街的倒座南房中间那间相对，一般垂花门都建在三层或五层的青石台阶上，垂花门的两侧则为磨砖对缝精致的砖墙，垂花门建在四合院的主轴线上，它与院中十字甬路、正房一样，同在一条南北走向的主轴线上并最先展示在客人面前。进内宅后的抄手游廊、十字甬路均以垂花门为中轴而左右分开。

垂花门

凡椽椀长短随里口。以椽径定高、厚。如椽径一寸八分，再加椽径三分之一，共得高二寸四分。以椽径三分之一定厚，得厚六分。

凡博缝板照椽子净长尺寸，外加斜搭交之长按本身宽尺寸。以椽径七份定宽，如椽径一寸八分，得宽一尺二寸六分。以椽径十分之七定厚。如椽径一寸八分寸，得厚一寸二分。

凡梢间靠明间两山博缝头以出檐定长。如出檐三尺，按一一五加举，得通长三尺四寸五分。宽、厚与长博缝同。

凡用横望板、压飞尾横望板以面阔、进深加举折见方丈定长、宽。以椽径十分之二定厚。如椽径一寸八分，得厚三分。

凡抱鼓石上壶瓶牙子以抱鼓石高定高。如抱鼓石高三尺三分，即高三尺三分。以抱鼓石长减半定宽。如抱鼓长二尺五寸，得宽一尺二寸五分。以中柱径十分之三定厚。如中柱径一尺，得厚三寸。其石鼓高、宽尺寸，载于石作册内。

抱鼓石

垂花门中另外一个重要的装饰是抱鼓石。抱鼓石都与门枕石连做在一起，放置在垂花门门口两侧专门用来稳定檐柱。以门槛为界，在外侧带雕刻装饰的是抱鼓石，内侧是用来安置门扇的是门枕石。因此抱鼓石也有一定的实用功能。园林内的抱鼓石一般采用汉白玉雕刻，按形状分圆形和方形两种。雕刻图案内容丰富，以松鹤延年、鹤鹿同春、犀牛望月、麒麟献宝、如意草、宝相花、荷花等为主，表达着福寿吉祥的寓意。

抱鼓石

原典

凡两山穿插枋下云栱雀替以进深定长短。如通进深六尺，内除垂柱径六寸，中柱见方一尺外，得长四尺四寸，每坡得二尺二寸，四份分之，雀替得三份，长一尺六寸五分，再加一倍尺寸，并中柱径一份，得通长四尺三寸。以穿插枋之宽定高。如穿插枋宽七寸，即高七寸。以柱径十分之三定厚。如柱径一尺，得厚三寸。

凡三伏云子以穿插枋厚三份定长。如穿插枋厚五寸，得长一尺五寸。高同雀替。厚按雀替之厚去包掩六分，如雀替厚三寸，得厚二寸四分。

凡栱子以口数六寸二分定长短。如口数二寸四分，六二加之，得长一尺四寸八分八厘，外加入榫分位按中柱径一份，共得长二尺四寸八分八厘。以斗口二份定高。如斗口二寸四分，得高四寸八分。厚与雀替同。

凡十八斗以雀替之厚一八定长短。如雀替厚三寸，一八加之，得长五寸四分。以三伏云厚得宽，如三伏云厚二寸四分，外加包掩之分，得宽三寸。高与三伏云厚同。

凡厢穿插档用假素雀替连垫栱板以进深定长短。如进深六尺，内除两头垂柱径各半份，得长五尺四寸，外加两头入榫尺寸照垂柱径四分之一，得通长五尺七寸。以穿插档之宽定宽。如穿插档宽七寸，即宽七寸。以穿插枋厚三分之一定厚。如穿插枋厚六寸，得厚二寸。

凡厢象眼用角背或象眼板，临期拟定。如用角背，以步架一份定长短。如步架一份深三尺，即长三尺。以中柱举架高三分之一定宽。如举架高一尺五寸，得宽五寸。以中柱见方三分之一定厚。如柱见方一尺，得厚三寸三分。如用象眼板，以步架二份定宽。如步架二份深六尺，内除中柱径一份，净宽五尺。以步架一份加举定高低，如步架一份深三尺，按五举加之，得高一尺五寸。外加檩径六寸，共得高二尺一寸。厚五分。系象眼做法，折半核算。

原典图说

垂花门的分类

①一殿一卷式垂花门。

②双卷棚式垂花门。

③独立柱担梁式垂花门。

④歇山式垂花门。

⑤廊罩式垂花门。

垂花门

原典

凡檐、脊檩按一斗三升斗科。以斗口八份定攒数。如明间面阔一丈，斗口一寸五分，得平身科八攒。每攒大斗一个，以斗口三份定长、宽，二份定高。如斗口一寸五分，得长、宽各四寸五分，高三寸。正心瓜栱一件，以口数六点二份定长短。如斗口一寸五分，六二加之得，长九寸三分，以斗口每寸加二分四厘定厚。如斗口一寸五分，二四加之，得三分六厘，加斗口一份，得厚一寸八分六厘。明同斗科攒数，俱应成双，挡之宽窄，随数均匀。

凡柱头科、大斗以斗口四份定长，三份定高。如斗口一寸五分，得长六寸，宽四寸五分，高三寸。正心瓜栱一件，长、高、厚俱与平身科瓜栱同。

凡斗科每攒槽升三件，每件以斗口之数外加十分之三定长短。如斗口一寸五分，一三加之，得长一寸九分五厘。以斗口之数外加十分之七二定宽，如斗口一寸五分，七二加之，得宽二寸五分八厘。以斗一份定高，如斗口一寸五分，即高一寸五分。

中式垂花门

中式设计四合院内垂莲柱是垂花门的代表性构件，但这种门的美，不光表现在这两条美丽的垂莲柱上，两条下垂的花柱与它们之间的木构件和彩画连成一个整体，共同呈现着垂花门的美。两条垂莲柱之间，有两条较宽的横木，称为“枋”，两枋之间有花板相连，下边一条枋之下，又有透雕花板与灵巧的三角形雀替。两条门枋中间部位，多以曲线界出一个半圆，里面绘有山水风景、鱼虫花卉或历史故事，俗称“包袱画”。在包袱画两边的门枋上，则用青绿颜色绘上“和玺彩画”或“苏式彩画”。从垂花门的正面望上去，上面的瓦当、椽头，其下的门枋、花板、雀替，两边的垂花柱，中间的彩绘图案、包袱画，再加上门下面的抱鼓石，这一切有机地组成了端庄典雅、精巧灵动的垂花门。这种门，无疑是我国古建筑中的精品佳构。

攒尖顶

卷二十二 四角攒尖方亭大木做法

原典

凡檐柱以面阔十分之八定高低，十分之七定径寸。如面阔一丈，得柱高八尺，径七寸。每柱径一尺，加榫长三寸。

凡箍头檐枋以面阔定长。如面阔一丈，外加两头箍头分位各按檐柱径一份，如柱径七寸，得通长一丈一尺四寸。以柱径定高，即高七寸，厚按本身之高收二寸，得厚五寸。

原典图说

攒尖顶

攒尖顶是一种屋顶各面向中间交汇，形成中央尖顶的屋顶形式。这种屋顶形式在中国古建筑中使用相当广泛，其大量使用在园林建筑中的亭子上。其平面形式有圆形、方形、三角形、六角形、八角形等。屋面可以做成单檐、重檐、三重檐等。

原典

凡垫板以面阔定长。如面阔一丈，内除花梁头厚一份，如花梁头厚九寸，除之，得长九尺一寸。外加两头入榫分位，照花梁头之厚每尺加入榫二寸，得榫长一寸八分。以檐枋之高收一寸定高。如檐枋高七寸，得高六寸。以桁条径十分之三定厚。如桁条径七寸，得厚二寸一分。

原典图说

花梁头

单檐方亭的下部构架如柱子、额枋等与一般建筑相同，唯柱头上设角云，用以承接檐檩。角云又叫做“花梁头”。上部构架有两种做法。

①趴梁法。即“井字梁”法。一般沿进深方向放置两根长趴梁，梁两端趴在檐檩上，平面位置在金檩平面的中轴线处。在面阔方向设短趴梁，趴梁两端在长趴梁上，组成“井”字形的上部构架，其上再放金枋、金檩等构件。

②抹角梁法。抹角梁放置在与面阔和进深均成 45° 的位置上，梁两端搁置在檐檩上，梁轴线必须穿过交金檩的交点。4 根抹角梁组成上部构架，以承金枋、金檩、角梁、由戗、雷公柱等构件。

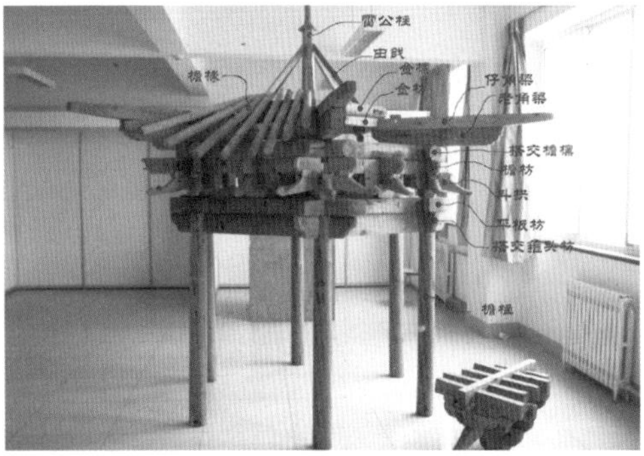

花梁头

原典

凡四角花梁头以桁条之径三份定长。如桁条径三份共长二尺一寸，用方五斜七加之，得通长二尺九寸四分。以水平一份半定高，如水平高六寸，得高九寸。以檐柱径加二寸定厚，得厚九寸。

凡桁条以面阔定长。如面阔一丈，即长一丈。外加两头搭交出头各按本身径一份半，如本身径七寸，得搭交出头各长一尺五分。径与檐柱同。

凡抹角梁①以面阔半份，桁条脊面一份，用方五斜七定长。如面阔半份宽五尺，桁条脊面宽二寸一分，方五斜七加之，得通长七尺二寸九分。以檐柱径加寸定厚，得厚九寸。以本身之厚每尺加二寸定高，得高一尺八分。

注释

① 抹角梁：用于矩形或方形建筑转角部位，垂直于角梁方向放置的趴梁。

凡四角交金檄以步架加举定高。如步架深二尺五寸，按五举加之，得高一尺二寸五分，又加桁椀高二寸三分，共高一尺四寸八分。内除抹角梁之高一尺八分，得交角檄净高四寸。以桁条径三份定长，得长二尺一寸。以抹角梁之厚收二寸定厚，得厚七寸。

凡金枋以面阔半份定长。如面阔半份宽五尺，即长五尺。不用垫板，照檐枋高、厚各收二寸定高、厚，得高五寸、厚三寸。

凡金桁以面阔半份定长。如面阔半份宽五尺，即长五尺，外加两头搭交出头各按本身径一份半，如本身径七寸，得搭交出头各长一尺五分。径与檐桁同。

凡雷公柱①以檐柱径一份半定径。如檐柱径七寸，得径一尺五分。以本身之径七份定长，得长七尺三寸五分。

注释

① 雷公柱：分为两种，一种是庑殿建筑正脊两端用于支撑向外挑出的脊桁的短柱子叫雷公柱；另一种用于圆攒尖或多角攒尖建筑中的保顶中心下方，用由戗支撑的短柱子也叫雷公柱。此处应该属于第二种。

凡仔角梁以步架一份，并出檐各尺寸用方五斜七举架定长。如步架深二尺五寸，出檐二尺四寸，得长四尺九寸，用方五斜七之法加长，又按一一五加举，共长七尺八寸八分。再加翼角斜出椽径三份，如椽二寸一分，并得长八尺五寸一分。再加套兽榫照角梁本身厚一份，如角梁厚四寸二分，即套兽榫长四寸二分，得仔角梁通长八尺九寸三分。以椽径三份定高，二份定厚，得高六寸三分，厚四寸二分。

凡老角梁以仔角梁之长，除飞檐头并套兽榫定长。如仔角梁长八尺九寸三分，内除飞檐头长一尺二寸八分，并套兽榫长四寸二分，得长七尺二寸三分，外加后尾三岔头照交金檄厚一份，如交金墩厚七寸，得老角梁通长七尺九寸三分。高、厚与仔角梁同。

凡由戗以步架一份定长。如步架一份深二尺五寸，用方五斜七之法加斜长，又按一二五加举，得长四尺三寸七分。高、厚与仔角梁同。

凡枕头木以步架一份定长。步架深二尺五寸，内除角梁厚半份，得枕头木长二尺二寸九分。以桁条径十分之三定宽。如桁条径七寸，得宽二寸一分。以椽径二份半定高。如椽径二寸一分，得高五寸二分。一头斜尖与桁条平。

亭的屋顶形式

亭的屋顶形式是中国古典建筑屋顶形式的荟萃，为数最多的是各种攒尖顶，如方攒尖、圆攒尖、六角攒尖、八角攒尖等，还有歇山顶、硬山顶、悬山顶、十字脊，也有用盝顶的，在四角攒尖顶的上部做成层层叠起的盝顶，但以攒尖顶为主，还有一些特殊的屋顶形式，如组合形式的勾连搭、抱厦、重檐和三重檐屋顶等。屋顶层数多以单檐为主，重檐较少，三重檐更罕见。此外，还有一些特殊样式的亭，如巨形亭、半亭、缺角亭等。

原典

凡檐椽以步架并出檐加举定长。如步架深二尺五寸，又加出檐照柱高十分之三得二尺四寸，共长四尺九寸，又按一一五加举，得通长五尺六寸三分。如用飞檐椽，内除飞檐头长九寸二分，得檐椽净长四尺七寸一分。以桁条径十分之三定径寸。如桁条径七寸，得径二寸一分。每椽空档，随椽径一份。但椽数应成双，档之宽窄，随数均匀。

凡翼角翘椽长、径俱与平身檐椽同。其起翘之处，以出檐尺寸用方五斜七之法再加步架尺寸定翘数。如出檐二尺四寸，方五斜七加之，得长三尺三寸六分，再加步架一份深二尺五寸，其长五尺八寸六分，内除角梁之厚半份，得净长五尺六寸五分，即系翼角椽档分位。翼角翘椽以成单为率，如逢双数，应改成单。

凡飞檐椽以出檐定长。如出檐二尺四寸，按一一五加举，得长二尺七寸六分，三份分之，出头一份得长九寸二分，后尾二份半得长二尺三寸，加之，得飞檐椽通长三尺二寸二分。见方与檐椽径寸同。

原典图说

重檐方亭

重檐方亭的柱网有所谓单圈柱和双圈柱之分。

1. 双圈柱

双圈柱重檐方亭相当于在单檐方亭外面再加上一圈围廊檐。内圈的金柱支撑上层檐，外圈的檐柱支撑下层檐。金柱与檐柱间用抱头梁、穿插枋等拉结。上层檐做法同单檐方亭。

2. 单圈柱

单圈柱的重檐方亭仅有外围的檐井字梁，该方法是先在方亭每边明间两柱间沿面阔和进深方向各架设两根梁，形成井字构架。在井字梁交接的节点处立童柱，以承上层檐构件。为加强井字梁，在两下常设井字随梁。随梁断面常与檐枋同高。井字梁梁头做桁椀，以承檐檩。上层构架可采用抹角梁法。

重檐方亭

原典

凡翘飞椽以平身飞檐椽之长，用方五斜七之法定长。如飞檐椽长三尺二寸二分，方五斜七加之，第一翘得长四尺五寸。其余以第一翘之长逐根减短，其高比飞檐椽加高半份。如飞檐椽高二寸一分，得翘椽高三寸一分。厚与飞檐椽同。

凡脑椽以面阔半份定根数。以步架加举定长。如步架深二尺五寸，按一二五加举，得居中脑椽两根，长三尺一寸二分。其余长短椽折半核算。径与檐椽同。

凡连檐以面阔定长。如面阔一丈，即长一丈。外加翼角之长得连檐通常之数。高、厚与飞檐椽见方同。

凡瓦口之长与连檐同。以椽径半份定高。如椽径二寸一分，得瓦口高一寸。以本身之高折半定厚，得厚五分。

凡闸档板以椽档分位定长。如椽档宽二寸一分，即闸档板长二寸一分。外加入槽每寸一分。高随椽径尺寸。以椽径十分之二定厚。如椽径二寸一分，得闸档板厚五分。

凡小连檐以通面宽得长。其宽随椽径一份。厚照望板之厚一份半。

凡横望板以面阔、进深、出檐并加举折见方丈核算。以椽径十分之二定厚。如椽径二寸一分，得望板厚五分。内由戗、脑椽或按一三加举，或一三五加举核算，临期酌定。

原典图说

塔影亭

塔影亭是苏州拙政园西部最南端的临溪小亭，位于两条溪流的交汇处。亭建于池心，为橘红色八角亭。塔影亭最大的特点在于亭子的平面、花格窗、铺地、天花都为八角形。塔影亭的天花为八角形，悬以六角形花灯，塔影亭的桌子为方形，八角形花格窗为室内景窗，整个亭子只有门的一边有玻璃，四面皆围以花窗，这可能也是因为塔影亭位于园林的结尾处，三面围以高墙。其造式精巧，翼角起翘为嫩戗发戗，四面围合悬于水上。塔影亭的具体建造是用块石在水面垫高，使亭子悬空于水上，板筑小桥连通廊道和亭子，另在水中采用块石铺筑一条小径，在空间上将塔影亭的位置拔高，使空间富有层次感。

塔影亭

卷二十三 六柱圆亭大木做法

原典

凡进深以面阔加倍定丈尺。如面阔五尺，得进深一丈。

凡每面阔以进深减半定丈尺，如进深一丈，得每面阔五尺。

凡檐柱以进深十分之八定高，十分之七定径寸。如进深一丈，得檐柱高八尺，径七寸。每柱径一尺，加榫长三寸。

凡圆檐枋以每面阔定长。如每面阔五尺，内除檐柱径七寸，净长四尺三寸。外加两头入榫分位各按柱径四分之一。以柱径定高，即高七寸。厚按本身之高收二寸，得厚五寸。

凡圆垫板①以每面阔定长。如每面阔五尺内除花梁头之厚一份，如花梁头厚九寸，除之，得长四尺一寸。外加两头入榫分位，照花梁头之厚每尺加入榫二寸，得榫长一寸八分。以檐枋之高收一寸定高。如擔枋高七寸，得高六寸。以桁条径十分之三定厚。如桁条径七寸，得厚二寸一分。

凡花梁头以桁条之径三份定长。如桁条径三份共长二尺一寸，即花梁头长二尺一寸。以平水一份定高。如平水高六寸，得高九寸，以檐柱径加二寸定厚，得厚九寸。以平水一份半定高。如平水高六寸，得高九寸。以檐柱径加二寸定厚，得厚九寸。

凡圆桁条以每面阔定长，如每面阔五尺，即长五尺。每径一尺，外加搭交榫长三寸。径与檐柱径同。

凡扒梁以进深八五定长。如进深一丈，得扒梁长八尺五寸。外加桁条脊面一份，如脊面宽二寸一分，并之，得扒梁通长八尺七寸一分。以檐柱径加二寸定厚，得厚九寸。以本身之厚每尺加二寸定高，得高一尺八分。

注释

① 圆垫板：平面呈弧形的垫板，专用于圆亭或其他圆形建筑。

原典图说

木构凉亭

中国传统建筑是木结构体系的建筑，所以凉亭也大多是木结构的。木构的凉亭，以木构架琉璃瓦顶和木构黛瓦顶两种形式最为常见。前者为皇家建筑和坛庙宗教建筑中所特有，富丽堂皇、色彩浓艳。而后者则是中国古典亭榭的主导，或质朴庄重，或典雅清逸，遍及大江南北，是中国古典凉亭的代表形式。

此外，木结构的凉亭也有做成片石顶、铁皮顶和灰土顶的，不过一般比较少见，属于较为特殊的形制。

木构凉亭

凡井口扒梁以每面阔定长。如每面阔五尺，即长五尺。高、厚与扒梁同。

凡交金墩以步架加举定高。如步架深二尺五寸，按五举加之，得高一尺二寸五分，又加桁椀高二寸三分，共高一尺四寸八分，内除扒梁之高一尺八分，得交金墩净高四寸。以桁条径三份定长。得长二尺一寸。以扒梁之厚收二寸定厚，得厚九寸。

凡金枋以每面阔半份定长。如每面阔五尺，即金枋长二尺五寸。不用垫板，照檐枋高、厚各收二寸定高、厚。

凡金桁以每面阔半份定长。如每面阔五尺，即长二尺五寸。每径一尺，外加搭交榫长三寸。径与檐桁同。

凡由戗以步架一份定长。如步架一份深二尺五寸，用方五斜七之法加斜长，又按一二五加举，得长四尺三寸七分，以椽径三份定高、二份定厚，得高六寸三分，厚四寸二分。

亭的分类

在众多类型的亭中，方亭最常见。它简单大方。圆亭更秀丽，但额枋挂落和亭顶都是圆的，施工要比方亭复杂。亭的平面形式有方形、长方形、五角形、六角形、八角形、圆形、梅花形、扇形等。亭顶除攒尖以外，歇山顶也相当普遍。在亭的类型中还有半亭和独立亭、桥亭等，多与走廊相连，依壁而建。

在中国传统建筑中，瓦是至关重要的部件之一。瓦在建造亭子的过程中的最大功能是覆盖亭子的顶部，特别是清明时期的亭子多采用琉璃瓦作为亭子顶部的覆盖物，采用琉璃瓦能充分体现古色古香的韵味，以青瓦、琉璃瓦为主材的亭子多见于古典园林中，包括古典皇家园林和私家园林都用的很多。

清工部

原典

凡雷公柱以檐柱径一份半定径。如檐柱径七寸，得径一尺五分，以本身之径七份定长，得长七尺三寸五分。

凡六面檐椽以步架并出檐加举定长。如步深二尺五寸，又加出檐照柱高十分之三得二尺四寸，共长四尺九寸。又按一一五加举，得通长五尺六寸三分。如用飞檐椽，内除飞檐头共长九寸二分，得檐椽净长四尺七一分。以桁条径十分之三定径寸。如桁条径七寸，得径二寸一分。每椽空档随椽径一份，但椽数应成双，档之宽窄，随数均匀。

凡六面飞檐椽以出檐定长。如出檐二尺四寸，按一一五加举，得长二尺七寸六分，三份分之，出头一份，得长九寸二分，后尾二份半得长二尺三寸，加之，得飞檐椽通长三尺二寸二分。见方与檐椽径寸同。

凡脑椽以面阔半份定根数，以步架加举定长。如步架深二尺五寸，按一二五加举，得脑椽长三尺一寸二分。每面长椽二根，其余长短椽折半核算。径与檐椽同。

凡连檐以每面阔定长。如每面阔五尺，即长五尺。高、厚与飞檐椽见方同。

凡瓦口之长与连檐同。以椽径半份定高。如椽径二寸一分，得瓦口高一寸。以本身之高折半定厚，得厚五分。

凡闸档板以椽档分位定长。如椽档宽二寸一分，即闸档板长二寸一分。外加入槽每寸一分。高随椽径尺寸，以椽径十分之二定厚。如椽径二寸一分，得闸档板厚五分。

凡小连檐以每面阔得长。其宽随椽径一份，厚照望板之厚一份半。

凡望板以面阔、进深、出檐并加举折见方丈核算。以椽径十分之二定厚。如椽径二寸一分，得望板厚四分。

凡圆枋、垫板、桁条木料，应加二倍核算，每净厚一寸，梁厚三寸，其锯下木料量材选用。内由戗、脑椽，或按一三加举，或一三五加举核算，临期酌定。

凡四柱、六柱、八柱圆亭，俱按所定进深以径一围三分算面阔尺寸。如进深一丈，得径三丈，四柱每面阔七尺五寸，八柱每面阔三尺七寸五分。

祈年殿

原典图说

祈年殿

祈年殿是一座直径为 32.72m 的圆形建筑，鎏金宝顶蓝瓦三重檐攒尖顶，层层收进，总高 38m。祈年殿内有 28 根金丝楠木大柱，里圈的四根寓意春夏秋冬四季，中间一圈 12 根寓意 12 个月，最外一圈 12 根寓意 12 时辰以及周天星宿。三层重檐向上逐层收缩呈伞状，无大梁长檩及铁钉，28 根楠木巨柱环绕排列，支撑着殿顶的重量。祈年殿是按照“敬天礼神”的思想设计的，殿为圆形，象征天圆；瓦为蓝色，象征蓝天。

卷二十四 七檩小式大木做法

原典

凡檐柱以面阔十分之八定高低、十分之七定径寸。如面阔一丈五寸，得柱高八尺四寸，径七寸三分。如次间、梢间面阔比明间窄小者，其柱檩柁枋等木径寸，仍照明间。至次间、梢间面阔，临期酌夺地势定尺寸。

凡金柱以出廊加举定高低。如出廊深三尺，按五举加之，得高一尺五寸，并檐柱高八尺四寸，得通长九尺九寸。以檐柱径加一寸定径寸。如檐柱径七寸三分，得金柱径八寸三分。以上柱子，每径一尺，外加榫长一寸五分。

凡山柱以进深加举定高低。如通进深一丈八尺，内除前后廊六尺，得进深一丈二尺，分为四步架，每坡得二步架，每步架深三尺。第一步架按七举加之，得高二尺一寸，第二步架按九举加之，得高二尺七寸，又加平水高六寸三分，再加檩径三分之一作桁椀，长二寸四分，共高五尺六寸七分，并金柱之高九尺九寸，得通长一丈五尺五寸七分。径寸与金柱同。每径一尺，外加榫长一寸五分。

凡抱头梁以出廊定长短。如出廊深三尺，一头加檩径一份得柁头分位，一头加金柱径半份，又出榫照檐柱径半份，得通长四尺五寸一分。以檐柱径加一寸定厚。如柱径七寸三分，得厚八寸三分。高按本身厚每尺加二寸，得高九寸九分。

抬梁式构架

抬梁式构架（又称“叠梁式”）是在台基上立柱，柱上沿房屋进深方向架梁，梁上立短小的矮柱，矮柱上再架短一些的梁，如此叠置若干层，在最上层架上立脊瓜柱，这就是一组梁架。

在相邻两组梁架之间，用垂直于梁架方向，并且位于柱上部的水平连系构件“枋”把两组梁架组合起来。每层梁的两端上面，垂直于梁架方向放置檩。檩不仅加强了梁架间水平方向的连系，构成稳固的组合构架，而且承受上部屋顶荷载。

抬梁式构架在中国古代建筑上使用非常普遍，尤其是在中国北方。这是因为抬梁式可使室内柱子较少甚至是无柱。但是，抬梁式构架用料较大，耗费木材较多。而且这种构架基本上不采用三角形这种最稳定的构件组合形式，所以稳定性较差。

凡穿插枋以出廊定长短。如出廊深三尺，一头加檐柱径半份，一头加金柱径半份，又两头出榫照檐柱径一份，得通长四尺五寸一分。高、厚与檐枋同。

凡五架梁以进深定长短。如通进深一丈八尺，内除前、后廊六尺，得进深一丈二尺，两头各加檩径一份得柁头分位，如檩径七寸三分，得通长一丈三尺四寸六分。以金柱径加一寸定厚，如柱径八寸三分，得厚九寸三分。高按本身厚加二寸，得高一尺一寸三分。

凡金瓜柱以步架一份加举定高低。如步架深一份深三尺，按七举加之，得高二尺一寸，内除五架梁高一尺一寸三分，得净高九寸七分。以三架梁之厚收一寸定径寸，如三架梁厚七寸三分，得径六寸二分。外加上、下加榫长三寸。

凡三架梁以步架二份定长短。如步架二份深六尺，两头各加檩径一份得柁头分位，如檩径七寸三分，得通长七尺四寸六分。以五架梁高、厚收二寸定高、厚。如五架梁高一尺一寸三分，厚九寸三分，得高九寸三分，厚七寸三分。

凡脊瓜柱以步架一份加举定高低。如步架一份深三尺，按九举加之，得高二尺七寸，又如水平高六寸三分，再加檩径三分之一作桁椀，长二寸四分，共高三尺五寸七分。内除三架梁之高九寸三分。得净高二尺六寸四分。径寸与金瓜柱同。外加下榫长一寸五分。

穿斗式构架

原典图说

穿斗式构架

穿斗式构架是由柱距较密、直径较细的落地柱（或与不落地的短柱相间布置）直接承檩，在柱与柱之间沿房屋进深方向不设架空的梁，而是用一种叫做“穿”的枋木，把柱子组成排架，并用挑枋承托挑檐。排架与排架之间用钎子、斗枋合檩作横向连接。这种构架因使用较细小的木料，所以节省木材；因柱距较密，所以作为山墙，其抗风性能好。但是，柱距较密，使室内空间促狭。因此，许多建筑常在建筑中部使用抬梁式构架，以扩大室内空间；在两端山墙，使用穿斗式构架，以提高抗风性能。穿斗式构架主要用于我国南方地区。其历史悠久，在汉代已经相当成熟了。

原典

凡双步梁以步架两份定长短。如步架二份深六尺，一头加檩径一份得柁头分位。如檩径七寸三分，得通长六尺七寸三分。以金柱径加一寸定厚。如柱径八寸三分，得厚九寸三分。高按本身厚每尺加二寸，得高一尺一寸一分。

凡单步梁以步架一份定长短。如步架一份深三尺，一头加檩径一份得柁头分位。如檩径七寸三分，得通长三尺七寸三分。以双步梁高、厚各收二寸定高、厚。如双步梁高一尺一寸一分，厚九寸三分，得高九寸一分，厚九寸三分。

凡金、脊、檐枋以面阔定长短。如面阔一丈五寸，内除柱径一份，外加两头入榫分位各按柱径四分之一，得长一丈一寸三分。以檐柱径寸定高。如柱径七寸三分，即高七寸三分。厚按本身高收二寸，得厚五寸三分。如金、脊枋不用垫板，照檐枋宽、厚各收二寸。

凡垫板以面阔定长短。如面阔一丈五寸，内除柁头分位一份，外加两头入榫尺寸，照柁头之厚每尺加滚楞二寸得长九尺八寸三分。以檐枋之高收一寸定宽。如檐枋高七寸三分，得宽六寸三分。以檩径十分之三定厚。如檩径七寸三分，得厚二寸一分。宽六寸以上者，照檐枋高收分一寸，六寸以下者不收分。其脊垫板，照面阔除瓜柱径一份，外加两头入榫尺寸各按瓜柱径四分之一。

凡檩木以面阔定长短。如面阔一丈五寸，即长一丈五寸。如独间成造者，应两头照柱径各加半份。若有次间，梢间者，应一头加山柱径半份。

井干式结构

这是一种不使用柱和梁的结构。井干式结构使用圆木，或者方形、矩形、六角形断面的木料层层叠叠，在转角处木料端部交叉咬合，构成壁架，再于两端壁架上立短柱以承脊檩。

我国早在商代的墓椁中就已使用了井干式结构。这种结构耗费木材量大，建筑的绝对尺度和开门窗均受到限制，所以目前仅在林区还在使用。

原典

凡前后檐椽以出廊并出檐加举定长短。如出廊深三尺，又加出椽尺寸，照檐柱高十分之三，得二尺五寸二分，共长五尺五寸二分。又按一一五加举得通长六尺三寸四分。以檩径十分之三定见方。如檩径三分，得见方二寸一分。每丈用椽二十根，每间椽数，俱应成双。

凡花架椽以步架一份加举定长短。如步架一份深三尺，按一二五加举，得通长三尺七寸五务。见方与檐椽同。

凡脑椽以步架一份加举定长短。如步架一份深三尺，按一三五加举，得通长四尺五寸。见方与檐椽同。以上檐、脑椽一头加搭交尺寸，花架椽两头各加搭交尺寸，俱照椽径一份。

凡连檐以面阔定长短。如面阔一丈，即长一丈。梢间应加墀头分位。宽、厚同檐椽。

凡瓦口长短随连檐。以所用瓦料定高、厚，如头号板瓦中高二寸，三份均开，二份作底台，一份作山子，又加板瓦本身高二寸，得头号瓦口净高四寸。如二号板瓦中高一寸七分，三份均开，二份作底台，一份作山子，又加板瓦本身高一寸七分，得二号瓦口净高三寸四分。如三号板瓦中高一寸五分，三份均开，二份做底台，一份作山子，又加本身高一寸五分。得三号瓦口净高三寸。其厚俱按瓦口净高尺寸四分之一，得头号厚一寸，二号瓦口厚八分，三号瓦口厚七分。如用筒瓦，即随头二三号板瓦瓦口应除山子一份之高。厚与板瓦瓦口同。如特将面阔、进深、柱高改放宽敞高矮，其木植径寸等项，照所加高矮尺寸加算。耳房、配房、群廊等房，照正房配合高宽，其木植径寸，亦照加高核算。

清工部 原典

凡檐柱以面阔十分之七五定高低，十分之六定径寸。如面阔一丈，得高七尺五寸，径六寸。如次间、梢间面阔比明间窄小者，其柱檩柁枋等木径寸，仍照明间。至次间、梢间面阔，临期酌夺地势定尺寸。

凡金柱以出廊加举定高低。如出廊深三尺，按五举加之，得高一尺五寸，并檐柱高七尺五寸，得通长九尺。以上柱子，每径一尺，外加榫长一寸五分。

凡山柱以进深加举除廊定高低。如通进深一丈五尺，内除前廊三尺，进深得一丈二尺，分为四步架，每坡得两步架，每步架深三尺。第一步架按七举加之，得高二尺一寸。第二步架按九举加之，得高二尺七寸，又加平水高五寸，再加檩径三分之一作桁椀，得长二寸，并金柱高九尺，得通长一丈四尺五寸。径寸与金柱同。每径一尺，外加榫长一寸五分。

凡抱头梁以出廊定长短。如出廊深三尺，一头加檩径一份得柁头分位，一头加金柱径半份，又出榫照檐柱径半份，得通长四尺二寸五分。以檐柱径加一寸定厚。如柱径六寸，得厚七寸。高按本身厚每尺加二寸，得高八寸四分。

卷二十五

六檩小式大木做法

凡穿插枋以出廊定长短。如出廊深三尺，一头加檐柱径半份，一头加金柱径半份，又两头出榫照檐柱径一份，得通长四尺二寸五分。高、厚与檐枋同。

凡五架梁以进深除廊定长短。如通进深一丈五尺，内除前廊三尺，进深得一丈二尺，两头各加檩径一份得柁头分位。如檩径六寸，得通长一丈三尺二寸。以金柱径加一寸定厚，如柱径七寸，得厚八寸。高按本身厚加二寸，得高一尺。

凡金瓜柱以步架一份加举定高低。如步架一份深三尺，按七举加之，得高二尺一寸，内除五架梁高一尺，得净高一尺一寸。以三架梁之厚收一寸定径寸。如三架梁厚六寸，得径五寸。每径一尺，外加上、下榫长三寸。

凡三架梁以步架二份定长短。如步架二份深六尺，两头各加檩径一份得柁头分位。如檩径六寸，得通长七尺二寸。以五架梁高、厚各收二寸定高、厚。如五架梁高一尺，厚八寸，得高八寸，厚六寸。

凡脊瓜柱以步架一份加举定高低。如步架一份深三尺，按九举加之，得高二尺七寸，又加平水高五寸，再加檩径三分之一作桁椀得长二寸，通高三尺四寸。内除三架梁高八寸，得净高二尺六寸。径寸与金瓜柱同。每径一尺，外加下榫长一寸五分。

凡双步梁以步架二份定长短。如步架二份深六尺，一头加檩径一份得柁头分位，如檩径六寸，得通长六尺六寸。以金柱径加一寸定厚。如柱径七寸，得厚八寸，高按本身厚每尺加二寸，得高九寸六分。

凡单步梁以步架一份定长短。如步架一份深三尺，一头加檩径一份得柁头分位。如檩径六寸，得通长三尺六寸。以双步梁高、厚各收二寸定高、厚。如双步梁高九寸六分，得高七寸六分，厚六寸。

凡金、脊、檐枋以面阔定长短。如面阔一丈，内除柱径一份，外加两头入榫分位各按柱径四分之一，得长九尺七寸。以檐柱径寸定高。如檐柱径六寸，即高六寸。厚按本身高收二寸，得厚四寸。如金、脊枋不用垫板，照檐枋宽、厚各收二寸。

凡垫板以面阔定长短。如面阔一丈，内除柁头分位一份，外加两头入榫尺寸照抱头梁厚每尺加滚楞二寸，得长九尺四寸四分。以檐枋之高收一寸定宽。如檐枋高六寸，得宽五寸。以檩径十分之三定厚。如檩径六寸，得厚一寸八分。宽六寸以上者，照檐枋高收分一寸，六寸以下者不收分。其脊垫板，照面阔除脊瓜柱径一份，外加两头入榫尺寸，各按瓜柱径四分之一。

凡檩木以面阔定长短。如面阔一丈，即长一丈。如独间成造者，应两头照柱径各加半份，若有次间、梢间者，应一头加山柱径半份。径寸俱与檐柱同。

凡前檐椽以出廊出檐并加举定长短。如出廊深三尺，又加出檐尺寸，照前檐柱高十分之三得二尺二寸五分，共长五尺二寸五分。又按一一五加举，得通长六尺三分。如后檐椽步架深三尺，即长三尺，又加出檐尺寸，照后檐柱高十分之三得二尺七寸，共长五尺七寸。又按一二五加举，得通长七尺一寸二分。以檩径十分之三定见方。如檩径六寸，得见方一寸八分。每丈用椽二十根，每间椽数，俱应成双。

凡后檐封护檐椽以步架加举定长短。如步架深三尺，再加檩径半份，共长三尺三寸，又按一二五加举，得通长四尺一寸二分。见方与檐椽同。

凡前檐花架椽以步架加举定长短。如步架深三尺，按一二五加举，得通长三尺七寸五分。见方与檐椽同。

凡脑椽以步架加举定长短。如步架深三尺，按一三五加举，得通长四尺五分。见方与檐椽同。以上檐、脑椽，一头加搭交尺寸，花架椽两头各加搭交尺寸，俱照椽径一份。

凡连檐以面阔定长短。如面阔一丈，即长一丈。梢间应加墀头分位。宽、厚同檐椽。

凡瓦口长短随连檐。以所用瓦料定高、厚。如二号板瓦中高一寸七分，三份均开，二份作底台，一份作山子，又加板瓦本身高一寸七分，得二号瓦口净高三寸四分。如三号板瓦中高一寸五分，三份均开，二份作底台，一份作山子，又加板瓦本身高一寸五分，得三号瓦口净高三寸。其厚俱按瓦口净高尺寸四分之一，得二号瓦口厚八分，三号瓦口厚七分。如用筒瓦，即随二三号板瓦瓦口应除山子一份之高。厚与板瓦瓦口同。如特将面阔、进深，柱高改放宽长高矮，其木植径寸等项，照所加高矮尺寸加算。耳房、配房、群廊等房，照正房配合高宽，其木植径寸，亦照加高核算。

原典图说

崇福寺

崇福寺位于山西省朔州市。其四进院是崇福寺的主殿弥陀殿，面阔 7 间，进深 5 间，建筑面积约 937m^2，通高 21m 多，其中月台高约 2m，大殿净高 19m 有余。弥陀殿建于 2m 多高的台基上，是全国现存较大的金代建筑。殿前有宽敞的月台，后与观音殿月台相连。单檐九脊歇山式。殿内梁架结构具有独到之处，随着殿内金柱的减少，使主体结构与其他建筑不同。弥陀殿棂窗也很精致，镂刻透心图案纹样达 15 种之多，有三角纹、古钱纹、桃白球纹等，这些图案不仅是优秀的艺术佳作，而且对研究金代建筑装饰具有很高的价值。

崇福寺

卷二十六 五檩小式大木做法

清工部

原典

凡檐柱以面阔十分之七定高低，十分之五定径寸。如面阔一丈，得柱高七尺，径五寸。每径一尺，外加榫长一寸五分。如次间、梢间面阔，比明间窄小者，其柱檩柁枋等木径寸，仍照明间，至次间、梢间面阔，临期酌夺地势定尺寸。

凡山柱以进深加举定高低。如进深一丈二尺，分为四步架，每坡得两步架，每步架深三尺。第一步架按五举加之，得高一尺五寸，第二步架按七举加之，得高二尺一寸，又加平水高五寸，再加檩径三分之一作桁椀，得长二寸，并檐柱高七尺，得通长一丈一尺三寸。以檐柱径加一寸定径寸。如柱径五寸，得径六寸。每径一尺，外加榫长一寸五分。

凡五架梁以进深定长短。如进深一丈二尺，两头各加檩径一份得柁头分位。如檩径六寸，得通长一丈三尺二寸。以檐柱径加二寸定厚。如柱径五寸，得厚七寸。高按本身厚加二寸，得高九寸。

凡金瓜柱以步架加举定高低。如步架深三尺，按五举加之，得高一尺五寸，内除五架梁高九寸。得净高六寸。以三架梁厚收一寸定径寸。如三架梁厚五寸，得径四寸。每径一尺，外加上、下榫长三寸。

凡三架梁以步架二份定长短。如步架二份深六尺，两头各加檩径一份得柁头分位。如檩径六寸，得通长七尺二寸。以五架梁高、厚各收二寸定高、厚。如五架梁高九寸，厚七寸，得高七寸，厚五寸。

凡双步梁以步架二份定长短。如步架二份深六尺，一头加檩径一份得柁头分位。如檩径六寸，得通长六尺六寸。以檐柱径加一寸定厚。如柱径五寸，得厚六寸，高按本身厚每尺加二寸，得高七寸二分。

凡单步梁以步架一份定长短。如步架一份深三尺，一头加檩径一份得柁头分位，如檩径六寸，得通长三尺六寸。以双步梁高、厚各收一寸定高、厚。如双步梁高七寸二分，厚六寸，得高六寸二分，厚五寸。

凡脊瓜柱以步架加举定高低。如步架深三尺，按七举加之，得高二尺一寸，又加平水高五寸，再加檩径三分之一作桁椀，长二寸，得通高二尺八寸。内除三架梁高七寸，得净高二尺一寸。径寸与金瓜柱同。每径一尺，外加下榫长一寸五分。

凡金、脊、檐枋以面阔定长短。如面阔一丈，内除柱径一份，外如两头入榫分位，各按柱径四分之一，得长九尺七寸五分。以檐柱径寸定高。如柱径五寸，即高五寸。厚按本身高收二寸，得厚三寸。如金、脊枋不用垫板，按檩径十分之三定厚。如檩径六寸，得厚一寸八分，宽按本身厚加二寸，得宽三寸八分。

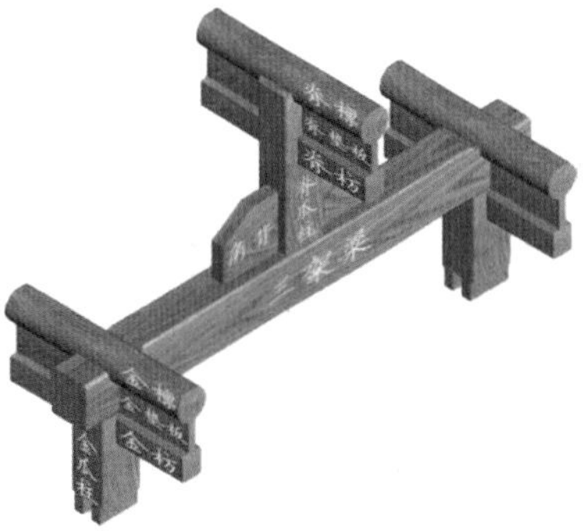

脊枋与金枋的位置图

原典图说

古建筑中脊枋与金枋的不同之处

脊枋与金枋是用于重檐建筑物基层屋面围脊内侧的木枋，常与围脊板等构件共用，有附着、牢固、遮挡围脊的作用。金枋是位于上金位置，用于拉接柱头（或瓜柱头）的横柱。

在正脊处，脊檩（桁）上面的枋子叫“脊枋”。在脊檩（桁）与脊枋间有“脊垫板”。位于檐枋和脊枋之间，沿屋面坡度逐层安排的枋子都叫做“金枋”。按金枋所处的位置不同，又有“上金枋”“中金枋”“下金枋”之别。每根金枋对应一根金桁。在金枋与金桁之间为金垫板。脊枋或金枋的两头或交于琉璃瓦金柱，或交于瓜柱（包括金瓜柱或脊瓜柱）或交于梁架的正面。箍头枋，又称“搭脚大额枋”，是檐枋的一种特别状况，即檐枋的一种。在建筑物的梢间或山面的转角处与角柱订交的檐枋叫“箍头枋”。在多角的亭子中，与角柱订交的檐枋都是箍头枋。箍头枋有单面箍头枋与搭脚箍头枋之分。单面箍头枋用于悬山建筑物的梢间；而搭交箍头枋用于庑殿式、歇山式建筑物的转角或多角形建筑物的转角处。箍头枋也有大式、小式之分。带斗栱的大式建筑物中箍头枋的外伸端部常做成“霸王拳”的形状；无斗栱的小式建筑物中则做成“三岔头”的形状。

原典

凡垫板以面阔定长短。如面阔一丈，内除柁头分位一份，外加两头入榫尺寸，照柁头之厚每尺加滚楞二寸，得长九尺四寸四分。以檐枋高定宽，如檐枋高五寸，即宽五寸。以檩径十分之三定厚，如檩径六寸，得厚一寸八分。其脊垫板、照面阔除脊瓜柱一份，外加两头入榫尺寸，各按瓜柱径四分之一。

凡檩木以面阔定长短。如面阔一丈，即长一丈。如独间成造者，应两头照柱径各加半份。若有次间、梢间者，应一头加山柱径半份。径按檐柱径加一寸。加柱径五寸，得檩径六寸。

凡前、后檐椽以步架并出檐加举定长短。如步架深三尺，又加出檐尺寸，照檐柱高十分之三，得二尺一寸，共长五尺一寸。又按一一五加举，得通长五尺八寸六分。以檩径十分之三定见方，如檩径六寸，得见方一寸八分。每丈用椽二十根每间椽数俱应成双。

凡脑椽以步架加举定长短，如步架深三尺，按一一五加举，得通长三尺七寸五分。见方与檐椽同。以上檐、脑椽、一头加搭交尺寸，照椽径一份。

凡连檐以面阔定长短。如面阔一丈，即长一丈。梢间应加榫头分位。宽、厚同檐椽。

凡瓦口长短随连檐。以所用瓦料定高、厚。如二号板瓦中高一寸七分，三份均开，二份作底台，一份作山子，又加板瓦本身高一寸七分，得二号瓦口净高三寸四分。如三号板瓦中高一寸五分，三份均开，二份作底台，一份作山子，又加板瓦本身高一寸五分，得三号瓦口净高三寸。其厚俱按瓦口净高尺寸四分之一，得二号瓦口厚八分，三号瓦口厚七分。如用筒瓦，即随二、三号板瓦瓦口，应除山子一份之高，厚与板瓦瓦口同。

凡无金、脊枋、垫用替木以柱径定长。如柱径五寸，即长五寸。以柱径十分之三、定宽、厚。如柱径五寸，得宽、厚各一寸五分。如特将面阔、进深、柱高改放宽敞高矮，其木植径寸等项，照所加高矮尺寸加算。耳房、配房、群廊等房，照正房配合高宽，其木植径寸，亦照加高合算。

善化寺

原典图说

善化寺

位于山西大同市的善化寺，寺院建筑高低错落、主次分明、左右对称，是全国现存辽、金时期寺院中布局最完整的一座。沿中轴线上，依次排列着山门、三圣殿、大雄宝殿。大雄宝殿两侧有观音殿和地藏殿。大雄宝殿与三圣殿之间的西面，有一座独具风格的普贤阁，它是一处重檐九脊顶方形楼阁。

卷二十七

四檩卷棚小式大木做法

原典

凡檐柱以面阔十分之七定高低。十分之五定径寸。如面阔一丈，得柱高七尺，径五寸。如次间、梢间面阔比明间窄小者，其檩柱柁枋等木径寸仍照明间。至次间、相间面阔、临期酌夺地势定尺寸。

凡四架梁以进深定长短。如进深一丈二尺，两头各加檩径一份得柁头分位，如檩径六寸，得通长一丈三尺二寸。以檐柱径加二寸定厚。如檐柱径五寸，得厚七寸。高按本身之厚加二寸，得高九寸。

凡顶瓜柱以举架定高低。如进深一丈二尺，前后得步架各四尺八寸，按五举加之，得高二尺四寸，内除四架梁高九寸，得净高一尺五寸。以月梁之厚收一寸定径寸。如月梁厚五寸，得径四寸。外加上、下榫长三寸。

凡月梁以进深定长短。如进深一丈二尺，五份分之，居中一份深二尺四寸，两头各加檩径一份得柁头分位，如檩径六寸，得通长三尺六寸。以四架梁之高、厚各收二寸定高、厚。如四架梁高九寸、厚七寸，得高七寸、厚五寸。

凡脊、檐枋以面阔定长短。如面阔一丈，内除柱径一份，外加两头入榫分位各按柱径四分之一，得长九尺七寸五分。以檐柱径寸定高。如柱径五寸，即高五寸。厚按本身之高收二寸，得厚三寸。如脊枋不用垫板，按檩径十分之三定厚。如檩径六寸，得厚一寸八分，宽按本身之厚加二寸，得宽三寸八分。

卷棚顶建筑

原典图说

卷棚顶建筑

卷棚顶建筑最明显的特征就是屋顶没用明显的正脊，而是由瓦垄直接卷过屋顶，形成一个自然的弧形，非常优美且活泼美观。这种建筑形式大多出现在园林的亭台、廊榭上或是小型的建筑中。

卷棚顶是歇山、悬山、硬山的变形。整体外貌与硬山、悬山一样，唯一的区别是没有明显的正脊，屋面前坡于脊部呈弧形滚向后坡，形成一种曲线所独有的阴柔之美。

清工部

原典

凡垫板以面阔定长短。如面阔一丈，内除柁头分位一份，外加两头入榫尺寸，照柁头之厚每尺加滚楞二寸，得长九尺四寸四分。以檐枋之高定高。如檐枋高五寸，即高五寸。以檩径十分之三定厚。如檩径六寸，得厚一寸八分。其脊垫板、照面阔除脊瓜柱径一份，外加两头入榫尺寸，各按瓜柱径四分之一。

凡檩木以面阔定长短。如面阔一丈，即长一丈。如独间成造，应两头照柱径各加半份，如有次、梢间，应一头加柱径半份。径按檐柱径加一寸。如柱径寸，得檩径六寸。

凡机枋条子长随檩木。以檩径十分之三定宽。如檩径六寸，得宽一寸八分。以椽径三分之一定厚。如椽方一寸八分，得厚六分。

凡前后檐椽以步架并出檐加举定长短。如步架深四尺八寸，又加出檐尺寸，照檐柱高十分之三，得二尺一寸，共长六尺九寸，又按一一五加举，得通长七尺九寸三分。以檩径十分之三定见方。如檩径六寸，得见方一寸八分，一头加搭交尺寸，照椽方加一份。每丈用椽二十根，每间椽数俱应成双。

凡顶椽以月梁定长短。如月梁长二尺四寸，两头各加檩径半份，得通长三尺。见方与檐椽径寸同。

凡连檐以面阔定长短。如面阔一丈，即长一丈。梢间应加墀头分位。宽、厚同檐椽。

凡瓦口长短随连檐。以所用瓦料定高、厚。如二号板瓦中高一尺七分，三份均开，二份作底台，一份作山子。又加板瓦本身之高一寸七分，得二号瓦口净高三寸四分。如三号板瓦中高一寸五分，三份均开，二份作底台，一份作山子，又加板瓦本身之高一寸五分，得三号瓦口净高三寸。其厚俱按瓦口净高尺寸四分之一，得二号瓦口厚八分，三号瓦厚七分。如用筒瓦，即随二、三号板瓦之瓦口，应除山子一份之高。厚与板瓦瓦口同。

凡无金、脊、枋、垫用替木，以柱径定长。如柱径五寸，即长五寸。以柱径十分之三定宽、厚。如柱径五寸，得宽、厚一寸五分。如特将面阔、进深、柱高改放长宽高矮，其木植径寸等项，照所加高矮尺寸加算。耳房、配房、群廊等房，照正房配合尚宽，其木植径寸，亦照加筒核算。

卷棚顶

勾连式屋顶

原典图说

卷棚顶的衍生——勾连搭

勾连搭屋顶就是两个或两个以上屋顶，相连成为一个屋顶，但看起来还是两个或两个以上屋顶，只是每个屋顶之间是连在一起的。这样的屋顶形式，可以在建筑下部形象不变的情况下，使上部屋顶更富有变化，更为生动多姿。另外，也在不提高屋面整体高度的情况下，扩大室内空间。

在勾连搭形式的屋顶中，只有两个顶相勾连的形式，并且屋顶为一带正脊的硬山悬山类、一不带正脊的卷棚类，这样的勾连搭屋顶叫做“一殿一卷式勾连搭”。比较著名的一殿一卷式勾连搭屋顶建筑要数北京四合院中的垂花门。

在勾连搭的屋顶形式中，相勾连的屋顶大多是大小、高低相同，但有一部分勾连搭屋顶却是一大一小、一主一次、高低不同、前后有别，低小的建筑部分就像是另一个部分的附属抱厦，所以这样的勾连搭屋顶形式称为“带抱厦式勾连搭”。

卷二十八

斗科各项尺寸做法

原典

凡算斗科上升、斗、栱、翘等件、长短、高厚尺寸，俱以平身科迎面安翘昂斗口宽尺寸为法核算。斗口有头等材、二等材，以至十一等材之分。头等材迎面安翘昂斗口宽六寸；二等材斗口宽五寸五分；自三等材以至十一等材各递减五分，即得斗口尺寸。

凡算桁椀之高，以正心枋中至挑檐枋中尺寸为实。按加举之数为法乘之，即得桁椀高之尺寸。

凡头昂后带翘头，每斗口一寸，从十八斗底中线以外加长五分四厘。惟单翘单昂①者后带菊花头，不加十八斗底。

凡二昂后带菊花头，每斗口一寸，其菊花头应长三寸。

注释

① 单翘单昂：在斗栱前后中线上，自斗科伸出一翘一昂。

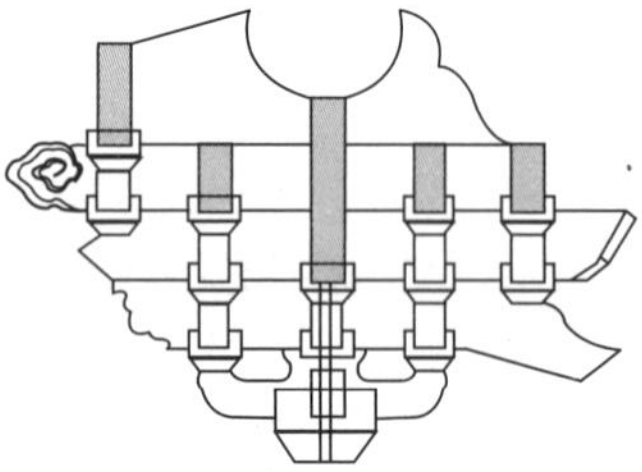

单翘单昂斗栱

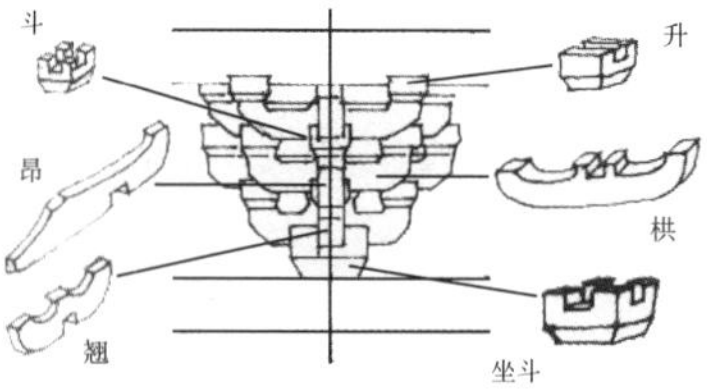

斗栱的主要分件

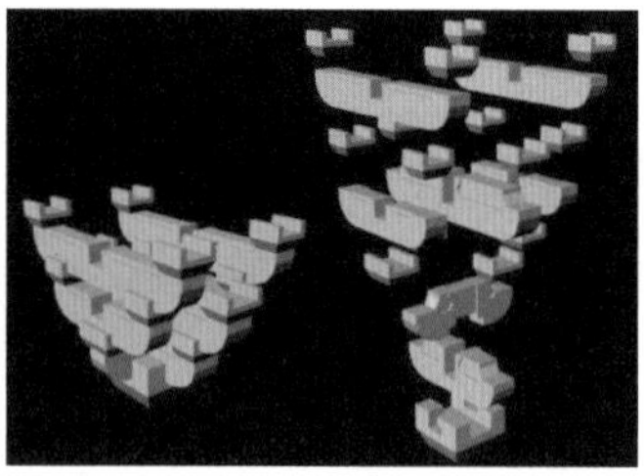

蚂蚱头部分图

原典

凡蚂蚱头后带六分头，每斗口①一寸，从十八斗外皮以后再加长六分。惟斗口单昂者后带麻叶头，其加长照撑头木上麻叶头之法。

凡撑头木后带麻叶头，其麻叶头除一拽架分位外，每斗口一寸，再加长五分四厘。惟斗口单昂者后不带麻叶头。

凡昂，每斗口一寸，俱从昂嘴中线以外再加昂嘴长三分。

凡斗科分档尺寸，每斗口一寸，应档宽一尺一寸。从两斗底中线算，如斗口二寸五分，每一档应长二尺七寸五分。

斗科各项尺寸做法开后

原典

大斗一个每斗口宽一寸，大斗应长三寸，宽三寸，高二寸，斗口高八分。斗底宽二寸二分，长二寸二分，底高八分，腰高四分。

注释

① 斗口：在大斗和十八斗上都开有装设翘昂的槽口，称做“斗口”。清代把平身科斗栱大斗的斗口作为权衡大式大木建筑各部件的基本单位。在已经模数化的中国古建筑中，斗口是带斗栱建筑各部位构件的基本模数，依据这个模数，可以确定出各部位构件的尺寸、比例。清代建筑斗口分为十一个等级。从 1 寸至 6 寸，以半寸为级数增减，如一等材，斗栱斗口为 6 寸；二等材，斗栱斗口为 5.5 寸；三等材，斗栱斗口这 5 寸……八等材，斗栱口为 2.5 寸……十一等材，斗栱斗口为一寸。

原典

单翘每斗口宽一寸，应长七寸一分，高二寸，宽一寸。重翘每斗口宽一寸，应长一尺三寸一分，高宽与单翘同。

正心瓜栱[1]每斗口宽一寸，应长六寸二分，宽一寸二分四厘，高二寸。

正心万栱[2]，每斗口宽一寸，应长九寸二分高宽与正心瓜栱同。

注释

① 正心瓜栱：位于正心栱位置上的瓜栱。

② 正心万栱：平等叠置于正心瓜栱之上，作用与正心瓜栱相同的构件。

原典

头昂每斗口一寸，应前高三寸，中高二寸，宽一寸，其长如斗口单昂斗口。重昂者应长九寸八分五厘。单翘单昂①者长一尺五寸三分。单翘重昂②者长一尺五寸八分五厘。重翘重昂者长二尺一寸八分五厘。

二昂高厚与头昂寸同。如斗口重昂者应长一尺五寸三分。单翘重昂者长二尺一寸三分。重翘重昂者长二尺七寸三分。

注释

① 单翘单昂：在斗栱前后中线上，自斗科伸出一翘。斗栱上用两重昂。

② 单翘重昂：斗栱上用两重昂，两层翘。

原典

蚂蚱头每斗口一寸，应高二寸，宽一寸。如斗口单昂者应长一尺二寸五分四厘。单翘单昂并斗口重昂者长一尺五寸六分。单翘重昂者长二尺一寸六分。重翘重昂者长二尺七寸六分。

撑头木每斗口一寸，应高二寸，宽一寸。如斗口单昂者应长六寸，单翘单昂并斗口重昂者长一尺五寸五分四厘，单翘重昂者长二尺一寸五分四厘，重翘重昂者长二尺七寸五分四厘。

单才瓜栱①每斗口一寸，应高一寸四分，宽一寸、长六寸二分。

注释

① 单才瓜栱：位于斗栱出踩部位的横栱之一，其长同正心瓜栱，高 1.4 斗口，非承重构件。

原典

单才万栱①每斗口一寸，应长九寸二分，高一寸四分，宽一寸。厢栱②每斗口一寸，应长七寸二分，高一寸四分，宽一寸。

注释

① 单才万栱：位于斗栱出踩部位的横栱之一，位于单才瓜栱之上，为非承重构件。

② 厢栱：位于出踩斗栱内外端横栱，其长度介于瓜栱与万栱之间，其上分别承托挑檐枋和井口枋。

原典

桁椀每斗口一寸，应宽一寸，如斗口单昂者应长六寸，单翘单昂并斗口重昂者长一尺二寸，单翘重昂者长一尺八寸，重翘重昂者长二尺四寸，高按拽架加举。

十八斗每斗口宽一寸，十八斗应长一寸八分，宽一寸四分八厘，高一寸。斗底宽一寸一分，长一寸四分，口高四分。腰高二分，底高四分。

三才升每斗口宽一寸，三才升应长一寸三分，宽一寸四分八厘，高一寸。升底宽一寸一分，长九分，口高四分腰高二分，底高四分。

槽升①每斗口宽一寸，槽升应长一寸三分，宽一寸七分二厘，高一寸。升底宽一寸三分二厘，长九分，口高四分，腰高二分，底高四分。

注释

① 槽升：宋代叫“齐心斗”。它位于正心栱之两端，托着上一层正心栱或正心枋。

原典

柱头科大斗一个，每斗口一寸，大斗应长四寸，宽三寸，高二寸。迎面按翘昂，斗口宽二寸，高八分，按正心瓜栱之斗口宽一寸二分五厘。高八分。

单翘每斗口宽一寸，单翘应长七寸一分，高二寸，宽二寸。

重翘每斗口宽一寸，重翘应长一尺三寸一分。高二寸，宽已于桃尖梁上声明。桃尖梁头应宽尺寸，按平身科迎面斗口加四倍，如斗口宽一寸，桃尖梁头得宽四寸。

翘昂本身之宽俱与单翘同。至通宽尺寸按桃尖梁头之宽尺寸折半，除斗口单昂单翘不加外，如斗口重昂者将桃尖梁头折半尺寸二分均之，二昂得一分。单翘单昂者亦二分均之，单昂得一分，单翘重昂者三分均之，头昂得一分二昂得二分。重翘重昂者四分均之，二翘得一分，头昂得二分，二昂得三分，再加本身之宽即得通宽之数。

头昂每斗口宽一寸，头昂应前高三寸，中高二寸，宽已于桃尖梁上声明，长与平身科头昂规矩尺寸同。

二昂每斗口宽一寸，二昂应前高三寸，中高二寸，宽已于桃尖梁上声明，长与平身科二昂规矩尺寸同。

蚂蚱头、撑头木、桁椀分位俱系桃尖梁本身连做。

昂子十八斗，每斗口宽一寸，十八斗应高一寸，宽一寸四分八厘，其长在单翘重昂下者按单翘重昂宽之尺寸。头昂下者按头昂宽之尺寸。二昂下者按二昂宽之尺寸。桃尖梁下者按桃尖梁头宽之尺寸。外口斗口一寸，各加长八分，即得通长之数。斗底之长宽按十八斗通长宽之尺寸每斗高一寸，两头各收二分，即得斗底长宽尺寸。

正心瓜栱、正心万栱、单才瓜栱、单才万栱、厢栱、槽升、三才升等件之长、高、宽尺寸，俱与平身科算法尺寸同。

栱的分类

按栱的长短尺寸可分为三类：瓜栱、万栱和厢栱，瓜栱最短，厢栱次之，万栱最长。瓜栱和万栱常相叠并用，瓜栱在下，万栱在上，瓜栱托着万栱，位于正心栱位置上的瓜栱叫正心瓜栱（宋代叫泥道栱），位于正心栱位置上的万栱叫正心万栱，位于单才栱位置上的，叫单才瓜栱和单才万栱，又可以分为外拽瓜栱、外拽万栱、里拽瓜栱、里拽外栱。厢栱总是安放在最上层翘或昂两端，外拽厢栱承托挑檐枋，里拽厢栱承托天花枋，在正心栱位置上不会出现厢栱，所以，厢栱没有正心和单才之别。

原典

角科大斗一个，长、宽、高并两面斗口尺寸，俱与平身科同。其斜头翘[1]口每平身科斗口一寸，应宽一寸五分，高七分。

斜头翘每斗口一寸，应高二寸，宽一寸五分，长按平身科头翘共长尺寸，每一尺加长四寸，即得通长之数。

搭角正头翘后带正心瓜栱[2]，每斗口一寸，头翘应宽一寸，长三寸五分五厘，瓜栱宽一寸二分四厘，长三寸一分，各高二寸。

注释

① 斜头翘：用于角科斗栱的翘，其安置方向与山面檐面各成45°。

② 搭角正头翘后带正心瓜栱：位于角科斗栱正心位置的构件，其一端为翘，另一端为正心瓜栱。

原典

斜二翘每斗口一寸应高二寸，长按平身科二翘共长尺寸，每一尺加长四寸，即得通长之数，宽已于老角梁上声明。

搭角正二翘后带正心万栱[1]，每斗口一寸，正二翘应长六寸五分五厘，高二寸，宽一寸，正心万栱长四寸五分，宽一寸二分四厘，高二寸。

注释

① 搭角正二翘后带正心万栱：位于角科斗栱正心位置的构件，其一端为翘，另一端为正心万栱。

原典

搭角闹二翘后带单才瓜栱①，每斗口一寸，闹②二翘应长六寸五分五厘，高二寸，宽一寸。单才瓜栱应长二寸一分宽一寸高一寸四分。

注释

① 搭角闹二翘后带单才瓜栱：位于角科斗栱外拽部位的构件，其一端为翘，另一端为单才瓜栱。
② 闹：角科斗栱中凡在外拽部位的构件都称为“闹”。

原典

斜角头昂后带翘昂每斗口一寸，应前高三寸，中高二寸，长按平身科头昂共长尺寸，每一尺加长四寸，即高通长之数，宽已于老角梁上声明。

搭角正头昂①后带正心瓜栱或正心万栱或带正心枋，每斗口一寸，正心昂应前高三寸，中高二寸，宽一寸，其长如斗口单昂斗口重昂者，其头昂应长六寸三分。单翘单昂、单翘重昂者长九寸三分，重翘重昂者长一尺二寸三分，正心瓜栱长三寸一分，高宽同正心万栱，正心万栱长四寸六分，宽一寸二分四厘，高二寸，正心枋一头按正头昂，长按出廊面阔尺寸高宽与万栱同。

注释

① 搭角正头昂：斜昂，用于角科斗栱的昂，位于与山檐两面各成45°的位置，故称斜昂，斜昂有斜头昂、斜二昂等。

原典

搭角闹头昂应前高三寸，中高二寸，宽一寸，长与搭角正头昂尺寸同，单才瓜栱长三寸一分，单才万栱长四寸六分，俱宽一寸，高一寸四分。

斜角二昂后带菊花头每斗口一寸，应前高三寸，中高二寸，长按平身科二昂共长尺寸，每一尺外加长四寸，即得通长之数，宽已于花角梁上声明。

搭角正二昂后带正心万枋或带正心枋每斗口一寸，正二昂应前高三寸，中高二寸，宽一寸，其长如斗口，重昂者其二昂应长六寸三分，单翘重昂者长一尺二寸三分，重翘重昂者长一尺五寸三分。正心万枋长四寸六分，宽一寸二分四厘，高二寸，正心枋一头接二昂长按出廊面阔尺寸，高二寸，宽一寸二分五厘。

搭角闹二昂后带单才瓜枋或单才万枋每斗口一寸，闹二昂应前高三寸，中高二寸，宽一寸长与搭角正二昂尺寸同，单才瓜枋长三寸一分，宽一寸，高一寸四分，如单才万枋长四寸六分，宽一寸高一寸四分。

由昂①上带斜蚂蚱头、斜撑头木、斜挑檐桁椀后带带六分，头麻叶头每斗口一寸应高五寸五分，宽已于老角梁上声明。其长如斗口单昂者应长二尺一寸七分四厘，斗口重昂并单翘者长三尺三寸，单翘重昂者长三尺八寸八分六厘，重翘重昂者长四尺七寸四分二厘。

注释

① 由昂：用于角科斗栱的构件，位于斜昂之上，与相邻蚂蚱头处在同等标高位置，是角科斗栱 45° 方向最上层的昂。

原典

搭角正蚂蚱头后带正心万栱或正心枋①每斗口一寸，正蚂蚱头应高二寸，宽一寸，其长如斗口，单昂者应长六寸。斗口重昂、单翘单昂者长九寸，单翘重昂者长一尺二寸，重翘重昂者长一尺五寸，正心万栱长四寸六分，宽一寸二分四厘，高二寸，正心枋一头接正蚂蚱头，长按出廊，面阔尺寸算，高二寸厚一寸二分五厘。

注释

① 搭角正蚂蚱头后带正心万栱或正心枋：位于角科斗栱正心位置的构件，其一端为蚂蚱头，另一端为正心万栱或正心枋。

原典

搭角闹撑头木后带拽枋①，每斗口一寸，应高二寸，宽一寸，长与正撑头木尺寸同，拽枋一头接闹撑头木，长按出廊面阔尺寸算，高二寸，厚一寸。

注释

① 搭角闹撑头木后带拽枋：位于角科斗栱外拽部位的构件，其一端为撑头木，另一端为拽枋。

原典

里连头合角单才瓜栱，如斗口重昂、单翘单昂者用二件每斗口一寸，每件应长五寸四分，单翘重昂者用四件内二件各长五寸四分，二件各长二寸二分，重翘重昂者用四件内二件各长五寸四分，二件各长二寸二分。其高宽俱与平身科单才瓜栱尺寸同。

里连头合角栱

里连头合角栱是用于角科斗栱里拽部位的构件，因其与相邻平身科斗栱对应构件连做在一起，故称为“里连头”。随着出跳的增多，角科斗栱的斜头件和相邻的平身科斗栱件产生了干涉。这种干涉，是由斗栱出跳的增多而形成的。如两攒斗栱的间距不变，随着斗栱出跳的增加，角科两旁的平身科斗栱是一定要碰上的，甚至要和平身科斗栱自身的山面纵向件相交。角科斗栱与平身科、柱头科斗栱有个不同的地方，就是里拽没有自己的横向栱件（与山面、檐面平行），有的是与平身科的结合件，一般叫连头合角。实际上是平身科的栱件合角，而不是角科的栱件和平身科。连头合角栱可以很好地解决这种干涉。

原典

里连头合角单才万栱，如斗口重昂、单翘单昂者用二件每斗口一寸，每件应长三寸八分。单翘重昂者用四件内二件各长三寸八分二件各长九寸，重翘重昂者用四件内二件各长三寸八分、二件各长九分。其高宽俱与平身科单才万栱尺寸同。

搭角把臂厢栱①，每斗口一寸，里头高一寸四分，宽一寸，搭角出头处高二寸，宽一寸。其长如斗口单昂者长一尺四寸四分。单翘重昂者应长一尺七寸四分。重翘重昂者应长二尺四分。

注释

① 把臂厢栱：左右相邻的栱。

原典

里连头合角厢栱每斗口一寸，应高一寸四分，宽一寸。其长如斗口单昂者应长一寸二分。斗口重昂并单翘单昂者长一寸五分。单翘重昂者长一寸八分，重翘重昂者长二寸一分。

斜正心桁椀，如斗口单昂者每斗口一寸，应长六寸。单翘单昂并斗口重昂者长一尺二寸，单翘重昂者长一尺八寸，重翘重昂者长二尺四寸。再以一四乘之，即得通长之数。厚与由昂之宽同高，按平身科桁椀之法核算。八斗槽升、三才升之长、高、宽尺寸俱与平身科同。

贴斜翘昂升耳每斗口一寸应高六分，宽二分四厘。其长在斜单翘者按单翘之宽，重翘者按重翘之宽，斜头昂者按斜头昂之宽，二昂者按二昂之宽，在由昂者按由昂之宽，外每斗口一寸，再加长四分八闸，即得升耳通长之数。

盖斗板①每斗口一寸，应厚四分，宽二寸，长按斗科分档尺寸算。

注释

① 盖斗板：每斗栱一空、一拽架，计一块。

原典

斗槽板每斗口一寸应厚四分，高五寸四分，长按斗科分档尺寸算。

斜盖斗板每斗口一寸应厚四分，宽二寸八分。长按斗科分档尺寸算。

正心枋每斗口一寸，应厚一寸二分五厘，高二寸，长按每间面阔尺寸算，内除桃尖梁之厚一份，外加入榫两头各按本身之厚一份。

机枋、拽枋、挑檐枋每斗口一寸，应高二寸，宽一寸长俱按每间面阔尺寸算，内除桃尖梁之厚一份，外加入榫两头各按本身之厚一份。

井口枋每斗口一寸，应厚一寸，高随挑檐桁之径长与机拽枋同，梢间按斗科收拽架尺寸。

斜角翘昂本身之宽俱按斜角斗口宽尺寸算至，通宽尺寸按老角梁宽尺寸，内除单翘之宽，下除尺寸若干，除单昂单翘照口数不加，如斗口单昂者将老角梁宽余剩尺寸二份均之由昂得一份，斗口重昂者三份均之，二昂得一份，由昂得二份，单翘重昂者四份均之，头昂得一份，二昂得二份，由昂得三份，重翘重昂者五份均之，二翘得一份，头昂得二份，二昂得三份，由昂得四份，即得通宽之数。

宝瓶每斗口一寸，应高三寸五分，经与斜角由昂之宽同。

挑金溜金平身斗科其所用升斗栱翘昂等件按中线外面俱同。各样平身科里面翘昂亦同，平身科不用栱升按麻叶云、三福云。其蚂蚱头里面六分头，以拽架加举，下接菊花头。撑头木里面以步架加举起秤杆桁椀里面以拽架加举，雕夔龙尾。

原典

麻叶云①每斗口一寸，应高二寸，宽一寸，长七寸六分。

三福云②每斗口一寸，应高三寸，宽一寸，长八寸。

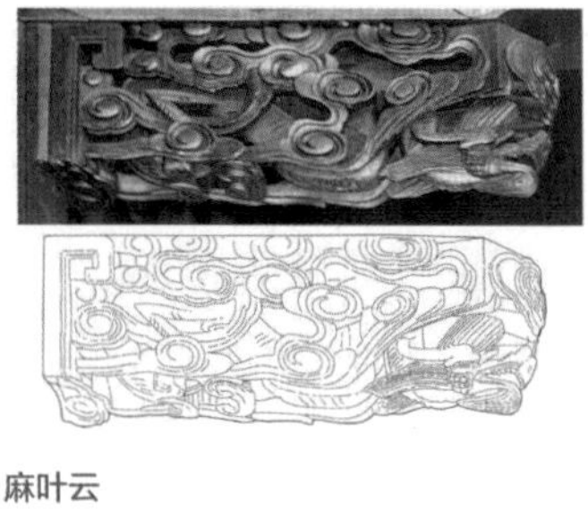

麻叶云

注释

① 麻叶云：处在耍头的位置，造型似三角形的云纹。

② 三福云：脊檩下及两边，施有木雕团鹤纹三福云、荷花形橔木、透雕花机等装饰。

原典

蚂蚱头后带举六分头，每斗口一寸，应高一寸，按中线外面同。平身科中线裹面，如斗口单昂者、斗口重昂者、单翘单昂者，六分头，应举长一尺四寸八分，下按菊花头应举高七寸四分。如单翘重昂者、重翘重昂者，里面六分头应举长一尺八寸一分，下按菊花头应举高九寸五厘。

撑头木后带秤杆，每斗口一寸，应宽一寸，高二寸按中线外面同平身科，按中线里面秤杆，以廊子步架加举，再加长一寸六分五厘。溜金科秤杆头镶入花台科[1]大斗内，则以步架加举核算。秤杆头下面带菊花头，应高四寸。

注释

① 花台科：常在其构图中心设置雕像、花坛、花台等。

原典

桁椀后带夔龙尾[1]每斗口一寸，应宽一寸，按中外面线同平身科。中按线裹面，如斗口单昂者、斗口重昂者、单翘单昂者，应举长一尺七寸六分。如单翘重昂者，重翘重昂者，应举长二尺九分。

注释

① 夔龙尾：一种装饰花纹。所谓的夔龙就是指龙的身体不是写实的龙身，而是由卷草形状构成抽象的龙纹饰，也叫做草龙。

原典

挑金溜金头柱头科，其所用升、斗栱、翘、昂梁等件，外面俱同各样柱头科。惟里面翘梁上，不用栱升，按麻叶云、三福云。

麻叶云尺寸同前。

三福云尺寸同前。

挑金溜金角科其所用升斗栱翘昂并斜翘昂等件。外面俱同各样角科。惟里面从由昂后带六分头，下举高与平身科六分头下接菊花头之举高同。其秤杆以步架斜数加举得长，内除金柱径半分外，每柱径一尺加入榫一寸。斜翘昂上所用里连头合角、麻叶云、三福云，系带连平身科里挑金麻叶云、三福云上。

桁椀后带夔龙尾，亦按平身科里挑金桁椀数目，斜长即是其伏连梢，每斗口一寸应通长一尺，雕做伏莲头应长二寸二分，见方一寸四分。

廊子二面挑金平身科，里面六分头、秤杆、桁椀俱按步架尺寸折半核算。

一斗二升交麻叶及一斗三升斗科平身科：

大斗一个每斗口一寸，大斗应长三寸，宽三寸，高二寸，斗口高八分，斗底宽二寸二分，长二寸二分，高八分。

麻叶云每斗口一寸，应长一尺二寸，高五寸三分二厘，宽一寸。

正心瓜栱每斗口一寸，应长六寸二分，高二寸，宽一寸二分四厘。

柱头科：

大斗一个每斗口一寸，应长五寸，宽三寸，高二寸。

正心瓜栱每斗口一寸，应长六寸二分，高二寸，宽一寸二分四厘。

翘头系抱头梁或柁头连做，自正心枋中以前得长其一斗二升；交麻叶者每斗口一寸，应长八寸；一斗三升者，应长六寸，俱宽四寸，高随柁梁。

角科：

大斗一个长宽高并两面斗底，尺寸俱与平身科同。其按科昂斗口每平身科斗口一寸应宽一寸五分，高七分。

斜昂后连带麻叶云子每斗口一寸，应长一尺六寸八分，高六寸二分，宽一寸五分。

搭角正心瓜栱每斗口一寸，应长八寸九分，高二寸，宽一寸二分四厘。

槽升每斗口一寸，应长一寸三分，宽一寸七分二厘，高一寸，斗底宽一寸三分二厘，长九分，口高四分。

三才升，每斗口一寸，应长一寸三分，宽一寸四分八厘，高一寸。

贴斜昂升耳每斗口一寸，应高六分，宽二分四厘，其长按斜昂之宽外每斗口一寸再加长四分八厘。

贴翘头正升耳每斗口一寸，应长一寸三分高一寸，宽二分四厘。

斗槽板每斗口一寸，应厚四分，高三寸四分，长按斗科分档尺寸算。

斗科分档尺寸每斗口一寸，应档宽八寸，从两斗底中线算，如斗口二寸五分，每一档应宽二尺。

原典

伏莲①梢，每斗口一寸，应通长八寸。雕做伏莲头，应长一寸六分，见方一寸。

注释

① 伏莲：一种莲花瓣的装饰，把本来是花瓣仰着凸面朝下变为凸面朝上伏着的样子。

伏莲瓣花纹

三滴水品字斗科

原典

平身科：

大斗一个，每斗口一寸，应长三寸，宽三寸，高二寸。头翘每斗口一寸，应长七寸一分，宽二寸，高一寸。二翘每斗口一寸，应长一尺二寸一分，高宽与头翘同。

撑头木后带麻叶云每斗口一寸，应长一尺五寸，高宽与翘同。

正心瓜栱每斗口一寸，应长六寸二分，高二寸，宽一寸二分四厘。

正心万栱每斗口一寸，应长九寸二分，高宽与正心瓜栱同。

单才瓜栱每斗口一寸，应长六寸二分，高一寸四分，宽一寸。

厢栱每斗口一寸，应长七寸二分，高一寸四分，宽一寸。

十八斗每斗口一寸，应长一寸八分，高一寸，宽一寸四分八厘。

槽升每斗口一寸，应长一寸三分，高一寸，宽一寸七分二厘。

三才每斗口一寸，应长一寸三分，高一寸，宽一寸四分八厘。

柱斗科：

大斗一个每斗口一寸，应长四寸，宽三寸，高二寸。

头翘每斗口一寸，应长七寸一分，宽二寸，高二寸。

二头撑头木，俱系采步梁连做。

贴斗耳每斗口一寸，应长一寸四分八厘，高一寸，宽二分四厘。

正心瓜栱、正心万栱、单才瓜栱、厢栱、槽升、三才升等件之长短、高、宽尺寸俱与平身科算法尺寸同。

桶子十八斗每斗口一寸，应高一寸，宽一寸四分八厘，其长按翘之宽外每斗口一寸加长八分，即通长之数。

角科：

大斗一个每斗口一寸，应长三寸，宽三寸，高二寸。

斜头翘每斗口一寸，应高二寸，宽一寸五分，长按平身科头翘共长尺寸，每一尺加长四寸即得通长之数。

搭角正头翘后带正心瓜栱每斗口一寸，头翘应长三寸五分五，厘俱高二寸。

斜二翘系采步梁连做。

搭角正二翘后带正心万栱每斗口一寸，正二翘应长六寸五分五厘，宽一寸，正心万栱长四寸六分，宽一寸二分四厘，俱高二寸。

搭角闹二翘后带单才瓜栱每斗口一寸，闹二翘应长六寸五分五厘，宽一寸，高二寸。单才瓜栱长三寸一分，宽一寸，高一寸四分。

里连头合角单才瓜栱每斗口一寸，应长五寸四分，宽一寸，高一寸四分。

里连头合角厢栱每斗口一寸，应长一寸五分，高一寸四分，宽一寸。

贴斜头翘升耳每斗口一寸，应高六分、宽二分四厘，长按头翘之宽外每斗口一寸，加长四分八厘，即通升耳通长之数。

十八斗、槽升、三才升之长高宽尺寸，俱与平身科同。

斗槽板每斗口一寸，应厚四分，高五寸四分，长按斗科分档尺寸算，每斗口一寸，应档宽一尺一寸。

内里棋盘板上安装品字科：

大斗一个每斗口一寸，应长三寸、宽一寸五分，高二寸。

头翘每斗口一寸，应长三寸五分五厘，高二寸，宽一寸。

二翘每斗口一寸，应长六寸五分五厘，高宽与头翘同。

撑头木带麻叶云每斗口一寸，应长九寸五分五厘，高宽与翘同。

正心瓜栱每斗口一寸，应长六寸二分、宽六分二厘高二寸。

正心万栱每斗口一寸口应长九寸二分、高宽与正心瓜栱同。

麻叶云每斗口一寸，应长八寸二分，高二寸、宽一寸。

三福云每斗口一寸，应长一寸八分、高一寸，宽一寸四分八厘。

槽升每斗口一寸，应长一寸三分，宽八分六厘，高一寸。

槅架科荷叶每斗口一寸，应长九寸，宽二寸，高二寸。

栱每斗口一寸，应长六寸二分，宽二寸、高二寸。

雀替每斗口一寸，应长二尺、宽二寸，高四寸。

贴大斗耳每斗口一寸，应长三寸，高二寸，厚八分八厘。

贴槽升耳每斗口一寸，应长一寸三分，高一寸，宽二分四厘。

卷二十九

斗科安装做法

各项斗科安装之法按次第开后斗口单昂平身科

原典

第一层：大斗一个。第二层：安头昂一件，中拾字扣正心瓜栱一件，头昂上前安十八斗一个，后安三才升一个，正心瓜栱上两头安槽升二个。第三层：安蚂蚱头一件，中拾字扣正心万栱一件，前扣麻栱一件，蚂蚱头后安十八斗一个，正心万栱上两头安槽升二个，厢栱上两头安三才升二个。第四层：安撑头木一件，中拾字扣正心枋一根，前扣挑檐枋一根，后扣厢栱一件，厢栱上两头当中安三才升三个。第五层：安桁椀一件，中拾字扣正心枋一根，后扣井口枋一根。

原典

第一层：大斗一个。第二层：安头昂一件，中十字扣正心瓜栱一件桶子十八斗一个、安槽升二个。第三层：桃尖梁一件，中十字扣正心万栱一件、厢栱二件、槽升二个、三才升四个。

斗口单昂柱头科

原典

第一层：大斗一个，第二层：搭角正头昂二件，各后带正心瓜栱。斜头昂一件、后带翘，正头昂上各安十八斗一个。正心瓜栱上各安槽升一个。第三层：搭角正蚂蚱头二件，各后带正心万栱；搭角把臂厢栱二件。由昂一件，后带麻叶头。正心万栱上各安槽升一个。厢栱上各安三才升二个；由昂前贴升耳二个。由昂并第四层挑檐桁椀系一木连做。第四层：搭角正撑头木二件，各后带正心枋。里连头合角厢栱二件。斜桁栱一件。厢栱上各安三才升一个。

斗口单昂角科

斗口重昂平身科

原典

第一层：大斗一个。第二层：安头昂一件，中十字扣正心瓜栱一件，头昂上两头安十八斗二个，正心瓜栱上两头安槽升二个。第三层：安二昂一件，中十字扣正心万栱一件，两头扣单才瓜栱二件，二昂上安十八斗一个，正心万栱上两头安槽升二个，单才瓜栱上两头安三才升四个。第四层：安蚂蚱头一件，中十字扣正心枋一根，两旁加单才万栱二件，前扣厢栱一件，蚂蚱头后安十八斗一个，单才万栱上两头安三才升四个，厢栱上两头安三才升二个。第五层：安撑头木一件，中十字扣正心枋一根，两旁扣拽枋二根，前扣挑檐枋一根后扣厢栱一件，厢栱上两头安三才升二个。第六层：安桁栱一件，中十字扣正心枋一根，后带井口枋一根。

斗口重昂柱头科

原典

第一层：大斗一个。第二层：头昂一件。中十字扣正心瓜栱一件，桶子十八斗二个，槽升二个。第三层：二昂一件，中十字扣正心万昂一件，单才瓜栱二件，桶子十八斗一个，槽升二个，三才升四个。第四层：桃尖梁一件，单才万栱二件，厢栱二件，三才升八个。

原典图说

斗栱

斗栱是中国古代建筑上特有的构件，是由方形的斗、升、栱、翘、昂组成。斗栱是中华古代建筑中特有的形制，是较大建筑物的柱与屋顶间之过渡部分。其功用在于承受上部支出的屋檐，将其重量或直接集中到柱上，或间接地先纳至额枋上再转到柱上。一般来说，凡是非常重要或带纪念性的建筑物才有斗栱的安置。斗栱使人产生一种神秘和高深莫测的感觉。

斗栱在中国古建筑中起着十分重要的作用，主要有以下四个方面。

一、它位于柱与梁之间，由屋面和上层构架传下来的荷载，要通过斗栱传给柱子，再由柱传到基础，因此，它起着承上启下，传递荷载的作用。

二、它向外出挑，可把最外层的桁檩挑出一定距离，使建筑物出檐更加深远，造型更加优美、壮观。

三、它构造精巧、造型美观，如盆景，似花篮，又是很好的装饰性构件。

四、榫卯结合是抗震的关键。这种结构和现代梁柱框架结构极为相似。构架的节点不是刚接，这就保证了建筑物的刚度协调。遇有强烈地震时，采用榫卯结合的空间结构虽会松动却不致散架，消耗地震传来的能量，使整个房屋的地震荷载大为降低，起了抗震的作用。中国古建筑屋顶挑檐采用斗栱形式的较之没有斗栱的、在同样的地震烈度下其抗震能力要强得多。斗栱是榫卯结合的一种标准构件，是力传递的中介。过去人们一直认为斗栱是建筑装饰物，而研究证明，斗栱把屋檐重量均匀地托住，起到了平衡稳定的作用。

斗 栱

清工部

原典

重昂角科

第一层：大斗一个。第二层搭角正头昂二件各后带正心瓜栱，斜头昂一件后带翘，正头昂上各安十八斗一个，正心瓜栱上各安槽升一个，斜头昂上前后贴升耳四个。第三层：搭角正二昂二件各后带正心万栱，闹二昂二件各后带单才瓜栱，里连头合角才瓜栱二件，斜二昂一件后带菊花头，正二昂上各安十八斗一个，正心万栱上各安槽升一个，闹二昂上各安十八斗一个，单才瓜栱上各安三才升一个，合角单才瓜栱上各安三才升一个，斜二昂上前贴升耳二个。第四层：搭角正蚂蚱头二件各后带正心枋，搭角闹蚂蚱头二件各后带单才万栱，搭角把臂厢栱二件，里连头合角单才万栱二件，由昂一件后带六分头麻叶头，闹蚂蚱头所带万栱上各安三才升一个，把臂厢栱上各安三才升二个。里连头合角万栱上各安三才升一个，由昂上前后贴升耳四个，由昂与五层撑头木挑檐桁椀系一木连做。第五层：搭角撑头木二件各后带正心枋，搭角闹撑头木二件各后带拽枋，里连头合角厢栱二件，斜桁椀一件，里连头合角厢栱上各安三才升一个。

单翘单昂平身科

原典

第一层：大斗一个。第二层：安单翘一件，中十字扣正心瓜栱一件，单翘上两头安十八斗二个，正心瓜栱上两头安槽升二个。第三层：安头昂一件，中拾字扣正心万栱一件，两旁扣单才瓜栱二件，头昂前安十八斗一个，正心万栱上两头安槽升二个，单才瓜栱上两头安三才升四个。第四层：安蚂蚱头一件，中十字扣正心枋一根，两旁扣单才万栱二件，前扣厢栱一件，蚂蚱头后安十八斗一个，单才万栱上两头安三才升四个，厢栱上两头安三才升二个。第五层：安撑头木一件，中十字扣正心枋一根，两旁扣拽枋二根，前带挑檐枋一根，后扣厢栱一件，厢栱上两头安三才升二个。第六层：安桁椀一件，中字扣正心枋一根，后带井口枋一根。

斗栱

单翘单昂柱头科

原典

第一层：大斗一个。第二层：安单翘一件，中十字扣正心瓜栱一件，桶子十八斗二个，槽升二个。第三层：安头昂一件，中十字扣正心万栱一件，单才瓜栱二件，桶子十八斗一个，槽升二个；三才升四个。第四层：桃尖梁一件，单才万栱二件，厢栱二件，三才升八个。

单翘单昂角科

原典

第一层：大斗一个。第二层：搭角正翘二件，各后带正心瓜栱。斜翘一件，正翘上各安十八斗一个。正心瓜栱上各安槽升一个。第三层：搭角正头昂二件，各后带正心万栱。搭角闹昂二件，各后带单才栱。里连头合角单才瓜栱二件。斜头昂一件，后带菊花头。正头昂上各安十八斗一个。正心万栱上安各槽升一个，闹昂上各安十八斗一个。闹昂所带单才瓜栱上各安三才升一个。里连头单才瓜栱上各安三才升一个。第四层：搭角正蚂蚱头二件，各后带正心枋；搭角闹蚂蚱头二件，各后带单才万栱，搭角把臂厢栱二件，里连头合角单才万栱二件，由昂一件，后带六分头麻叶头，闹蚂蚱头所带单才万栱上各安三才升一个，把臂厢栱上各安三才升一个；里连头单才万栱上各安三才升一个，闹昂前后贴升耳四个，由昂并挑檐桁椀系一木连做。第五层：搭角正撑头木二件各后带正心枋，搭角闹撑头木二件各后带拽枋，里连头合角厢栱二件，斜桁椀一件，里连头厢栱上各安三才升一个。

单翘重昂平身科

原典

第一层：大斗一个。第二层：安单翘一件，两头各安十八斗一个，中扣正心瓜栱一件，两头各安槽升一个。第三层：安头昂一件，两头各安十八斗一个，中扣正心万栱一件，两头各安槽升一个，按正心万栱中线里外俱槅一拽架分位扣单才瓜栱二件，每件两头各安三才升一个。第四层：安二昂一件，前头安十八斗一个，中扣正心枋一根，按正心枋中线里外俱槅一拽架分位扣单才万栱二件，槅二拽架分位扣单才瓜栱二件每件，两头各安三才升一个。第五层：安蚂蚱头一件，后头安十八斗一个，中扣正心枋一根，按正心枋中线里外俱槅一拽架分位扣拽枋二根，槅二拽架分位扣单才万栱二件，槅三拽架分位前扣厢栱一件，其单才万栱厢栱每件两头各安三才升一。第六层：按撑头木一件，中拾字扣正心枋一根，按正心枋中线里外俱槅二拽架分位扣机枋二根，槅三拽架分位外扣挑檐枋一根，内扣厢栱一件，其厢栱两头各安三升才一个。第七层：安桁椀一件，顶扣正心枋一根，其后槅二拽架分位紧接井口枋。

单翘重昂柱头科

原典

第一层：大斗一个。第二层：安单翘一件，中十字扣正心瓜栱一件，桶子十八斗二个，槽升二个。第三层：安头昂一件，中十字扣正心万栱一件，单才瓜栱二件，桶子十八斗二个，槽升二个，三才升四个。第四层：安二昂一件，单才万栱二件，单才瓜栱二件，桶子十八斗一个，三才升八个。第五层：桃尖梁一件，单才万栱二件，厢栱二件，三才升八个。

单翘重昂角科

原典

第一层：大斗一个。第二层：搭角正翘二件各后带正心瓜栱，斜翘一件，正翘上各安十八斗一个，栱上各安槽升一个，斜翘上前后贴升耳四个。第三层：搭角正头昂二件各后带正心万栱，闹头昂二件各后带单才瓜栱，里连头合角单才瓜栱二件，斜角头昂一件后带翘。正昂上各安十八斗一个，正心万栱上各安槽升一个，闹头昂上各安十八斗一个，闹昂后带单才瓜栱上各安三才升一个，斜角头昂前后贴升耳四个。第四层：搭角正二昂二件各后带正心枋，闹二昂四件，其中二件各后带单才瓜栱二件，各后带单才万栱二件。里连头合角单才万栱二件。里连头合角单才瓜栱二件；斜角二昂一件后带菊花斗。正一昂上各安十八斗一个。闹二昂上各安十八斗一个。闹昂后带单才瓜栱万栱上各安三才升一个，里连头合角万栱上各安三才升一个，斜角二昂前贴升耳二个。第五层：搭角正蚂蚱头二件，各后带正心枋。闹蚂蚱头四件，其中二件各后带单才万栱，二件各后带拽枋，把臂厢栱二件。里连头合角单才万栱二件，由昂一件，后带麻叶头六分头。把臂厢栱上各安三才升二个。闹蚂蚱头后带单才万栱上各安三才升一个。里连头合角单才万栱上各安三才升一个，由昂前后贴升耳四个。蚂蚱头由昂并六层撑头木系一木连做。第六层：搭角正撑头木两件，各后带正心枋。闹撑头木四件，各后带拽枋，里合角厢栱二件。第七层：斜桁椀一件。

原典

第一层：大斗一个。第二层：安单翘一件，两头各安十八斗一个，中扣正心瓜栱一件，两头各安槽升一个。第三层：安重翘一件，两头各安十八斗一个，中扣正心万栱一件，两头各安槽升一个，按正心万栱中线里外俱楄一拽架分位扣单才瓜栱二件，每件两头各安三才升一个。第四层：安头昂一件，两头各安十八斗一个，中扣正心枋一根，按正心枋中线里外俱楄一拽架分位扣单才万栱二件，楄二拽架分位扣单才瓜栱二件，单才万栱每件、单才瓜栱每件两头各安三才升一个。第五层：安二昂一件，两头各安十八斗一个，中扣正心枋一根，按正心枋中线里外俱楄一拽架分位，扣拽枋二根，楄二拽架分位扣单才万栱二件，楄三拽架分位扣单才瓜栱二件，单才万栱瓜栱每件两头各安三才升一个。第六层：安蚂蚱头一件，中扣正心枋一根，按正心枋中线里外俱楄二拽架分位扣机枋二根，楄三拽架分位扣单才万栱二件，楄四拽架分位外扣厢栱一件，单才万栱厢栱每件两头各安三才升一个。第七层：安撑头木一件，中扣正心枋一根，按正心枋中线里外俱楄四拽架分位扣拽枋二根，楄五拽架分位外扣挑檐枋一根，里扣厢栱一件，两头各安三才升一个。第八层：安桁椀一件，顶扣正心枋二根半，其后楄四拽架分位接井口枋一根。

重翘重昂平身科

原典

第一层：大斗一个。第二层：安头翘一件，中十字扣正心瓜栱一件，桶子十八斗二个，槽升二个。第三层：安重翘一件，中十字扣正心万栱一件，单才瓜栱二件，桶子十八斗二个，槽升二个，三才升四个。第四层：安头昂一件，单才万栱二件，单才瓜栱二件，桶子十八斗二个，三才升八个。第五层：安二昂一件，单才万栱二件，单才瓜栱二件，桶子十八斗一个，三才升八个。第六层：桃尖梁一件，单才万栱二件，厢栱二件，三才升八个。

重翘重昂柱头科

重翘重昂角科

原典

第一层：大斗一个。第二层：搭角正头翘二件各后带正心瓜栱，斜头翘一件，正翘上各安十八斗一个，栱上各安槽升一个，斜翘上前后贴升耳四个。第三层：搭角正二翘二件各后带正心万栱，搭角闹二翘二件各带单才瓜栱，里连头合角单才瓜栱二件，斜二翘一件，正二翘上各安十八斗一个，正心万栱上各安槽升一个，闹二翘上各安十八斗一个，单才瓜栱上各安三才升一个，斜翘上前后贴升耳四个。第四层：搭角正头昂二件各后带正心枋，搭角闹头昂四件，其中二件各后带单才万栱，二件各后带单才瓜栱。里连头合角单才万栱二件，里连头合角单才瓜栱二件，斜头昂一件，正头昂上各安十八斗一个。闹头昂上各安十八斗一个。闹头昂后带万栱瓜栱上各安三才升一个。里连头万栱瓜栱上各安三才升一个，斜头昂上前后贴升耳四个。第五层：搭角正二昂二件各后带正心枋被搭角闹二昂，后带的栱枋有二件各后带单才瓜栱，二件各后带单才万栱，二件各后带拽枋，里连头合角单才万栱二件，里连头合角单才瓜栱二件，斜二昂一件后带菊花头，正二昂上各安十八斗一个，闹二昂上各安十八斗一个闹昂后带万栱瓜栱上各安三才升一个，里连头万栱上各安三才升一个，斜二昂上前贴升耳二个。第六层：搭角正蚂蚱头二件后带正心坊，搭角闹蚂蚱头六件内，二件各后带单才万栱，四件各后带拽枋，把臂厢栱二件。里连头合角单才万栱二件，由昂一件后带麻叶头六头分，蚂蚱头后带万栱上各安三才升一个，把臂厢栱上各安三才升二个，由昂上前后贴升耳四个。第七层：搭角正撑头木二件各后带正心枋，闹撑木六件各后带拽枋，里连合角厢栱二件。第八层：桁椀一件。

原典

第一层：大斗一个。第二层：安单翘一件两头各安十八斗一个，中扣正心瓜栱一件，两头各安槽升一件。第三层：安重翘一件，两头各安十八斗一个，中扣正心万栱一件，两头各安槽升一个，按正心万栱中线里外俱桶一拽架分位扣单才瓜栱一件，两头各安三才升一个，里扣麻叶云一件。第四层：安头昂一件，两头各安十八斗一个，中扣正心枋一根，按正心枋中线外桶一拽架分位扣单才万栱一件，里外俱桶二拽架分位外扣单才瓜栱一件，里扣麻叶云一件，单才万栱、单才瓜栱每件两头各安三才升一个。第五层：安二昂一件，两头各安十八斗一个，中扣正心枋一根，按正心枋中线外桶一拽架分位扣拽枋一根，桶二拽架分位扣单才万栱一件，里外桶三拽架分位单才瓜栱一件，里扣麻叶云一件，单才万栱、单才庇栱每件两头各安三才升一个。第六层：安蚂蚱头一件，中扣正心枋一根、按正心枋中线外桶一拽架分位扣机坊一根，里外俱桶二拽架分位外扣机坊一根，里扣三福云一件，外桶三拽架分位扣单才万栱一件，桶四拽架分位扣厢栱一件，单才万栱、厢栱每件两头各安三才升一个，里面六分头下举高接菊花头安十八斗二个，凿通眼穿伏莲梢一根。第七层：安撑头木一件，中扣正心枋根，按正心枋中线外桶一拽架分位扣拽枋一根，里外俱桶三拽架分位外扣拽枋一根，里扣三福云一件，外桶四拽架分位扣檐枋一根，里桶五拽架分位扣三福云一件，里面秤杆举高下带菊花头上面做六分头，安花台科，凿通眼，穿伏连捎一根。第八层：安桁椀一件，中扣正心枋二根半，按正心枋中线，里桶五拽架分位，凿通眼，穿伏连捎一根做夔龙尾。

祖重昂里挑金平身科

祖重昂里挑金柱头科

工部 靖

原典

第一层：大斗一个。第二层：安头翘一件，中十字扣正心瓜栱一件，桶子十八斗二个，槽升二个。第三层：安重翘一件，中十字扣正心万栱一件，单才瓜栱一件，麻叶云一件，桶子十八斗二个，槽升二个，三才升二个。第四层：安头昂一件，单才万栱一件，单才瓜栱一件，麻叶云一件，桶子十八斗二个，三才升四个。第五层：安二昂一件，单才万栱一件，单才瓜栱一件，麻叶云一件，桶子十八斗一个，三才升四个，贴升耳二个。第六层：桃尖梁一件，单才万栱一件，厢栱一件，三才升四个，贴升耳二个，三福云二件。

翘

原典图说

斗栱出跳

翘（华栱）或昂每向内或向外挑出一层，宋叫“一跳”，清叫“一踩”；每升高一层，宋叫“一铺”。以正心栱为中，每向内、外出跳一层，清代又叫做“一拽架”。

按宋代和清代的规定，斗栱向内外各出一跳，宋叫“四铺作”，清叫“三踩”；出两跳，宋叫“五铺作”，清叫“五踩”；出三跳，宋叫“六铺作”，清叫“七踩”；出四跳，宋叫“七铺作”，清叫“九踩”；出五跳，宋叫“八铺作”，清叫“十一踩”。

清代斗栱出跳的踩数是指一攒斗栱中横栱的道数。清式斗栱每拽架都设有横栱，所以每攒斗栱里外拽架数加正心位上的正心栱枋，即为每攒的踩数。唐宋时期，里外拽斗栱上常有不设横栱的做法。这种做法叫做“偷心造”。而里外拽上设横栱的做法做“计心造”。

宋代对斗栱的表示方法为“几铺作几杪几昂”。如“五铺作单杪单下昂”“七铺作双杪双下昂”等。清代对斗栱的表示方法为“几踩几翘几昂”。如“五踩单翘单昂”“七踩单翘重昂”等。最简单的斗栱为不出跳者，分别有“一斗三升”等形式。

无论一攒斗栱出几跳，在最里、最外两跳上只有一层厢栱（令栱）。外拽厢栱上托着挑檐枋，挑檐枋上坐着挑檐桁；里拽厢栱上托着天花枋。其余各踩都只有两层栱，瓜栱在下，万栱在上。万栱之上，就是枋子。在正心的叫“正心枋”，在里、外拽位置上的叫“拽枋”（宋称“罗汉枋”）。无论踩数多少，正心万栱以上就用层层的枋子叠上，一直到正心瓜栱。

原典

祖重昂里挑金角科

第一层：大斗一个。第二层：搭角正头翘二件各后带正心瓜栱，斜头翘一件，正头翘上各安十八斗一个，正心瓜栱上各安槽升一个，斜头翘上前后贴升耳四个。第三层：搭角正二翘二件各后带正心万栱，搭角闹二翘二件各后带单才瓜栱，里连头合角麻叶云二件，斜二翘一件，正二翘上各安十八斗一个，正心万栱上各安槽升一个，闹二翘上各安十八斗一个，单才瓜栱上各安三才升一个，斜二翘上前后贴升耳四个。第四层：搭角正头昂二件各后带正心枋，搭角闹头昂四件，内二件各后带单才万栱二件，各后带单才瓜栱里连头合角麻叶云二件；斜头昂一件，正头昂闹头昂上各安十八头一个，单才万栱瓜栱上各安三才升一个，斜头昂上前后贴升耳四个。第五层：搭角正二昂二件各后带正心枋，搭角闹二昂六件，内二件各后带拽枋二件，各后带单才万栱二件，各后带单才瓜栱二件。里连头合角麻叶云二件，斜二昂一件后带菊花头，正二昂上各安十八斗一个，闹二昂上各安十八斗一个，单才瓜栱、万栱上各安三才升一个，斜二昂上前后贴升耳二个。第六层：搭角正蚂蚱头二件各后带正心枋，搭角闹蚂蚱头六件，内二件各后带单才万栱，四件各后带拽枋，把臂厢栱二件，里连头合角三福云二件，由昂一件后带举高六分头，下接菊花头上并秤杆镶入金柱。单才万栱上各安三才升一个，把臂厢栱上各安三才升二个，由昂上前后贴升耳四个，由昂里面六分头上锭三福云二件，中穿伏连梢一根。第七层：搭角正撑头木二件各后带正心枋，闹撑头木六件各后带正心枋，闹撑头木六件各后带拽枋。第八层：斜桁椀一件后带夔龙尾。

一斗二升交麻叶并一斗三升平身科：

第一层：大斗一个。第二层：安麻叶云一件，中十字扣正心瓜栱一件，正心瓜栱上两头各安槽升一个。其一斗三升去麻叶云，添槽升一个。

一斗二升交麻叶并一斗三升柱头科：

第一层：大斗一个。第二层：安正心瓜栱一件，翘头一件，正心瓜栱上两头各安槽升一个。其翘头系抱头梁或柁头连做。一斗三升，两旁各贴升耳一个。

一斗二升交麻叶并一斗三升角科：

第一层：大斗一个。

第二层：搭角正心瓜栱二件，斜昂一件后带麻叶云，正心瓜栱上前各安三才升一个，后各安槽升一个，斜昂前贴升耳二个。

三滴水品字平身科

原典

第一层：大斗一个。第二层：安头翘一件，前后各安十八斗一个，中扣正心瓜栱一件，两头各安槽升一个。第三层：安二翘一件，后安十八斗一个，中扣正心万栱一件，两头各安槽升一个，前后各安单才瓜栱一件，每件两头各安三才升一个。第四层：安撑头木一件后带麻叶云，后安厢栱一件，两头各安三才升一个。

三滴水品字柱头科

原典

第一层：大斗一个。第二层：安头翘一件，前安桶子十八斗一个，后贴斗耳二个，中扣正心瓜栱一件，两头各安槽升一个。第三层：二翘系采步梁头连做一件，前后各安单才瓜栱一件，两头各安三才升一个，中扣正心万栱一件，两头各安槽升一个。第四层：撑头木系采步梁头连做一件，后安厢栱一件，两头各安三才升一个。

三滴水品字角科

原典

第一层：大斗一个。第二层：搭角正头翘二件各后带正心瓜栱，斜头翘一件，正头翘上各安十八斗一个，正心瓜栱上各安槽升一个，斜头翘上前后贴升耳四个。第三层：搭角正二翘二件各后带正心万栱，搭角闹二翘二件各后带单才瓜栱，里连头合角单才瓜栱二件，斜二翘一件，系斜采步梁头连做，正心万栱上各安槽升一个，单才瓜栱上各安三才升一个，合角单才瓜栱上各安三才升一个。第四层：撑头木一件系斜采步梁头连做，后安里连头合角厢栱二件，每件上安三才升一个。

内里品字科

原典

第一层：大斗一个。

第二层：安头翘一件，前安十八斗一个，后安正心瓜栱一件，两头各安槽升一个。第三层：安二翘一件，前安十八斗一个，中扣麻叶云一件，后厢正心万栱一件，两头各安槽升一个。

再此项品字科之翘向无定数，系按棋盘板高低增减，每增一翘加长一拽架，再加十八斗三福云麻叶云各一件，以此递增，其减法与增法同。

第四层：撑头木一件后带麻叶云，后厢三福云二件。

槅架科①

原典

第一层：荷叶一件，两旁贴大斗耳各一个。第二层：瓜栱一件，两旁贴槽升耳各三个。第三层：雀替一件。

注释

① 槅架科：是置于梁与随梁之间，起承接上下梁架作用的斗栱，主要由荷叶墩、大斗、栱子和雀替等部分构成，具有承接梁架，传导荷载的作用和装饰作用。

天一阁

原典图说

天一阁

天一阁位于浙江宁波市区，是中国现存最早的私家藏书楼，也是亚洲现有最古老的图书馆和世界最早的三大家族图书馆之一。天一阁占地面积 2.6 万平方米，建于明朝中期，由当时退隐的兵部右侍郎范钦主持建造。

天一阁之名，取义于汉郑玄《易经注》中天一生水之说，因为火是藏书楼最大的祸患，而“天一生水”，可以以水克火，所以取名“天一阁”。书阁是硬山顶重楼式，面阔、进深各有六间，前后有长廊相互沟通，粉墙黛瓦翘脊。楼前有“天一池”，引水入池，蓄水以防火。康熙四年（公元 1665 年），范钦的曾孙范光文绕池叠砌假山、修亭建桥、种花植草，使整个的楼阁及其周围初具江南私家园林的风貌。楼上一大间，楼下成六间，并名为天一阁。康熙四年，范光文又在阁前叠山理水，建筑园林。园林以“福、禄、寿”作总体造型，用山石堆成九狮一象等景点，其风物清丽、格调高雅，别具江南庭院式园林特色。

原典

平身科：

大斗一个，见方三寸，高二寸。

单昂一件，长九寸八分五厘，高三寸，宽一寸。

蚂蚱头一件长一尺二寸五分四厘，高二寸，宽一寸。

撑头木一件，长六寸，高二寸，宽一寸。

正心瓜栱一件，长六寸二分，高二寸，宽一寸二分四厘。

正心万栱一件长九寸二分，高二寸，宽一寸二分四厘。

厢栱两件，各长七寸二分，高一寸四分，宽一寸。

桁椀一件，长六寸，高一寸五分，宽一寸。

十八斗两个，各长一寸八分，高一寸，宽一寸四分八厘。

槽升四个，各长一寸三分，高一寸，宽一寸七分二厘。

三才升六个，各长一寸三分，高一寸，宽一寸四分八厘。

柱头科：

大斗一个，长四寸，高二寸，宽三寸。

单昂一件，长九寸八分五厘，高三寸，宽二寸。

正心瓜栱一件，长六寸二分，高二寸，宽一寸二分四厘。

正心万栱一件，长九寸二分，高二寸，宽一寸二分四厘。

厢栱二件，各长七寸一分，高一寸四分，宽一寸。

桶子十八斗一个，长四寸八分，高一寸，宽一寸四分八厘。

槽升两个，各长一寸三分，高一寸，宽一寸七分二厘。

三才升五个，各长一寸三分，高一寸，宽一寸四分八厘。

角科：

大斗一个，见方三寸，高二寸。

斜昂一件，长一尺三寸七分九厘，高三寸，宽一寸五分。

搭角正昂带正心瓜栱两件，各长九寸四分，高三寸，宽一寸二分四厘。

由昂一件，长两尺一寸七分四厘，高五寸五分，宽一寸九分五厘。

搭角正蚂蚱头带正心万栱两件，各长一尺六分，高二寸，宽一寸二分四厘。

搭角正撑头木两件，各长三寸，高二寸，宽一寸。

把臂厢栱两件，各长一尺一寸四分，高二寸，宽一寸。

里连头合角厢栱两件，各长一寸二分，高一寸四分，宽一寸。

斜桁椀一件，长八寸四分，高一寸五分，宽一寸九分五厘。

十八斗两个、槽升四个、三才升六个，俱与平身科尺寸同。

卷三十

斗科斗口一寸尺寸

斗口单昂平身科、柱头科、角科斗口一寸各件尺寸开后

平身斗栱结构

平身科斗栱构造

平身科斗栱位于两柱之间，坐在额枋或平板枋上。它的结构作用远逊于柱头科斗栱。

①大斗。大斗是各类斗栱最下面一层构件。大斗的上面，沿进深和面阔两个方向的中部，刻有十字形开口。其中，正面开口宽度为1斗口，即模数制中的“斗口”。里面安设头翘（或头昂）。因为大斗顺面阔方向的两侧需安设栱垫板，所以尚要剔出栱垫板槽。

②正心瓜栱与头翘。这是第二层构件。顺面阔方向为正心瓜栱，沿进深方向为头翘。清式斗栱同一层的纵横两个方向的构件均为十字相交，并按“山面压檐面”的原则构造，即是用头翘压住正心瓜栱。正心瓜栱和槽升子常用一根木料制成，以利制作和安装。

③正心万栱、单材瓜栱与昂。这是第三层构件。顺面阔方向，在正心瓜栱上安设正心万栱；而在头翘的十八斗上安设单材瓜栱，正心万栱两端仍做出槽升子，单材瓜栱两端设三才生。

④正心枋、单材万栱、外拽厢栱与耍头。这是第四层构件。正心枋安置与正心万栱之上。单材万栱安置在单材瓜栱之上，其两端也设三才生。在昂头的十八斗上，顺面阔方向安设外拽厢栱，两端各设三才生；沿进深方向安设耍头，其外端刻做蚂蚱头，后尾为六分头。

⑤叠置正心枋、拽枋、挑檐枋、里拽厢栱、撑头木、钭斗板与盖斗板。这是第五层构件。在第四层构件正心枋的上面在叠置一层正心枋。单材万栱的上面安设里、外拽枋。在外拽厢栱上面安设挑檐枋。在耍头后尾的六分头上安设里拽厢栱，其两端为三才生。在耍头上沿进深方向设撑头木，其外端抵住挑檐枋而不外露；后尾外露做成麻叶头。在挑檐枋和各拽枋上设钭斗板和盖斗板，以放鸟雀由斗栱上进入室内，并可起到防寒保温作用。

⑥续叠正心枋、井口枋与桁椀。这是第六层构件。在第五层构件叠置正心枋上在续叠正心枋，直至正心桁下，其高度由举架要求而定。在里拽厢栱上设井口枋，井口枋是为架构室内天花而设的构件。

以上为清式单翘单昂五踩平身科斗栱的构造。当斗栱的踩数增加时，外檐蚂蚱头数量不变，只增加翘或昂的数量。

斗口重昂平身科、柱头科、角科斗口一寸各件尺寸开后

原典

平身科：

大斗一个，见方三寸，高二寸。

头昂一件，长九寸八分五厘，高三寸，宽一寸。

二昂一件，长一尺五寸三分，高三寸，宽一寸。

蚂蚱头一件，长一尺五寸六分，高二寸，宽一寸。

撑头木一件，长一尺五寸五分四厘，高二寸，宽一寸。

正心瓜栱一件，长六寸二分，高二寸，宽一寸二分四厘。

正心万栱一件，长九寸二分，高二寸，宽一寸二分四厘。

单才瓜栱两件，各长六寸二分，高一寸四分，宽一寸。

单才万栱两件，各长九寸二分，高一寸四分，宽一寸。

厢栱两件，各长七寸二分，高一寸四分，宽一寸。

桁椀一件，长一尺二寸，高三寸，宽一寸。

十八斗四个，各长一寸八分，高一寸，宽一寸四分八厘。

槽升四个，各长一寸三分，高一寸，宽一寸七分二厘。

三才升十二个，各长一寸三分，高一寸，宽一寸四分八厘。

柱头科：

大斗一个，长四寸，高二寸，宽三寸。

头昂一件，长九寸八分五厘，高三寸，宽二寸。

二昂一件，长一尺五寸三分，高三寸，宽三寸。

正心瓜栱一件，长六寸二分，高二寸，宽一寸二分四厘。

正心万栱一件，长九寸二分，高二寸，宽一寸二分四厘。

单才瓜栱两件，各长六寸二分，高一寸四分，宽一寸。

单才万栱两件，各长九寸二分，高一寸四分，宽一寸。

厢栱两件，各长七寸二分，高一寸四分，宽一寸。

桶子十八斗三个，内两个各长三寸八分，一个长四寸八分，俱高一寸，宽一寸四分八厘。

槽升四个，各长一寸三分，高一寸，宽一寸七分二厘。

三才升十二个，各长一寸三分，高一寸，宽一寸四分八厘。

角科：

大斗一个，见方三寸，高二寸。

斜头昂一个，长一尺三寸七分九厘，高三寸，宽一寸五分。

搭角正头昂带正心瓜栱两件，各长九寸四分，高三寸，宽一寸二分四厘。

斜二昂一件，长二尺一寸四分二厘，高三寸，宽一寸八分。

搭角正二昂带正心万栱两件，各长一尺三寸九分，高三寸，宽一寸二分四厘。

搭角闹二昂带单才瓜栱两件，各长一尺二寸四分，高三寸，宽一寸。

由昂一件，长三尺三分，高五寸五分，宽二寸一分。

搭角正蚂蚱头两件各长九寸，高二寸，宽一寸。

搭角闹蚂蚱头带单才万栱两件，各长一尺三寸六分，高二寸，宽一寸。

把臂厢栱两件，各长一尺四寸四分，高二寸，宽一寸。

里连头合角单才瓜栱两件，各长五寸四分，高一寸四分，宽一寸。

里连头合角单才万栱两件，各长三寸八分，高一寸四分，宽一寸。

搭角正撑头木两件、闹撑头木两件，各长六寸，高二寸，宽一寸。

里连头合角厢栱两件，各长一寸五分，高一寸四分，宽一寸。

斜桁椀一件，长一尺六寸八分，高三寸，宽二寸一分。

贴升耳十个，内四个各长一寸九分八厘，两个各长二寸四分八厘，四个各长二寸九分八厘，俱高六分，宽二分四厘。

十八斗六个，槽升四个、三才升十二个，俱与平身科尺寸同。

单翘单昂结构

单翘单昂平身科、柱头科、角科斗口一寸各件尺寸开后

原典

平身科：

单翘一件，长七寸一分，高二寸，宽一寸。

其余各件，俱与斗口重昂平身科尺寸同。

柱头科：

单翘一件长七寸一分，高一寸，宽一寸。

其余各件，俱与斗口重昂柱头科尺寸同。

角科：

斜翘一件，长九寸九分四厘，高二寸，宽一寸五分。

搭角正翘带正心瓜栱两件，各长六寸六分五厘，高二寸，宽一寸二分四厘。

其余各件，俱与斗口重昂角科尺寸同。

原典

单翘重昂平身科、柱头科、角科斗口一寸各件尺寸开后

平身科：

大斗一个见方三寸，高二寸。

单翘一件，长七寸一分，高二寸，宽一寸。

头昂一件，长一尺五寸八分五厘，高三寸，宽一寸。

二昂一件，长二尺一寸三分，高三寸，宽一寸。

蚂蚱头一件，长二尺一寸六分，高二寸，宽一寸。

撑头木一件，长二尺一寸五分四厘，高二寸，宽一寸。

正心瓜栱一件，长六寸二分，高二寸，宽一寸二分四厘。

正心万栱一件，长九寸二分，高二寸，宽一寸二分四厘。

单才瓜栱四件，各长六寸二分，高一寸四分，宽一寸。

单才万栱四件，各长九寸二分，高一寸四分，宽一寸。

厢栱两件，各长七寸二分，高一寸四分，宽一寸。

桁椀一件，长一尺八寸，高四寸五分，宽一寸。

十八斗六个，各长一寸八分，高一寸，宽一寸四分八厘。

槽升四个，各长一寸三分，高一寸，宽一寸七分二厘。

三才升二十个，各长一寸三分，高一寸，宽一寸四分八厘。

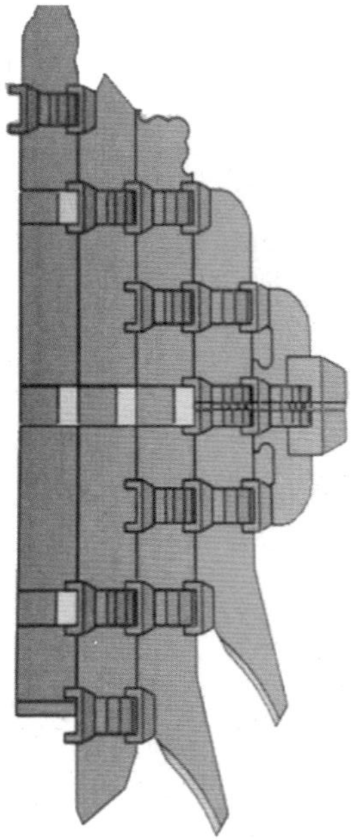

单翘重昂结构

柱头科：

大斗一个，长四寸，高二寸，宽三寸。

单翘一件，长七寸一分，高二寸，宽二寸。

头昂一件，长一尺五寸八分五厘，高三寸，宽二寸六分六厘六毫。

正心瓜栱一件长六寸二分，高二寸，宽一寸二分四厘。

二昂一件，长二尺一寸三分，高三寸，宽三寸三分三厘三毫。

正心万栱一件，长九寸二分，高二寸，宽一寸分四厘。

单才瓜栱四件，各长六寸二分，高一寸四分，宽一寸。

单才万栱四件，各长九寸二分，高一寸四分，宽一寸。

厢栱两件，各长七寸二分，高一寸四分，宽一寸。

桶子十八斗五个，内两个各长三寸四分六厘六毫，两个各长四寸一分三厘三毫，一个长四寸八分，俱高一寸，宽一寸四分八厘。

槽升四个，各长一寸三分，高一寸，宽一寸七分二厘。

三才升二十个，各长一寸三分，高一寸，宽一寸四分八厘。

角科：

大斗一个，见方三寸，高二寸。

斜翘一件，长九寸九分四厘，高二寸，宽一寸五分。

搭角正翘带正心瓜栱两件，各长六寸六分五厘，高二寸，宽一寸二分四厘。

斜头昂一件，长二尺二寸一分九厘，高三寸，宽一寸七分二厘五毫。

搭角正心昂带正心万栱两件，各长一尺三寸九分，高三寸，宽一寸二分四厘。

搭角闹头昂带单才瓜栱两件，各长一尺二寸四分，高三寸，宽一寸。

里连头合角单才瓜栱两件，各长五寸四分，高一寸四分，宽一寸。

斜二昂一件，长二尺九寸八分二厘，高三寸，宽一寸九分五厘。

搭角正二昂两件，各长一尺二寸三分，高三寸，宽一寸。

搭角闹二昂带单才万栱两件，各长一尺六寸九分，高二寸，宽一寸。

搭角闹二昂带单才瓜栱两件，各长一尺五寸四分，高三寸，宽一寸。

里连头合角单才万栱两件，各长三寸八分，高一寸四分，宽一寸。

里连头合角单才瓜栱两件，各长二寸二分，高一寸四分，宽一寸。

由昂一件，长三尺八寸八分六厘，高五寸五分，宽二寸一分七厘五毫。

搭角正蚂蚱头两件、闹蚂蚱头两件，各长一尺二寸，高二寸，宽一寸。

搭角闹蚂蚱头带单才万栱两件，各长一尺六寸六分，高一寸，宽一寸。

里连头合角单才万栱两件，各长九寸，高一寸四分，宽一寸。

把臂厢栱两件，各长一尺七寸四分，高二寸，宽一寸。

搭角正撑头木两件、闹撑头木四件，各长九寸，高二寸，宽一寸。

里连头合角厢栱两件，各长一寸八分，高一寸四分，宽一寸。

斜桁椀一件，长二尺五寸二分，高四寸五分，宽二寸一分七厘五毫。

贴升耳十四个，内四个各长一寸九分八厘，四个各长二寸二分五毫，两个各长二寸四分三厘，四个各长二寸六分五厘五毫，俱高六分，宽二分四厘。

十八斗十二个、槽升四个、三才升十六个，俱与平身科尺寸同。

清工部

原典

平身科：

大斗一个，见方三寸，高二寸。

头翘一件，长七寸一分，高二寸，宽一寸。重翘一件，长一尺三寸一分，高二寸，宽一寸。

头昂一件，长二尺一寸八分五厘，高三寸，宽一寸。

二昂一件，长二尺七寸三分，高三寸，宽一寸。

蚂蚱头一件，长二尺七寸六分，高二寸，宽一寸。

撑头木一件，长二尺七寸五分四厘，高二寸，宽一寸。

正心瓜栱一件，长六寸二分，高二寸，宽一寸二分四厘。

正心万栱一件，长九寸二分，高二寸，宽一寸二分四厘。

单才瓜栱六件，各长六寸二分，高一寸四分，宽一寸。

单才万栱六件，各长九寸二分，高一寸四分，宽一寸。

桁椀一件，长二尺四寸，高六寸，宽一寸。

重翘重昂平身科、柱头科、角科斗口一寸各件尺寸开后

重翘重昂结构

厢栱两件，各长七寸二分，高一寸四分宽一寸。

十八斗八个，各长一寸八分，高一寸，宽一寸四分八厘。

槽升四个，各长一寸二分，高一寸，宽一寸七分二厘。

三才升二十八个，各长一寸三分，高一寸，宽一寸四分八厘。

柱头科：

大斗一个，长四寸，高二寸，宽三寸。

头翘一件，长七寸一分，高二寸，宽二寸。

重翘一件，长一尺三寸一分，高二寸，宽二寸五分。

头昂一件，长二尺一寸八分五厘，高三寸，宽三寸。

二昂一件，长二尺七寸三分，高三寸，宽三寸五分。

正心瓜栱一件，长六寸二分，高一寸，宽一寸二分四厘。

正心万栱一件，长九寸二分，高二寸，宽一寸二分四厘。

单才瓜栱六件，各长六寸二分，高一寸四分，宽一寸。

单才万栱六件，各长九寸二分，高一寸四分，宽一寸。

厢栱两件，各长七寸二分，高一寸四分，宽一寸。

桶子十八斗七个，内二个各长三寸三分，二个各长三寸八分，两个各长四寸三分，一个长四寸八分，俱高一寸，宽一寸四分八厘。

槽升四个，各长一寸三分，高一寸，宽一寸七分二

厘。

三才升二十个，各长一寸三分，高一寸，宽一寸四分八厘。

角科：

大斗一个，见方三寸，高二寸。

斜头翘一件，长九寸九分四厘，高二寸，宽一寸五分。

搭角正头翘带正心瓜栱两件，各长六寸五厘，高二寸，宽一寸二分四厘。

斜二翘一件，长一尺八寸三分四厘，高二寸，宽一寸六分八厘。

搭角正二翘带正心万栱两件，各长一尺一寸一分五厘，高二寸，宽一寸二分四厘。

搭角闹二翘带单才瓜栱两件，各长九寸六分五厘，高二寸，宽一寸。

里连头合角单才瓜栱两件，各长五寸四分，高一寸四分，宽一寸。

斜头昂一件，长三尺五分九厘，高三寸，宽一寸八分六厘。

搭角正头昂两件，各长一尺二寸三分，高三寸，宽一寸。

搭角闹头昂带单才瓜栱两件，各长一尺五寸四分，高三寸，宽一寸。

搭角闹头昂带单才万栱两件，各长一尺六寸九分，高三寸，宽一寸。

里连头合角单才万栱两件，各长三寸八分，高一寸四分，宽一寸。

里连头合角单才瓜栱两件，各长二寸二分，高一寸四分，宽一寸。

斜二昂一件，长三尺八寸二分二厘，高三寸，宽二寸四厘。

搭角正二昂两件、闹二昂两件，各长一尺五寸三分，高三寸，宽一寸。

搭角闹二昂带单才万栱两件，各长一尺九寸九分，高三寸，宽一寸。

搭角闹二昂带单才瓜栱两件，各长一尺八寸四分，高三寸，宽一寸。

里连头合角单才万栱两件，各长九分，高一寸四分，宽一寸。

由昂一件，长四尺七寸四分二厘，高五寸五分，宽二寸二分二厘。

搭角正蚂蚱头两件、闹蚂蚱头四件，各长一尺五寸，高二寸，宽一寸。

搭角闹蚂蚱头带单才万栱两件，各长一尺九寸六分，高二寸，宽一寸。

把臂厢栱两件，各长二尺四分，高二寸，宽一寸。

搭角正撑头木两件、闹撑头木六件，各长一尺二寸，高二寸，宽一寸。

里连头合角厢栱两件，各长二寸一分，高一寸四分，宽一寸。

斜桁椀一件，长三尺三寸六分，高六寸，宽二寸二分二厘。

贴升耳十八个，内四个各长一寸九分八厘，四个各长二寸一分六厘，四个各长二寸三分四厘，两个各长二寸五分二厘，四个各长二寸七分，俱高六分，宽二分四厘。

十八斗二十个、槽升四个、三才升二十个，俱与平身科尺寸同。

原典

平身科：（其一斗三升去麻叶云中加槽升一个）

大斗一个，见方三寸，高二寸。

麻叶云一件，长一尺二寸，高五寸三分三厘，宽一寸。

正心瓜栱一件，长六寸二分，高二寸，宽一寸二分四厘。

槽升两个、各长一寸三分，高一寸，宽一寸七分二厘。

柱头科：

大斗一个，长五寸，高二寸，宽三寸。

正心瓜栱一件，长六寸二分，高二寸，宽一寸二分四厘。

槽升两个，各长一寸三分，高一寸，宽一寸七分二厘。

贴正升耳两个，各长一寸三分，高一寸，宽二分四厘。

角科：

大斗一个，见方三寸，高二寸。

斜昂一件，长一尺六寸八分，高六寸三分，宽一寸五分。

搭角正心瓜栱两件，各长八寸九分，高二寸，宽一寸二分四厘。

槽升两个，各长一寸三分，高一寸，宽一寸七分二厘。

三才升两个，各长一寸三分，高一寸，宽一寸四分八厘。

贴斜升耳两个，各长一寸九分八厘，高六分，宽二分四厘。

一斗二升交麻叶并一斗三升平身科、柱头科、角科俱斗口一寸各件尺寸开后

原典

平身科：

大斗一个，见方三寸，高二寸。

头翘一件，长七寸一分，高二寸，宽一寸。二翘一件，长一尺三寸一分，高二寸，宽一寸。

撑头木一件，长一尺五寸，高二寸，宽一寸。

正心瓜栱一件，长六寸一分，高二寸，宽一寸二分四厘。

正心万栱一件，长九寸二分，高二寸，宽一寸二分四厘。

单才瓜栱两件，各长六寸二分，高一寸四分，宽一寸。

厢栱一件，长七寸二分，高一寸四分，宽一寸。

十八斗三个，各长一寸八分，高一寸，宽一寸四分八厘。

槽升四个，各长一寸三分，高一寸，宽一寸七分二厘。

三才升六个，各长一寸三分，高一寸，宽一寸四分八厘。

柱头科：

大斗一个，长五寸，高二寸，宽三寸。

头翘一件，长七寸一分，高二寸，宽二寸。

正心瓜栱一件，长六寸二分，高二寸，宽一寸二分四厘。

三滴水品字平身科、柱头科、角科斗口一寸各件尺寸开后

内里品字科斗口一寸各件尺寸开后

原典

大斗一个，长三寸，高二寸，宽一寸五分。
头翘一件，长三寸五分五厘，高二寸，宽一寸。
二翘一件，长六寸五分五厘，高二寸，宽一寸。
撑头木一件，长九寸五分五厘，高二寸，宽一寸。
正心瓜栱一件，长六寸二分，高二寸，宽六分二厘。
正心万栱一件，长九寸二分，高二寸，宽六分二厘。
麻叶云一件，长八寸二分，高二寸，宽一寸。
三福云两件，各长七寸三分，高三寸，宽一寸。
十八斗两个，各长一寸八分，高一寸，宽一寸四分八厘。
槽升四个，各长一寸三分，高一寸，宽八分六厘。

正心万栱一件，长九寸二分，高二寸，宽一寸二分四厘。
单才瓜栱两件，各长六寸二分，高一寸四分，宽一寸。
厢栱一件，长七寸二分，高一寸四分，宽一寸。
桶子十八斗一个，长四寸八分，高一寸，宽一寸四分八厘。
槽升四个，各长一寸三分，高一寸，宽一寸七分二厘。
三才升六个，各长一寸三分，高一寸，宽一寸四分八厘。
贴斗耳两个，各长一寸四分八厘，高一寸，宽二分四厘。
角科：
大斗一个，见方三寸，高二寸。
斜角翘一件，长九寸九分四厘，高二寸，宽一寸五分。
搭角正头翘带正心瓜栱两件，各长六寸六分五厘，高二寸，宽一寸二分四厘，
搭角正二翘带正心万栱两件，各长一尺一寸一分五厘，高二寸，宽一寸二分四厘。
搭角闹二翘带单才瓜栱两件，各长九寸六分五厘，高二寸，宽一寸。
里连头合角单才瓜栱两件，各长五寸四分，高一寸四分，宽一寸。
里连头合角厢栱两件，各长一寸五分，高一寸四分，宽一寸。
贴升耳四个，各长一寸九分八厘，高六分，宽二分四厘。
十八斗两个、槽升四个、三才升六个，俱与平身科尺寸同。

原典

贴大斗耳两个，各长三寸，高二寸，厚八分八厘。

荷叶一件，长九寸，高二寸，宽二寸。

栱一件，长六寸二分，高二寸，宽二寸。

雀替一件，长二尺，高四寸，宽一寸。

贴槽升耳六个，各长一寸三分，高一寸，宽二分四厘。

槅架科斗口一寸各件尺寸开后

原典

平身科：

大斗一个，见方四寸五分，高三寸。单昂一件，长一尺四寸七分七厘五毫，高四寸五分，宽一寸五分。蚂蚱头一件，长一尺八寸八分一厘，高三寸，宽一寸五分。撑头木一件长九寸，高三寸，宽一寸五分。正心瓜栱一件，长九寸三分，高三寸，宽一寸八分六厘。正心万栱一件，长一尺三寸八分，高三寸，宽一寸八分六厘。厢栱二件，各长一尺八分，高二寸一分，宽一寸五分。桁椀一件，长九寸，高二寸二分五厘，宽一寸五分。十八斗二个，各长二寸七分，高一寸五分，宽二寸二分二厘。槽升四个，各长一寸九分五厘。高一寸五分，宽二寸五分八厘。三才升六个，各长一寸九分五厘，高一寸五分，宽二寸二分二厘。

卷三十一

斗科斗口一寸五分尺寸

斗口单昂平身科、柱头科、角科斗口一寸五分各件尺寸

柱头科：

大斗一个，长六寸，高三寸，宽四寸五分。单昂一件长一尺四寸七分七厘五毫，高四寸五分，宽三寸。正心瓜栱一件，长九寸三分，高二寸，宽一寸八分六厘。正心万栱一件，长一尺三寸八分，高三寸，宽一寸八分六厘。厢栱二件，各长一尺八分，高二寸一分，宽一寸五分。桶子十八斗一个，长七寸二分，高一寸五分，宽二寸二分二厘。槽升二件，各长一寸九分五厘，高一寸五分，宽二寸五分八厘。三才升四个，各长一寸九分五厘，高一寸五分，宽二寸二分二厘。

角科：

大斗一个见方四寸五分，高三寸。斜昂一件，长二尺六分八厘五毫，高四寸五分，宽二寸二分五厘。搭角正昂带正心瓜栱二件，各长一尺四寸一分，高四寸五分，宽一寸八分六厘。由昂一件，长三尺二寸六分一厘，高八寸二分五厘，宽三寸一分二厘五毫。搭角正蚂蚱头带正心万栱二件，各长一尺五寸九分，高四寸五分，宽一寸八分六厘。搭角正撑头木二件，各长四寸五分，高三寸，宽一寸五分。把臂厢栱二件，各长一尺七寸一分，高三寸，宽一寸五分。里连头合角厢栱二件，各长一寸八分，高二寸一分，宽一寸五分。斜桁椀一件，长一尺二寸六分，高二寸二分五厘，宽三寸一分二厘五毫。十八斗二个、槽升四个、三才升六个，俱与平身科尺寸同。

斗口单昂结构

斗口重昂平身科柱头科角科斗口一寸五分各件尺寸开后

原典

平身科：

大斗一个，见方四寸五分，高三寸。头昂一件，长一尺四寸七分七厘五毫，高四寸五分，宽一寸五分。二昂一件，长二寸九分五厘，高四寸五分，宽一寸五分。蚂蚱头一件，长二尺三寸四分，高三寸，宽一寸五分。撑头木一件，长二尺三寸三分一厘，高三寸，宽一寸五分。正心瓜栱一件，长九寸三分，高三寸，宽一寸八分六厘。正心万栱一件，长一尺三寸八分，高三寸，宽一寸八分六厘。单才瓜栱二件，各长九寸三分，高二寸一分，宽一寸五分。单才万栱二件，各长一尺三寸八分，高二寸一分，宽一寸五分。厢栱二件，各长一尺八分，高二寸一分，宽一寸五分。桁椀一件，长一尺八寸，高四寸五分，宽一寸五分。十八斗四个，各长二寸七分，高一寸五分，宽二寸二分二厘。槽升四个，各长一寸九分五厘，高一寸五分，宽二寸五分八厘，三才升十二个，各长一寸九分五厘，高一寸五分，宽二寸二分二厘。

柱头科：

大头一个，长六寸，高三寸，宽四寸五分。头昂一件长一尺四寸七分七厘五毫，高四寸五分，宽三寸。二昂一件，长二尺二寸九分五厘，高四寸五分，宽五寸五分。正心瓜栱一件，长九寸三分，高三寸，宽一寸八分六厘。正心万栱一件，长一尺三寸八分，高三寸，宽一寸八分六厘。单才瓜栱二件，各长九寸二分，高二寸一分，宽一寸五分。单才万栱二件，各长一尺三寸八分，高三寸一分，宽一寸五分。厢栱二件，各长一尺八分。高二寸一分，宽一寸五分。桶子十八斗三个，内二个各长五寸七分，一个长七寸二分，俱高一寸五分，宽二寸二分二厘。槽升四个，各长一寸九分五厘，高一寸五分，宽一寸五分八厘。三才升十二个，各长一寸九分五厘，高一寸五分，宽二寸二分二厘。

角科：

大斗一个，见方四寸五分，高三寸。斜头昂一件，长二尺六分八厘五毫，高四寸五分，宽二寸二分五厘。搭角正头昂带正心瓜栱二件，各长一尺四寸一分，高四寸五分，宽一寸八分六厘。斜二昂一件，长三尺二寸一分三厘，高四寸五分，宽二寸八分三厘三毫。搭角正二昂带正心万栱二件，各长二尺八分五厘，高四寸五分，宽一寸八分六厘。搭角闹二昂带单才瓜栱二件，各长一尺八寸六分，高四寸五分，宽一寸五分。由昂一件，长四尺五寸四分五厘，高八寸二分五厘，宽三寸四分一厘六毫。搭角正蚂蚱头二件，各长一尺三寸五分，高三寸，宽一寸五分。搭角闹蚂蚱头带单才万栱二件，各长二尺四分，高三寸，宽一寸五分。把臂厢栱二件，各长二尺一寸六分，高三寸，宽一寸五分。里连头合角单才瓜栱二件，各长八寸一分，高二寸一分，宽一寸五分。里连头合角单才万栱二件，各长五寸七分，高二寸一分，宽一寸五分。搭角正撑头木二件，闹撑头木二件，各长九寸，高三寸，宽一寸五分，里连头合角厢栱二件，各长二寸二分五厘，高二寸一分，宽一寸五分。斜桁椀一件，长二尺五寸二分，高四寸五分，宽三寸四分一厘六毫。贴升耳十个，内四个各长二寸九分七厘，二个各长三寸五分五厘三毫。四个各长四寸一分三厘六毫，俱高九分，宽三分六厘。十八斗六个、槽升四个、三才升十二个，俱与平身科尺寸同。

原典

平身科：

单翘一件，长一尺六分五厘，高三寸，宽一寸五分。其余各件俱与斗口重昂平身科尺寸同。

柱头科：

单翘一件，长一尺六分五厘，高三寸，宽三寸。其余各件俱与斗口重昂柱头科尺寸同。

角科：

斜翘一件。长一尺四寸九分一厘，高三寸，宽二寸二分五厘。搭角正翘带正心瓜栱二件，各长九寸九分七厘五毫，高三寸，宽一寸八分六厘。其余各件俱与斗口重昂角科尺寸同。

单翘单昂平身科、柱头科、角科斗口一寸五分各件尺寸开后

原典图说

斗栱结构

斗栱结构是中国木结构建筑中一个十分重要的构件，有人曾把中国建筑的木柱和斗栱类比于西方建筑的石柱和柱头，“中国古代木构建筑的斗栱，在形式上被理解成十分重要的构件，部分的原因是来自于其位置类似于西方古典柱式的柱头。在相当长的一段时间里，中国木构建筑的柱子带斗栱的形象，被相对于传统西方建筑的柱式来看待”。实际上，斗栱与其说是起到装饰作用不如说更多地起结构的作用，其作用大概有二：

其一，鉴于木材的材性，其顺纹方向的抗劈裂强度远小于横截面方向的抗压强度，斗栱的使用正是对这一特性的扬长避短的利用；

其二，斗栱的使用，使屋檐的挑出大大增加，这样，雨水就更不易淋湿檐柱，防止其受潮腐蚀变形。

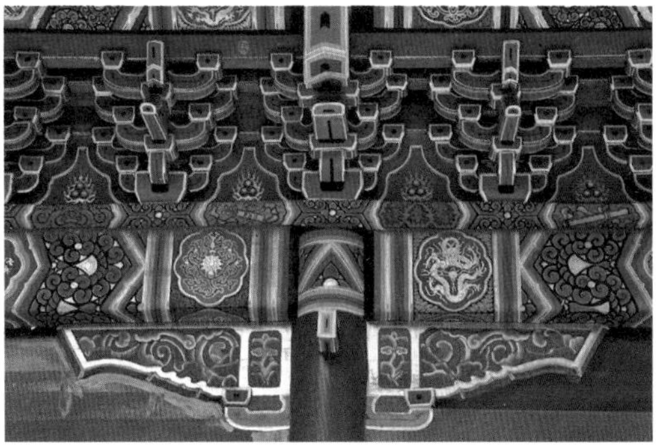

斗栱结构

单翘重昂平身科、柱头科、角科斗口一寸五分各件尺寸开后

原典

平身科：

大斗一个，见方四寸五分，高三寸。单翘一件，长一尺六分五厘，高三寸，宽一寸五分。头昂一件，长二尺三寸七分七厘五毫，高四寸五分，宽一寸五分。二昂一件，长三尺一寸九分五厘，高四寸五分，宽一寸五分。蚂蚱头一件，长三尺二寸四分，高三寸，宽一寸五分，撑头木一件，长三尺二寸三分一厘，高三寸，宽一寸五分。正心瓜栱一件，长九寸三分，高三寸，宽一寸八分六厘。正心万栱一件，长一尺三寸八分，高三寸，宽一寸八分六厘。单才瓜栱四件，各长九寸三分，高二寸一分，宽一寸五分。单才万栱四件，各长一尺三寸八分，高二寸一分，宽一寸五分。厢栱二件，各长一尺八分，高二寸一分，宽一寸五分。桁椀一件，长二尺七寸，高六寸七分五厘，宽一寸五分。十八斗六个，各长二寸七分，高一寸五分，宽二寸二分二厘。槽升四个，各长一寸九分五厘，高一寸五分，宽二寸五分八厘。三才升二十个，各长一寸九分五厘，高一寸五分，宽二寸二分二厘。

柱头科：

大斗一个，长六寸，高二寸，宽四寸五分。单翘一件，长一尺六分五厘，高三寸，宽三寸。头昂一件，长二尺三寸七分七厘五毫，高四寸五分，宽四寸。二昂一件，长三尺一寸九分五厘，高四寸五分，宽五寸。正心瓜栱一件，长九寸三分，高三寸，宽一寸八分六厘。正心万栱一件，长一尺三寸八分，高三寸，宽一寸八分六厘。单才瓜栱四件，各长九寸三分，高二寸一分，宽一寸五分。单才万栱四件，各长一尺三寸八分，高二寸一分，宽一寸五分。厢栱二件，各长一尺八分，高二寸一分，宽一寸五分。桶子十八斗五个，内二个各长四寸二分，二个各长五寸二分，一个长六寸二分，俱高一寸五分，宽二寸二分二厘。槽升四个，各长一寸九分五厘，高一寸五分，宽二寸五分八厘。三才升二十个，各长一寸九分五厘，高一寸五分，宽二寸二分二厘。

角科：

大斗一个，见方四寸五分，高三寸。斜翘一件，长一尺四寸九分一厘，高三寸，宽二寸二分五厘。搭角正翘带正心瓜栱二件，各长九寸九分七厘五毫，高三寸，宽一寸八分六厘。斜头昂一件，长三尺三寸二分八厘五毫，高四寸五分，宽二寸六分八厘七毫五丝。搭角正头昂带正心万栱二件，各长二尺八分五厘，高四寸五分，宽一寸八分六厘。搭角闹头昂带单才瓜栱二件，各长一尺八寸六分，高四寸五分，宽一寸五分。里连头合角单才瓜栱二件，各长八寸一分，高二寸一分，宽一寸五分。斜二昂一件，长四尺四寸七分三厘，高四寸五分。宽三寸一分二厘五毫。搭角正二昂二件，各长一尺八寸四分五厘，高四寸五分，宽一寸五分。搭角闹二昂带单才万栱二件，各长二尺五寸三分五厘，高四寸五分，宽一寸五分。搭角闹二昂带单才瓜栱二件，各长二尺三寸一分，高四寸五分，宽一寸五分。里连头合角单才万栱二件，各长五寸七分，高二寸一分，宽一寸五分。里连头合角单才瓜栱二件，各长三寸三分，高二寸一分，宽一寸五分。由昂一件，长五尺八寸二分九厘，高八寸二分五厘，宽三寸五分六厘二毫五丝。搭角正蚂蚱头二件，闹蚂蚱头二件，各长一尺八寸，高三寸，宽一寸五分。搭角闹蚂蚱头带单才万栱二件，各长二尺四寸九分，高三寸，宽一寸五分。里连头合角单才万栱二件，各长一寸三分五厘，高二寸一分，宽一寸五分。把臂厢栱二件，各长二尺六寸一分，高三寸，宽一寸五分。搭角正撑头木二件，闹撑头木四件，各长一尺三寸五分、高三寸，宽一寸五分。里连头合角厢栱二件，各长二寸七分，高二寸一分，宽一寸五分。斜桁椀一件，长三尺七寸八分，高六寸七分五厘，宽三寸五分七厘二毫五丝。贴升耳十四个。内四个各长二寸九分七厘，四个各长三寸四分，四个长三寸八分四厘五毫，二个各长四寸二分八厘二毫五丝，俱高九分，宽四分六厘。十八斗十二个。槽升四个，三才升十六个，俱与平身科尺寸同。

原典图说

昂

昂，即斗栱中向外伸挑出的斜向承托构件，昂为悬杆，以斗栱为支点来承担前檐载荷，其前端支撑屋檐重量，后尾压在大梁下起平衡作用，使出檐更深远，受力更合理。昂的主要作用是调整檐的高度，由于斗栱出跳级数的增加，建筑物的高度也随之增加，建筑物的比例会再次失去平衡。人们势必要寻找出跳多但不增加建筑物高度的办法，这样昂就产生了。

“昂尾斜上，压于梁或檩下，利用杠杆原理，以挑起檐部。”昂又分上昂和下昂，以下昂使用较多。汉代建筑中还未发现此项构件，唐佛光寺大殿柱头铺作中的批竹昂是现知最早的实例。它的后尾延伸至平暗（天花）以上的草栿之下，但补间铺作中尚未使用。宋柱头铺作也有这种做法，唯昂尾稍短，而下檐则用了昂式华栱，它是假昂的一种。此外，也有施插昂的。补间铺作多用真昂，昂尾斜上，托于下平檩下。上昂始见于宋代建筑的内槽铺作，下端撑在柱头枋处，上端托在内跳令栱以下。

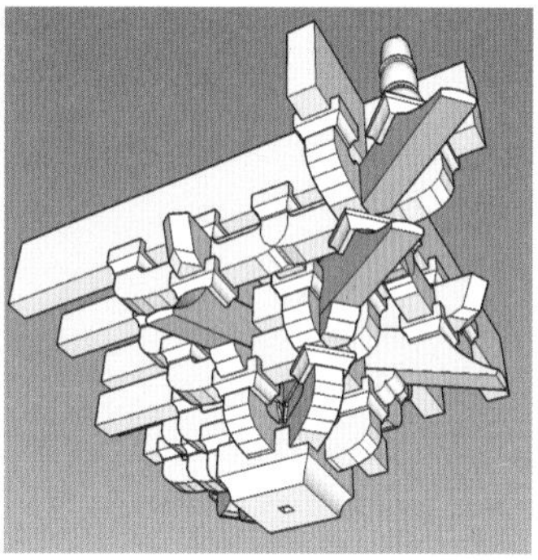

昂

重翘重昂平身科、柱头科、角科斗口一寸五分各件尺寸开后

原典

平身科：

大斗一个，见方四寸五分，高三寸。头翘一件，长一尺六分五厘，高三寸，宽一寸五分。重翘一件，长一尺九寸六分五厘，高三寸，宽一寸五分。头昂一个，长三尺二寸七分七厘五毫，高四寸五分，宽一寸五分。二昂一件，长四尺九分五厘，高四寸五分，宽一寸五分，蚂蚱头一件，长四尺一寸四分，高三寸，宽一寸五分。撑头木一件，长四尺一寸三分一厘，高三寸，宽一寸五分。正心瓜栱一件，长九寸三分，高三寸，宽一寸八分六厘。正心万栱一件，长一尺三寸八分，高三寸，宽一寸八分六厘。单才瓜栱六件，各长九寸三分，高二寸一分，宽一寸五分。单才万栱六件，各长一尺三寸八分，高二寸一分，宽一寸五分。厢栱二件，各长一尺八分，高二寸一分，宽一寸五分。桁椀一件，长三尺六寸，高九寸，宽一寸五分。十八斗八个，各长二寸七分，高一寸五分，宽二寸二分二厘。槽升四个，各长一寸九分五厘，高一寸五分，宽二寸五分八厘。三才升二十八个，各长一寸九分五厘，高一寸五分，宽二寸二分二厘。

柱头科：

大斗一个，长六寸，高三寸，宽四寸五分。头翘一件，长一尺六分五厘，高三寸，宽三寸。重翘一件，长一尺九寸六分五厘，高三寸，宽三寸七分五厘。头昂一件，长三尺二寸七分七厘五毫，高四寸五分，宽四寸五分。二昂一件，长四尺九分五厘，高四寸五分，宽五寸二分五厘。正心瓜栱一件，长九寸三分，高三寸，宽一寸八分六厘。正心万栱一件，长一尺三寸八分，高三寸，宽一寸八分六厘。单才瓜栱六件，各长九寸三分，高二寸一分，宽一寸五分。单才万栱六件，各长一尺三寸八分，高二寸一分，宽一寸五分。厢栱二件，各长一尺八分，高二寸一分，宽一寸五分。桶子十八斗七个，内二个各长四寸九分五厘，二个各长五寸七分，二个各长六寸四分五厘，一个长七寸二分，俱高一寸五分，宽二寸二分二厘。槽升四个，各长一寸九分五厘，高一寸五分，宽二寸五分八厘。三才升二十个，各长一寸九分五厘，高一寸五分，宽二寸二分二厘。

角科：

大斗一个，见方四寸五分，高三寸。斜头翘一件，长一尺四寸九分一厘，高三寸，宽二寸二分五厘。搭角正头翘带正心瓜栱二件，各长九寸九分七厘五毫，高三寸，宽一寸八分六厘，斜二翘一件，长二尺七寸五分一厘，高三寸，宽二寸六分。搭交正二翘带正心万栱二件，各长一尺六寸七分二厘五毫，高三寸，宽一寸八分六厘。搭角闹二翘带单才瓜栱二件，各长一尺四寸四分七厘五毫，高三寸，宽一寸五分。里连头合角单才瓜栱二件，各长八寸一分，高二寸一分，宽一寸五分。斜头昂一件，长四尺五寸八分八厘五毫，高四寸五分，宽二寸九分五厘。搭角正头昂二件，各长一尺八寸四分五厘，高四寸五分，宽二寸九分五厘。搭角正头昂二件，各长一尺八寸四分五厘，高四寸五分，宽一寸五分。搭角闹头昂带三才瓜栱二件，各长二尺三寸一分，高四寸五分，宽一寸五分。搭角闹头昂带三才万栱二件，各长二尺五寸三分五厘，高四寸五分，宽一寸五分。里连头合角单才万栱二件，各长五寸七分，高二寸一分，宽一寸五分。里连头合角单才瓜栱二件，各长三寸三分，高二寸一分，宽一寸五分。斜二昂一件，长五尺七寸三分三厘，高四寸五分，宽三寸三分。搭角正二昂二件各长二尺二寸九分五厘，高四寸五分，宽一寸五分。搭角闹二昂带单才万栱二件，各长二尺九寸八分五厘，高四寸五分，宽一寸五分。搭角闹二昂带单才瓜栱二件，各长二尺七寸六分，高四寸五分，宽一寸五分。里连头合角单才万栱二件，各长一寸三分五厘，高二寸一分，宽一寸五分。由昂一件，长七尺一寸一分二厘，高八寸二分五厘，宽三寸六分五厘。搭角正蚂蚱头二件，闹蚂蚱头四件，各长二尺二寸五分，高三寸，宽一寸五分。搭角闹蚂蚱头带单才万栱二件，各长二尺九寸四分，高三寸，宽一寸五分。把臂厢栱二件，各长三尺六分，高三寸，宽一寸五分。搭角正撑头木二件，闹撑头木六件，各长一尺八寸，高三寸，宽一寸五分。里连头合角厢栱二件，各长三寸一分五厘，高二寸一分，宽一寸五分。斜桁椀一个，长五尺四分，高九寸，宽三寸六分五厘。贴升耳十八个，内四个各长二寸九分七厘，四个各长三寸三分二厘，四个各长三寸六分七厘，四个各长四寸二厘，二个各长四寸三分七厘，俱高九分，宽三分六厘。十八斗二十个、槽升四个、三才升二十个，俱与平身科尺寸同。

斗栱结构建筑

原典图说

斗栱建筑

从汉代的画像砖石和崖墓、石室中的石斗栱可以看出，当时的斗栱形式多数为“一斗三升”，或有少数“一斗两升”和“一斗四升”，并已有“单栱”和“重栱”之分，出跳最多可到三四跳。至于斗栱位置已分“柱头”和“补间”。然而在转角处，两面斗栱如何交接似乎还没有一个完满的解决方案。魏晋南北朝时期，柱头铺作仍多为“一斗三升”，但是栱心小块已经演进为宋之“齐心斗”的形式，补间铺作则有人字形铺作的出现，并有直线和曲线两种形式。唐代是斗栱发展的重要时期，根据五台山南禅寺和佛光寺大殿可知，当时的斗栱形式已趋于多样化，柱头铺作已经相当完善，并使用了下昂。但补间铺作仍较简单，基本保留了两汉、两晋南北朝时期的人字形、斗子蜀柱和一斗三升的做法，有的虽然出跳，但跳数较少，出檐重量主要由柱头铺作来承担。由此可见，唐代柱头铺作的尺寸雄大。宋代被认为是斗栱发展的成熟期，比如，转角铺作已经完善，补间铺作和柱头铺作的尺度和形式已经统一，各种斗栱的组合形式十分多样化。同时规定了材契的标准，以此作为建筑的标准。从宋初到南宋末，斗栱的比例尺度逐渐减小。梁思成在《中国建筑史》写道：“就实例言，……独乐寺观音阁、应县木塔、奉国寺大殿等，其斗栱与柱高之比例，均甚高大，斗栱之高，竟及柱高之半。至宋初实例，如榆次永寿寺雨花宫，……比例则略见简缩。北宋之末，如初祖庵……斗栱之高仅柱之七分之二，在比例上更见缩小。至于南宋及金，如苏州三清殿……，斗栱比例则更小，此三百年间，即此一端已可略窥其大致。”元代斗栱尚大，昂尾挑起，仍保留有杠杆的作用。补间铺作较少。明清二代，斗栱与柱高的比例又开始减缩，仅为柱高的五分或六分之一。补间铺作日益增多，多至四朵六朵，甚至八朵，似乎更偏重于其装饰而非结构的作用了。在材料的使用上，至明清，已经完全丧失了宋代的“材契”的概念，仅以斗口（材料的宽度）作为标准。

原典

平身科：（其一斗三升去麻叶云中加槽升一个）

大斗一个，见方四寸五分，高三寸。麻叶云一件，长一尺八寸，高七寸九分九厘五毫，宽一寸五分。正心瓜栱一件，长九寸三分，高三寸，宽一寸八分六厘。槽升二个，各长一寸九分五厘，高一寸五分，宽二寸五分八厘。

柱头科：

大斗一个，长七寸五分，高三寸，宽四寸五分。正心瓜栱一件，长九寸三分，高三寸，宽一寸八分六厘。槽升二个，各长一寸九分五厘，高一寸五分，宽二寸五分八厘。贴正升耳二个，各长一寸九分五厘，高一寸五分，宽三寸六分。

角科：

大斗一个，见方四寸五分，高三寸。斜昂一件，长二尺五寸二分，高九寸四分五厘，宽二寸二分五厘。搭角正心瓜栱二件，各长一尺三寸三分五厘，高三寸，宽一寸八分六厘。槽升二个，各长一寸九分五厘，高一寸五分，宽二寸五分八厘。三才升二个，各长一寸九分五厘，高一寸五分，宽二寸二分二厘。贴斜升耳二个，各长二寸九分七厘，高九分，宽三分六厘。

一斗二升交麻叶并一斗三升平身科、柱头科、角科俱斗口一寸五分各件尺寸开后

原典

平身科：

大斗一个，见方四寸五分，高三寸。头翘一件，长一尺六分五厘，高三寸，宽一寸五分。二翘一件，长一尺九寸六分五厘，高三寸，宽一寸五分。撑头木一件，长二尺二寸五分，高三寸，宽一寸五分。正心瓜栱一件，长九寸三分，高三寸，宽一寸八分六厘。正心万栱一件，长一尺三寸八分，高三寸，宽一寸八分六厘。单才瓜栱二件，各长九寸三分，高二寸一分，宽一寸五分。厢栱一件，长一尺八分，高二寸一分，宽一寸五分。十八斗三个，各长二寸七分，高一寸五分，宽二寸二分二厘。槽升四个，各长一寸九分五厘，高一寸五分，宽二寸五分八厘。三才升六个，各长一寸九分五厘，高一寸五分，宽二寸二分二厘。

柱头科：

大斗一个，长七寸五分，高三寸，宽四寸五分。头翘一件，长一尺六分五厘，高三寸，宽三寸。正心瓜栱一件，长九寸三分，高三寸，宽一寸八分六厘。正心万栱一

三滴水品字平身科、柱头科、角科斗口一寸五分各件尺寸开后

件，长一尺三寸八分，高三寸，宽一寸八分六厘。单才瓜栱二件，各长九寸三分，高二寸一分，宽一寸五分。厢栱一件，长一尺八分，高二寸一分，宽一寸五分。桶子十八斗一个，长七寸二分，高一寸五分，宽二寸二分二厘。槽升四个，各长一寸九分五厘，高一寸五分，宽二寸五分八厘。三才升六个，各长一寸九分五厘，高一寸五分，宽二寸二分二厘。贴斗耳二个，各长二寸二分二厘，高一寸五分，宽三分六厘。

角科：

大斗一个，见方四寸五分，高三寸，斜头翘一件，长一尺四寸九分一厘，高三寸，宽一寸二分五厘。搭角正头翘带正心瓜栱二件，各长九寸九分七厘五毫，高三寸，宽一寸八分六厘。搭角正二翘带正心万栱二件，各长一尺六寸七分二厘五毫，高三寸，宽一寸八分六厘。搭角闹二翘带单才瓜栱二件，各长一尺四寸四分七厘五毫，高三寸，宽一寸五分。里连头合角单才瓜栱二件，各长八寸一分，高二寸一分，宽一寸五分。里连头合角厢栱二件，各长二寸二分五厘，高二寸一分，宽一寸五分。贴升耳四个，各长二寸九分七厘，高九分，宽三分六厘。十八斗二个槽升四个，三才升六个，俱与平身科尺寸同。

内里品字科斗口一寸五分各件尺寸开后

原典

大斗一个，长四寸五分，高三寸，宽二寸二分五厘。头翘一件，长五寸三分二厘五毫，高三寸，宽一寸五分，二翘一件，长九寸八分二厘五毫，高三寸，宽一寸五分。撑头木一件，长一尺四寸三分二厘五毫，高三寸，宽一寸五分。正心瓜栱一件，长九寸三分，高三寸，宽九分三厘。正心万栱一件，长一尺三寸八分，高三寸，宽九分三厘。麻叶云一件，长一尺二寸三分，高三寸，宽一寸五分。三福云二件，各长一尺八分，高四寸五分，宽一寸五分。十八斗二个，各长二寸七分，高一寸五分，宽二寸二分二厘。槽升四个，各长一寸九分五厘，高一寸五分，宽一寸二分九厘。

原典图说

栱

栱是指斗口伸出承斗或升之重量的木构件。栱按其不同位置又可分为多种，凡是向内外挑出的栱，清称为翘（宋称华栱或卷头），跳头上第一层横栱称为瓜栱（宋称瓜子栱），第二层万栱（宋称慢栱）。最外跳在挑檐檩下的、最内跳在天花枋下的称为厢栱（宋称令栱）。出坐斗左右第一层横栱叫正心瓜栱（宋称泥道栱），第二层叫正心万栱（宋称慢栱）。

梁思成在《中国建筑史》中说：“汉代的石斗栱形有两种，或简单向上，为圆和之曲线，或为斜杀之曲线相连，殆即后世分瓣卷杀之初形，如魏唐以后所通常所见。或弯作两相对顶之 S 形”，但木构斗栱是否采用此式尚不可确定。大概到唐代，栱的形式才统一起来。宋代更是对各种栱的长度、卷杀有详细的规定，对其用材也有规定。

栱

原典

贴大斗耳二个，各长四寸五分，高三寸，厚一寸三分二厘。荷叶一件，长一尺三寸五分，高三寸，宽三寸。栱一件，长九寸三分，高三寸，宽三寸。雀替一件，长三尺，高六寸，宽三寸。贴槽升耳六个，各长一寸九分五厘，高一寸五分，宽三分六厘。

槅架科斗口一寸五分各件尺寸开后

奉国寺

原典图说

辽宁义县奉国寺

奉国寺大雄殿，面阔九间，进身五间，斗栱用双下昂，十一檩，大殿台基有 3m，单檐庑殿顶，用一等材，高 24m，长 55m，宽 33m。斗栱是那个时代最高级的斗栱，补间铺作与柱头铺作看上去很相似，斗栱下面有明显的气窗，大殿柱基有惠草纹图样。

原典

卷三十二
斗科斗口二寸尺寸
斗口单昂平身科、柱头科、角科斗口二寸各件尺寸开后

平身科：

大斗一个，见方六寸，高四寸。单昂一件，长一尺九寸七分。高六寸，宽二寸。蚂蚱头一件，长二尺五寸八厘，高四寸，宽二寸。撑头木一件，长一尺二寸，高四寸，宽二寸。正心瓜栱一件，长一尺二寸四分，高四寸，宽二寸四分八厘。正心万栱一件，长一尺八寸四分，高四寸，宽二寸四分八厘。厢栱二件，各长一尺四寸四分，高二寸八分，宽二寸。桁椀一件，长一尺二寸，高三寸，宽二寸。十八斗二个，各长三寸六分，高二寸，宽二寸九分六。槽升四个，各长二寸六分，高二寸，宽三寸四分四厘。三才升六个，各长二寸六分，高二寸，宽二寸九分六厘。

柱头科：

大斗一个，长八寸，高四寸，宽六寸。单昂一件，长一尺九寸七分，高六寸，宽四寸。正心瓜栱一件，长一尺二寸四分，高四寸，宽二寸四分八厘。正心万栱一件，长一尺八寸四分，高四寸，宽二寸四分八厘。厢栱二件，各长一尺四寸四分，高二寸八分，宽二寸。桶子十八斗一个，长九寸六分，高二寸，宽二寸九分六厘。槽升二个，各长二寸六分，高二寸，宽三寸四分四厘。三才升四个，各长二寸六分，高二寸，宽二寸九分六厘。

角科：

大斗一个，见方六寸，高四寸。斜昂一件，长二尺七寸五分八厘，高六寸，宽三寸。搭角正昂带正心瓜栱二件，各长一尺八寸八分，高六寸，宽二寸四分八厘。由昂一件，长四尺三寸四分七厘，高一尺一寸，宽四寸五分。搭角正蚂蚱头带正心万栱二件，各长二尺一寸二分，高四寸，宽二寸四分八厘。搭角正撑头木二件，各长六寸，高四寸，宽二寸。把臂厢栱二件，各长二尺二寸八分，高四寸，宽二寸。里连头合角厢栱二件，各长二寸四分，高二寸八分，宽二寸。斜桁椀一件，长一尺六寸八分，高三寸，宽四寸五分。十八斗二个，槽升四个，三才升六个，俱与平身科尺寸同。

斗 栱

原典图说

斗栱在发展过程中的变化

唐、宋、元建筑中，斗栱体积硕大，接近柱高一半，数量少，柱间一般有一二朵。屋顶出檐深远，达三四米，其色彩简洁明快，风格庄重朴实。

明清建筑中，斗栱变小，只有柱高的几分之一，数量多，柱间多达 4 ~ 8 朵，屋顶出檐较短，大约 1m，色彩繁复华丽，风格富丽堂皇。

斗口重昂平身科、柱头科、角科斗口二寸各件尺寸开后

原典

平身科：大斗一个，见方六寸，高四寸。头昂一件，长一尺九寸七分，高六寸，宽二寸。二昂一件，长三尺六分，高六寸，宽二寸。蚂蚱头一件，长三尺一寸二分，高四寸，宽二寸。撑头木一件，长三尺一寸八厘，高四寸，宽二寸。正心瓜栱一件，长一尺二寸四分，高四寸，宽二寸四分八厘。正心万栱一件，长一尺八寸四分，高四寸，宽二寸四分八厘。单才瓜栱二件，各长一尺二寸四分，高二寸八分，宽二寸。单才万栱二件，各长一尺八寸四分，高二寸八分，宽二寸。厢栱二件，各长一尺四寸四分，高二寸八分，宽二寸。桁椀一件，长二尺四寸，高六寸，宽二寸。十八斗四个，各长三寸六分，高二寸，宽二寸九分六厘。槽升四个，各长二寸六分，高二寸，宽三寸四分四厘。三才升十二个，各长二寸六分，高二寸，宽二寸九分六厘。

柱头科：

大斗一个，长八寸，高四寸，宽六寸。头昂一件，长一尺九寸七分，高六寸，宽四寸。二昂一件，长三尺六分，高六寸，宽六寸。正心瓜栱一件，长一尺二寸四分，高四寸，宽二寸四分八厘。正心万栱一件，长一尺八寸四分，高四寸，宽二寸四分八厘。单才瓜栱二件，各长一尺二寸四分，高二寸八分，宽二寸。单才万栱二件，各长一尺八寸四分，高二寸八分，宽二寸。厢栱二件，各长一尺四寸四分，高二寸八分，宽二寸。桶子十八斗三个，内二个各长七寸六分，一个长九寸六分，俱高二寸，宽二寸九分六厘。槽升四个，各长二寸六分，高二寸，宽三寸四分四厘。三才升十二个，各长二寸六分，高二寸，宽二寸九分六厘。

角科：

大斗一个，见方六寸，高四寸。斜头昂一件，长二尺七寸五分八厘，高六寸，宽三寸。搭角正头昂带正心瓜栱二件，各长一尺八寸八分，高六寸，宽二寸四分八厘。斜二昂一件，长四尺二寸八分四厘，高六寸，宽四寸。搭角正二昂带正心万栱二件，各长二尺七寸八分，高六寸，宽二寸四分八厘。搭角闹二昂带单才瓜栱二件，各长二尺四寸八分，高六寸，宽二寸。由昂一件，长六尺六分，高一尺一寸，宽五分。搭角正蚂蚱头二件，各长一尺八寸，高四寸，宽二寸。搭角闹蚂蚱头带单才万栱二件，各长二尺七寸二分，高四寸，宽二寸。把臂厢栱二件，各长二尺八寸八分，高四寸，宽二寸。里连头合角单才瓜栱二件，各长一尺八分，高二寸八分，宽二寸。里连头合角单才万栱二件，各长七寸六分，高二寸八分，宽二寸。搭角正撑头木二件，闹撑头木二件，各长一尺二寸，高四寸，宽二寸。里连头合角厢栱二件，各长三寸，高二寸八分，宽二寸。斜桁椀一件，长三尺三寸六分，宽六寸三分三厘三毫，高六寸。贴科升耳十个，内四个各长四寸六分，二个各长六寸二分六厘六毫，四个各长七寸九分三厘三毫，俱高一寸二分，宽四分八厘。十八斗六个、槽升四个、三才升十二个，俱与平身科尺寸同。

原典图说

端门的结构

紫禁城的端门是明代紫禁城正门之一，也是清代皇城的正门，整体建筑由城台和城楼两部分组成，城台上主体建筑为重檐歇山式黄琉璃瓦顶的巍峨城楼，其下檐斗栱形制为斗口重昂，其上檐斗栱形制为单翘重昂；与天安门规格相同。

端　门

清工部

原典

平身科：

单翘一件，长一尺四寸二分，高四寸，宽二寸。其余各件俱与斗口重昂平身科尺寸同。

柱头科：

单翘一件，长一尺四寸二分，高四寸，宽四寸。其余各件俱与斗口重昂柱头科尺寸同。

角科：

斜翘一件，长一尺九寸八分八厘，高四寸，宽三寸。搭角正翘带正心瓜栱二件，各长一尺三寸三分，高四寸，宽二寸四分八厘。其余各件俱与斗口重昂角科尺寸同。

单翘单昂平身科、柱头科、角科斗口二寸各件尺寸开后

原典图说

斗栱在现代建筑中的运用——北京友谊宾馆

北京友谊宾馆于 1954 年建成，主楼中部做一高大歇山重檐屋顶，其余仅在檐口做琉璃檐装饰，墙身采用灰砖清水墙，屋顶做绿琉璃瓦，吻兽做成和平鸽的图案。

北京友谊宾馆

单翘重昂平身科、柱头科、角科斗口二寸各件尺寸开后

靖工部

原典

平身科：

大斗一个，见方六寸，高四寸。单翘一件，长一尺四寸二分，高四寸，宽二寸。头昂一件，长三尺一寸七分，高六寸，宽二寸。二昂一件，长四尺二寸六分，高六寸，宽二寸。蚂蚱头一件，长四尺三寸二分，高四寸，宽二寸。撑头木一件，长四尺三寸，高四寸，宽二寸。正心瓜栱一件，长一尺二寸四分，高四寸，宽二寸四分八厘。正心万栱一件，长一尺八寸四分，高四寸，宽二寸四分八厘，单才瓜栱四件，各长一尺二寸四分，高二寸八分，宽二寸。单才万栱四件，各长一尺八寸四分，高二寸八分，宽二寸。厢栱二件，各长一尺四寸四分，高二寸八分，宽二寸。桁椀一件，长三尺六寸，高九寸，宽二寸。十八斗六个，各长三寸六分，高二寸，宽二寸九分六厘。槽升四个，各长二寸六分，高二寸，宽三寸四分四厘。三才升二十个，各长一寸六分，高二寸，宽二寸九分六厘。

柱头科：

大斗一个，长八寸，高四寸，宽六寸。单翘一件，长一尺四寸二分，高四寸，宽四寸。头昂一件，长三尺一寸七分，高六寸，宽五寸三分三厘三毫。二昂一件，长四尺二寸六分，高六寸，宽六寸六分六厘六毫。正心瓜栱一件，长一尺二寸四分，高四寸，宽二寸四分八厘。正心万栱一件，长一尺八寸四分，高四寸，宽二寸四分八厘。单才瓜栱四件，各长一尺二寸四分，高二寸八分，宽二寸。单才万栱四件，各长一尺八寸四分，高二寸八分，宽二寸。厢栱二件，各长一尺四寸四分，高二寸八分，宽二寸。桶子十八斗五个，内各二个长六寸九分三厘三毫，二个各长八寸二分六厘六毫，一个长九寸八分，俱高二寸，宽二寸九分六厘。槽升四个，各长二寸六分，高二寸，宽三寸四分四厘。三才升二十个，各长二寸六分，高二寸，宽二寸九分六厘。

角科：

大斗一个，见方六寸，高四寸。斜翘一件，长一尺九寸八分八厘，高四寸，宽三寸。搭角正翘带正心瓜栱二件，各长一尺三寸三分，高四寸，宽二寸四分八厘。斜头昂一件，长四尺四寸三分八厘，高六寸，宽三寸七分五厘。搭角正头昂带正心万栱二件，各长二尺七寸八分，高六寸，宽二寸四分八厘。搭角闹头昂带单才瓜栱二件，各长二尺四寸八分，高六寸，宽二寸。里连头合角单才瓜栱二件，各长一尺八分，高二寸八分，宽二寸。斜二昂一件，长五尺九寸六分四厘，高六寸，宽四寸五分。搭角正二昂二件，各长二尺四寸六分，高六寸，宽二寸。搭角闹二昂带单才万栱二件，各长三尺八分，高六寸，宽二寸。里连头合角单才万栱二件，各长七寸六分，高二寸八分，宽二寸。里连头合角单才瓜栱二件，各长四寸四分，高二寸八分，宽二寸。由昂一件，长七尺七寸七分二厘，高一尺一寸宽五寸二分五厘。搭角正蚂蚱头二件，闹蚂蚱头二件，各长二尺四寸，高四寸，宽二寸。搭角闹蚂蚱头带单才万栱二件，各长三尺三寸二分，高四寸，宽二寸。里连头合角单才万栱二件，各长一寸八分，高二寸八分，宽二寸。搭角正撑头木二件，闹撑头木四件，各长一尺八寸，高四寸，宽二寸。里连头合角厢栱二件，各长五寸六分，高二寸八分，宽二寸。把臂厢栱二件，各长三尺四寸八分，高四寸，宽二寸。斜桁椀一件，长五尺四分，高九寸，宽五寸二分五厘。贴斜升耳十四个，内四个各长三寸九分六厘，四个各长四寸七分一厘，四个各长五寸四分六厘，二个各长六寸二分一厘，俱高二寸，宽四分八厘。十八斗十二个、槽升四个、三才升十六个，俱与平身科尺寸同。

原典图说

斗栱在现代建筑中的运用——天安门

天安门位于北京城传统的中轴线上，明、清时期，天安门是皇城的正门，城门五阙，重楼九楹，由城台和城楼两部分组成，高为 33.87m；1970 年翻建后高达 34.7m。造型威严庄重，气势宏大，是中国古代城门中最杰出的代表作，是中国传统建筑艺术的代表作。天安门城台最下面是汉白玉石的须弥座，座上为高 10 多米的红色墩台，以每块重达 43kg 的大砖砌成。城台上的城楼大殿的主体建筑为重檐歇山式、黄琉璃瓦顶的巍峨城楼，面积约 $2000m^2$，东西面阔九楹，南北进深五间，是取帝王为“九五”之尊、至高无上的含意。城楼内所用木材大部分是楠木，60 根红漆巨柱排列整齐，柱顶上有藻井与梁枋，绘着金龙吉祥彩画和团龙图案，地面铺的全是与太和殿地面相同的金砖。

天安门作为明清两代皇城的正门，其斗栱形制为：下檐斗栱形制为斗口重昂，与其外门大清门斗栱形制相同，即相同的规格；其上檐斗栱形制为单翘重昂，比其下檐、其外门大清门斗栱形制“斗口重昂”增加了一个翘的规格。

天安门

重翘重昂平身科、柱头科、角科斗口二寸各件尺寸开后

原典

平身科：

大斗一个，见方六寸，高四寸。单翘一件，长一尺四寸二分，高四寸，宽二寸。重翘一件，长二尺六寸二分，高四寸，宽二寸。头昂一件，长四尺三寸七分，高六寸，宽二寸。二昂一件，长五尺四寸六分，高六寸，宽二寸。蚂蚱头一件，长五尺五寸二分，高四寸，宽二寸。撑头木一件，长五尺五寸八厘，高四寸，宽二寸。正心瓜栱一件，长一尺二寸四分，高四寸，宽二寸四分八厘。正心万栱一件，长一尺寸四分，高四寸，宽二寸四分八厘。单才瓜栱六件，各长一尺二寸四分，高二寸八分，宽二寸。单才万栱六件，各长一尺八寸四分，高二寸八分，宽二寸。厢栱二件，各长一尺四寸四分，高二寸八分，宽二寸。桁椀一件，长四尺八寸，高一尺二寸，宽二寸。十八斗八个，各长三寸六分，高二寸，宽二寸九分六厘。槽升四个，各长二寸六分，高二寸，宽三寸四分四厘。三才升二十八个，各长二寸六分，高二寸，宽二寸九分六厘。

柱头科：

大斗一个，长八寸，高四寸，宽六寸。头翘一件，长一尺四寸二分，高四寸，宽四寸。重翘一件，长二尺六寸二分，高四寸，宽五寸。头昂一件，长四尺三寸七分，高六寸，宽六寸。二昂一件，长五尺四寸四分，高六寸，宽七寸。正心瓜栱一件，长一尺二寸四分，高四寸，宽二寸四分八厘。正心万栱一件，长一尺八寸四分，高三寸，宽二寸四分八厘。单才瓜栱六件，各长一尺二寸四分，高二寸八分，宽二寸。单才万栱六件，各长一尺八寸四分，高二寸八分，宽二寸。厢栱二件，各长一尺四寸四分，高二寸八分，宽二寸。桶子十八斗七个，内二个各长六寸六分，二个各长七寸六分，二个各长八寸六分，一个长九寸六分，俱高二寸，宽二寸九分六厘。槽升四个，各长三寸二分五厘，高二寸五分，宽四寸三分。三才升二十个，各长三寸二分五厘，高二寸五分，宽三寸七分。

角科：

大斗一个，见方六寸，高四寸。斜头翘一件，长一尺九寸八分八厘，高四寸，宽三寸。搭角正头翘带正心瓜栱二件，各长一尺三寸三分，高四寸，宽二寸四分八厘。斜二翘一件，长三尺六寸六分八厘，高四寸，宽三寸六分。搭角正二翘带正心万栱二件，各长二尺一寸三分，高四寸，宽二寸四分八厘。搭角闹二翘带单才瓜栱二件，各长一尺九寸三分，高四寸，宽二寸。里连头合角单才瓜栱二件，各长一尺八分，高二寸八分，宽二寸。斜昂头一件，长六尺一寸一分八厘，高六寸，宽四寸二分。搭角正头昂二件，各长二尺四寸六分，高六寸，宽二寸。搭角闹头昂带单才瓜栱二件，各长三尺八分，高六寸，宽二寸。搭角闹头昂带单才万栱二件，各长三尺三寸八分，高六寸，宽二寸。里连头合角单才万栱二件，各长七寸六分，高二寸八分，宽二寸。里连头合角单才瓜栱二件，各长四寸四分，高二寸八分，宽二寸。斜二昂一件，长七尺六寸四分四厘，高六寸，宽四寸八分。搭角正二昂二件，闹二昂二件，各长三尺，高六寸，宽二寸。搭角闹二昂带单才万栱二件，各长三尺九寸二分，高六寸，宽二寸。搭角闹二昂带单才瓜栱二件，各长三尺六寸二分，高六寸，宽二寸，里连头合角单才万栱二件，各长一寸八分，高二寸八分，宽二寸，由昂一件，长九尺四寸八分四厘，高一尺一寸，宽五寸四分。搭角正蚂蚱头二件，闹蚂蚱头四件，各长三尺，高四寸，宽二寸。搭角闹蚂蚱头带单才万栱二件，各三尺九寸二分，高四寸，宽二寸，把臂厢栱二件，各长二尺八分，高四寸，宽二寸。搭角正撑头木二件，闹撑头木六件，各长四尺二寸，高四寸，宽二寸。里连头合角厢栱二件，各长四寸二分，高二寸八分，宽二寸。斜桁椀一件，长六尺七寸二分，高一尺二寸，宽五寸四分。贴升耳十八个，内四个各长三寸九分六厘，四个各长四寸五分六厘，四个各长五寸一分六厘，四个各长五寸七分六厘，二个各长六寸三分六厘，俱高一寸二分，宽四分八厘。十八斗二十个、槽升四个、三才升二十个，俱与平身科尺寸同。

一斗二升交麻叶并一斗三升平身科、柱头科、角科斗口二寸各件尺寸开后

工部晴

原典

平身科：（其一斗三升去麻叶云中加槽升一个）

大斗一个，见方六寸，高四寸。麻叶云一件，长二尺四寸，高一尺六分六厘，宽二寸。正心瓜栱一件，长一尺二寸四分，高四寸，宽二寸四分八厘。槽升二个，各长二寸六分，高二寸，宽三寸四分四厘。

柱头科：

大斗一个，长一尺，高四寸，宽六寸。正心瓜栱一件，长一尺二寸四分，高四寸，宽二寸四分八厘。槽升二个，各长二寸六分，高二寸，宽三寸四分四厘。贴正升耳二个，各长二寸六分，高二寸，宽四分八厘。

角科：

大斗一个，见方六寸，高四寸。斜昂一件，长三尺三寸六分，高一尺二寸六分，宽三寸。搭角正心瓜栱二件，各长一尺七寸八分，高四寸，宽二寸四分八厘。槽升二个，各长二寸六分，高二寸，宽三寸四分四厘。三才升二个，各长二寸六分，高二寸，宽二寸九分六厘。贴科升耳二个，各长三寸九分六厘，高一寸二分，宽四分八厘。

民族文化宫

原典图说

斗栱在现代建筑中的运用——民族文化宫

民族文化宫的中部塔楼地上有 13 层，塔楼中心做一个巨大的传统四角攒尖顶，四角做同样规制的小塔，造型隐含藏传佛教金刚宝座塔，塔楼两侧用翠绿琉璃瓦作檐部。

原典

平身科：

大斗一个，见方六寸，高四寸。头翘一件，长一尺四寸二分，高四寸，宽二寸。二翘一件，长二尺六寸二分，高四寸，宽二寸。撑头木一件，长三尺，高四寸，宽二寸。正心瓜栱一件，长一尺二寸四分，高四寸，宽二寸四分八厘。正心万栱一件，长一尺八寸四分，高四寸，宽二寸四分八厘。单才瓜栱二件，各长一尺二寸四分，高二寸八分，宽二寸。厢栱一件，长一尺四寸四分，高二寸八分，宽二寸。十八斗三个，各长三寸六分，高二寸，宽二寸九分六厘。槽升四个，各长二寸六分，高二寸，宽三寸四分四厘。三才升六个，各长二寸六分，高二寸，宽二寸九分六厘。

柱头科：

大斗一个，长一尺，高四寸，宽六寸。头翘一件，长一尺四寸二分，高四寸，宽四寸，正心瓜栱一件，长一尺八寸四分，高四寸，宽二寸四分八厘。单才瓜栱二件，各长一尺二寸四分，高二寸八分，宽二寸。厢栱一件，长一尺四寸四分，高二寸八分，宽二寸。桶子十八斗一个，长九寸六分，高二寸，宽二寸九分六厘。槽升四个，各长二才六分，高二寸，宽三寸四分四厘。三才升六个，各长二寸六分，高二寸，宽二寸九分六厘。贴斗耳二个，各长二寸九分六厘，高二寸，宽四分八厘。

角科：

大斗一个，见方六寸，高四寸。斜头翘一件，长一尺九寸八分八厘，高四寸，宽三寸。搭角正头翘带正心瓜栱二件，各长一尺三寸三分，高四寸，宽二寸四分八厘。搭角正二翘带正心万栱二件，各长二尺二寸三分，高四寸，宽二寸四分八厘。搭角闹二翘带才瓜栱二件，各长一尺九寸三分，高四寸，宽二寸。里连头合角单才瓜栱二件，各长一尺八分，高二寸八分，宽二寸。里连头合角厢栱二件，各长三寸，高二寸八分，宽二寸。贴升耳四个，各长三寸九分六厘，高一寸二分，宽四分八厘。十八斗二个、槽升四个、三才升六个，俱与平身科尺寸同。

三滴水品字平身科、柱头科、角科斗口二寸各件尺寸开后

内里品字科斗口二寸各件尺寸开后

原典

大斗一个，长六寸，高四寸，宽三寸。头翘一件，长七寸一分，高四寸，宽二寸。二翘一件，长一尺三寸一分，高四寸，宽二寸。撑头木一件，长一尺九寸一分，高四寸，宽二寸。正心瓜栱一件，长一尺二寸四分，高四寸，宽一寸二分四厘。正心万栱一件，长一尺八寸四分，高四寸，宽一寸二分四厘。麻叶云一件，长一尺六寸四分，高四寸，宽二寸。三福云二件，各长一尺四寸四分，高六寸，宽二寸。十八斗二个，各长三寸六分，高二寸，宽二寸九分六厘。槽升四个，各长二寸六分，高二寸，宽一寸七分二厘。

槅架科斗口二寸各件尺寸开后

原典

贴大斗耳二个，各长六寸，高四寸，厚一寸七分六厘。荷叶一件，长一尺八寸，高四寸，宽四寸。栱一件，长一尺二寸四分，高四寸，宽四寸。雀替一件，长四尺，高八寸，宽四寸。贴槽升耳六个，各长二寸六分，高二寸，宽四分八厘。

原典图说

正定隆兴寺的摩尼殿

河北正定隆兴寺的摩尼殿大殿面阔 7 间（约 35m），进深 7 间（约 28m）。十字形平面，以南北中轴线为对称的狭长方形。面阔进深两个方向的次间都比梢间狭窄一些，布局奇特。

大殿屋顶为重檐歇山顶（后代重修），四面正中均出山花向前的歇山式抱厦（龟头屋）。外檐檐柱边砌以封闭的砖墙，内部柱网由两圈内柱组成。

大殿的檐柱用材粗大，有侧脚及生起。阑额上已有普柏枋，阑额端部做卷云头式样。

四面抱厦有门窗，仅有栱眼壁略通光线，故殿内采光通风欠佳。檐下斗栱宏大、分布疏朗、配置复杂。立体结构重叠雄伟，富于变化。

摩尼殿

原典

平身科：

大斗一个，见方七寸五分，高五寸。

单昂一件，长二尺四寸六分二厘五毫，高七寸五分，宽二寸五分。

蚂蚱头一件，长三尺一寸三分五厘，高五寸，宽二寸五分。

撑头木一件，长一尺五寸，高五寸，宽二寸五分。

正心瓜拱一件，长一尺五寸，高五寸，宽三寸一分。

正心万拱一件，长二尺三寸，高五寸，宽三寸一分。

厢拱两件，各长一尺八寸，高三寸五分，宽二寸五分。

桁椀一件，长一尺五寸，高三寸七分五厘，宽二寸五分。

十八斗两个，各长四寸五分，高二寸五分，宽三寸七分。

槽升四个，各长三寸二分五厘，高二寸五分，宽四寸三分。

卷三十三

斗科斗口二寸五分尺寸

斗口单昂平身科、柱头科、角科斗口二寸五分各件尺寸开后

三才升六个，各长三寸二分五厘，高二寸五分，宽三寸七分。

柱头科：

大斗一个，长一尺，高五寸，宽七寸五分。

单昂一件，长二尺四寸六分二厘五毫，高七寸五分，宽五寸。

正心瓜栱一件，长一尺五寸五分，高五寸，宽三寸一分。

正心万栱一件，长二尺三寸，高五寸，宽三寸一分。

厢栱两件，各长一尺八寸，高三寸五分，宽二寸五分。

桶子十八斗一个，长一尺二寸，高二寸五分，宽三寸七分。

槽升两个，各长三寸二分五厘，高二寸五分，宽四寸三分。

三才升五个，各长三寸二分五厘，高二寸五分，宽三寸七分。

角科：

大斗一个，见方七寸五分，高五寸。

斜昂一件，长三尺四寸四分七厘五毫，高七寸五分，宽三寸三分五厘。

搭角正昂带正心瓜栱两件，各长二尺三寸五分，高七寸五分，宽三寸一分。

由昂一件，长五尺四寸三分五厘，高一尺三寸七分五厘，宽五寸三分七厘五毫。

搭角正蚂蚱头带正心万栱两件，各长三尺四寸高五寸，宽二寸一分。

搭角正撑头木两件，各长一尺五寸，高五寸，宽二寸五分。

把臂厢栱两件，各长二尺八寸五分，高五寸，宽二寸五分。

里连头合角厢栱两件，各长三寸，高三寸五分，宽二寸五分。

斜桁椀一件，长二尺一寸，高三寸七分五厘，宽五寸三分七厘五毫。

十八斗两个、槽升四个、三才升六个俱与平身科尺寸同。

原典图说

颐和园

颐和园的建筑风格是中国各地建筑的精华。东部的宫殿区和内廷区，是典型的北方四合院风格；南部的湖泊区是典型杭州西湖风格；万寿山的北面，是典型的西藏喇嘛庙宇风格；北部的苏州街，又是典型的水乡风格。

颐和园景区规模宏大，占地面积 2.97km^2，主要由万寿山和昆明湖两部分组成，其中水面占四分之三。园内建筑以佛香阁为中心，园中有景点建筑物百余座，大小院落 20 余处，面积 70000 多平方米，共有亭、台、楼、阁、廊、榭等不同形式的建筑 3000 多间，古树名木 1600 余株。其中佛香阁、长廊、石舫、苏州街、十七孔桥、谐趣园、大戏台等都已成为家喻户晓的代表性建筑。颐和园是利用昆明湖、万寿山为基址，以杭州西湖风景为蓝本，汲取江南园林的某些设计手法和意境而建成的一座大型天然山水园，也是保存最完整的一座皇家行宫御苑，被誉为皇家园林博物馆。颐和园集传统造园艺术之大成，万寿山、昆明湖构成其基本框架，借景周围的山水环境，饱含中国皇家园林的恢弘富丽气势，又充满自然之趣，高度体现了“虽由人作，宛自天开”的造园准则。颐和园亭台、长廊、殿堂、庙宇和小桥等人工景观与自然山峦和开阔的湖面相互和谐、艺术地融为一体，整个园林艺术构思巧妙，是集中国园林建筑艺术之大成的杰作，在中外园林艺术史上地位显著，将中国古代建筑特点显现得淋漓尽致。

颐和园

清工部

原典

平身科：

大斗一个，见方七寸五分，高五寸。

头昂一件，长二尺四寸六分二厘五毫，高七寸五分，宽二寸五分。

二昂一件，长三尺八寸二分五厘，高七寸五分，宽二寸五分。

蚂蚱头一件，长三尺九寸，高五寸，宽二寸五分。

撑头木一件，长三尺八寸八分五厘，高五寸，宽二寸五分。

正心瓜栱一件，长一尺五寸五分，高五寸，宽三寸一分。

正心万栱一件，长二尺三寸，高五寸，宽三寸一分。

单才瓜栱两件，各长一尺五寸五分，高三寸五分，宽二寸五分。

单才万栱两件，各长二尺三寸，高三寸五分，宽二寸五分。

厢栱两件，各长一尺八寸，高三寸五分，宽二寸五分。

斗口重昂平身科、柱头科、角科斗口二寸五分各件尺寸开后

十八斗四个，各长四寸五分，高二寸五分，宽三寸七分。

桁椀一件，长三尺，高七寸五分，宽二寸五分。

槽升四个，各长三寸二分五厘，高二寸五分，宽四寸三分。

三才升十二个，各长三寸二分五厘，高二寸五分，宽三寸七分。

柱头科：

大斗一个，长一尺，高五寸，宽七寸五分。

头昂一件，长二尺四寸六分二厘五毫，高七寸五分，宽五寸。

二昂一件，长三尺八寸二分五厘，高七寸五分，宽七寸五分。

正心瓜栱一件，长一尺五寸五分，高五寸，宽三寸一分。

正心万栱一件，长二尺三寸，高五寸，宽三寸一分。

单才瓜栱两件，各长一尺五寸五分，高三寸五分，宽二寸五分。

单才万栱两件，各长二尺三寸，高三寸五分，宽二寸五分。

桶子十八斗三个，内两个各长九寸五分，一个长一尺二寸，俱高二寸五分，宽三寸七分。

槽升四个，各长三寸二分五厘，高二寸五分，宽四寸三分。

三才升十二个，各长三寸二分五厘，高二寸五分，宽三寸七分。

角科：

大斗一个，见方七寸五分，高五寸。

斜头昂一件，长三尺四寸四分七厘五毫，高七寸五分，宽三寸七分五厘。

搭角正头昂带正心瓜栱两件，各长二尺三寸五分，高七寸五分，宽三寸一分。

斜二昂一件，长五尺三寸五分五厘，高七寸五分，宽四寸八分三厘。

搭角正二昂带正心万栱两件，各长三尺四寸七分五厘，高七寸五分，宽三寸一分。

搭角闹二昂带单才瓜栱两件，各长三尺一寸，高七寸五分，宽二寸五分。

由昂一件，长七尺五寸七分五厘，高一尺三寸七分五厘，宽五寸九分二厘。

搭角正蚂蚱头两件，各长二尺二寸五分，高五寸，宽二寸五分。

搭角闹蚂蚱头带单才万栱两件，各长三尺四寸，高五寸，宽二寸五分。

把臂厢栱两件，各长三尺六寸，高五寸，宽二寸五分。

里连头合角单才瓜栱两件，各长一尺三寸五分，高三寸五分，宽二寸五分。

里连头合角单才万栱两件，各长九寸五分，高三寸五分，宽二寸五分。

搭角正撑头木两件闹撑头木两件，各长一尺七寸，高五寸，宽二寸五分。

斜桁椀一件，长四尺二寸，高七寸五分，宽五寸四分二厘。

贴升耳十个，内四个各长四寸九分五厘，两个各长六寸三厘，四个各长七寸一分二厘，俱高一寸五分，宽六分。

十八斗六个、槽升四个、三才升十二个，俱与平身科尺寸同。

承德避暑山庄

原典图说

承德避暑山庄

避暑山庄宫殿区包括正宫、松鹤斋、万壑松风、东宫四部分，其组群建筑更多地以庭院式布局为主。

主体建筑部分由五进院落组成，前有丽正门、外午朝门、内午朝门三门两庭铺垫，澹泊敬诚殿位于第三进。后有依清旷（四知书屋）和十九间万岁照房做依托，左右侧对称地设置配殿、乐亭，后寝部分还有四进院落，主殿烟波致爽设于第七进。左右两侧并有供妃嫔居住的小院簇拥。整个布局形成院落宽敞、疏朗、庄重，后寝院落紧凑、幽静、亲切的特点，二十六座建筑通过九重院落的组织，形成很妥帖的整体。

正宫区的建筑前院严谨大气，后院尺度宜人。主要建筑地位突出，主次分明。十九间万岁照房与澹泊敬诚殿之间大胆地运用游廊，使得严谨单调的建筑衔接得非常自然。

正宫东侧的松鹤斋作为太后的居所，同样严格地遵守礼制，采用北方四合院式格局，共七进，层层向纵深铺开。其建筑格局与正宫相仿，只是规模略小一些。

万壑松风虽然属于宫殿区，但它的建筑布局却与正宫、松鹤斋完全不同。万壑松风更像园林小品，在有限的空间内将几组建筑布置的非常妥帖，完全打破了传统宫殿建筑的格局。主殿万壑松风坐南朝北，面阔 5 间，各处建筑由短墙和半封闭回廊相连，形成了既封闭又开敞的庭院，空间层次十分丰富。

东宫则是乾隆盛世的大手笔。整组建筑同样是层层纵深铺开，但是建筑的内涵和意境却完全不同。在东西宽 90m、全长 230m 的范围内，建筑布置的繁而不乱。中轴线上的主体建筑则为门殿七间、正殿十一间、清音阁、福寿园、勤政殿、卷阿胜境殿。

单翘单昂平身科、柱头科、角科斗口二寸五分各件尺寸开后

原典

平身科：

单翘一件，长一尺七寸七分五厘，高五寸，宽二寸五分。

其余各件俱与斗口重昂平身科尺寸同。

柱头科：

单翘一件，长一尺七寸七分五厘，高五寸，宽五寸。

其余各种俱与斗口重昂柱头科尺寸同。

角科：

斜翘一件，长二尺四寸八分五厘，高五寸，宽三寸七分五厘。

搭角正翘带正心瓜栱两件，各长一尺六寸六分二厘五毫，高五寸，宽三寸一分。

其余各件俱与斗重昂角科尺寸同。

单翘重昂平身科、柱头科、角科斗口二寸五分各件尺寸开后

原典

平身科：

大斗一个，见方七寸五分，高五寸。

单翘一件，长一尺七寸七分五厘，高五寸，宽二寸五分。

重昂一件，长三尺九寸六分五厘，高七寸五分，宽二寸五分。

二昂一件，长五尺三寸二分五厘，高七寸五分，宽二寸五分。

蚂蚱头一件，长五尺四寸，高五寸，宽二寸五分。

撑头木一件，长五尺三寸八分五厘，高五寸，宽二寸五分。

正心瓜栱一件，长一尺一寸五分，高五寸，宽三寸一分。

正心万栱一件，长二尺三寸，高五寸，宽三寸一分。

单才瓜栱四件，各长一尺五寸五分，高三寸五分，宽二寸五分。

单才万栱四件，各长二尺三寸，高三寸五分，宽二寸五分。

厢栱两件，各长一尺八寸，高三寸五分，宽二寸五分。

桁椀一件，长四尺五寸，高一尺一寸二分五厘，宽二寸五分。

十八斗六个，各长四寸五分，高二寸五分，宽三寸七分。

槽升四个，各长三寸二分五厘，高二寸五分，宽四寸三分。

三才升二十个，各长三寸二分五厘，高二寸五分，宽三寸七分。

柱头科：

大斗一个，长一尺，高五寸，宽七寸五分。

单翘一件，长一尺七寸七分五厘，高五寸，宽五寸。

头昂一件，长三尺九寸六分二厘五毫，高七寸五分，宽六寸六分六厘六毫。

二昂一件，长五尺三寸二分五厘，高七寸五分，宽八寸三分三厘三毫。

正心瓜栱一件，长一尺一寸五分，高五寸，宽三寸一分。

正心万栱一件，长二尺三寸，高五寸，宽三寸一分。

单才瓜栱四件，各长一尺五寸五分，高三寸五分，宽二寸五分。

单才万栱四件，各按二尺三寸五分，高三寸五分，宽二寸五分。

厢栱两件，各长一尺八寸，高三寸五分，宽二寸五分。

桶子十八斗五个，内两个各长八寸六分六厘六毫，两个各长一尺三分三厘三毫，一个长一尺二寸，俱高二寸五分，宽三寸七分。

槽升四个，各长三寸二分五厘，高二寸五分，宽四寸三分。

三才升二十个，各长三寸二分五厘，高二寸二分，宽三寸七分。

角科：

大斗一个，见方七寸五分，高五寸。

斜翘一件，长二尺四寸八分五厘，高五寸，宽三寸七分五厘。

搭角正翘带正心瓜栱两件，各长一尺六寸六分二厘五毫，高五寸，宽三寸一分。

斜头昂一件，长五尺五寸四分七厘五毫，高七寸五分，宽四寸五分六厘二毫二丝。

搭角正头昂带正心万栱两件，各长三尺四寸七分五厘，高七寸五分，宽三寸一分。

搭角闹头昂带单才瓜栱两件，各长三尺一寸，高七寸五分，宽二寸五分。

里连头合角单才瓜栱两件，各长一尺三寸五分，高三寸五分，宽二寸五分。

斜二昂一件，长七尺四寸五分五厘，高七寸五分，宽五寸三分七厘五毫。

搭角正昂两件，各长三尺七寸五厘，高七寸五分，宽二寸五分。

搭角闹二昂带单才万栱两件，各长四尺二寸二分五厘，高七寸五分，宽二寸五分。

搭角闹二昂带单才瓜栱两件，各长三尺八寸五分，高七寸五分，宽二寸五分。

里连头合角单才万栱两件，各长九寸五分，高三寸五分，宽二寸五分。

里连头合角单才瓜栱两件，各长五寸五分，高三寸五分，宽二寸五分。

由昂一件，长九尺七寸一分五厘，高一尺三寸七分五厘，宽六寸一分八厘七毫五丝。

搭角正蚂蚱头两件，闹蚂蚱头两件，各长三尺，高五寸，宽二寸五分。

搭角闹蚂蚱头带单才万栱两件，各长四尺一寸五分，高五寸，宽二寸五分。

里连头合角单才万栱两件，各长二寸二分五厘，高三寸五分，宽二寸五分。

把臂厢栱两件，各长四尺三寸五分，高五寸，宽二寸五分。

搭角正撑头木两件，闹撑头木四件，各长二尺二寸五分，高五寸，宽二寸五分。

里连头合角厢栱两件，各长四寸五分，高三寸五分，宽二寸五分。

斜桁椀一件，长六尺三寸，高一尺一寸二分五厘，宽六寸一分八厘七毫五丝。

贴升耳十四个，内四个各长四寸九分五厘，四个各长五寸七分六厘二毫五丝，两个各长六寸五分七厘五毫，四个各长七寸三分八厘七毫五丝，俱高一寸五分，宽六分。

十八斗十二个、槽升四个、三才升十六个俱与平身科尺寸同。

拙政园

原典图说

拙政园

拙政园全园占地 78 亩（1 亩 =666.67m^2），分为东、中、西和住宅四个部分。住宅是典型的苏州民居。

中部是拙政园的主景区，为其精华所在。面积约 18.5 亩。其总体布局以水池为中心，亭台楼榭皆临水而建，有的亭榭则直出水中，具有江南水乡的特色。

西部原为“补园”，面积约 12.5 亩，其水面迂回，布局紧凑，依山傍水建以亭阁。

东部原称为“归田园居”，是因为明崇祯四年，园东部归侍郎王心一而得名，其占地约 31 亩。

早期拙政园林木葱郁，水色迷茫，景色自然。园林中的建筑十分稀疏，仅“堂一、楼一、为亭六”而已，建筑数量很少，大大低于今日园林中的建筑密度。竹篱、茅亭、草堂与自然山水融为一体，简朴素雅，一派自然风光。拙政园中部现有山水景观部分，约占据园林面积的五分之三。池中有两座岛屿，山顶池畔仅点缀几座亭榭小筑，景区显得疏朗、雅致、天然。

原典

平身科：

大斗一个，见方七寸五分，高五寸。

头翘一件，长一尺七寸七分五厘，高五寸，宽二寸五分。

重翘一件，长三尺二寸七分五厘，高五寸，宽二寸五分。

头昂一件，长五尺四寸六分二厘五毫，高七寸五分宽二寸五分。

二昂一件，长六尺八寸二分五厘，高七寸五分，宽二寸五分。

蚂蚱头一件，长六尺九寸，高五寸，宽二寸五分。

撑头木一件，长六尺八寸八分五厘，高五寸，宽二寸五分。

正心瓜栱一件，长一尺一寸五分，高五寸，宽三寸一分。

正心万栱一件，长二尺三寸，高五寸，宽三寸一分。

单才瓜栱六件，各长一尺五寸五分，高三寸五分，宽二寸五分。

重翘重昂平身科、柱头科、角科斗口二寸五分各件尺寸开后

单才万栱六件，各长二尺三寸，高三寸五分，宽二寸五分。

厢栱两件，各长一尺八寸，高三寸五分，宽二寸五分。

桁椀一件，长六尺，高一尺五寸，宽二寸五分。

十八斗八个，各长四寸五分，高二寸五分，宽三寸七分。

槽升四个，各长三寸二分五厘，高二寸五分，宽四寸三分。

三才升二十八个，各长三寸二分五厘，高二寸五分，宽三寸七分。

柱头科：

大斗一个，长一尺，高五寸，宽七寸五分。

头翘一件，长一尺七寸七分五厘，高五寸，宽五寸。

二翘一件，长三尺二寸七分五厘，高五寸，宽六寸二分五厘。

头昂一件，长五尺四寸六分二厘五毫，高七寸五分，宽七寸五分。

二昂一件，长六尺八寸二分五厘，高七寸五分，宽八寸七分五厘。

正心瓜栱一件，长一尺五寸五分，高五寸，宽三寸一分。

正心万栱一件，长二尺三寸，高五寸，宽三寸一分。

单才瓜栱六件，各长一尺五寸五分，高三寸五分，宽二寸五分。

单才万拱六件，各长二尺三寸，高三寸五分，宽二寸五分。

厢拱两件，各长一尺八寸，高三寸五分，宽二寸五分。

桶子十八斗七个，内两个各长八寸二分五厘，两个各长九寸五分，两个各长一尺七寸五厘，一个长一尺二寸，俱高二寸五分，宽三寸七分。

槽升四个，各长三寸二分五厘，高二寸五分，宽四寸三分。

三才升二十个，各长三寸二分五厘，高二寸五分，宽三寸七分。

角科：

大斗一个，见方七寸五分，高五寸。

斜头翘一件，长二尺四寸八分五厘，高五寸，宽三寸七分五厘。

搭角正头翘带正心瓜拱两件，各长一尺六寸六分二厘五毫，高五寸，宽三寸一分。

斜二翘一件，长四尺五寸八分五厘，高五寸，宽四寸四分。

搭角正二翘带正心万拱两件，各长二尺七寸八分七厘五毫，高五寸，宽三寸二分。

搭角闹二翘带单才瓜拱两件，各长二尺四寸一分二厘五毫，高五寸，宽二寸五分。

里连头合角单才瓜拱两件，各长一尺三寸五分，高三寸五分，宽二寸五分。

斜头昂一件，长七尺六寸四分七厘五毫，高七寸五分，宽五寸五厘。

搭角正头昂两个，各长三尺七分五厘，高七寸五分，宽二寸五分。

搭角闹头昂带单才瓜拱两件，各长三尺八寸五分，高七寸五分，宽二寸五分。

搭角闹头昂带单才万拱两件，各长四尺二寸二分五厘，高七寸五分，宽二寸五分。

里连头合角单才万拱两件，各长九寸五分，高三寸五分，宽二寸五分。

里连头合角单才瓜拱两件，各长五寸五分，高三寸五分，宽二寸五分。

斜二昂一件，长九尺五寸五分五厘，高七寸五分，宽五寸七分。

搭角正二昂两件，各长三尺八寸二分五厘，高七寸五分，宽二寸五分。

搭角闹二昂带单才万拱两件，各长四尺九寸七分五厘，高七寸五分，宽二寸五分。

搭角闹二昂带单才瓜拱两件，各长四尺六寸，高七寸五分，宽二寸五分。

里连头合角单才万拱两件，各长二寸二分五厘，高三寸五分，宽二寸五分。

斜头昂一件，长十一尺八寸五分五厘，高一尺三寸七分五厘，宽六寸三分五厘。

搭角正蚂蚱头两件闹蚂蚱头四件，各长三尺七寸五分，高五寸，宽二寸五分。

搭角闹蚂蚱头带单才万栱两件，各长四尺九寸，高五寸，宽二寸五分。

把臂厢栱两件，各长五尺一寸，高五寸，宽二寸五分。

搭角正撑头木两件闹撑头木六件，各长三尺，高五寸，宽二寸五分。

里连头合角厢栱两件，各长五寸二分五厘，高三寸五分，宽二寸五分。

斜桁椀一件，长八尺四寸，高一尺五寸，宽六寸三分五厘。

贴升耳十八个，内四个各长四寸九分五厘，四个各长五寸六分，四个各长六寸二分五厘，两个各长六寸九分，四个各长七寸五分五厘，俱高一寸五分，宽六分。

十八斗二十个、槽升四个、三才升二十个，俱与平身科尺寸同。

留　园

原典图说

留园

留园为明万历年间太仆寺少卿徐泰时所建。园林占地 30 余亩，集住宅、祠堂、家庵、园林于一身。留园的景观综合了江南造园艺术，并以建筑结构见长，善于运用大小、曲直、明暗、高低、收放等变化，吸取四周景色，形成一组组层次丰富、有节奏、有色彩、有对比的空间体系。全园用建筑来划分空间，可分为中、东、西、北四个景区。中部以山水见长，池水明洁清幽、峰峦环抱、古木参天；东部以建筑为主，重檐迭楼、曲院回廊、疏密相宜；西部环境僻静，富有山林野趣；北部竹篱小屋，颇有乡村田园风味。留园在苏州园林中其艺术成就颇为突出，以其布局严谨、风格高雅、景观丰富，曾被评为“吴中第一名园”，也是苏州四大园林之一。

一斗二升交麻叶并一斗三升平身科、柱头科、角科俱斗口二寸五分各件尺寸开后

靖工部

原典

平身科：（其一斗三升去麻叶云中加槽升一个）

大斗一个，见方七寸五分，高五寸。

麻叶云一件，长三尺，高一尺三寸三分二厘五毫，宽二寸五分。

正心瓜栱一件，长一尺五寸五分，高五寸，宽三寸一分。

槽升两个，各长三寸二分五厘，高二寸五分，宽四寸三分。

柱头科：

大斗一个，长一尺二寸五分，高五寸，宽七寸五分。

正心瓜栱一件，长一尺五寸五分，高五寸，宽三寸一分。

槽升两个，各长三寸二分五厘，高二寸五分，宽四寸三分。

贴槽升耳两个，各长三寸二分五厘，二寸五分，宽六分。

角科：

大斗一个，见方七寸五分，高五寸。

斜昂一件，长四尺二寸，高一尺五寸七分五厘，宽三寸七分五厘。

搭角正心瓜栱两件，各长二尺二寸二分五座，高五寸，宽三寸一分。

槽升两个，各长三寸二分五厘，高二寸五分，宽四寸三分。

三才升两个，各长三寸二分五厘，高二寸五分，宽三寸七分。

贴斜升耳两个，各长四寸九分五厘，高一寸五分，宽六分。

原典

平身科：

大斗一个，见方七寸五分，高五寸。

头翘一件，长一尺七寸七分五厘，高五寸，宽二寸五分。

二翘一件，长三尺二寸七分五厘，高五寸，宽二寸五分。

撑头木一件，长三尺七寸五分，高五寸，宽二寸五分。

正心瓜栱一件，长一尺五寸五分，高五寸，宽三寸一分。

正心万栱一件，长二尺三寸高五寸，宽三寸一分。

单才瓜栱两件，各长一尺五寸五分，高三寸五分，宽二寸五分。

厢栱一件，长一尺八寸，高三寸五分，宽二寸五分。

十八斗三个，各长四寸五分，高二寸五分，宽三寸七分。

槽升四个，各长三寸二分五厘，高二寸五分，宽四寸三分。

三才升六个，各长三寸二分五厘，高二寸五分，宽三寸七分。

三滴水品字平身科、柱头科、角科斗口二寸五分各件尺斗开后

柱头科：

大斗一个，长一尺二寸五分，高五寸，宽七寸五分。

头翘一件，长一尺七寸七分五厘，高五寸，宽五寸。

正心瓜栱一件，长一尺五寸五分，高五寸，宽三寸一分。

正心万栱一件，长二尺三寸，高五寸，宽三寸一分。

单才瓜栱两件，各长一尺五寸五分，高三寸五分，宽二寸五分。

厢栱一件，长一尺八寸，高三寸五分，宽二寸五分。

桶子十八斗一个，长一尺二寸，高二寸五分，宽三寸七分。

槽升四个，各长三寸二分五厘，高二寸五分，宽四寸三分。

三才升六个，各长三寸二分五厘，高二寸五分，宽三寸七分。

贴斗耳两个，各长三寸七分，高二寸五分，宽六分。

角科：

大斗一个，见方七寸五分，高五寸。

斜头翘一件，长二尺四寸八分五厘，高五寸，宽三寸七分五厘。

搭角正头翘带正心瓜栱两件，各长一尺六寸六分二厘五毫，高五寸，宽三寸一分。

搭角正二翘带正心万栱两件，各长二尺七寸八分七厘五毫，高五寸，宽三寸一分。

搭角闹二翘带单才瓜栱两件，各长二尺四寸一分二厘

五毫，高五寸，宽二寸五分。

里连头合角单才瓜栱两件，各长一尺三寸五分，高三寸五分，宽二寸五分。

里连头合角厢栱两件，各长三寸七分五厘，高三寸五分，宽二寸五分。

贴升耳四个，各长四寸九分五厘，高一寸五分，宽六分。

十八斗二个、槽升四个、三才升六个俱与平身科尺寸同。

内里品字科斗口二寸五分各件尺寸开后

原典

大斗一个，长七寸五分，高五寸，宽三寸七分五厘。

头翘一件，长八寸八分七厘五毫，高五寸，宽二寸五分。

二翘一件，长一尺六寸三分七厘五毫，高五寸，宽二寸五分。

撑头木一件，长二尺三寸八分七厘五毫，高五寸，宽二寸五分。

正心瓜栱一件，长一尺五寸五分，高五寸，宽一寸五分五厘。

正心万栱一件，长二尺三寸，高五寸，宽一寸五分五厘。

麻叶云一件，长二尺五分，高五寸，宽二寸五分。

三福云两件，各长一尺八寸，高七寸五分，宽二寸五分。

十八斗两个，各长四寸五分，高二寸五分，宽三寸七分。

槽升四个，各长三寸二分五厘，高二寸五分，宽二寸一分五厘。

槅架科斗口二寸五分各件尺寸开后

原典

贴大斗耳两个，各长七寸五分，高五寸，厚二寸二分。

荷叶一件，长二尺二寸五分，高五寸，宽五寸。

栱一件，长一尺五寸五分，高五寸，宽五寸。

雀替一件，长五尺，高一尺，宽五寸。

贴槽升耳六个，各长三寸二分五厘，高二寸五分，宽六分。

永乐宫

原典图说

永乐宫

永乐宫因位于山西永乐镇而得名，永乐宫由南向北依次排列着宫门、无极门、三清殿、纯阳殿和重阳殿。在建筑总体布局上，东西两面不设配殿等附属建筑物，在建筑结构上使用了宋代“营造法式”和辽、金时期的“减柱法”。

三清殿又称无极殿，是供“太清、玉属、上清元始天尊”的神堂，为永乐宫的主殿。永乐宫面阔七间，深四间，八架椽，单檐五脊顶。前檐中央五间和后檐明间均为槅扇门，其余为墙。北中三间设神坛，其上供奉道教元始天尊、灵宝天尊、太上老君，合称为三清。殿内四壁满布壁画，壁画高 4.26m，全长 94.68m，面积达 403.34m^2，画面上共有人物 286 个。纯阳殿（又名混成殿、吕祖殿），殿宽五间，进深三间，八架椽，上覆单梁九脊琉璃屋顶。殿北部一间四柱神坛，前檐明次间与后檐明间皆为槅扇门，余为墙面。

卷三十四

斗科斗口三寸尺寸

斗口单昂平身科、柱头科、角科斗口三寸各件尺寸开后

原典

平身科：

大斗一个，见方九寸，高六寸。

单昂一件，长二尺九寸五分五厘，高九寸，宽三寸。

蚂蚱头一件，长三尺七寸六分二厘，高六寸，宽三寸。

撑头木一件，长一尺八寸，高六寸，宽三寸。

正心瓜栱一件，长一尺八寸六分，高六寸，宽三寸七分二厘。

正心万栱一件，长二尺七寸六分，高六寸，宽三寸七分二厘。

厢栱两件，各长二尺一寸六分，高四寸二分，宽三寸。

桁椀一件，长一尺八寸，高四寸五分，宽三寸。

十八斗两个，各长五寸四分，高三寸，宽四寸四分四厘。

槽升四个，各长三寸九分，高三寸，宽五寸一分六厘。

三才升六个，各长三寸九分，高三寸，宽四寸四分四厘。

柱头科：

大斗一个，长一尺二寸，高六寸，宽九寸。

单昂一件，长二尺九寸五分五厘，高九寸，宽六寸。

正心瓜栱一件，长一尺八寸六分，高六寸，宽三寸七分二厘。

正心万栱一件，长二尺七寸六分，高六寸，宽三寸七分二厘。

厢栱两件，各长二尺一寸六分，高四寸二分，宽三寸。

桶子十八斗一个，长一尺四寸四分，高三寸，宽四寸四分四厘。

槽升两个，各长三寸九分，高三寸，宽五寸一分六厘。

三才升五个，各长三寸九分，高三寸，宽四寸四分四厘。

角科：

大斗一个，见方九寸，高六寸。

斜昂一件，长四尺一寸三分七厘，高九寸，宽四寸五分。

搭角正昂带正心瓜栱两件，各长二尺八寸二分，高九寸，宽三寸七分二厘。

由昂一件，长六尺五寸二分二厘，高一尺六寸五分，宽六寸二分五厘。

搭角正蚂蚱头带正心万栱两件，各长三尺一寸八分，高六寸，宽三寸七分二厘。

搭角正撑头木两件，各长九寸，高六寸，宽三寸。

把臂厢栱两件，各长三尺四寸二分，高六寸，宽三寸。

里连头合角厢栱两件，各长三寸六分，高四寸二分，宽三寸。

斜桁椀一件，长二尺五寸二分，高四寸五分，宽六寸二分五厘。

十八斗两个、槽升四个、三才升六个，俱与平身科尺寸同。

原典图说

白马寺之大佛殿

大佛殿是白马寺的主体建筑，为明代建筑，建在 1m 高的台基上，面阔五间，进深四间，单檐歇山顶，后壁和两侧山墙以楔形汉代砖石叠砌，殿顶九脊，筒瓦覆盖，飞檐挑角，斗栱华盖，正脊上有“佛光普照、法轮常转”字样。

大佛殿

清工部

原典

平身科：

大斗一个，见方九寸，高六寸。

头昂一件，长二尺九寸五分五厘，高九寸，宽三寸。

二昂一件，长四尺五寸九分，高九寸，宽三寸。

蚂蚱头一件，长四尺六寸八分，高六寸，宽三寸。

撑头木一件，长四尺六寸六分二厘，高六寸，宽三寸。

正心瓜栱一件，长一尺八寸六分，高六寸，宽三寸七分二厘。

正心万栱一件，长二尺七寸六分，高六寸，宽三寸七分二厘。

单才瓜栱两件，各长一尺八寸六分，高四寸二分，宽三寸。

单才万栱两件，各长二尺七寸六分，高四寸二分，宽三寸。

厢栱两件，各长二尺一寸六分，高四寸二分，宽三寸。

桁椀一件，长三尺六寸，高九寸，宽三寸。

十八斗四个，各长五寸四分，高三寸，宽四寸四分四厘。

斗口重昂平身科、柱头科、角科斗口三寸各件尺寸开后

槽升四个，各长三寸九分，高三寸，宽五寸一分六厘。

三才升十二个，各长三寸九分，高三寸，宽四寸四分四厘。

柱头科：

大斗一个，长一尺一寸，高六寸，宽九寸。

头昂一件，长二尺九寸五分五厘，高九寸，宽六寸。

二昂一件，长四尺五寸九分，高九寸，宽九寸。

正心瓜栱一件，长一尺八寸六分，高六寸，宽三寸七分二厘。

正心方栱一件，长二尺七寸六分，高六寸，宽三寸七分二厘。

单才瓜栱两件，各长一尺八寸六分，高四寸二分，宽三寸。

单才万栱两件，各长二尺七寸六分，高四寸二分，宽三寸。

厢栱两件，各长二尺一寸六分，高四寸二分，宽三寸。

桶子十八斗三个，内两个各长一尺一寸四分，一个长一尺四寸四分，俱高三寸，宽四寸四分四厘。

槽升四个，各长三寸九分，高三寸，宽五寸一分六厘。

三才升十二个，各长三寸九分，高三寸，宽四寸四分四厘。

角科：

大斗一个，见方九寸，高六寸。

斜头昂一件，长四尺一寸三分七厘，高九寸，宽四寸五分。

搭角正头昂带正心瓜栱两件，各长二尺八寸二分，高九寸，宽三寸七分二厘。

斜二昂一件，长六尺四寸二分六厘，高九寸，宽五寸六分六厘。

搭角正二昂带正心万栱两件，各长四尺一寸七分，高九寸，宽三寸七分二厘。

搭角闹二昂带单才瓜栱两件，各长三尺七寸二分，高九寸，宽三寸。

由昂一件，长九尺九分，高一尺六寸五分，宽六寸八分。

搭角正蚂蚱头两件，各长二尺七寸，高六寸，宽三寸。

搭角闹蚂蚱头带单才万栱两件，各长四尺八分，高六寸，宽三寸。

把臂厢栱两件，各长四尺三寸二分，高六寸，宽三寸。

里连头合角单才瓜栱两件，各长一尺六寸二分，高四寸二分，宽三寸。

里连头合角单才万栱两件，各长一尺一寸四分，高四寸二分，宽三寸。

搭角正撑头木两件，闹撑头木两件，各长一尺八寸，高六寸，宽三寸。

里连头合角厢栱两件，各长四寸五分，高四寸二分，宽三寸。

斜桁椀一件，长五尺四分，高九寸，宽六寸八分。

贴升耳十个，内四个各长五寸九分四厘，两个各长七寸一分，四个各长六寸八分，俱高一寸八分，宽七分二厘。

十八斗六个、槽升四个、三才升十二个，俱与平身科尺寸同。

法门寺

法门寺始建于东汉末年恒灵年间，法门寺因舍利而置塔，木塔 4 层，塔下设有地宫，地宫中存放着用紫檀香木做成的棺椁，内以金瓶盛放佛祖指骨舍利。木塔名叫“真身舍利宝塔”，因塔而建寺，原名阿育王寺。释迦牟尼佛灭度后，遗体火化结成舍利。公元前 3 世纪，阿育王统一印度后，为弘扬佛法，将佛的舍利分成 84000 份，使诸鬼神于南阎浮提，分送世界各国建塔供奉。中国有 19 处，法门寺为第五处。

唐代 200 多年间，先后有高宗、武后、中宗、肃宗、德宗、宪宗、懿宗和僖宗八位皇帝六迎二送供养佛指舍利。每次迎送声势浩大，朝野轰动，皇帝顶礼膜拜，等级之高，绝无仅有。

明清以后，法门寺逐渐衰落。在明神宗万历七年重建，历时 30 年建成八棱十三级砖塔，高 47m，棱以雕琢花砖砌成，拱角处悬挂铃铛，微风过处，铃儿叮咚作响，尽显佛家神圣庄严。地面第一层塔门朝向南方，东、南、西、北四正面皆有精美石刻，分别是“浮屠耀日”“真身宝塔”“舍利飞霞”“美阳重镇”，东北、西北、西南、东南四偏面分别嵌有乾、坎、艮、震、巽、离、坤、兑八卦符文。塔的第二层至第八层均有斗栱、栏杆，自第九层起以青砖拨檐。塔身第二层至第十二层每层各设有 8 个佛龛，每龛供奉铜佛 1~3 尊，佛像旁放置经卷函匣，外罩铁网。塔顶以青铜铸造，三片相接成葫芦形，上铸“明万历三十七年造”8 个楷字。综观整个舍利塔全貌，塔基边长 27m，高 1.8m，塔基、身、顶三者相加后的寺塔高为 60.25m，巍峨高耸，壮观宏丽。

法门寺

清工部

原典

平身科：

大斗一个，见方九寸，高六寸。

单翘一件，长二尺一寸三分，高六寸，宽三寸。头昂一件，长四尺七寸五分五厘，高九寸，宽三寸。

二昂一件，长六尺三寸九分，高九寸，宽三寸。

蚂蚱头一件，长六尺四寸八分，高六寸，宽三寸。

撑头木一件，长六尺四寸六分二厘，高六寸，宽三寸。

正心瓜栱一件，长一尺八寸六分，高六寸，宽三寸七分二厘。

正心万栱一件，长二尺七寸六分，高六寸，宽三寸七分二厘。

单才瓜栱四件，各长一尺八寸六分，高四寸二分，宽三寸。

单才万栱四件，各长二尺七寸六分，高四寸二分，宽三寸。

单翘重昂平身科、柱头科、角科斗口三寸各件尺寸开后

厢栱两件，各长二尺一寸六分，高四寸二分，宽三寸。
桁椀一件，长五尺四寸，高一尺三寸五分，宽三寸。
十八斗六个，各长五寸四分，高三寸，宽四寸四分四厘。
槽升四个，各长三寸九分，高三寸，宽五寸一分六厘。
三才升二十个，各长三寸九分，高三寸，宽四寸四分四厘。
柱头科：
大斗一个，长一尺二寸，高六寸，宽九寸。
单翘一件，长二尺一寸三分，高六寸，宽六寸。
头昂一件，长四尺七寸五分五厘，高九寸，宽八寸。
二昂一件，长六尺三寸九分，高九寸，宽一尺。
正心瓜栱一件，长一尺八寸六分，高六寸，宽三寸七分二厘。
正心万栱一件，长二尺七寸六分，高六寸，宽三寸七分二厘。
单才瓜栱四件，各长一尺八寸六分，高四寸二分，宽三寸。
单才万栱四件，各长二尺七寸六分，高四寸二分，宽三寸。
厢栱两件，各长二尺一寸六分，高四寸二分，宽三寸。
桶子十八斗五个，内两个各长八寸四分，两个各长一尺四寸四分，俱高三寸宽四寸四分四厘。
槽升四个，各长三寸九分，高三寸，宽五寸一分。
三才升二十个，各长三寸九分，高三寸，宽四寸四分四厘。
角科：
大斗一个，见方九寸，高六寸。
斜翘一件，长二尺九寸八分二厘，高六寸，宽四寸五分，
搭角正翘带正心瓜栱两件，各长一尺九寸九分五厘，高六寸，宽三寸七分二厘。
斜头昂一件，长六尺六寸五分七厘，高九寸，宽五寸三分七厘五毫。
搭角正头昂带正心万栱两件，各长四尺一寸七分，高九寸，宽三寸七分二厘。
搭角闹头昂带单才瓜栱两件，各长三尺七寸二分，高九寸，宽三寸。
里连头合角单才瓜栱两件，各长一尺六寸二分，高四寸二分，宽三寸。
斜二昂一件，长八尺九寸四分六厘，高九寸，宽六寸二分五厘。
搭角正二昂两件，各长三尺六寸九分，高九寸，宽三寸。
搭角闹二昂带单才瓜栱两件，各长四尺六寸二分，高九寸，宽三寸。
搭角闹二昂带单才万栱两件各长五尺七分，高九寸，

宽三寸。

里连头合角单才万栱两件，各长一尺一寸四分，高四寸二分，宽三寸。

里连头合角单才瓜栱两件，各长六寸六分，高四寸二分，宽三寸。

由昂一件，长十一尺六寸五分八厘，高一尺六寸五分，宽七寸一分二厘五毫。

搭角正蚂蚱头两件，闹蚂蚱头两件，各长三尺六寸，高六寸，宽三寸。

搭角闹蚂蚱头带单才万栱两件，各长四尺九寸八分，高六寸，宽三寸。

里连头合角单才万栱两件，各长二寸七分，高四寸二分，宽三寸。

把臂厢栱两件，各长五尺二寸二分，高六寸，宽三寸。

搭角正撑头木两件，闹撑头木四件，各长二尺七寸，高六寸，宽三寸。

斜桁椀一件长七尺五寸六分，高一尺三寸五分，宽七寸一分二厘五毫。

贴升耳十四个，内四个各长五寸九分，四个各长六寸八分一厘五毫，四个各长七寸六分九厘，两个各长八寸五分六厘五毫，俱高一寸八分，宽七分二厘。

十八斗十二个、槽升四个、三才升十六个，俱与平身科尺寸同。

原典图说

解州关帝庙

解州关帝庙

解州关帝庙被誉为中国传统道德文化的神圣殿堂，现庙众多建筑坐北向南，沿南北向中轴线，按正庙、午门、崇宁殿和春秋楼四大部分有序展开。

正庙，坐北朝南，仿宫殿式布局，占地面积18570m^2，横线上分中、东、西三院，中院是主体，主轴线上又分前院和后宫两部分。全庙共有殿宇百余间，主次分明，布局严谨。殿阁嵯峨，气势雄伟；屋宇高低参差，前后有序；牌楼高高耸立，斗栱密密排列，建筑间既自成格局，又和谐统一，布局十分得体。

午门是一座面阔五间、单檐庑殿顶、石雕回廊的厅式建筑。周围有石栏杆，栏板正反两面浮雕各类图案、人物 144 幅，洋洋大观，颇有童趣。

崇宁殿，月台宽敞，勾栏曲折，殿面阔七间，进深六间，重檐歇山式琉璃殿顶，檐下施双昂五踩斗栱，额枋雕刻富丽。殿周回廊置雕龙石柱 26 根，蟠龙姿态各异，个个须眉毕张，活灵活现。下施栏杆石柱 52 根。砌栏板 50 块，刻浮雕 200m^2，蔚为壮观。

春秋楼，宽七间，进深六间，二层三檐歇山式建筑，高 33m。上下两层皆施回廊，四周勾栏相依，可供凭栏远眺。檐下木雕龙凤、流云、花卉、人物、走兽等图案，雕工精湛，剔透有致。楼顶彩色琉璃覆盖，光泽夺目。楼内东西两侧，各有楼梯 36 级，可供上下。第一层上，有木制槅扇 108 面，图案古朴，工艺奇特，传说是象征历史上山西 108 个县。

世传春秋楼有三绝：建筑结构奇巧别致，上层回廊的廊柱矗立在下层垂莲柱上，垂柱悬空，内设搭牵挑承，给人以悬空之感，谓之一绝；进入二层楼，有神龛暖阁，正中有关羽侧身夜观《春秋》像，阁子板壁上，正楷刻写着全部《春秋》，谓之二绝；据说楼当项，正好对着北斗七星的位置，谓之三绝。关帝庙除古建筑外，还有琉璃影壁、石头牌坊、万斤铜钟、铁铸香炉、石雕饰品、木刻器具以及各代石刻 23 块，各朝题诗题匾 60 余幅，还有其他的零散文物，都是值得一观的艺术精品。

重翘重昂平身科、柱头科、角科斗口三寸各件尺寸开后

原典

平身科：

大斗一个，见方九寸，高六寸。

头翘一件，长二尺一寸三分，高六寸，宽三寸。

重翘一件，长三尺九寸三分，高六寸，宽三寸。

头昂一件，长六尺五寸五分五厘，高九寸，宽三寸。

二昂一件，长八尺一寸九分，高九寸，宽三寸。

蚂蚱头一件，长八尺二寸八分，高六寸，宽三寸。

撑头木一件，长八尺二寸六分二厘，高六寸，宽三寸。

正心瓜栱一件，长一尺八寸，六分，高六寸，宽三寸七分二厘。

正心万栱一件，长二尺七寸六分，高六寸，宽三寸七分二厘。

单才瓜栱六件，各长一尺八寸六分，高四寸二分，宽三寸。

单才万栱六件，各长二尺七寸六分，高四寸二分，宽三寸。

厢栱两件，各长二尺一寸六分，高四寸二分，宽三寸。

桁椀一件，长七尺二寸，高一尺八寸，宽三寸。

十八斗八个，各长五寸四分，高三寸，宽四寸四分四厘。

槽升四个，各长三寸九分，高三寸，宽五寸一分六厘。

三才升二十八个，各长三寸九分，高三寸，宽四寸四分四厘。

柱头科：

大斗一个，长一尺二寸，高六寸，宽九寸。

头翘一件，长二尺一寸三分，高六寸，宽六寸。

重翘一件，长三尺九寸三分，高六寸，宽七寸五分。

头昂一件，长六尺五寸五分五厘，高九寸，宽九寸。

二昂一件，长八尺一寸九分，高九寸，宽一尺五分。

正心瓜栱一件，长一尺八寸六分，高六寸，宽三寸七分二厘。

正心万栱一件，长二尺七寸六分，高六寸，宽三寸七分二厘。

单才瓜栱六件，各长一尺八寸六分，高四寸二分，宽三寸。

单才万栱六件，各长二尺七寸六分，高四寸二分，宽三寸。

厢栱两件，各长二尺一寸六分，高四寸二分，宽三寸。

桶子十八斗七个，内两个各长九寸九分，两个各长一尺一寸四分，两个各长一尺二寸九分，一个长一尺四寸四分，俱高三寸，宽四寸四分四厘。

槽升四个，各长三寸九分，高三寸，宽五寸一分六厘。

三才升二十个，各长三寸九分，高三寸，宽四寸四分四厘。

角科：

大斗一个，见方九寸，高六寸。

斜头翘一件，长二尺九寸八分二厘，高六寸，宽四寸五分。

搭角正头翘带正心瓜栱两件，各长一尺九寸九分五厘，高六寸，宽三寸七分二厘。

斜二翘一件，长五尺五寸二厘，高六寸，宽六寸二分。

搭角正二翘带正心万栱两件，各长三尺三寸四分五厘，高六寸，宽三寸七分二厘。

搭角闹二翘带单才瓜栱两件，各长二尺八寸九分五厘，高四寸二分，宽三寸。

里连头合角单才瓜栱两件，各长一尺六寸二分，高四寸二分，宽三寸。

斜头昂一件，长九尺一寸七分七厘，高九寸，宽五寸九分。

搭角正头昂两件，各长三尺六寸九分，高九寸，宽三寸。

搭角闹头昂带单才瓜栱两件，各长四尺六寸二分，高九寸，宽三寸。

搭角闹头昂带单才万栱两件，各长五尺七分，高九寸，宽三寸。

里连头合角单才万栱两件，各长一尺一寸四分，高四寸二分，宽三寸。

里连头合角单才瓜栱两件，各长六寸六分，高四寸二分，宽三寸。

斜二昂一件，长十一尺四寸六分厘，高九寸，宽六寸六分。

搭角正二昂两个闹二昂两个，各长四尺五寸九分，高九寸，宽三寸。

搭角闹二昂带单才万栱两件，各长五尺九寸七分，高九寸，宽三寸。

搭角闹二昂带单才瓜栱两件，各长五尺五寸二分，高九寸，宽三寸。

里连头合角单才万栱两件，各长二寸七分，高四寸二分，宽三寸。

由昂一件，长十四尺二寸二分六厘五毫，高九寸，宽七寸三分。

搭角正蚂蚱头两件，闹蚂蚱头四件，各长四尺五寸，高六寸，宽三寸。

搭角闹蚂蚱头带单才万栱两件，各长五尺八寸八分，高六寸，宽三寸。

把臂厢栱两件，各长六尺一寸二分，高六寸，宽三寸。

搭角正撑头木两件，闹撑头木六件，各长三尺六寸，高六寸，宽三寸。

里连头合角厢栱两件，各长六寸三分，高四寸二分，宽三寸。

斜桁椀一件，长十尺八分，离一尺八寸，宽七寸三分。

贴升耳十八个，内四个各长五寸九分四厘，四个各长六寸六分四厘，四个各长七寸三分四厘，四个各长八寸四厘，两个各长八寸七分四厘，俱高一寸八分，宽七分二厘。

十八斗二十个，槽升四个，三才升二十个，俱与平身科尺寸同。

原典图说

晋祠之圣母殿

圣母殿是晋祠的主殿，总高 19m，重檐歇山顶，面阔七间，进深六间，殿身四周建回廊，前廊深两间，是宋代建筑中“副阶周匝”的最古实例。殿内无柱，前部设直棂窗复加柱廊，殿内幽暗，前廊光线透过柱廊，斗栱愈显柔和，殿顶瓦垄密密排列。

晋祠之圣母殿

一斗二升交麻叶并一斗三升平身科、柱头科、角科俱斗口三寸各件尺寸开后

原典

平身科：（其一斗三升去麻叶云中加槽升一个）

大斗一个，见方九寸，高六寸。

麻叶云一件，长三尺六寸，高一尺五寸九分九厘，宽三寸。

正心瓜栱一件，长一尺八寸六分，高六寸，宽三寸七分二厘。

槽升两个，各长三寸九分，高三寸，宽五寸一分六厘。

柱头科：

大斗一个，长一尺五寸，高六寸，宽九寸。

正心瓜栱一件，长一尺八寸六分，高六寸，宽三寸七分二厘。

槽升两个，各长三寸九分，高三寸，宽五寸一分六厘。

贴正升耳两个，各长三寸九分，高三寸，宽七分二厘。

角科：

大斗一个，见方九寸，高六寸。

斜昂一件，长五尺四分，高一尺八寸九分，宽四寸五分。

搭角正心瓜栱两件，各长二尺六寸七分，高六寸，宽三寸七分二厘。

槽升两个，各长三寸九分，高三寸，宽五寸一分六厘。

三才升两个，各长三寸九分，高三寸，宽四寸四分四厘。

贴斜升耳两个，各长五寸九分四厘，高一寸八分，宽七分二厘。

孔庙

原典图说

孔庙

北京孔庙坐北朝南，占地约 20000m^2，有四进院落。主体建筑顺次为先师门、大成门、大成殿、崇圣祠。前院东面有碑亭、神厨、省牲亭、井亭；西面有碑亭、致斋所，并有持敬门与国子监相通。两侧排列着 198 座元、明、清三代进士题名碑。

大成门面阔五间，台基四周有白石护栏，前后三出陛。中陛有雕龙御路，黄琉璃筒瓦单檐庑殿顶，东西梢间内置鼓悬钟各一，两侧放置清乾隆年间仿制的石鼓 10 枚。大成门左右各有一座角门通向中院，中院甬路两旁有 11 座明清两代的记功碑亭，还有一座砖砌焚帛炉和一口经清高宗赐名“砚水湖”的古井以及古树“除奸柏”。大成殿是从前举行祭孔典礼的地方，是孔庙的主体建筑，面阔九间，进深五间，黄琉璃筒瓦重檐庑殿顶。前檐装修为菱花格扇门窗，砖石台基四周出石护栏。崇圣祠在大成殿后，是自成一座独立的小四合院。南面为正门——崇圣门三间，北面正殿为崇圣祠五间，东西各有配庑三间。崇圣祠及崇圣门为绿琉璃筒瓦歇山顶，配庑为灰筒瓦硬山顶。

三滴水品字平身科、柱头科、角科斗口三寸各件尺寸开后

原典

平身科：

大斗一个，见方九寸，高六寸。

头翘一件，长二尺一寸三分，高六寸，宽三寸。

二翘一件，长三尺九寸三分，高六寸，宽三寸。

撑头木一件，长四尺五寸，高六寸，宽三寸。

正心瓜栱一件，长一尺八寸六分，高六寸，宽三寸七分二厘。

正心万栱一件，长二尺七寸六分，高六寸，宽三寸七分二厘。

单才瓜栱两件，各长一尺八寸六分，高四寸二分，宽三寸。

厢栱一件，长二尺一寸六分，高四寸二分，宽三寸。

十八斗三个，各长五寸四分，高三寸，宽四寸四分四厘。

槽升四个，各长三寸九分，高三寸，宽五寸一分六厘。

三才升六个，各长三寸九分，高三寸，宽四寸四分四厘。

柱头科：

大斗一个，长一尺五寸，高六寸，宽九寸。

头翘一件，长二尺一寸三分，高六寸，宽六寸。

正心瓜栱一件，长一尺八寸六分，高六寸，宽三寸七分二厘。

正心万栱一件，长二尺七寸六分，高六寸，宽三寸七分二厘。

单才瓜栱两件，各长一尺八寸六分，高四寸二分，宽三寸。

厢栱一件，长二尺一寸六分，高四寸二分，宽三寸。

桶子十八斗一个，长一尺四寸四分，高三寸，宽四寸四分四厘。

槽升四个，各长三寸九分，高三寸，宽五寸一分四厘。

三才升六个，各长三寸九分，高三寸，宽四寸四分四厘。

贴斗耳两个，各长四寸四分四厘，高三寸，宽七分二厘。

角科：

大斗一个，见方九寸，高六寸。

斜翘头一件，长二尺九寸八分二厘，高六寸，宽四寸五分。

搭角正头翘带正心瓜栱两件，各长一尺九寸九分五厘，高六寸，宽三寸七分二厘。

搭角正二翘带正心万栱两件，各长三尺三寸四分五厘，高六寸，宽三寸七分二厘。

搭角闹二翘带单才瓜栱两件，各长二尺八寸九分五厘，高六寸，宽三寸。

里连头合角单才瓜栱两件，各长一尺六寸二分，高四寸二分，宽三寸。

里连头合角厢栱两件，各长四寸五分，高四寸二分，宽三寸。

贴升耳四个，各长五寸九分四厘，高一寸八分，宽七分二厘。

十八斗两个、槽升四个、三才升六个，俱与平身科尺寸同。

拉卜楞寺

原典图说

拉卜楞寺

拉卜楞寺位于甘肃省甘南藏族自治州夏河县，是藏传佛教格鲁派六大寺院之一，被世界誉为“世界藏学府”。寺院坐北向南，占地总面积 86.6 万平方米，建筑面积 40 余万平方米，主要殿宇 90 多座，包括六大学院、16 处佛殿、18 处昂欠（大活佛宫邸）、僧舍及讲经坛、法苑、印经院、佛塔等，形成了一组具有藏族特色的宏伟建筑群，房屋不下万间。

全寺所有梵宇，均以当地的石、木、土、苘麻为建筑材料，绝少使用金属。整体建筑下宽上窄，近似梯形，外石内木，有“外不见木，内不见石”之谚。各庙宇依其不同的功能和等级，分别涂以红、黄、白等土质颜料，阳台房檐挂有彩布帐帘，大中型建筑物顶部及墙壁四面置布铜质鎏金的法轮、阴阳兽、宝瓶、幡幢、金顶、雄狮。部分殿堂还融合和吸收汉族建筑成就，增盖宫殿式屋顶，上覆鎏金铜瓦或绿色琉璃瓦。

内里品字科斗口三寸各件尺寸开后

原典

大斗一个，长九寸，高六寸，宽四寸五分。

头翘一件，长一尺六分五厘，高六寸，宽三寸。

二翘一件，长一尺九寸六分五厘，高六寸，宽三寸。

撑头木一件，长二尺八寸六分五厘，高六寸，宽三寸。

正心瓜栱一件，长一尺八寸六分，高六寸，宽一寸八分六厘。

正心万栱一件，长二尺七寸六分，高六寸，宽一寸八分六厘。

麻叶云一件，长二尺四寸六分，高六寸，宽三寸。

三福云两件，各长二尺一寸六分，高九寸，宽三寸。

十八斗两个，各长五寸四分，高三寸，宽四寸四分四厘。

槽升四个，各长三寸九分，高三寸，宽二寸五分八厘。

原典图说

塔尔寺

塔尔寺

塔尔寺位于青海省西宁市湟中县鲁沙尔镇西南隅的莲花山坳中，是我国藏传佛教格鲁派（俗称黄教）创始人宗喀巴大师的诞生地，是藏区黄教六大寺院之一。塔尔寺的由来是先有塔，而后有寺，故名塔尔寺。塔尔寺建于明嘉靖年间，初建时只有一座圣塔，后几经扩建，目前共有大金瓦寺、小金瓦寺、花寺、大经堂、九间殿、大拉浪、如意塔、太平塔、菩提塔、过门塔等大小建筑共 1000 多座院落，4500 多间殿宇僧舍，规模宏大，独具匠心地把汉式三檐歇山式与藏族檐下巧砌鞭麻墙、中镶金刚时轮梵文咒和铜镜、底层镶砖的形式融为一体，和谐完美地组成一座汉藏艺术风格相结合的建筑群。此外，它还以酥油花、壁画和堆绣闻名于世，号称“塔尔寺三绝”。

堆绣，是塔尔寺独创的藏族艺术之一。它是用各种色彩艳丽的绸缎剪成各种佛像、人物、花卉、鸟兽等，然后以羊毛或棉花之类充实其中，再绣在布幔上。因此有明显的立体感，看上去层次分明、栩栩如生。

八宝如意塔，位于寺前广场。据说，这八个塔是为纪念佛祖释迦牟尼一生之中的八大功德而建造的，建于 1776 年。其造型大同小异，塔身高 6.4m，塔底周长 9.4m，底座面积 5.7m^2。塔身白灰抹面，底座青砖砌成，腰部装饰有经文，每个塔身南面还有一个佛龛，里面藏有梵文。

大金瓦殿，位于全寺正中。其建筑面积为 450m^2。大金瓦殿初建于公元 1560 年，后于公元 1711 年用黄金 1300 两、白银 1 万多两改屋顶为金顶，形成了三层重檐歇山式金顶，后来又在檐口上下装饰了镀金云头、滴水莲瓣。飞脊装有宝塔及一对“火焰掌”。四角设有金刚套兽和铜铃。底层为琉璃砖墙壁，二层是边麻墙藏窗，突出金色梵文宝镜，正面柱廊用藏毯包裹，殿内还悬挂着乾隆皇帝御赐的金匾，匾额题字为“梵教法幢”。进入大金瓦殿内，迎面矗立着 12.5m 高的大银塔，这就是宗喀巴诞生的地方。大银塔以纯银作底座，镀以黄金，并镶嵌各种珠宝，裹以数十层白色“哈达”，以示高贵。塔上有一龛，内塑有宗喀巴像，塔前陈放有各式酥油灯盏、银鼓号角、玉炉金幢。梁枋上布满了帷、幡、绣佛、围帐及布陈天花藻井，层层哈达，琳琅满目。整个建筑庄严大方、雄伟壮观，阳光之下，金光灿烂，光彩夺目。

原典

贴大斗耳两个，各长九寸，高六寸，宽二寸六分四厘。

荷叶一件，长二尺七寸，高六寸，宽六寸。

栱一件，长一尺八寸六分，高六寸，宽六寸。

雀替一件，长六尺，高一尺二寸，宽六寸。

贴槽升耳六个，各长三寸九分，高三寸，宽七分二厘。

槅架科斗口三寸各件尺寸开后

悬空寺

原典图说

悬空寺

山西恒山悬空寺，距地面高约 50m，全寺有殿宇楼阁 40 间，支撑的是十几根碗口粗的木柱，有的是承重，有的是平衡楼阁的高低，全寺为木质框架式结构，半插横梁为基，巧借岩石暗托，梁柱上下一体，廊栏左右紧连，建筑形式丰富多彩，屋檐有单檐、重檐、三层檐，结构有抬梁式、平顶式、斗栱结构，屋顶有正脊、垂脊、戗脊、平脊，重重叠叠，蔚为壮观。

斗科斗口三寸五分尺寸

斗口单昂平身科、柱头科、角科斗口三寸五分各件尺寸开后

清工部

原典

平身科：

大斗一个，见方一尺五分，高七寸。

单昂一件，长一尺四寸四分七厘五毫，高一尺五分，宽三寸五分。

蚂蚱头一件，长四尺三寸八分九厘，高七寸，宽三寸五分。

撑头木一件，长二尺一寸，高七寸，宽三寸五分。

正心瓜栱一件，长二尺一寸七分，高七寸，宽四寸三分四厘。

厢栱二件，各长二尺五寸二分，高四寸九分，宽三寸五分。

桁椀一件，长二尺一寸，高五寸二分五厘，宽三寸五分。

十八斗二个，各长六寸三分，高三寸五分，宽五寸一分八厘。

槽升四个，各长四寸五分五厘，高三寸五分，宽六寸二厘。

三才升六个，各长四寸五分五厘，高三寸五分，宽五寸一分八厘。

柱头科：

大斗一个，长一尺四寸，高七寸宽一尺五分。

单昂一件，长三尺四寸四分七厘五毫，高一尺五分，宽七寸。

正心瓜栱一件，长二尺一寸七分，高七寸，宽四寸三分四厘。

正心万栱一件，长三尺二寸二分，高七寸，宽四寸三分四厘。

厢栱二件，各长二尺五寸二分，高四寸九分，宽三寸五分。

桶子十八斗一个，长一尺六寸八分，高三寸五分，宽五寸一分八厘。

槽升二个，各长四寸五分五厘，高三寸五分，宽六寸二厘。

三才升五个，各长四寸五分五厘，高三寸五分，宽五寸一分八厘。

角科：

大斗一个，见方一尺五分，高七寸。

斜昂一件，长四尺八寸二分六厘五毫，高一尺五分，宽五寸二分五厘。

搭角正昂带正心瓜栱二件，各长三尺二寸九分，高一

尺五分，宽四寸三分四厘。

由昂一件，长七尺六寸九厘，高一尺九寸二分五厘，宽七寸一分一厘五毫。

搭角正蚂蚱头带正心万栱二件，各长三尺七寸一分，高七寸，宽四寸三分四厘。

搭角正撑头木二件，各长一尺五分，高七寸，宽三寸五分。

把臂厢栱二件，各长三尺九寸九分，高七寸，宽三寸五分。

里连头合角厢栱二件，各长四寸二分，高四寸九分，宽三寸五分。

斜桁椀一件，长二尺九寸四分，高五寸二分五厘，宽七寸一分一厘五毫。

十八斗一个、槽升四个、三才升六个俱与平身科尺寸同。

福建土楼

原典图说

中国古代十大民居之一——福建土楼

福建土楼主要分布在福建省漳州南靖、华安、永定等地。土楼以土、木、石、竹为主要建筑材料，利用将未经焙烧的、按一定比例的沙质黏土和黏质沙土拌和而成，用夹墙板夯筑而成的两层以上的房屋。福建土楼是分布最广、数量最多、品种最丰富、保存最完好的土楼，是客家文化的象征，故又称“客家土楼”。福建土楼是世界独一无二的大型民居形式，被称为中国传统民居的瑰宝。

直径 66m 的集庆楼已届 600“高龄”，集庆楼坐落在初溪村北面溪边，海拔 500 多 m，高出溪面约 30m，地势险要。集庆楼为圆形土楼，两环，建于明永乐年间，坐南朝北，占地 $2826m^2$。该楼中轴线自北而南依次为门坪、楼门、门厅、天井、内环及内外环通道、天井、祖堂、后院。该楼高 4 层，底层 53 开间，二层以上每层 56 开间。底层为厨房，底层，二层不开窗；三层为粮仓；三层以上为卧室。集庆楼结构十分独特，楼里底层内通廊式，全楼用 72 个楼梯分割成 72 个单元，木结构均靠榫头衔接，不用一枚铁钉，被称为“楼梯最多、最奇特的土楼”。

斗口重昂平身科、柱头科、角科斗口三寸五分各件尺寸开后

原典

平身科：

大斗一个，见方一尺五厘，高七寸。

头昂一件，长三尺四寸四分七厘五毫，高一尺五分，宽三寸五分。

二昂一件，长五尺三寸五分五厘，高一尺五分，宽三寸五分。

蚂蚱头一件，长五尺四寸六分，高七寸，宽三寸五分。

撑头木一件，长五尺四寸三分九厘，高七寸，宽三寸五分。

正心瓜栱一件，长二尺一寸七分，高七寸，宽四尺三寸四厘。

正心万栱一件，长三尺二寸二分，高七寸，宽四寸三分四厘。

单才瓜栱二件，各长二尺一寸七分，高四寸九分，宽三寸五分。

单才万栱二件，各长三尺二寸二分，高四寸九分，宽三寸五分。

厢栱二件，各长二只五寸二分，高四寸九分，宽三寸五分。

桁椀一件，长四尺二寸，高一尺五分，宽三寸五分。

十八斗四个，各长六寸三分，高三寸五分，宽五寸一分八厘。

槽升四个，各长四寸五分五厘，高三寸五分，宽六寸二厘。

三才升十二个，各长四寸五分五厘，高三寸五分，宽五寸一分八厘。

柱头科：

大斗一个，长一尺四寸，高七寸，宽一尺五分。

头昂一件，长三尺四寸四分七厘五毫，高一尺五分，宽七寸。

二昂一件，长五尺三寸五分五厘，高一尺五分，宽一尺五分。

正心瓜栱一件，长二尺一寸七分，高七寸，宽四寸三分四厘。

正心万栱一件，长三尺二寸二分，高七寸，宽四寸三分四厘。

单才瓜栱二件，各长二尺一寸七分，高四寸九分，宽三寸五分。

单才万栱二件，各长三尺二寸二分，高四寸九分，宽三寸五分。

厢拱二件，各长二尺五寸三分，高四寸九分，宽三寸五分。

桶子十八斗三个，内二个各长一尺三寸三分，一个长一尺六寸八分，俱高三寸五分，宽五寸一分八厘。

槽升四个，各长四寸五分五厘，高三寸五分，宽六寸二厘。

三才升十二个，各长四寸五分五厘，高三寸五分，宽五寸一分八厘。

角科：

大斗一个，见方一尺五分，高七寸。

斜头昂一件，长四尺八寸二分六厘五毫，高一尺五分，宽五寸二分五厘。

搭角正头昂带正心瓜栱二件，各长三尺二寸九分，高一尺五分，宽四寸三分四厘。

斜二昂一件，长七尺四寸九分七厘，高一尺五分，宽六寸五分。

搭角正二昂带正心万栱二件，各长四尺八寸六分五厘，一尺五分，宽四寸三分七厘。

搭角闹二昂带单才瓜栱二件，各长四尺三寸四分，高一尺五分，宽三寸五分。

由昂一件，长十尺六寸五厘，高一尺九寸二分五厘，宽七寸七分五。

搭角正蚂蚱头二件，各长三尺一寸五分，高七寸，宽三寸五分。

搭角闹蚂蚱头带才万栱二件，各长四尺七寸六分，高七寸，宽三五分。

把臂厢栱二件，长五尺四分，高七寸，宽三寸五分。

里连头合角单才瓜栱二件，各长一尺八寸九分，高四寸九分，宽三寸五分。

里连头合角单万栱二件，各长一尺三寸三分，高四寸九分，宽三寸五分。

搭角正撑头木二件、闹撑头木二件，各长二尺一寸，高七寸，宽三寸五分。

里连头合角厢栱二件，各长五寸二分五厘，高四寸九分，宽三寸五分。

斜桁椀一件，长五尺八寸八分，高一尺五分，宽一尺七寸五分。

贴斜升耳十个，内四个各长六寸九分三厘，二个各长八寸一分八厘，四个各长九寸四分三厘，俱高二寸一分，宽八分四厘。

十八斗六个、槽升四个、三才升十二个，俱与平身科尺寸同。

开平碉楼

原典图说

中国古代十大民居之二——开平碉楼

开平碉楼位于广东省江门市下辖的开平市境内，是中国乡土建筑的一个特殊类型，是集防卫、居住和中西建筑艺术于一体的多层塔楼式建筑，是中西合璧，亦中亦西、亦土亦洋的建筑风格，现存的1833座碉楼千姿百态，无一座完全相同，根据上部的造型，可分为以下四类。

①柱廊式。这类碉楼比较多。等距离排列的西式立柱与券栱结合，显开敞状，显得典雅富贵。碉楼的柱廊多为步廊，有一面柱廊、三面柱廊和四面柱廊之分。柱廊是一种源自古希腊神庙的古典建筑样式，古罗马建筑中也经常出现。柱廊的券栱造型多数是采用古罗马的券栱，带有明显的古罗马建筑风格。另外欧洲中世纪哥特式建筑风格的尖券栱和具有伊斯兰建筑风格及富有装饰性的花瓣形券栱，在开平碉楼也有表现。

②平台式。平台式不像柱廊式上面覆顶，而是露天的，造型显得开放。平台的围栏多数是通过实心混凝土栏板，在外墙进行细部处理，增加其装饰性。也有围栏采用西方华丽的古典栏式，古罗马建筑中的多立克、爱奥尼克、塔司干风格的栏杆也有所运用。

③城堡式。采用中世纪欧洲城堡封闭的圆柱体和教堂顶部塔尖装饰的建筑要素，楼体的开窗和射击孔都注重与其上部的造型风格相协调。这类碉楼远看就像欧洲的城堡。

④混合式。以上三种的混合体在开平碉楼中更为常见，或柱廊与平台混合，或柱廊与城堡混合，或平台与城堡混合，或三者混合。混合式的碉楼更显华贵。其实这些散落在岭南之角的外国建筑风格的碉楼大多是混杂着多种文化艺术建筑，它们没有过多地追究要建特定类型的建筑，而是根据主人的爱好以及其在外吸收的建筑经验，因而，开平碉楼的建筑风格集中世纪众多典型建筑风格于一身。

开平碉楼荟萃着众多西欧建筑特色，希腊罗马的柱廊式、西欧哥特式、意大利巴洛克式，欧洲的古堡式。随着历史的延伸，开平碉楼以其非凡的魅力，吸引着世人的眼球，向世人诠释着开平人非凡的技艺，洋为中用，模仿而非抄袭，结合自身的岭南风格，开创出独特的建筑艺术风格。这些不同风格流派、不同宗教门类的建筑元素在开平表现出极大的包容性，汇聚一地，和谐共处，形成一种新的综合性很强的建筑类型，表现出特有的艺术魅力。

单翘单昂平身科、柱头科、角科斗口三寸五分各件尺寸开后

原典

平身科：

单翘一件，二尺四寸八分五厘，高七寸，宽三寸五分。

其余各件与斗口重昂平身科尺寸同。

柱头科：

单翘一件，长二尺四寸八分五厘，高七寸，宽七寸。

其余各件俱与斗口重昂柱头科尺寸同。

角科：

斜翘一件，长三尺四寸七分九厘，高七寸，宽五寸二分五厘。

搭角正翘带正心瓜栱二件，各长二尺三寸二分七厘五毫，高七寸，宽四寸三分四厘。

其余各件俱与斗口重昂角科尺寸同。

王家大院

原典图说

中国古代十大民居之三——王家大院

王家大院位于山西省灵石县城东 12km 处的中国历史文化名镇静升镇。王家大院是由静升王氏家族经明清两朝、历 300 余年修建而成，包括五巷六堡一条街，总面积达 25 万平方米，而且是一座具有汉族文化特色的建筑艺术博物馆。

王家大院的砖雕、木雕、石雕题材丰富、技法娴熟，大量采用了世俗观念认可的各种象征、隐喻、谐音，甚至禁忌的艺术形式，在文人、画家、雕刻艺人的共同参与下，将花鸟鱼虫、山石水舟、典故传说、戏曲人物或雕于砖、或刻于石、或镂于木，体现了清代建筑装饰的风格，将儒、道、佛思想与汉族传统民俗文化凝为一体。

王家大院的建筑装饰，是清代“纤细繁密”的集大成者，结构附件装饰均绚丽精致、雍容典雅。如穿廊上的斗栱、额枋、雀替等处的木刻，柱础石、墙基石等石刻装饰以及各院落内的楹联匾额，形式多样、做工极佳，体现了中国古代北方地区汉族民居“坚固、实用、美观”的建筑特点。

单翘重昂平身科、柱头科、角科斗口三寸五分各件尺寸开后

原典

平身科：

大斗一个，见方一尺五分，高七寸。

单翘一件，长二尺四寸八分五厘，高七寸，宽三寸五分。

头昂一件，长五尺五寸四分七厘五毫，高一尺五寸，宽三寸五分。

二昂一件，长七尺四寸五分五厘，高一尺五分，宽三寸五分。

蚂蚱头一件，长七尺五寸六分，高七寸，宽三寸五分。

撑头木一件，长七尺五寸三分九厘，高七寸，宽三寸五分。

正心瓜栱一件，长二尺一寸七分，高七寸，宽四寸三分四厘。

正心万栱一件，长三尺二寸二分，高七寸，宽四寸三分四厘。

单才瓜栱四件，各长二尺一寸七分，高四寸九分，宽三寸五分。

单才万栱四件，各长三尺二寸二分，高四寸九分，宽三寸五分。

厢栱一件，各长二尺五寸二分，高四寸九分，宽三寸五分。

桁椀一件，长六尺三寸，高一尺五寸七分五厘，宽三寸五分。

十八斗六个，各长六寸三分，高三寸五分，宽五寸一分八厘。

槽升四个，各长四寸五分五厘，高三寸五分，宽六寸二厘。

三才升二十个各长四寸五分五厘，高三寸五分，宽五寸一分八厘。

柱头科：

大斗一个，长一尺四寸，高七寸，宽一尺五分。

单翘一件，长二尺四寸八分五厘，高七寸，宽七寸。

头昂一件，长五尺五寸四分七厘五毫，高一尺五分，宽九寸三分三厘。

二昂一件，长七尺四寸五分五厘，高一尺五分，宽一尺一寸六分六厘。

正心瓜栱一件，长二尺一寸七分，高七寸，宽四寸三分四厘。

正心万栱一件，长三尺二寸二分，高七寸，宽四寸三分四厘。

单才瓜拱四件，各长二尺一寸七分，高四寸九分，宽三寸五分。

单才万拱四件，各长三尺二寸二分，高四寸九分，宽三寸五分。

厢拱二件，各长二尺五寸二分，高四寸九分，宽三寸五分。

桶子十八斗五个，内二个各长九寸八分，二个各长一尺二寸一分三厘，一个长一尺四寸四分六厘，俱高三寸五分，宽五寸一分八厘。

槽升四个，各长四寸五分五厘，高三寸五分，宽五寸一分八厘。

三才升二十个，各长四寸五分五厘，高三寸五分，宽五寸一分八厘。

角科：

大斗一个，见方一尺五分，高七寸。

斜翘一件，长三尺四寸七分九厘，高七寸，宽五寸二分五厘。

搭角正翘带正心瓜拱二件，各长二尺三寸二分七厘五毫，高七寸，宽四寸三分四厘。

斜头昂一件，长七尺七寸六分六厘五毫，高一尺五分，宽六寸一分八厘七毫五丝。

搭角正头昂带正心万拱二件，各长四尺八寸六分五厘，高一尺五分，宽四寸三分四厘。

搭角闹头昂带单才瓜拱二件，各长四尺三寸四分，高一尺五分，宽三寸五分。

里连头合角单才瓜拱二件，各长一尺八寸九分，高四寸九分，宽三寸五分。

斜二昂一件，长十尺四寸三分七厘，高一尺五分，宽七寸一分二厘五毫。

搭角正二昂二件，各长四尺三寸五厘，高一尺五分，宽三寸五分。

搭角闹二昂带单才万拱二件，各长五尺九寸一分五厘，高一尺五分，宽三寸五分。

搭角闹二昂带单才瓜拱二件，各长四尺三寸四分，高一尺五分，宽三寸五分。

里连头合角单才万拱二件，各长一尺三寸三分，高四寸九分，宽三寸五分。

里连头合角单才瓜拱二件，各长七寸七分，高四寸九分，宽三寸五分。

由昂一件，长十三尺六寸一厘，高一尺九寸二分五厘，宽八寸六厘二毫五丝。

搭角正蚂蚱头二件、闹蚂蚱头二件，各长四尺二寸，高七寸，宽三寸五分。

搭角闹蚂蚱头带单才万拱二件，各长五尺八寸一分，高七寸，宽三寸五分。

里连头合角单才万拱二件，各长三寸一分五厘，高四寸九分，宽三寸五分。

把臂厢拱二件，各长六尺九分，高七寸，宽三寸五分。

搭角正撑头木二件，闹撑头木四件，各长三尺一寸五分，高七寸，宽三寸五分。

里连头合角厢拱二件，各长六寸三分，高四寸九分，宽三寸五分。

斜桁椀一件，长八尺八寸二分，高一尺五寸七分五厘，宽八寸六厘二毫五丝。

贴升耳十四个，内四个各长六寸九分三厘，四个各长七寸八分八厘五毫，二个各长八寸八分五厘，四个各长九寸七分四厘二毫五丝，俱高二寸一分，宽八分四厘。

十八斗十二个、槽升四个、三才升十六个，俱与平身科尺寸同。

乔家大院

原典图说

中国古代十大民居之四——乔家大院

乔家大院位于山西省祁县乔家堡村。它又名“在中堂”，是一座具有北方汉族传统民居建筑风格的古宅。整个院落呈双“喜”字形，分为 6 个大院，内套 20 个小院，313 间房屋，总占地 10642m^2，建筑面积 4175m^2。整个院落是城堡式建筑，三面临街，四周是高达 10 余米的全封闭青砖墙。大门为城门式洞式。

大院三面临街，不与周围民居相连。外围是封闭的砖墙，高 10m 有余，上层是女墙式的垛口，还有更楼，眺阁点缀其间，显得气势宏伟，威严高大。大门坐西朝东，上有高大的顶楼，中间城门洞式的门道，大门对面是砖雕百寿图照壁。大门以里是一条石铺的东西走向的甬道，甬道两侧靠墙有护墙围台，甬道尽头是祖先祠堂，与大门遥遥相对，为庙堂式结构。

北面三个大院，都是庑廊出檐大门，暗棂暗柱，三大开间，车轿出入绰绰有余，门外侧有拴马柱和上马石，从东往西数，依次为老院、西北院、书房院。所有院落都是正偏结构，正院主人居住，偏院则是客房佣人住室及灶房。在建筑上偏院较为低矮，房顶结构也大不相同，正院都为瓦房出檐，偏院则为方砖铺顶的平房，既表现了伦理上的尊卑有序，又显示了建筑上层次感。大院有主楼四座，门楼、更楼、眺阁六座。各院房顶有走道相通，便于夜间巡更护院。

清工部

原典

平身科：

大斗一个，见方一尺五分，高七寸。

头翘一件，长二尺四寸八分五厘，高七寸，宽三寸五分。

重翘一件，长四尺五寸八分五厘，高七寸，宽三寸五分。

头昂一件，长七尺六寸四分七厘五毫，高一尺五分，宽三寸五分。

二昂一件，长九尺五寸五分五厘，高一尺五分，宽三寸五分。

蚂蚱头一件，长九尺六寸六分，高七寸，宽三寸五分。

撑头木一件，长九尺六寸三分九厘，高七寸，宽三寸五分。

正心瓜栱一件，长二尺一寸七分，高七寸，宽四寸三分四厘。

重翘重昂平身科、柱头科、角科斗口三寸五分，各件尺寸开后

正心万栱一件，长三尺二寸二分，高七寸，宽四寸三分四厘。

单才瓜栱六件，各长二尺一寸七分，高四寸九分，宽三寸五分。

单才万栱六件，各长三尺二寸二分，高四寸九分，宽三寸五分。

厢栱二件，各长二尺五寸二分，高四寸九分，宽三寸五分。

桁椀一件，长八尺四寸，高二尺一寸，宽三寸五分。

十八斗八个，各长六寸三分，高三寸五分，宽五寸一分八厘。

槽升四个，各长四寸五分五厘，高三寸五分，宽六寸二厘。

三才升二十八个，各长四寸五分五厘，高三寸五分，宽五寸一分八厘。

柱头科：

大斗一个，长一尺四寸，高七寸，宽一尺五分。

头翘一件，长二尺四寸八分五厘，高七寸，宽七寸。

重翘一件，长四尺五寸八分五厘，高七寸，宽八寸七分五厘。

头昂一件，长七尺六寸四分七厘五毫，高一尺五分，宽一尺五分。

二昂一件，长九尺五寸五分五厘，高一尺五分，宽一尺二寸二分五厘。

正心瓜栱一件，长二尺一寸七分，高七寸，宽四寸三分四厘。

正心万栱一件，长三尺二寸二分，高七寸，宽四寸三分四厘。

单才瓜栱六件，各长二尺一寸七分，高四寸九分，宽三寸五分。

单才万栱六件，各长三尺二寸二分，高四寸九分，宽三寸五分。

厢栱二件，长二尺五寸二分，高四寸九分，宽三寸五分。

桶子十八斗七个，内二个各长一尺一寸五分五厘，二个各长一尺三寸三分，二个各长一尺五寸五厘，一个长一尺六寸八分，俱高三寸五分，宽五寸一分八厘。

槽升四个，各长四寸五分五厘，高三寸五分，宽六寸二分。

三才升二十个，各长四寸五分五厘，高三寸五分，宽五寸一分八厘。

角科：

大斗一个，见方一尺五分，高七寸。

斜头翘一件，长三尺四寸七分九厘，高七寸，宽五寸二分五厘。

搭角正头翘带正心瓜栱二件，各长二尺三寸二分七厘五毫，高七寸，宽四寸三分四厘。

斜二翘一件，长六尺四寸一分九厘，高一尺五分，宽六寸。

搭角正二翘带正心万栱二件，各长三尺九寸二厘五毫，高七寸，宽四寸三分四厘。

搭角闹二翘带单才瓜栱二件，各长三尺三寸七分七厘五毫，高七寸，宽三寸五分。

里连头合角单才瓜栱二件，各长一尺八寸九分，高四寸九分，宽三寸五分。

斜头昂一件，长十尺七寸六厘五毫，高一尺五分，宽六寸七分五厘。

搭角正头昂二件，各长四尺三寸五厘，高一尺五分，宽三寸五分。

搭角闹头昂带单才瓜栱二件，各长五尺三寸九分，高一尺五分，宽三寸五分。

搭角闹头昂带单才万栱二件，各长五尺九寸一分五厘，高一尺五分，宽三寸五分。

里连头合角单才万栱二件，各长一尺三寸三分，高四寸九分，宽三寸五分。

里连头合角单才瓜栱二件，各长七寸七分，高四寸九分，宽三寸五分。

斜二昂一件，长十三尺三寸七分七厘，高一尺五分，宽七寸五分。

搭角正二昂二件、闹二昂二件，各长五尺三寸五分五厘，高一尺五分，宽三寸五分。

搭角闹二昂带单才万栱二件，各长六尺九寸六分五厘，高一尺五分，宽三寸五分。

搭角闹二昂带单才瓜栱二件，各长六尺四寸六分，高一尺五分，宽三寸五分。

里连头合角单才万栱二件，各长三寸一分五厘，高四寸九分，宽三寸五分。

由昂一件，长十六尺五寸九分七厘，高一尺九寸二分五厘，宽八寸二分五厘。

搭角正蚂蚱头二件、闹蚂蚱头四件，各长五尺二寸五分，高七寸，宽三寸五分。

搭角闹蚂蚱头带单才万栱二件，各长六尺八寸六分，高七寸，宽三寸五分。

把臂厢栱二件，各长七尺一寸四分，高七寸，宽三寸五分。

搭角正撑头木二件、闹撑头木六件，各长四尺二寸，高七寸，宽三寸五分。

里连头合角厢栱二件，各长七寸三分五厘，高四寸九分，宽三寸五分。

斜桁椀一件，长十一尺七寸六分，高二尺一寸，宽八尺二分五厘。

贴升耳十八个，内四个各长六寸九分八厘，四个各长七寸六分八厘，四个各长八寸四分四厘，二个各长九寸一分八厘，四个各长九寸九分三厘，俱高二寸一分，宽八分四厘。

十八斗二十个、槽升四个、三才升二十个，俱与平身科尺寸同。

皇城相府

原典图说

中国古代十大民居之五——皇城相府

皇城相府，位于山西省晋城市阳城县北留镇。皇城相府（又称午亭山村）总面积 3.6 万 m^2，是清文渊阁大学士兼吏部尚书、《康熙字典》总阅官、康熙皇帝 35 年经筵讲师陈廷敬的故居，其由内城、外城、紫芸阡等部分组成，御书楼金碧辉煌，中道庄巍峨壮观，斗筑居府院连绵，河山楼雄伟险峻，藏兵洞层叠奇妙，是一处罕见的明清两代城堡式官宦住宅建筑群，被专家誉为“中国北方第一文化巨族之宅”。皇城相府建筑群分内城、外城两部分，有院落 16 座，房屋 640 间，

内城“斗筑居”为陈廷敬伯父陈昌言在明崇祯六年，为避战乱而建。内城“斗筑居”东西相距 71.5m，南北相距 161.75m，设五门，墙头遍设垛口，重要部位筑堡楼，并在东北、东南角制高点建春秋阁和文昌阁。

城墙内四周设藏兵洞，计五层 125 间，为战时家丁、垛夫藏身小憩之用。内城北部建一高堡楼，名曰河山楼，长三丈四尺，宽二丈四尺，高有十丈。楼分七层，层间有墙内梯道或木梯相通，底层深入地下，备有水井、石磨等生活设施，一应俱全，并有暗道通往城外，是战乱时族人避敌藏身之处。

河山楼位于内城北部。高 30 多米，是皇城相府中最高的建筑。楼平面呈长方形，长 15m，宽 10m，高 23m，共七层（含地下一层）。楼外墙整齐划一，内部则逐层递减。整个河山楼只在南向辟一栱门，门设两道，为防火计，外门为石门，门后施以杠栓。楼层间构筑棚板屯贮人员物质。河山楼三层以上才设有窗户，进入堡垒的石门高悬于二层之上，通过吊桥与地面相通。河山楼楼顶建有垛口和谍楼，便于瞭望敌情保卫城堡。河山楼内还可储备有大量粮食，以应付可能出现的长期围困。

一斗二升交麻叶并一斗三升平身科、柱头科、角科斗口三寸五分各件尺寸开后

原典

平身科：（其一斗三升去麻叶云中加槽升一个）

大斗一个，见方一尺五分，高七寸。麻叶云一件，长四尺二寸，高一尺八寸六分五厘五毫，宽三寸五分。

正心瓜栱一件，长二尺一寸七分，高七寸，宽四寸三分四厘。

槽升两个，各长四寸五分五厘，高三寸五分，宽六寸二厘。

柱头科：

大斗一个，长一尺七寸五分，高七寸，宽一尺五分。

正心瓜栱一件，长二尺一寸七分，高七寸，宽四寸三分四厘。

槽升二个，长四寸五分五厘，高三寸五分，宽六寸二厘。

贴正升耳二个，各长四寸五分五厘，高三寸五分，宽八分四厘。

角科：

大斗一个，见方一尺五分，高七寸。

斜昂一件，长五尺八寸八分，高二尺二寸五厘，宽五寸二分五厘。

搭角正心瓜栱二件，各长三尺一寸一分五厘，高七寸，宽四寸三分四厘。

槽升二个，各长四寸五分五厘，高三寸五分，宽六寸二厘。

三才升二个，各长四寸五分五厘，高三寸五分，宽五寸一分八厘。

贴斜升耳二个，各长六寸九分三厘，高二寸一分，宽八分四厘。

中国古代十大民居之六——大邑刘氏庄园

大邑刘氏庄园博物馆位于四川省成都市大邑县安仁镇金桂街 15 号，始建于 1958 年 10 月，为中国近现代社会的重要史迹和代表性建筑之一。大邑刘氏庄园博物馆是典型的川西坝子建筑风格。博物馆占地 7 万余平方米，建筑面积达 21055m^2，为南北相望相距 300m 的两大建筑群。老庄园呈不规则多边形，四周由 6m 多高的风火砖墙围绕，7 道大门，内有 27 道天井，180 余间房屋，3 个花园。庄园内重墙夹巷、厚门铁锁、密室复道、布局零乱，整座庄园宛若黑沉沉的迷宫建筑。有长方形、方形、梯形、菱形等各种造型；雕花门缕等装饰多达数百种。庄园内部分为大厅、客厅、接待室、账房、雇工院、收租院、粮仓、秘密金库、水牢和佛堂，望月台、逍遥宫、花园、果园等部分。这座中西合璧的庄园建筑群以砖木结构为主。

老公馆内院内有一座寿堂，供奉着刘氏祖先的灵位，灵位上面有 98 种不同字体的寿字，加上旁边两对刚好 100 个，代表着长命百岁。寿堂右边是一进二的房间。

小姐楼为院中之院，院门两侧立柱为朱砂色，门楣上方镶嵌的长方形白瓷板上有“祥呈五福”四字，最顶部一枝浮雕状白色牡丹显得雍容华贵，为砖木结构，皆系青砖勾白线柱墙框架，尤其精道别致，在六面攒尖屋顶透溢出二三十年代半封建半殖民地这个特定历史时期的中西式建筑风貌。

大邑刘氏庄园

原典

平身科：

大斗一个，见方一尺五分，高七寸。

头翘一件，长二尺四寸八分五厘，高七寸，宽三寸五分。

二翘一件，长四尺五寸八分五厘，高七寸，宽三寸五分。

撑头木一件，长五尺二尺五分，高七寸，宽三寸五分。

正心瓜栱一件，长二尺一寸七分，高七寸，宽四寸三分四厘。

正心万栱一件，长三尺二寸二分，高七寸，宽四寸三分四厘。

单才瓜栱二个，长二尺一寸七分，高四寸九分，宽三寸五分。

厢栱一件，长二尺五寸二分，高四寸九分，宽三寸五分。

三滴水品字平身科、柱头科、角科斗口三寸五分各件尺寸开后

十八斗三个，各长六寸三分，高三寸五分，宽五寸一分八厘。

槽升四个，各长四寸五分五厘，高三寸五分，宽六寸二厘。

三才升六个，各长四寸五分五厘，高三寸五分，宽五寸一分八厘。

柱头科：

大斗一个，长一尺七寸五分，高七寸，高一尺五分。

头翘一件，长二尺四寸八分五厘，高七寸，宽七寸。

正心瓜栱一件，长二尺一寸七分，高七寸，宽四寸三分四厘。

正心万栱一件，长三尺二寸二分，高七寸，宽四寸三分四厘。

单才瓜栱二件，各长二尺一寸七分，高四寸九分，宽三寸五分。

厢栱一件，长二尺五寸二分，高四寸九分，宽三寸五分。

桶子十八斗一个，长一尺六寸八分，高三寸五分，宽五寸一分八厘。

槽升四个，各长四寸五分五厘，高三寸五分，宽六寸二厘。

三才升六个，各长四寸五分五厘，高三寸五分，宽五寸一分八厘。

贴升耳二个，各长五寸一分八厘，高三寸五分，宽八分四厘。

角科：

大斗一个，见方一尺五分，高七寸。

斜头翘一件，长三尺四寸七分九厘，高七寸，宽五寸二分五厘。

搭角正头翘带正心瓜栱二件，各长二尺三寸二分七厘五毫，高七寸，宽四寸三分四厘。

搭角正二翘带正心万栱二件，各长三尺九寸二厘五毫，高七寸，宽四寸三分四厘。

搭角闹二翘带单才瓜栱二件，各长三尺三寸七分七厘五毫，高七寸，宽三寸五分。

里连头合角单才瓜栱二件，各长一尺八寸九分，高四寸九分，宽三寸五分。

里连头合角厢栱二件，各长五寸二分五厘，高四寸九分，宽三寸五分。

贴升耳四个，各长六寸九分三厘，高二寸一分，宽八分四厘。

十八斗两个、槽升四个、三才升六个，俱与平身科尺寸同。

原典图说

中国古代十大民居之七——宏村，之八——西递

西递、宏村位于黄山市黟县，西递和宏村是安徽南部民居中最具有代表性的两座古村落，它们以世外桃源般的田园风光、保存完好的村落形态、工艺精湛的徽派民居和丰富多彩的历史文化内涵而闻名天下。

西递、宏村背倚秀美青山，清流抱村穿户，数百幢明清时期的民居建筑静静伫立。高大奇伟的马头墙有骄傲睥睨的表情，也有跌宕飞扬的韵致；灰白的屋壁被时间涂划出斑驳的线条，更有了凝重、沉静的效果；还有宗族祠堂、书院、牌坊和宗谱。走进民居，美轮美奂的砖雕、石雕、木雕装饰入眼皆是，门罩、天井、花园、漏窗、房梁、屏风、家具，都在无声地展示着精心的设计与精美的手艺。西递村中至今尚保存完好明清民居近二百幢。徽派建筑错落有致，砖、木、石雕点缀其间。

该村建房多用黑色大理石，两条清泉穿村而过，99 条高墙深巷，各具特色的古民居，使游客如置身迷宫。村头有座明万历六年 (公元 1578) 建的三间四柱五楼的青石牌坊，峥嵘巍峨、结构精巧，是胡氏家族地位显赫的象征。

宏村数百幢古民居鳞次栉比，其间以“承志堂”最为杰出，它是清代盐商营造。占地两千多平方米，为砖木结构楼房。此房气势恢弘、工艺精细，其正厅横梁、斗栱、花门、窗棂上的木刻，层次繁复、人物众多，人不同面，面不同神，堪称徽派“三雕”艺术中的木雕精品。据史料记载，“承志堂”是黟县境内保护最完美的古民居，到此参观的国内外游客，无不为之倾倒。

西 递

宏 村

清工部

原典

大斗一个，长一尺五分，高七寸，宽五寸二分五厘。

头翘一件，长一尺二寸四分二厘五毫，高七寸，宽三寸五分。

二翘一件，长二尺二寸七分五厘，高七寸，宽三寸五分。

撑头木一件，长三尺三寸四分二厘五毫，高七寸，宽三寸五分。

正心瓜栱一件，长二尺一寸七分，高七寸，宽二寸一分七厘。

正心万栱一件，长三尺二寸二分，高七寸，宽二寸一分七厘。

麻叶云一件，长二尺八寸七分，高七寸，宽三寸五分。

三福云三件，各长二尺五寸二分，高一尺五分，宽三寸五分。

十八斗两个各长六寸三分，高三寸五分，宽五寸一分八厘。

内里品字科斗口三寸五分各件尺寸开后

姜氏庄园

原典图说

中国古代十大民居之九——姜氏庄园

姜氏庄园，位于陕西省米脂县城东 15km 桥河岔乡刘家峁村，是陕北大财主姜耀祖于清光绪年间投巨资历时 16 年亲自监修的私宅。姜氏庄园砖、木、石三雕艺术十分讲究，整座庄园无处不雕，无处不琢，大至整个建筑设计，小到各个微小装置，都有数不尽的“雕”艺术，这些都充分说明庄主的聪明才智和文化内涵，体现出独到匠心的建筑科技和历史艺术价值。

下院院前以块石砌垒，高达 9.5m 的挡土墙，上部筑女儿墙，外观犹若城垣。寨门为棋形石洞，穿寨门过涵洞即到达下院管家院，其建筑为三孔石窑，坐西北向东南，两厢各有三孔石窑，倒座是木屋架、石板铺顶的房屋。大门青瓦硬山顶，门额题“大夫第”，门道两侧置抱鼓石。正面窑洞北侧设通往上院的暗道。在下院外，寨墙北有一石棋窑式井楼，高 5m，东西宽 4m，井深 33m，井壁皆用石块盘旋垒砌而成。

院内方形石板铺地，倒座有石板铺顶的马棚，特别是马槽雕琢非常精细，令当代石匠叹为观止。院中两侧各有三间厢房，另附带有小耳房，瓦筒卷棚，雕镂窗棂，既精巧又大方。厢房两侧各有通道，可直接与东西两侧仓窑、碾磨房和通往后山地洞相连。每孔仓窑内有 12 个大石仓，每石仓可存粮 50 余石。中院主要是账房和客人居住的场所。

上院是陕北典型的窑洞四合院，硬山式大门制作精细，“大夫第”木雕巨匾气势夺人。中院大门为五脊六兽硬山顶，上书“武魁”二字，以炫耀主人叔父武举之绩。入门后东面厢房对置，拾阶而上至上院，正面垂花门制作甚为考究，青瓦卷棚顶，四柱双层门，雀替、浮雕等制作考究华丽。进入垂花门是陕北地区最高等级的“明五、暗四、六厢窑”式窑洞院落，穿廊抱厦，十字砖墙，东西对称，工艺精细。

槅架科斗口三寸五分各件尺寸开后

原典

贴大斗耳二个，各长一尺五分，高七寸，宽三寸八厘。

荷叶一件，长三尺一寸五分，高七寸，宽七寸。

栱一件，长二尺一寸七分，高七寸，宽七寸。

雀替一件，长七尺，高一尺四寸，宽七寸。

贴槽升耳六个，各长四寸五分五厘，高三寸五分，宽八分四厘。

康百万庄园

原典图说

中国古代十大民居之十——康百万庄园

康百万庄园又名河洛康家，位河南省巩义市（原巩县）康店镇，始建于明末清初，是十七、十八世纪华北封建堡垒式建筑的代表。康百万庄园是康氏家族先祖第六代传人康绍敬建造的府邸。康家的十二代庄园主康大勇乾隆初年大建。“康百万”是明清以来对康应魁家族的统称，因慈禧太后的册封而名扬天下。

康百万庄园临街建楼房，靠崖筑窑洞，四周修寨墙，濒河设码头，集农、官、商风格为一体，布局严谨，规模宏大。总建筑面积 64300m^2，有 33 个院落，53 座楼房，1300 多间房舍和 73 孔窑洞。各类砖雕、木雕、石雕华丽典雅，造型优美，是华北地区黄土高原封建堡垒式建筑的代表。

庄园建筑以寨上主宅区为核心，向寨下其他区域以扇面形式展开，建成功能不同、形式各异的群体院落。深宅大院、重脊高檐、垂花门楼，间或以假山、曲廊的“障景”法作点缀，达到移步换景的艺术效果。

康百万庄园还是一座雕刻艺术的宝库，砖雕、石雕、木雕都有极高的水准。建筑物上自房顶屋瓦，下至门窗廊柱，都有雕刻饰件。艺术表现上则采用了透雕、浮雕、圆雕等不同工艺手法，设计新颖，工艺精湛，风格各异。走过不同的大小门时，会看到门枕石和柱础上的石刻浮雕，咫尺之间，人物、动物活灵活现，生动传神。石柱子的作用是支撑房顶。这种建筑方式使石柱免受潮湿的侵蚀。这些六边形的底座是由多年形成的水晶石建造的，每个面上都刻有花卉和人物图案。最富有想象力的是一个中间镂空雕刻出来的人物，似乎整个石柱是由他们支撑起来的，人物雕刻栩栩如生，整个结构又不失平衡。

碑楼上精美的砖雕图案栩栩如生；屋檐下龙飞凤舞的木雕图案，格调雅秀，显示古代工匠非凡才智和精湛技艺的当属保存完好的一具华丽檀木三进式顶子床，它雕刻细致入微，纹饰繁缛，据说工匠们花费了 1700 多个工作日才雕刻完工。

斗科斗口四寸尺寸

斗口单昂平身科、柱头科、角科斗口四寸各件尺寸开后

原典

平身科：

大斗一个，见方一尺二寸，高八寸。

单昂一件，长三尺九寸四分，高一尺二寸，宽四寸。

蚂蚱头一件，长五尺一分六厘，高八寸，宽四寸。

撑头木一件，长二尺四寸，高八寸，宽四寸。

正心瓜栱一件，长二尺四寸八分，高八寸，宽四寸九分六厘。

正心万栱一件，长三尺六寸八分，高八寸，宽四寸九分六厘。

厢栱二件，各长二尺八寸八分，高五寸六分，宽四寸。

桁椀一件，长二尺四寸，高六寸，宽四寸。

十八斗二个，各长七寸二分，高四寸，宽五寸九分二厘。

槽升四个，各长五寸二分，高四寸，宽六寸八分八厘。

三才升六个，各长五寸二分，高四寸，宽五寸九分二厘。

柱头科：

大斗一个，长一尺六寸，高八寸，宽一尺二寸。

单昂一件，长三尺九寸四分，高一尺二寸，宽八寸。

正心瓜栱一件，长二尺四寸八分，高八寸，宽四寸九分六厘。

正心万栱一件，长三尺六寸八分，高八寸，宽四寸九分六厘。

厢栱二件，各长二尺八寸八分，高五寸六分，宽四寸。

桶子十八斗一个，长一尺九寸二分，高四寸，宽五寸九分二厘。

槽升二个，各长五寸二分，高四寸，宽六寸八分八厘。

三才升五个，各长五寸二分，高四寸，宽五寸九分二厘。

角科：

大斗一个，见方一尺二寸，高八寸。

斜昂一件，长五尺五寸一分六厘，高一尺二寸，宽六寸。

搭角正昂带正心瓜栱二件，各长三尺七寸六分，高一尺二寸，宽四寸九分六厘。

由昂一件，长八尺六寸九分六厘，高二尺二寸，宽八寸。

搭角正蚂蚱头带正心万栱二件，各长四尺二寸四分，高一尺二寸，宽四寸九分六厘。

搭角正撑头木二件，各长一尺二寸，高八寸，宽四寸。

把臂厢栱二件，各长四尺五寸六分，高八寸，宽四寸。

里连头合角厢栱二件，各长四寸八分，高五寸六分，宽四寸。

斜桁椀一件长二尺二寸万分，高六寸，宽八寸。

十八斗二个、槽升四个、三才升六个俱与平身科尺寸同。

故宫

原典图说

故宫

故宫，又名紫禁城，位于北京城的中轴线上，是明朝和清朝的皇室。占地 72 万平方米，建筑面积约 15 万平方米，共有殿宇 999 间半，是世界现存最大的皇家建筑群，也是中国现存最大最完整的古建筑群。故宫的整个建筑被两道坚固的防线围在中间，外围是一条宽 52m、深 6m 的护城河环绕；接着是周长 3km 的城墙，墙高近 10m，底宽 8.62m。城墙上开有 4 门，南有午门，北有神武门，东有东华门，西有西华门，城墙四角，还耸立着 4 座角楼，角楼有 3 层屋檐，72 个屋脊，玲珑剔透，造型别致，为中国古建筑中的杰作。

北京故宫建筑特点如下。

①故宫建筑为坐北朝南的方向，施工前，立华表以确定方位。表是直立的标杆，取长短相等的两表，观测早晚其日影长度相等的两点，将其连成一线，即为正东正西方向。一般建筑立木为表，工匠即依照所指方向开沟奠基。天安门之前，立雕饰石柱为华表，指示整座紫禁城的建筑方向，并与主体建筑风格协调，成为一种装饰。

②平面布局以大殿（太和殿）为主体，取左右对称的法式排列诸殿堂、楼阁、台榭、廊庑、亭轩、门阙等建筑。

③殿堂建筑以木构架支撑，柱底下有石柱础，砖修墙体北、西、东三面维护，坐北朝南，上盖金黄色琉璃瓦屋顶。

④屋顶正脊两端的正脊吻及垂脊吻上有大型陶质兽头装饰，戗脊上饰有若干陶质蹲兽，歇山式屋顶（中和殿）有宝顶。

⑤斗栱檐桁额枋表面刻画不同的图案和花纹，有动物纹样如龙凤狮虎、鸟兽虫鱼，植物纹样如藤蔓葵荷、花草叶纹，自然纹样如山水日月、星辰云气，几何纹样如方形、菱形、回纹、雷纹，文字花纹如福寿喜吉纹，器具花纹如钱纹、元宝纹等，具有美观与防腐双重功用。其他如悬鱼、窗棂、栏杆、壁画、天文板、藻井、槅断等装饰纹样多种多样。

⑥宫殿装饰色彩，屋顶多用金黄色，立柱门窗墙垣等处多用赤红色装饰，檐枋多施青蓝碧绿等色，衬以石雕栏板及石阶之白玉色，形成鲜明的色彩对比。

斗口重昂平身科、柱头科、角科斗口四寸各件尺寸开后

原典

平身科：

大斗一个，见方一尺二寸，高八寸。

头昂一件，长三尺九寸四分，高一尺二寸，宽四寸。

二昂一件，长六尺一寸一分，高一尺一，宽四寸。

蚂蚱头一件，长六尺二寸四分，高八寸，宽四寸。

撑头木一件，长六尺二寸一分六厘，高八寸，宽四寸。

正心瓜栱一件，长二尺四寸八分，高八寸，宽四寸九分六厘。

正心万栱一件，长三尺六寸八分，高八寸，宽四寸九分六厘。

单才瓜栱二件，各长二尺四寸八分，高五寸六分，宽四寸。

单才万栱二件，各长三尺六寸八分，高五寸六分，宽四寸。

厢栱二件，各长二尺八寸八分，高五寸六分，宽四寸。

桁椀一件，长四尺八寸，高一尺二寸，宽四寸。

十八斗四个，各长七寸二分，高四寸，宽五寸九分二厘。

槽升四个，各长五寸二分，高四寸，宽六寸八分八厘。

三才升十二个，各长五寸二分，高四寸，宽五寸九分二厘。

柱头科：

大斗一个，长一尺六寸，高八寸，宽一尺二寸。

头昂一件，长三尺九寸四分，高一尺二寸，宽八寸。

二昂一件，长六尺一寸二分，高一尺二寸，宽一尺二寸。

正心瓜栱一件，长二尺四寸八分，高八寸，宽四寸九分六厘。

正心万栱一件，长三尺六寸八分，高八寸，宽四寸九分六厘。

单才瓜栱二件，各长二尺四寸八分，高五寸六分，宽四寸。

单才万栱二件，各长三尺六寸八分，高五寸六分，宽四寸。

厢栱二件，各长二尺八寸八分，高五寸六分，宽四寸。

桶子十八斗三个，内二个各长一尺五寸二分，一个长一尺九寸二分，俱高四寸，宽五寸九分二厘。

槽升四个，各长五寸二分，高四寸，宽六寸八分八厘。

三才升十二个，各长五寸二分，高四寸，宽五寸九分二厘。

角科：

大斗一个，见方一尺二寸，高八寸。

斜头昂一件，长五尺五寸二分六厘，高一尺二寸，宽六寸。

搭角正头昂带正心瓜栱二件，各长三尺七寸六分，高一尺二寸，宽四寸九分六厘。

斜二昂一件，长八尺五寸六分八厘，高一尺二寸，宽七寸三分三厘。

搭角正二昂带正心万栱二件，各长五尺五寸六分，高一尺二寸，宽四寸九分六厘。

搭角闹二昂带单才瓜栱二件，各长四尺九寸六分，高一尺二寸，宽四寸。

由昂一件，长十二尺一寸二分，高二尺二寸，宽八寸六分六厘。

搭角正蚂蚱头二件，各长三尺六寸，高八寸，宽四寸。

搭角闹蚂蚱头带单才万栱二件，各长五尺四寸四分，高八寸，宽四寸。

把臂厢栱二件，各长五尺七寸六分，高八寸，宽四寸。

里连头合角单才瓜栱二件，各长二尺一寸六分，高五寸六分，宽四寸。

里连头合角单才万栱二件，各长一尺五寸二分，高五寸六分，宽四寸。

搭角正撑头木二件，闹撑头木二件，各长二尺四寸，高八寸，宽四寸。

里连头合角厢栱二件，各长六寸，高五寸六分，宽四寸。

斜桁椀一件，长六尺七寸二分，高一尺二寸，宽八寸六分六厘。

贴斜升耳十个，内四个各长七寸九分二厘，二个各长九寸二分五厘，四个各长一尺五分八厘，俱高二寸四分，宽九分六厘。

十八斗六个，槽升四个，三才升十二个俱与平身科尺寸同。

重昂结构

单翘单昂平身科、柱头科、角科斗口四寸各件尺寸开后

原典

平身科：

单翘一件，长二尺八寸四分，高八寸，宽四寸。其余各件俱与斗口重昂平身科尺寸同。

柱头科：

单翘一件，长二尺八寸四分，高八寸，宽八寸。其余各件俱与斗口重昂柱头科尺寸同。

角科：

斜昂一件长三尺九寸七分六厘，高八寸，宽六寸。

搭角正翘带正心瓜栱二件，各长二尺六寸六分，高八寸，宽四寸九分六厘。

其余各件俱与斗口重昂角科尺寸同。

布达拉宫

原典图说

世界屋脊的明珠——布达拉宫

举世闻名的布达拉宫耸立在西藏拉萨市红山之上，海拔 3700 多米，占地总面积 36 万余 m^2，建筑总面积 13 万余 m^2，主楼高 117m，共 13 层，其中宫殿、灵塔殿、佛殿、经堂、僧舍、庭院等一应俱全，是当今世上海拔最高、规模最大的宫堡式建筑群。

布达拉宫整体为石木结构，宫墙全部用花岗岩垒砌，最厚处达 5m，墙基深入岩层，外部墙体内还灌注了铁汁，以增强建筑的整体性和抗震能力，同时配以金顶、金幢等装饰。

红宫是整个建筑群的主体，是历代达赖的灵塔殿和各类佛堂。布达拉宫以五世达赖罗桑嘉措的灵塔殿最为考究。灵塔高近 15m，方基圆顶，分塔座、塔瓶、塔顶三部分，五世达赖的尸骸用香料、红花等保存在塔瓶内。塔身用金箔包裹，共用黄金 3724kg，并镶嵌着 15000 多颗各种珍贵的金刚钻石、红绿宝石、翠玉、珍珠、玛瑙等，塔座陈设各式法器、祭器。西大殿为五世达赖灵塔殿的享堂，是红宫中最大的宫殿，由 48 根大木柱组成，高 6m 多。建筑中采用传统建筑中常用的斗栱结构，还有大量的木雕佛像、狮、象等各种动物。布达拉宫在 17 世纪的修建和以后的扩建中，由西藏地区的优秀画师创作了数以万计的精美壁画，大小殿堂、门厅、走道、回廊等处都绘有壁画，这些壁画题材多样、内容丰富，有表现历史人物、历史故事的，有表现佛经故事的，也有表现建筑、民俗、体育、娱乐等生活内容的。它们是布达拉宫中价值极高的艺术品。

清工部

原典

平身科：

大斗一个，见方一尺一寸，高八寸。

单翘一件，长二尺八寸四分，高八寸，宽四寸。

头昂一件，长六尺三寸四分，高一尺二寸，宽四寸。

二昂一件，长八尺五寸二分，高一尺二寸，宽四寸。

蚂蚱头一件，长八尺六寸四分，高八寸，宽四寸。

撑头木一件，长八尺六寸一分六厘，高八寸，宽四寸。

正心瓜栱一件，长二尺四寸八分，高八寸，宽四寸九分六厘。

正心万栱一件，长三尺六寸八分，高八寸，宽四寸九分六厘。

单才瓜栱四件，各长二尺四寸八分，高五寸六分，宽四寸。

单才万栱四件，各长三尺六寸八分，高五寸六分，宽四寸。

厢栱一件，各长二尺八寸八分，高五寸六分，宽四寸。

单翘重昂平身科、柱头科、角科斗口四寸各件尺寸开后

桁椀一件，长七尺二寸，高一尺八寸，宽四寸。

十八斗六个，各长七尺二分，高四寸，宽五寸九分二厘。

槽升四个，各长五寸二分，高四寸，宽六寸八分八厘。

三才升二十个，各长五寸二分，高四寸，宽五寸九分二厘。

柱头科：

大斗一个，长一尺六寸，高八寸，宽一尺二寸。

单翘一件，长二尺八寸四分，高八寸，宽八寸。

头昂一件，长六尺三寸四分，高一尺二寸，宽一尺六分六厘。

二昂一件，长八尺五寸二分，高一尺二寸，宽一尺三寸三分三厘。

正心瓜栱一件，长二尺四寸八分，高八寸，宽四寸九分六厘。

正心万栱一件，长三尺六寸八分，高八寸，宽四寸九分六厘。

单才瓜栱四件，各长二尺四寸八分，高五寸六分，宽四寸。

单才万栱四件，各长三尺六寸八分，高五寸六分，宽四寸。

厢栱二件，各长二尺八寸八分，高五寸六分，宽四寸。

桶子十八斗五个，内二个各长一尺三寸八分六厘，二

个各长一尺六寸五分三厘，一个长一尺九寸二分，俱高四寸，宽五寸九分二厘。

槽升四个，各长五寸二分，高四寸，宽六寸八分八厘。

三才升二十个，各长五寸二分，高四寸，宽五寸九分二厘。

角科：

大斗一个，见方一尺二寸，高八寸。

斜翘一件，长三尺九寸七分六厘，高八寸，宽六寸。

搭角正翘带正心瓜栱二件，各长二尺六寸六分，高八寸宽四寸九分六厘。

斜头昂一件，长八尺八寸七分六厘，高一尺二寸，宽七寸。

搭角正头昂带正心万栱二件，各长五尺五寸六分，高一尺二寸，宽四寸九分六厘。

搭角闹头昂带单才瓜栱二件，各长四尺九寸六分，高一尺二寸，宽四寸。

里连头合角单才瓜栱二件，各长八尺一寸六分，高五寸六分，宽四寸。

斜二昂一件，长十一尺九寸二分八厘，高一尺二寸，宽八寸。

搭角正二昂二件，各长四尺九寸二分，高一尺二寸，宽四寸。

搭角闹二昂带单才万栱二件，各长六尺七寸六分，高一尺二寸，宽四寸。

搭角闹二昂带单才瓜栱二件，各长六尺一寸六分，高一尺二寸，宽四寸。

里连头合角单才万栱二件，各长一尺五寸二分，高五寸六分，宽四寸。

里连头合角单才瓜栱二件，各长八尺八寸，高五寸六分，宽四寸。

由昂一件，长十五尺五寸四分四厘，高二尺二寸，宽九寸。

搭角正蚂蚱头两件，闹蚂蚱头二件，各长四尺八寸，高八寸，宽四寸。

搭角闹蚂蚱头带单才万栱二件，各长六尺六寸四分，高八寸，宽四寸。

把臂厢栱二件，各长六尺九寸六分，高八寸，宽四寸。

搭角正撑头木二件，闹撑头木四件，各长三尺六寸，高八寸，宽四寸。

里连头合角厢栱二件，各长七寸二分，高五寸六分，宽四寸。

斜桁椀一件，长十尺八分，高一尺八寸，宽九寸。

贴升耳十四个，内四个各长七寸九分二厘，四个各长八寸九分二厘，二个各长九寸九分二厘，四个各长一尺九分二厘，俱高二寸四分，宽九分五厘。

十八斗十二个、槽升二个、三才升十六个俱与平身科尺寸同。

原典

平身科：

大斗一个，见方一尺二寸，高八寸。

单翘一件，长二尺八寸四分，高八寸，宽四寸。

重翘一件，长五尺二寸四分，高八寸，宽四寸。

头昂一件，长八尺七寸四分，高一尺二寸，宽四寸。

二昂一件，长十尺九寸二分，高一尺二寸，宽四寸。

蚂蚱头一件，长十一尺四分，高八寸，宽四寸。

撑头木一件，长十一尺一分六厘，高八寸，宽四寸。

正心瓜栱一件，长二尺四寸八分，高八寸，宽四寸九分六厘。

正心万栱一件，长三尺六寸八分，高八寸，宽四寸九分六厘。

单才瓜栱六件，各长二尺四寸八分，高五寸六分，宽四寸。

单才万栱六件，各长三尺六寸八分，高五寸六分，宽四寸。

厢栱二件，各长二尺八寸八分，高五寸六分，宽四寸。

桁椀一件，长九尺六寸，高二尺四寸，宽四寸。

重翘重昂平身科、柱头科、角科斗口四寸各件尺寸开后

十八斗八个，各长七寸二分，高四寸，宽五寸九分六厘。

槽升四个，各长五寸二分，高四寸，宽六寸八分八厘。

三才升二十八个，各长五寸二分，高四寸，宽五寸九分二厘。

柱头科：

大斗一个，长一尺六寸，高八寸，宽一尺二寸。

头翘一件，长二尺八寸四分，高八寸，宽八寸。

重翘一件，长五尺二寸四分，高八寸，宽一尺。

头昂一件，长八尺七寸四分，高一尺一寸，一尺二寸。

二昂一件，长十尺九寸二分，高一尺二寸，一尺四寸。

正心瓜栱一件，长二尺四寸八分，高八寸，四寸九分六厘。

正心万栱一件，长二尺六寸八分，高八寸，四寸九分六厘。

单才瓜栱六件，各长二尺四寸八分，高五寸六分，宽四寸。

单才万栱六件，各长三尺六寸八分，高五寸六分，宽四寸。

厢栱二件，各长二尺八寸八分，高五寸六分，宽四寸。

桶子十八斗七个，内二个各长一尺三寸二分，二个各长一尺五寸二分，二个各长一尺七寸二分，一个长一尺九寸二分，俱高四寸，宽五寸九分二厘。

槽升四个各长五寸二分，高四寸，宽六寸八分八厘。

三才升二十个各长五寸二分，高四寸，宽五寸九分二厘。

大斗一个，见方一尺二寸，高八寸。

斜头昂一件，长三尺九寸七分六厘，高八寸，宽六寸。

搭角正头翘带正心瓜栱二件，各长二尺七寸六分，高八寸，宽四寸九分六厘。

斜二翘一件，长七尺三寸三分六厘，高八寸，宽六寸八分。

搭角正二翘带正心万栱二件，各长四尺四寸六分，高八寸，宽四寸九分六厘。

搭角闹二翘带单才瓜栱二件，各长三尺八寸六分，高八寸，宽四寸。

里连头合角单才瓜栱二件，各长二尺一寸六分，高五寸六分，宽四寸。

斜头昂一件，长十二尺二寸三分六厘，高一尺二寸，宽七寸六分。

搭角正头昂二件，各长四尺九寸二分，高一尺二寸，宽四寸。

搭角闹头昂带单才瓜栱二件，各长六尺一寸六分，高一尺二寸，宽四寸。

搭角闹头昂带单才万栱二件，各长六尺七寸六分，高一尺二寸，宽四寸。

里连头合角单才万栱二件，各长一尺五寸二分，高五寸六分，宽四寸。

里连头合角单才瓜栱二件，各长八尺八分，高五寸六分，宽四寸。

斜二昂一件，长十五尺二寸八分八厘，高一尺一寸，宽八寸四分。

搭角正二昂二件，闹二昂二件，各长六尺一寸二分，高一尺二寸，宽四寸。

搭角闹二昂带单才万栱二件，各长七尺三寸六分，高一尺二寸，宽四寸。

搭角闹二昂带单才瓜栱二件，各长七尺三寸六分，高一尺二寸，宽四寸。

里连头合角单才万栱二件，各长三寸六分，高五寸六分，宽四寸。

由昂一件，长十八尺九寸六分八厘，高二尺二寸，宽九寸二分。

搭角正蚱蚱头二件，闹蚂蚱头四件，各长六尺，高八寸，宽四寸。

搭角闹蚂蚱头带单才万栱二件，各长七尺八寸四分，高八寸，宽四寸。

把臂厢栱二件，各长八尺一寸六分，高八寸，宽四寸。

搭角正撑头木二件，闹撑头木六件，各长四尺八寸，高八寸，宽四寸。

里连头合角厢栱二件，各长八寸四分，高五寸六分，宽四寸。

斜桁椀一件，长十三尺四寸四分，高二尺四寸，宽九寸二分。

贴升耳十个，内四个各长七寸九分二厘，四个各长八寸七分二厘，四个各长九寸五分二厘，二个各长一尺三分二厘，四个各长一尺一寸一分二厘，俱高二寸四分，宽九分六厘。

十八斗二十个、槽升四个、三才升二十个俱与平身科尺寸同。

清工部

原典

平身科：

（其一斗三升去麻叶云中加槽升一个）大斗一个，见方一尺二寸，高八寸。麻叶云一件，长四尺八寸，高二尺一寸三分二厘，宽四寸。

正心瓜栱一件，长二尺四寸八分，高八寸，宽四寸九分六厘。

槽升两个，各长五寸二分，高四寸，宽六寸八分八厘。

柱头科：

大斗一个，长二尺，高八寸，宽一尺二寸。

正心瓜栱一件，长二尺四寸八分，高八寸，宽四寸九分六厘。

槽升二个，各长五寸二分，高四寸，宽六寸八分八厘。

贴正升耳二个，各长五寸二分，高四寸，宽九分六厘。

角科：

大斗一个，见方一尺二寸，高八寸。

斜昂一件，长六尺七寸二分，高二尺五寸二分，宽六寸。

搭角正心瓜栱二件，各长三尺五寸六分，高八寸，宽四寸九分六厘。

槽升两个，各长五寸二分，高四寸，宽六寸八分八厘。

三才升二个，各长五寸二分，高四寸，宽五寸九分二厘。

贴斜升耳二个，各长七寸九分二厘，高二寸四分，宽九分六厘。

一斗三升交麻叶并一斗三升平身科、柱头科、角科俱斗口四件各件尺寸开后

道教宫殿式建筑——永乐宫

永乐宫是典型的元代建筑风格，粗大的斗栱层层叠叠地交错着，四周的雕饰不多，比起明、清两代的建筑，显得较为简洁、明朗。几个殿以南、北为中轴线，依次排列。

永乐宫以屋顶式样区分，龙虎殿和三清殿同属一种类型——单檐庑殿顶，纯阳殿和重阳殿又同属另一类型——单檐歇山顶。若以梁架露明或隐蔽观察，三清殿、纯阳殿等级略高，殿内有平棊遮盖，龙虎殿和重阳殿则为彻上露明造，梁架结构全部可以看见。

永乐宫各殿除清代建筑的山门外，全用足礓䃰而不用台阶，足礓䃰两侧砖砌“象眼”为菱形图案，大小不等，迭层有别，为国内罕见之例。在这几座元代建筑中，还保存着许多元代彩绘，其中以三清殿最为精致。阑额、柱头枋、檐枋和栱眼壁内，画塑结合，以塑为主，更增加了建筑的瑰丽。除了这些共同点之外，平面、梁架、结构手法等方面，还存在着许多不同点，是很值得重视的。如龙虎殿是元代很典型的山门形式，台基凸起，殿前足礓䃰与门前夹道相连，而殿后檐之足礓䃰坡道由台明向内收缩，使后檐形成凹字形平面等手法，均较为罕见。

永乐宫

三滴水品字平身科、柱头科、角科斗口四寸各件尺寸开后

原典

平身科：大斗一个，见方一尺二寸，高八寸。头翘一件，长二尺八寸四分，高八寸，宽四寸。

二翘一件，长五尺二寸四分，高八寸，宽四寸。

撑头木一件，长六尺，高八寸，宽四寸。

正心瓜栱一件，长二尺四寸八分，高八寸，宽四寸九分六厘。

正心万栱一件，长三尺寸八分，高八寸，宽四寸九分六厘。

单才瓜栱二件，各长二尺四寸八分，高五寸六分，宽四寸。

厢栱一件，长二尺八寸八分，高五寸六分，宽四寸。

十八斗三个，各长七寸二分，高四寸，宽五寸九分二厘。

槽升四个，各长五寸二分，高四寸，宽六寸八分八厘。

三才升六个，各长五寸二分，高四寸，宽五寸九分二厘。

柱头科：

大斗一个，长二尺，高八寸，宽一尺二寸。

头翘一件，长二尺八寸四分，高八寸，宽八寸。

正心瓜栱一件，长二尺四寸八分，高八寸，宽四寸九分六厘。

正心万栱一件，长三尺六寸八分，高八寸，宽四寸九分六厘。

单才瓜栱二件，各长二尺四寸八分，高五寸六分，宽四寸。

厢栱一件，长二尺八寸八分，高五寸六分，宽四寸。

桶子十八斗一个，长一尺九寸二分，高四寸，宽五寸九分二厘。

槽升四个，各长五寸二分，高四寸，宽六寸八分八厘。

三才升六个，各长五寸二分，高四寸，宽五寸九分二厘。

贴升耳二个，各长五寸九分二厘，高四寸，宽九分六厘。

角科：

大斗一个，见方一尺二寸，高八寸。

斜头翘一件，长三尺九寸七分六厘，高八寸，宽六寸。

搭角正头翘带正心瓜栱二件，各长二尺六寸，高八寸，宽四寸九分六厘。

搭角正二翘带正心万栱二件，各长四尺四寸六分，高八寸，宽四寸九分六厘。

搭角闹二翘带单才瓜栱二件，各长三尺八寸六分，高八寸，宽四寸。

里连头合角单才瓜栱二件，各长二尺一寸六分，高五寸六分，宽四寸。

里连头合角厢栱二件，各长六寸，高五寸六分，宽四寸。

贴升耳四个，各长七寸九分二厘，高二寸四分，宽九分六厘。

十八斗二个、槽升四个、三才升六个俱与平身科尺寸同。

内里品字科斗口四寸各件尺寸开后

原典

大斗一个，长一尺二寸，高八寸，宽六寸。头翘一件，长一尺四寸二分，高八寸，宽四寸。

二翘一件，长二尺六寸二分，高八寸，宽四寸。

正心瓜栱一件，长二尺四寸八分，高八寸，宽二寸四分八厘。

正心万栱一件，长三尺六寸八分，高八寸，宽二寸四分八厘。

麻叶云一件，长三尺二寸八分，高八寸，宽四寸。

三福云二件，各长二尺八寸八分，高一尺二寸，宽四寸。

十八斗二个，各长七寸二分，高四寸，宽五寸九分二厘。

槽升四个，各长五寸二分，高四寸，宽三寸四分四厘。

中国第一座皇家陵园——秦始皇陵

秦始皇陵位于西安以东 30km 的骊山北麓，南依骊山，北临渭水。秦始皇陵封土夯筑而成，形成三级阶梯，状呈覆斗，底部近似方形，面积达 25 万平方米，高度 115m，但经过 2000 多年的风雨侵蚀和人为破坏，现存封土底部面积为 12 万平方米，高度为 87m，陵区总面积为 56.25km^2。

秦始皇陵园的地面建筑主要分布在封土北侧和封土西北的内外城垣之间。封土北侧的地面建筑群目前已探明的有三处，其中靠近封土的一处建筑规模较大，形制讲究，似为陵园祭祀的寝殿。寝殿之北还有两组规模较大的建筑群，亦为寝殿。封土西北的内外城垣之间还发现一个地面建筑群。依据目前清理的三组房屋建筑来看似为宫建筑。宫建筑遗址的南北侧、西侧还有几组尚未发掘的地面建筑，这个区域似乎也是一个建筑群。封土东侧先后发现了两处陪葬坑和一处陪葬墓。这些陪葬坑与陪葬墓都分布在外城垣以东。外城垣 400m、西距外城垣 1225m 处就是著名的三个兵马俑陪葬坑。

陵墓地宫中心是安放秦始皇棺椁的地方，陵墓四周有陪葬坑和墓葬 400 多个。主要陪葬坑有铜车、马坑、珍禽异兽坑、马厩坑以及兵马俑坑等。1980 年发掘出土的一组两乘大型的彩绘铜车马——高车和安车，是迄今中国发现的体形最大、装饰最华丽，结构和系驾最逼真、最完整的古代铜车马，被誉为“青铜之冠”。

秦始皇陵

槅架科斗口四寸各件尺寸开后

精讲

原典

贴大斗耳二个，各长一尺二寸，高八寸，厚三寸五分二厘。荷叶一件，长三尺六寸，高八寸，宽八寸。栱一件，长二尺四寸八分，高八寸，宽八寸。雀替一件，长八尺，高一尺六寸，宽八寸。贴槽升耳六个，各长五寸二分，高四寸，宽九分六厘。

沈阳故宫——崇政殿

崇政殿在中路前院正中，俗称“金銮殿”，是沈阳故宫最重要的建筑。整座大殿全是木结构，面阔五间，进深三间。辟有槅扇门，前后出廊，围以石雕的栏杆。殿顶铺黄琉璃瓦，镶绿剪边，正脊饰五彩琉璃龙纹及火焰珠。殿身的廊柱是方形的，望柱下有吐水的螭首，顶盖黄琉璃瓦镶绿剪边；殿前月台两角，东立日晷，西设嘉量；殿内彻上明造绘以彩饰。内陈宝座、屏风；两侧有熏炉、香亭、烛台一堂；殿柱是圆形的，两柱间用一条雕刻的整龙连接，龙头探出檐外，龙尾直入殿中，实用与装饰完美地结合为一体，增加了殿宇的帝王气魄。殿前后红色檐柱都是方形，下面是灰黑色覆莲式的柱础石，上部则用蓝、白、金等颜色绘“披肩”、莲花等图案，外侧是与大政殿相同的兽面，柱顶部分更是精彩，各有一形象生动的木雕龙头探出，而且两两相对，探爪戏珠；龙身和后爪则在廊内，既起支撑作用，又是别出心裁的美化，仿佛神龙自殿内飞出，高贵而富有生气。檐下的木雕莲瓣、蜂窝、如意等与大政殿一式，和方形的殿柱一样属于藏传佛教建筑艺术风格，枋上的二龙戏珠浮雕，金光闪烁，横贯外檐，增添了华丽精美的效果。

室内的殿柱，下部为红、蓝、白三色相间的“立水”，再往上是翻卷的浪涛和腾飞的金龙，周围点缀火焰流云。七架梁广大梁上的彩画也同样精彩。中段近似半圆形的“包袱”内为红地金龙和如意云朵，两端是各色奇花瑞草，既高贵深沉又祥和自然。五架梁以上及檐枋、角背等处是比较规范的“龙草和玺”类彩画。

崇政殿

清工部

原典

平身科：

大斗一个，见方一尺三寸五分，高九寸。单昂一件，长四尺四寸三分二厘五毫，高一尺三寸五分，宽四寸五分。

蚂蚱头一件，长五尺六寸四分三厘，高九寸，宽四寸五分。

撑头木一件，长二尺七寸，高九寸，宽四寸五分。

正心瓜栱一件，长二尺七寸九分，高九寸，宽五寸五分八厘。

正心万栱一件，长四尺一寸四分，高九寸，宽五寸五分八厘。

厢栱一件，各长三尺二寸四分，高六寸三分，宽四寸五分。

桁椀一件，长二尺七寸，高六寸七分五厘，宽四寸五分。

—卷三十七—

斗科斗口五寸尺寸

斗口单昂平身科、柱头科、角科斗口五寸各件尺寸开后

十八斗二个，各长八寸一分，高四寸五分，宽六寸六分六厘。

槽升四个，各长五寸八分五厘，高四寸五分，宽七寸七分四厘。

三才升六个，各长五寸八分五厘，高四寸五分，宽六寸六分六厘。

柱头科：

大斗一个，长一尺八寸，高九寸，宽一尺三寸五分。

单昂一件，长四尺四寸三分二厘五毫，高一尺三寸五分，宽九寸。

正心瓜栱一件，长二尺七寸九分，高九寸，宽五寸五分八厘。

正心万栱一件，长四尺一寸四分，高九寸，宽五寸五分八厘。

厢栱二件，各长三尺二寸四分，高六寸，四寸五分。

桶子十八斗二个，长二尺一寸六分，高四寸五分，宽六寸六分六厘。

槽升二个，各长五寸八分五厘，高四寸五分，宽七寸七分四厘。

三才升五个，各长五寸八分五厘，高四寸五分，宽六寸六分六厘。

角科：

大斗一个，见方一尺三寸五分，高九寸。

斜昂二件，长六尺二寸五厘五毫，高一尺三寸五分，宽六寸七分五厘。

搭角正撑头木带正心瓜栱二件，各长四尺四寸三分，高一尺三寸五分，宽五寸五分八厘。

由昂一件，长九尺七寸八分三厘，高二尺四寸七分五厘，宽一尺二寸三分七厘五毫。

搭角正蚂蚱头带正心万栱二件，各长四尺七寸七分，高九寸，宽五寸五分八厘。

搭角正撑头木二件，各长一尺三寸五分，高九寸，宽四寸五分。

把背厢栱二件，各长五尺一寸三分，高九寸，宽四寸五分。

里连头合角厢栱二件，各长五寸四分，高六寸三分，宽四寸五分。

斜桁椀一件，长二尺七寸，高六寸七分五厘，宽一尺二寸三分七厘五毫。

十八斗二个、槽升四个、三才升六个俱与平身科尺寸同。

原典图说

唐陵中的杰作——乾陵

唐乾陵是唐高宗李治与女皇武则天的合葬墓，是唐陵中具有代表性的一座。它倚山为坟，海拔 1049m，呈圆锥形，南北主轴线长达 4.9km，陵园周长 40km，由内外两城组成。外城遗迹已难寻觅，内城遗址犹存，面积为 2.4km^2，有青龙、白虎、朱雀、玄武四门，门外均有石刻，当年陵园内还有献殿、下宫、画像祠堂等建筑。据记载，唐后期曾重建殿宇 378 间，初建时的规模显然更加庞大。

现乾陵遗存的主要是朱雀门外的神道和其两侧的石刻。长长的神道两侧有两组残存的土阙和石刻 114 件，石刻有华表、翼马、朱雀、石马、石人、石狮等，多用整块巨石雕成，雕工精细、线条流畅、气势伟岸、富于质感，反映了盛唐的国威和工艺水平。

乾 陵

清工部

原典

平身科：

大斗一个，见方一尺三寸五分，高九寸。

头昂一件，长四尺四寸三分二厘五毫，高一尺三寸五分，宽四寸五分。

二昂一件，长六尺八寸八分五厘，高一尺三寸五分，宽四寸五分。

蚂蚱头一件，长七尺二分，高九寸，宽四寸五分。

撑头木一件，长六尺九寸九分三厘，高九寸，宽四寸五分。

正心瓜栱一件，长二尺七寸九分，高九寸，宽五寸五分八厘。

正心万栱一件，长四尺一寸四分，高九寸，宽五寸五分八厘。

单才瓜栱二件，各长二尺七寸九分，高六寸三分，宽四寸五分。

单才万栱二件，各长四尺一寸四分，高六寸三分，宽四寸五分。

厢栱二件，各长三尺二寸四分，高六寸三分，宽四寸五分。

斗口重昂平身科、柱头科、角科斗口四寸五分各件尺寸开后

桁椀一件，长五尺四寸，高一尺三寸五分，宽四寸五分。

十八斗四个，各长八寸一分，高四寸五分，宽六寸六分六厘。

槽升四个，各长五寸八分五厘，高四寸五分，宽七寸七分四厘。

三才升十二个，各长五寸八分五厘，高四寸五分，宽六寸六分六厘。

柱头科：

大斗一个，长一尺八寸，高九寸，宽一尺三寸五分。

头昂一件，长四尺四寸三分二厘五毫，高一尺三寸五分，宽九寸。

二昂一件，长六尺六寸八分五厘，高一尺三寸五分，宽一尺三寸五分。

正心瓜栱一件，长二尺七寸九分，高九寸，宽五寸五分八厘。

正心万栱一件，长四尺一寸四分，高九寸，宽五寸五分八厘。

单才瓜栱二件，各长二尺七寸九分，高六寸三分，宽四寸五分。

单才万栱二件，各长四尺一寸四分，高六寸三分，宽四寸五分。

厢栱二件，各长三尺二寸四分，高六寸三分，宽四寸五分。

桶子十八斗三个，内二个各长一尺七寸一分，一个长二尺一寸六分，俱高四寸五分，宽六寸六分六厘。

槽升四个，各长五寸八分五厘，高四寸五分，宽七寸七分四厘。

三才升十二个，各长五寸八分五厘，高四寸五分，宽六寸六分六厘。

角科：

大斗一个，见方一尺三寸五分，高九寸。

斜头昂一件，长六尺二寸五厘五毫，高一尺三寸五分，宽六寸七分五厘。

搭角正头昂带正心瓜栱二件，各长四尺二寸三分，高一尺三寸五分宽五寸五分八厘。

斜二昂一件，长九尺六寸三分九厘，高一尺三寸五分，宽八寸五分。

搭角正二昂带正心万栱二件，各长六尺二寸五分五厘，高一尺三寸五分，宽五寸五分八厘。

搭角闹二昂带单才瓜栱二件，各长五尺五寸八分，高一尺三寸五分，宽四寸五分。

由昂一件，长十三尺六寸三分五厘，高二尺四寸七分五厘，宽一尺二分五厘。

搭角正蚂蚱头二件，各长四尺五分，高九寸，宽四寸五分。

搭角闹蚂蚱头带单才万栱二件，各长六尺一寸二分，高九寸，宽四寸五分。

把臂厢栱二件，各长六尺四寸八分，高九寸，宽四寸五分。

里连头合角单才瓜栱二件，各长二尺四寸三分，高六寸三分，宽四寸五分。

里连头合角单才万拱二件，各长一尺七寸一分，高六寸三分，宽四寸五分。

搭角正撑头木二件，闹撑头木二件，各长二尺七寸，高九寸，宽四寸五分。

里连头合角厢拱二件，各长六寸七分五厘，高六寸三分，宽四寸五分。

斜桁椀一件，长七尺五寸六分，高一尺三寸五分，宽一尺二分五厘。

贴升耳十个，内四个各长八寸九分一厘，二个各长一尺六分六厘，四个各长一尺二寸四分一厘，俱高二寸七分，宽一寸八厘。

十八斗六个，槽升四个，三才升十二个俱与平身科尺寸同。

赵州桥

原典图说

赵州桥

赵州桥原名安济桥，俗称大石桥，建于隋炀帝大业年间，至今已有 1400 年的历史，是当今世界上最古老的石拱桥。石拱桥是用石块拼砌成弯曲的拱作为桥身，上面修成平坦的桥面，以行车走人。而赵州桥的特点是“敞肩式”，即在大拱的两肩上再辟小拱，是石拱桥结构中最先进的一种。它是世界上现存年代最久、单孔跨度最大、保存最完整的一座敞肩型石拱桥，被世人公认为“天下第一桥”。

赵州桥的艺术风格主要体现在莲花饰件、栏板图案、望柱的雕刻。

①腰铁。侧观赵州桥，主拱外侧面上下各起线 3 条。4 个小拱稍有收回，上下各起线两条，大拱、小拱、拱石均用双银锭形腰铁连接，这种银锭形似腰铁，除增加拱石间拉力外，其装饰作用也很重要，块块腰铁好似苍龙之片片鳞甲，使券面呈现“龙腹”形象，令人倍感桥身有向上攒动的趋势。主栱和 4 个小拱拱顶各雕龙头状龙门石一块。建桥者运用浪漫手法，塑造出想象中的吸水兽，寄托石桥不受水害，长存无恙的美好愿望。

②莲花饰件。主拱和四小拱之上为仰天石，外露桥侧，在仰天石的边侧和上面，雕刻有等距的八瓣莲花饰件。这种圆形饰件，是从木结构的帽钉及帽钉之下的垫板模仿而来的，并且加以装饰美化，把帽钉和莲瓣形的垫板结合起来，好似一朵落地莲花。

③栏板和望柱。从赵州桥的栏板、望柱精美浮雕看，有鲜明的艺术特色。全桥两侧共设栏板 21 块，望柱 22 根。中间设饕餮、蛟龙栏板 5 块，盘龙竹节望柱 6 根，其余为斗子卷叶栏板和宝珠竹节望柱。

栏板图案两侧栏板均在正中，一块内外两面刻饕餮、浪花浮卷叶菡萏。在诸多龙栏板中，以两侧北数第二块为最。正面雕左龙夹尾执莲叶、卷叶、菡萏、飘带一束，向右龙献举，右龙展尾执莲瓣宝珠一枚，向左龙回敬，二龙相向戏逗，细节真实，画面生动，耐人寻味。背面雕二龙戏水，龙头口微张开，巨牙微露，龙眼椭圆，眼珠光滑，似能转动，双龙对视，极为传神。腮旁刻龙须一摄，末梢四卷，颈上一簇鬃毛，末端尖俏，龙角微曲，龙耳后背，内壁有叶脉状弧线，备觉逼真，二龙身上皆无片片鳞甲，刀法细腻圆润，整体轮廓尽用曲线，极富动感。足分三爪，刻工精细刚劲有力。二龙浮游于水层，二爪外露，二爪内藏于水，似乎在水下握接。

④嗣望柱的雕刻。龙栏板中间和两侧设蟠龙竹节望柱，共 12 根。长柱身，底为地栿，在地栿之盆唇之间浮雕蟠龙，技法近于龙栏板。盆唇之上连续用斗形摄顶和覆钵，再加上有竹节 4 节。与蟠龙竹节望柱相接的是斗子卷叶栏板，共 32 块。栏板下为地栿，地栿与寻杖间设盆唇一道，盆唇与地栿间的华板刻工精细，交错钻纹，盆唇之上铭刻斗子卷叶，叶数为二、三、四不等。从斗子卷叶的样式看，与赵县附近的天龙山、响堂山等石窟中雕刻风格相似。斗子卷叶栏板中间和边侧有竹节宝珠，望柱刻工工整，形式自地栿之上采用竹节，然后连续刻画盆唇、斗形摄顶覆钵，顶端是轮廓柔和的单宝珠。

单翘单昂平身科、柱头科、角科斗口四寸五分各件尺寸开后

原典

平身科：

单翘一件，长一尺一寸九分五厘，高九寸，宽四寸五分。

其余各件俱与斗口重昂平身科尺寸同。

柱头科：

单翘一件，长三尺一寸九分五厘，高九寸，宽九寸。

其余各件俱与斗口重昂柱头科尺寸同。

角科：

斜翘一件，长四尺四寸七分三厘，高九寸，宽六寸七分五厘。

搭角正翘带正心瓜栱二件，各长二尺九寸三分二厘五毫，高九寸，宽五寸五分八厘。

其余各件俱与斗口重昂角科尺寸同。

单才瓜栱四件，各长二尺七寸九分，高六寸三分，宽四寸五分。

单才万栱四件，各长四尺一寸四分，高六寸三分，宽四寸五分。

厢栱二件，各长三尺二寸四分，高六寸三分，宽四寸五分。

桁椀一件，长八尺一寸，高二尺二分五厘，宽四寸五分。

十八斗六个，各长八寸一分，高四寸五分，宽六寸六分六厘。

槽升四个，各长五寸八分五厘，高四寸五分，宽七寸七分四厘。三才升二十个，各长五寸八分五厘，高四寸五分，宽六寸六分六厘。

柱头科：

大斗一个，长一尺八寸，高九寸，宽一尺三寸五分。

单翘一件，长三尺一寸九分五厘，高九寸，宽九寸。

头昂一件，长七尺一寸三分二厘五毫，高一尺三寸五分，宽一尺二寸，

二昂一件，长九尺五寸八分五厘，高一尺三寸五分，宽一尺五寸。

正心瓜栱一件，长二尺七寸九分，高九寸，宽五寸五分八厘。

正心万栱一件，长四尺一寸四分，高九寸，宽五寸五分八厘。

单才瓜栱四件，各长二尺七寸九分，高六寸三分，宽四寸五分。

单才万栱四件，各长四尺一寸四分，高六寸三分，宽四寸五分。

厢栱二件，各长三尺二寸四分，高六寸三分，宽四寸五分。

桶子十八斗五个，内二个各长一尺五寸六分，二个各长一尺八寸六分，一个长二尺一寸六分，俱高四寸五分，宽六寸六分六厘。

槽升四个，各长五寸八分五厘，高四寸五分，宽七寸七分四厘，三才升二十个，各长五寸八分五厘，高四寸五分，宽六寸六分六厘。

角科：

大斗一个，见方一尺三寸五分，高九寸。

斜翘一件，长四尺四寸七分三厘，高九寸，宽六寸七分五厘。

搭角正翘带正心瓜栱二件，各长二尺九寸九分二厘五毫，高九寸，宽五寸五分八厘。

斜头昂一件，长九尺九寸八分五厘五毫，高一尺三寸五分，宽八寸六厘二毫五丝。

搭角正头昂带正心万栱二件，各长六尺二寸五分五厘，高一尺三寸五分，宽五寸五分八厘。

搭角正头昂带正心瓜栱二件，各长五尺五寸八分，高一尺三寸五分，宽四寸五分。

里连头合角单才瓜栱二件，各长二尺四寸三分，高六寸三分，宽四寸五分。

斜二昂一件，长十三尺四寸一分九厘，高一尺三寸五分，宽九寸三分七厘五毫。

搭角正二昂二件，各长五尺五寸三分五厘，高一尺三寸五分，宽四寸五分。

搭角闹二昂带单才万栱二件，各长七尺六寸五厘，高一尺三寸五分，宽四寸五分。

搭角闹二昂带单才瓜栱二件，各长六尺九寸三分，高一尺三寸五分，宽四寸五分。

里连头合角单才万栱二件，各长一尺七寸四分，高六寸三分，宽四寸五分。

里连头合角单才瓜栱二件，各长九寸九分，高六寸三分，宽四寸五分。

由昂一件，长十七尺四寸八分七厘，高一尺三寸五分，宽一尺六分八厘七毫五丝。

搭角正蚂蚱头二件，闹蚂蚱头二件，各长五尺四寸，高九寸，宽四寸五分。

搭角闹蚂蚱头带单才万栱二件，各长七尺四寸七分，高九寸，宽四寸五分。

里连头合角单才万栱二件，各长四寸五厘，高六寸三分，宽四寸五分。

把臂厢栱二件，各长七尺八寸三分，高九寸，宽四寸五分。

搭角正撑头木二件，闹撑头木四件，各长四尺五分，高九寸，宽四寸五分。

里连头合角厢栱二件，各长八寸一分，高六寸三分，宽四寸五分。

斜桁椀一件，长十一尺三寸四分，高二尺二分五厘，宽一尺六分八厘七毫五丝。

贴升耳十四个，内四个各长八寸九分一厘，四个各长一尺二分二厘二毫五丝，二个各长一尺一寸五分三厘五毫，四个各长一尺二寸八分四厘七毫五丝，俱高二寸七分，宽一寸八厘。

十八斗十二个、槽升四个、三才升十六个俱与平身科尺寸同。

黄鹤楼

原典图说

天下绝景——黄鹤楼

黄鹤楼巍峨耸立于武昌蛇山之巅，原址在湖北武昌蛇山黄鹤矶头，自古与湖南岳阳楼，江西滕王阁并称为“江南三大名楼”。

黄鹤楼建筑的艺术特点在不同时期体现出不同的风格。宋代黄鹤楼是由主楼、台、轩、廊组合而成的建筑群，建在城墙高台之上，四周雕栏回护，主楼二层，顶层十字脊歇山顶，周围小亭画廊，主次分明，建筑群布局严谨，以雄浑著称。元代黄鹤楼具有宋代黄鹤楼的遗风，但在布局与内容构成方面有不小的发展，植物配置的出现，更是一大进步，使原来单纯的建筑空间发展成为浓荫掩映的庭院空间。明代黄鹤楼，楼高三层，重檐歇山，顶上加有两个小歇山，楼前小方厅，入口两侧有粉墙环绕，特点是清秀。清代黄鹤楼具有鲜明的特色。它拔地而起，高耸入云，表现出一种神奇壮美的气质。建制格调以三层八面为特点，主要建筑数据应合“八卦五行”之数，其特点为奇特。现代黄鹤楼以清同治楼为雏形重新设计，楼为钢筋混凝土仿木结构，72 根大柱拔地而起，60 个翘角层层凌空，琉璃黄瓦富丽堂皇，五层飞檐斗拱显得灵动十足。

原典

平身科：

大斗一个，见方一尺三寸五分，高九寸。

头翘一件，长三尺一寸九分五厘，高九寸，宽四寸五分。

重翘一件，长五尺八寸九分五厘，高九寸，宽四寸五分。

头昂一件，长九尺八寸三分二厘五毫，高一尺三寸五分，宽四寸五分。

二昂一件，长十二尺二寸八分五厘，高一尺三寸五分，宽四寸五分。

蚂蚱头一件，长十二尺四寸二分，高九寸，宽四寸五分。

撑头木一件，长十二尺三寸九分三厘，高九寸，宽四寸五分。

正心瓜栱一件，长二尺七寸九分，高九寸，宽五寸五分八厘。

正心万栱一件，长四尺三寸四分，高九寸，宽五寸五分八厘。

单才瓜栱六件，各长二尺七寸九分，高六寸三分，宽四寸五分。

单才万栱六件，各长四尺一寸四分，高六寸三分，宽四寸五分。

厢栱二件，各长三尺二寸四分，高六寸三分，宽四寸五分。

桁椀一件，长十尺八寸，高二尺七寸，宽四寸五分。

十八斗八个，各长八寸一分，高四寸五分，宽六寸六分六厘。

槽升四个，各长五寸八分五厘，高四寸五分，宽七寸七分四厘。

三才升二十八个，各长五寸八分五厘，高四寸五分，宽六寸六合四厘。

柱头科：

大斗一个，长一尺八寸，高九寸，宽一尺三寸五分。

头翘一件，长三尺一寸九分五厘，高九寸，宽九寸。

重翘一件，长五尺八寸九分五厘，高九寸，宽一尺一寸二分五厘。

头昂一件，长九尺八寸三分二厘五毫，高一尺三寸五分，宽一尺三寸五分。

二昂一件，长十二尺二寸八分五厘，高一尺三寸五分，宽一尺五寸七分五厘。

重翘重昂平身科、柱头科、角科斗口四寸五分各件尺寸开后

正心瓜栱一件，长一尺七寸九分，高九寸，宽五寸五分八厘。

正心万栱一件，长四尺一寸四分，高九寸，宽五寸五分八厘。

单才瓜栱六件，各长二尺七寸九分，高六寸三分，宽四寸五分，

单才万栱六件，各长四尺一寸四分，高六寸三分，宽四寸五分。

厢栱二件，各长三尺二寸四分，高六寸三分，宽四寸五分。

桶子十八斗七个，内二个各长一尺四寸八分五厘，二个各长一尺七寸一分，二个各长九寸三分五厘，一个长二尺一寸六分，俱高四寸五分，宽六寸六分六厘。

槽升四个，各长五寸八分五厘，高四寸五分，宽六寸六分六厘。

三才升二十个，各长五寸八分五厘，高四寸五分，宽七寸七分四厘。

角科：

大斗一个，见方一尺三寸五分，高九寸。

斜头翘一件，长四尺四寸七分三厘，高九寸，宽六寸七分五厘。

搭角正头翘带正心瓜栱二件，各长二尺九寸九分二厘五毫，高九寸，宽五寸五分八厘。

斜二翘一件，长八尺二寸五分三厘，高九寸，宽七寸八分。

搭角正二翘带正心万栱二件，各长五尺一分七厘五毫，高九寸，宽五寸五分八厘。

搭角闹二翘带单才瓜栱二件，各长四尺三寸四分二厘五毫，高九寸，宽四寸五分。

里连头合角单才瓜栱二件，各长二尺四寸三分，高六寸三分，宽四寸五分。

斜头昂一件，长十三尺七寸六分五厘五毫，高一尺三寸五分，宽八寸八分五厘。

搭角正头昂二件，各长五尺五寸三分五厘，高一尺三寸五分，宽四寸五分。

搭角闹头昂带单才瓜栱二件，各长六尺九寸三分，高一尺三寸五分，宽四寸五分。

搭角闹头昂带单才万栱二件，各长七尺六寸五厘，高一尺三寸五分，宽四寸五分。

里连头合角单才万栱二件，各长一尺七寸一分，高六寸三分，宽四寸五分。

里连头合角单才瓜栱二件，各长九寸九分，高六寸三分，宽四寸五分。

斜二昂一件，长十七尺一寸九分九厘，高一尺三寸五分，宽九寸九分。

搭角正二昂二件，闹二昂二件，各长六尺八寸八分五厘，高一尺三寸五分，宽四寸五分。

搭角闹二昂带单才万栱二件，各长八尺九寸五分五

厘，高一尺三寸五分，宽四寸五分。

搭角头二昂带单才瓜栱二件，各长八尺二寸八分，高一尺三寸五分，宽四寸五分。

定闹合角单才万栱二件，各长四寸五厘，高六寸三分，宽四寸五分。

昂一件，长一十一尺二寸二分九厘，高二尺四寸七分五厘，宽一尺九分五厘。

搭角正蚂蚱头二件，闹蚂蚱头四件，各长六尺五分，高九寸，宽四寸五分。

搭角正蚂蚱头带单才万栱二件，各长八尺八寸二分，高九寸，宽四寸五分。

把臂厢栱二件，各长九尺一寸八分，高九尺，宽四寸五分。

搭角正撑头木二件，闹撑头木六件，各长五尺四寸，高九寸，宽四寸五分。

里连头合角厢栱二件，各长九寸四分五厘，高六寸三分，宽四寸五分。

斜桁椀一件，长十五尺一寸二分，高二尺七寸，宽一尺九分五厘。

贴升耳十八个，内四个各长八寸九分一厘，四个各长九寸九分六厘。四个各长一尺一寸一厘，二个各长一尺二寸六厘，四个各长一尺三寸一分一厘，俱高二寸七分，宽一寸八厘。

十八斗二十个、槽升四个、三才升二十个俱与平身科尺寸同。

一斗二升交麻叶并一斗三升平身科、柱头科、角科俱斗口四寸五分各件尺寸开后

原典

平身科：

（其一斗三升去麻叶云中加槽升一个）大斗一个，见方一尺三寸五分，高九寸。

麻叶云一件，长五尺四寸，高二尺三寸九分八厘五毫，宽四寸五分。

正心瓜栱一件，长二尺七寸九分，高九寸，宽五寸五分八厘。

槽升二个，各长五寸八分五厘，高四寸五分，宽七寸七分四厘。

柱头科：

大斗一个，长二尺二寸五分，高九寸，宽一尺三寸五分。

正心瓜栱一件，长二尺七寸九分，高九寸，宽五寸五分八厘。

槽升二个，各长五寸八分五厘，高四寸五分，宽七寸七分四厘。

贴正升耳二个，各长五寸八分五厘，高四寸五分，宽一寸八厘。

角科：

大斗一个，见方一尺三寸五分，高九寸。

斜昂一件，长七尺五寸二分，高二尺八寸三分五厘，宽六寸七分五厘。

搭角正心瓜栱二件，各长四尺五寸，高九寸，宽五寸五分八厘。

槽升二个，各长五寸八分五厘，高四寸五分，宽七寸七分四厘。

三才升二个，各长五寸八分五厘，高四寸五分，宽六寸六分六厘。

贴斜升耳二个，各长八寸九分一厘，高二寸七分，宽一寸八厘。

岳阳楼

原典图说

江南名楼——岳阳楼

岳阳楼是湖南岳阳市的著名古建筑，它屹立在洞庭湖畔，是我国古建筑中的瑰宝，自古有“洞庭天下水，岳阳天下楼”之誉。前身是三国时（215 年），吴国鲁肃练水兵士构筑的阅兵台。岳阳楼全为纯木结构，未用一铆一钉，造型古朴，与武昌黄鹤楼、南昌滕王阁并称“江南三大名楼”。

岳阳楼的建筑很有特色。主楼 3 层，楼高 15m，以 4 根楠木大柱承负全楼重量，再用 12 根圆木柱子支撑 2 楼，外以 12 根梓木檐柱，顶起飞檐。彼此牵制，结为整体，全楼梁、柱、檩、椽全靠榫头衔接，相互咬合，稳如磐石。其建筑的另一特色，是楼顶的形状酷似一顶将军头盔，既雄伟又不同于一般。岳阳楼侧旁有仙梅亭、三醉亭、怀甫亭等建筑。在岳阳楼下的沙滩上，有三具枷锁形状的铁制物品，重达 1500 斤，也吸引不少游人观看。其用途为何，至今说法不一。

原典

平身科：

大斗一个，见方一尺三寸五分，高九寸。

头翘一件，长三尺一寸九分五厘，高九寸，宽四寸五分。

二翘一件，长五尺八寸九分五厘，高九寸，宽四寸五分。

撑头木一件，长六尺七寸五分，高九寸，宽四寸五分。

正心瓜栱一件，长二尺七寸九分，高九寸，宽五寸五分八厘。

正心万栱一件，长四尺一寸四分，高四寸，宽五寸五分八厘。

单才瓜栱二件，各二尺七寸九分，高六寸三分，宽四寸五分。

厢栱一件，长三尺二寸四分，高六寸三分，宽四寸五分。

十八斗三个，各长八寸一分，高四寸五分，宽六寸六分六厘。

槽升四个，各长五寸八分五厘，高四寸五分，宽七寸七分四厘。

三才升六个，各长五寸八分五厘，高四寸五分，宽六寸六分六厘。

柱头科：

大斗一个，长二尺二寸五分，高九寸，宽一尺三寸五分。

头翘一件，长三尺一寸九分五厘，高九寸，宽九寸。

正心瓜栱一件，长二尺七寸九分，高九寸，宽五寸五分八厘。

单才瓜栱二件，各长二尺七寸九分，高六寸三分，宽四寸五分。

厢栱一件，长三尺二寸四分，高六寸三分，宽四寸五分。

桶子十八斗一个，长二尺一寸六分，高四寸五分，宽六寸六分六厘。

槽升四个，各长五寸八分五厘，高四寸五分，宽七寸七分四厘。

三才升六个，各长五寸八分五厘，高四寸五分，宽六寸六分六厘。

贴斗耳二个，各长六寸六分六厘，高四寸五分，宽一寸八厘。

角科：

大斗一个，见方一尺三寸五分，高九寸。

斜头翘一件，长四尺四寸七分三厘，高九寸，宽六寸七分五厘。

搭角正头翘带正心瓜栱二件，各长二尺九寸九分二厘五毫，高九寸，宽五寸五分八厘。

三滴水品字平身科、柱头科、角科斗口四寸五分各件尺寸开后

搭角正二翘带正心万栱二件，各长五尺一分七厘五毫，高九寸，宽五寸五分八厘。

搭角闹二翘带单才瓜栱二件，各长四尺三寸四分二厘五毫，高九寸，宽四寸五分。

里连头合角单才瓜栱二件，各长二尺四寸三分，高六寸三分，宽四寸五分。

里连头合角厢栱二件，各长六寸七分五厘，高六寸三分，宽四寸五分。

贴升耳四个，各长八寸九分一厘，二寸七分，宽一寸八厘。

十八斗二个、槽升四个、三才升六个俱与平身科尺寸同。

平身科结构

内里品字科斗口四寸五分各件尺寸开后

原典

大斗一个，长一尺三寸五分，高九寸，宽六寸七分五厘。头翘一件，长一尺五寸九分七厘五毫，高九寸，宽四寸五分。

二翘一件，长二尺九寸四分七厘五毫，高九寸，宽四寸五分。

撑头木一件，长四尺二寸九分七厘五毫，高九寸，宽四寸五分。

正心瓜栱一件，长二尺七寸九分，高九寸，宽二寸七分九厘。

正心万栱一件，长四尺一寸四分，高九寸，宽二寸七分九厘。

麻叶云一件，长三尺六寸九分，高九寸，宽四寸五分。

三福云二件，各长三尺二寸四分，高一尺三寸五分，宽四寸五分。

十八斗二个，各长八寸一分，高四寸五分，宽六寸六分六厘。

槽升四个，各长五寸八分五厘，高四寸五分，宽三寸八分七厘。

槅架科斗口四寸五分各件尺寸开后

清工部

原典

贴大斗耳二个，各长一尺三寸五分，高九寸，厚三寸九分六厘。荷叶一件，长四尺五分，高九寸，宽九寸。

栱一件，长二尺七寸九分，高九寸，宽九寸。

雀替一件，长九尺，高一尺八寸，宽九寸。

贴槽升耳六个，各长五寸八分五厘，高四寸五分，宽一寸八厘。

紫禁城中和殿

原典图说

紫禁城中和殿

中和殿是北京故宫外朝三大殿之一，属于古代宫殿建筑之精华。其位于紫禁城太和殿、保和殿之间，是皇帝去太和殿大典之前休息的地方，并接受执事官员朝拜的地方。

中和殿为单檐四角攒尖，屋面覆黄色琉璃瓦，中为铜胎鎏金宝顶。它的面积是三大殿中最小的。中和殿平面呈正方形，面阔、进深各为三间，四面出廊，金砖铺地，建筑面积 580m^2。殿四面开门，正面三交六椀槅扇门 12 扇，东、北、西三面槅扇门各 4 扇，门前石阶东西各一出，南北各三出，中间为浮雕云龙纹御路，踏跺、垂带浅刻卷草纹。门两边为青砖槛墙，上置琐窗。殿内外檐均饰金龙和玺彩画，天花为沥粉贴金正面龙。殿内设地屏宝座。

卷三十八

斗科斗口五寸尺寸

三滴水品字平身科、柱头科、角科斗口四寸五分各件尺寸开后

原典

平身科：

大斗一个，见方一尺五寸，高一尺。单昂一件，长四尺九寸二分五厘，高一尺五寸，宽五寸。

蚂蚱头一件，长六尺二寸七分，高一尺，宽五寸。

撑头木一件，长三尺，高一尺，宽五寸。

正心瓜栱一件，长三尺一寸，高一尺，宽六寸二分。

正心万栱一件，长四尺六寸，高一尺，宽六寸二分。

厢栱二件，各长三尺六寸，高七寸，宽五寸。

桁椀一件，长三尺，高七寸五分，宽五寸。

十八斗二个，各长九寸，高五寸，宽七寸四分。

槽升四个，各长六寸五分，高五寸，宽八寸六分。

三才升六个，各长六寸五分，高五寸，宽七寸四分。

柱头科：

大斗一个，长二尺，高一尺，宽一尺五寸。

单昂一件，长四尺九寸二分五厘，高一尺五寸，宽一尺。

正心瓜栱一件，长三尺一寸，高一尺，宽六寸二分。

正心万栱一件，长四尺六寸，高一尺，宽六寸二分。

厢栱二件，各长三尺六寸，高七寸，宽五寸。

桶子十八斗一个，长二尺四寸，高五寸，宽七寸四分。

槽升两个，各长六件寸五分，高五寸，宽八寸六分。

三才升五个，各长六寸五分，高五寸，宽七寸四分。

角科：

大斗一个，见方一尺五寸，高一尺。

斜昂一件，长六尺八寸九分五厘，高一尺五寸，宽七寸五分。

搭角正昂带正心瓜栱二件，各长四尺七寸，高一尺五寸，宽六寸二分。

由昂一件，长十尺八寸七分，高二尺七寸五分，宽一尺二分五厘。

搭角正蚂蚱头带正心万栱二件，各长五尺三寸，高一尺，宽六寸二分。

搭角正撑头木二件，各长一尺五寸，高一尺，宽五寸。

把臂厢栱二件，各长五尺七寸，高一尺，宽五寸。

里连头合角厢栱二件，各长六寸，高七寸，宽五寸。

斜桁椀一件，长四尺二寸，高七寸五分，宽一尺二分五厘。

十八斗二个、槽升四个、三才升六个俱与平身科尺寸同。

斗口重昂平身科、柱头科、角科斗口五寸，各件尺寸开后计。

嵩岳寺塔

原典图说

中国第一塔——嵩岳寺塔

嵩岳寺塔，在登封县城西北 6 公里太室山南麓嵩岳寺内。嵩岳寺塔的建筑设计艺术，堪称“古塔一绝”。嵩岳寺为单层密檐式砖塔，是此类砖塔的鼻祖。嵩岳寺塔为十二边形，也是全国古塔中的一个孤例。砖塔由基台、塔身、密檐和塔刹几部分构成，高约 40m。基台随塔身砌作十二边形，台高 85cm，宽 160cm。塔前砌长方形月台，塔后砌南道，与基台同高。

基台以上为塔身，塔身中部砌一周腰檐，把它分为上下两段。下段为素壁，各边长为 281cm，四向有门。上部为全塔最好装饰，也是最重要的部位。东、西、南、北四面与腰檐以下通为券门，门额做双栿双券尖拱形，拱尖饰三个莲瓣，券角饰有对称的外券旋纹；拱尖左右的壁面上各嵌入石铭一方。十二转角处，各砌出半隐半露的倚柱，外露部分呈六角形。柱头饰火焰宝珠与覆莲，柱下砌出平台及覆盆式柱础。除壁门的四面外，其余八面倚柱之间各造佛龛一个。呈单层方塔状，略突出于塔壁之外。龛身正面上部嵌石一块。龛有券门，龛室内平面呈长方形。龛内外，有彩画痕迹。龛下部有基座，正面两个并列的壶门内各雕一蹲狮，全塔共雕 16 个狮子，有立有卧，正侧各异，造型雄健。

塔身之上是 15 层叠涩檐，每两檐间相距很近，故称密檐。檐间砌矮壁，其上砌出拱形门与棂窗，除几个小门是真的外，绝大多数是雕饰的假门和假窗。密檐之上，即为塔刹，自上向下由宝珠、七重和轮、宝装莲花式覆钵等组成，高约 3.5m。全塔外部，原来都敷以白灰皮。塔室内空，由四面券门可至。塔室上层以叠涩内檐分为 10 层，最下一层内壁仍作十二边形，二层以上则通改为八角形。存在从视觉上仍给人一种出檐较深的错觉。嵩岳塔是我国现存最早的一座多边砖塔。

斗口重昂平身科、柱头科、角科斗口五寸各件尺寸开后

原典

平身科：

大斗一个，见方一尺五寸，高一尺。

头昂一件，长四尺九寸二分五厘，高一尺五寸，宽五寸。

二昂一件，长七尺六寸五分，高一尺五寸，宽五寸。

蚂蚱头一件，长七尺八寸，高一尺，宽五寸。

撑头木一件，长七尺七寸七分，高一尺，宽五寸。

正心瓜栱一件，长三尺一寸，高一尺，宽六寸二分。

正心万栱一件，长四尺六寸，高一尺，宽六寸二分。

单才瓜栱二件，各长三尺一寸，高七寸，宽五寸。

单才万栱二件，各长四尺六寸，高七寸，宽五寸。

厢栱二件，各长三尺六寸，高七寸，宽五寸。

桁椀一件，长六尺，高一尺五寸，宽五寸。

十八斗四个，各长九寸，高五寸，宽七寸四分。

槽升四个，各长六寸五分，高五寸，宽八寸六分。

三才升十二个，各长六寸五分，高五寸，宽七寸四分。

柱头科：

大斗一个，长二尺，高一尺，宽一尺五寸。

头昂一件，长四尺九寸二分五厘，高一尺五寸，宽一尺。

二昂一件，长七尺六寸五分，高一尺五寸，宽一尺五寸。

正心瓜栱一件，长三尺一寸，高一尺，宽六寸二分。

正心万栱一件，长四尺六寸，高一尺，宽六寸二分。

单才瓜栱二件，各长三尺一寸，高七寸，宽五寸。

单才万栱二件，各长四尺六寸，高七寸，宽五寸。

厢栱二件，各长三尺六寸，高七寸，宽五寸。

桶子十八斗三个，内二个各长一尺九寸，一个长二尺四寸，俱高五寸，宽七寸四分。

槽升四个，各长六寸五分，高五寸，宽八寸六分。

三才升十二个，各长六寸五分，高五寸，宽七寸四分。

角科：

大斗一个，见方一尺五寸，高一尺。

斜头昂一件，长六尺八寸九分五厘，高一尺五寸，宽七寸五分。

搭角正头昂带正心瓜栱二件，各长四尺七寸，高一尺五寸，宽六寸二分。

斜二昂一件，长十尺七寸一分，高一尺五寸，宽九寸三分三厘三毫。

搭角正二昂带正心万栱二件，各长六尺九寸五分，高一尺五寸，宽六寸二分。

搭角闹二昂带单才瓜栱二件，各长六尺二寸，高一尺五寸，宽五寸。

由昂一件，长十五尺一寸五分，高二尺七寸五分，宽一尺一寸一分六厘六毫。

搭角正蚂蚱头二件，各长四尺五寸，高一尺，宽五寸。

搭角闹蚂蚱头带单才万栱二件，各长六尺八寸，高一尺，宽五寸。

把臂厢栱二件，各长七尺二寸，高一尺，宽五寸。

里连头合角单才瓜栱二件，各长二尺七寸，高七寸，宽五寸。

里连头合角单才万栱二件，各长一尺九寸，高七寸，宽五寸。

搭角正撑头木二件，闹撑头木二件，各长三尺，高一尺，宽五寸。

里连头合角厢栱二件，各长七寸五分，高七寸，宽五寸。

斜桁椀一件，长八尺四寸，高一尺五寸，宽一尺一寸一分六厘六毫。

贴升耳十个，内四个各长九寸五分，内二个各长一尺一寸七分三厘三毫，四个各长一尺三寸五分六厘六毫，俱高三寸，宽一寸二分。

十八斗六个、槽升四个、三才升十二个俱与平身科尺寸同。

原典

平身科：

单翘一件，长三尺五寸五分，高一尺，宽五寸。其余各件俱与斗口重昂平身科尺寸同。

柱头科：

单翘一件，长三尺五寸五分，高一尺，宽一尺。

其余各件俱与斗口重昂柱头科尺寸同。

角科：

斜翘一件，长四尺九寸七分，高一尺，宽七寸五分。

搭角正翘带正心瓜栱二件，各长三尺三寸二分五，高一尺，宽六寸二分。

其余各件俱与斗口重昂角科尺寸同。

单翘单昂平身科、柱头科、角科斗口五寸各件尺寸开后

应县木塔

应县木塔

原典图说

应县木塔

应县佛宫寺释迦塔位于山西省朔州市应县城内西北佛宫寺内，俗称应县木塔，它是中国现存最高、最古的一座木构塔式建筑，也是唯一一座木结构楼阁式塔。

塔建造在 4m 高的台基上，塔高 67.31m，底层直径 30.27m，呈平面八角形。第一层立面重檐，以上各层均为单檐，共五层六檐，各层间夹设有暗层，实为九层。因底层为重檐并有回廊，故塔的外观为六层屋檐。

各层均用内、外两圈木柱支撑，每层外有 24 根柱子，内有八根，木柱之间使用了许多斜撑、梁、枋和短柱，组成不同方向的复梁式木架。有人计算，整个木塔共用红松木料 $3000m^3$，约 2600 多吨重，整体比例适当，建筑宏伟，艺术精巧，外形稳重庄严。

该塔身底层南北各开一门，二层以上周设平座栏杆，每层装有木质楼梯，游人逐级攀登，可达顶端。二至五层每层有四门，均设木槅扇，有精美华丽的藻井，二层坛座方形，上塑一佛二菩萨。菩萨和各佛像雕塑精细，各具情态，有较高的艺术价值。塔顶作八角攒尖式，全塔共用斗栱 54 种，每个斗栱都有一定的组合形式，有的将梁、枋、柱结成一个整体，每层都形成了一个八边形中空结构层。

该塔设计为平面八角，外观五层，底层扩出一圈外廊，称为“副阶周匝”，与底屋塔身的屋檐构成重檐，所以共有六重塔檐。每层之下都有一个暗层，所以结构实际上是九层。暗层外观是平座，沿各层平座设栏杆，可以凭栏远眺，身心也随之融合在自然之中。全塔高 67.31m，约为底层直径的 2.2 倍，各层塔檐基本平直，角翘十分平缓。平座以其水平方向与各层塔檐协调，与塔身对比；又以其材料、色彩和处理手法与塔檐对比，与塔身协调，是塔檐和塔身的必要过渡。平座、塔身、塔檐重叠而上，区槅分明，交代清晰，强调了节奏，丰富了轮廓线，也增加了横向线条。使高耸的大塔时时回顾大地，稳稳当当地坐落在大地上。底层的重檐处理更加强了全塔的稳定感。

由于塔建在 4m 高的两层石砌台基上，内外两层立柱，构成双层套筒式结构，柱头间有栏额和普柏枋，柱脚间有地栿等水平构件，内外槽之间有梁枋相连接，使双层套筒紧密结合。暗层中用大量斜撑，结构上起圈梁作用，加强木塔结构的整体性。

塔身梁架是承重塔体荷载的骨架。1 ～ 4 层外槽内外贯固，内槽南北向用六椽两道，各角抹角一根，两根六椽之间用三缝足材枋相连，两六椽当心又施一单材枋顺向连接。平座夹层外槽设承重枋和草乳直角相交，当心立柱两向设有斜撑。第 5 层梁架是塔顶结构，上置方墩承平。内槽南北向用六椽和六椽草，其上方木墩垫架四椽、承椽枋、抹角和平梁，铸铁刹杆插入其中。六椽之间施八角攒尖藻井。

塔刹系铁铸部件组合而成。刹下砖砌莲台式基座。刹高 9.91m，有仰莲、覆钵、相轮、露盘、仰月及宝珠等。8 条铁链系于戗脊下端，久经风雨仍完好无损。

单翘重昂平身科、柱头科、角科斗口五寸各件尺寸开后

原典

平身科：

大斗一个，见方一尺五寸，高一尺。

单翘一件，长三尺五寸五分，高一尺，宽五寸。

头昂一件，长七尺九寸二分五厘，高一尺五寸，宽五寸。

二昂一件，长十尺六寸五分，高一尺五寸，宽五寸。

蚂蚱头一件，长十尺八寸，高一尺，宽五寸。

撑头木一件，长十尺七寸七分，高一尺，宽五寸。

正心瓜栱一件，长三尺一寸，高一尺，宽六寸二分。

正心万栱一件，长四尺六寸，高一尺，宽六寸二分。

单才瓜栱四件，各长三尺一寸，高七寸，宽五寸。

单才万栱四件，各长四尺六寸，高七寸，宽五寸。

厢栱二件，各长三尺六寸，高七寸，宽五寸。

桁椀一件，长九尺，高二尺二寸五分，宽五寸。

十八斗六个，各长九寸，高五寸，宽七寸四分。

槽升四个，各长六寸五分，高五寸，宽八寸六分。

三才升二十个，各长六寸五分，高五寸，宽七寸四分。

柱头科：

大斗一个，长二尺，高一尺，宽一尺五寸。

单翘一件，长三尺五寸五分，高一尺，宽一尺。

头昂一件，长七尺九寸二分五厘，高一尺五寸，宽一尺三寸三分三厘三毫。

二昂一件，长十尺六寸五分，高一尺五寸，宽一尺六寸六分六厘六毫。

正心瓜栱一件，长三尺一寸，高一尺，宽六寸二分。

正心万栱一件，长四尺六寸，高一尺，宽六寸二分。

单才瓜栱四件，各长三尺一寸，高七寸，宽五寸。

单才万栱四件，各长四尺六寸，高七寸，宽五寸。

厢栱二件，各长三尺六寸，高七寸，宽五寸。

桶子十八斗五个，内二个各长一尺七寸三分三厘三毫，二个各长二尺六分六厘六毫，一个长二尺四寸，俱高五寸，宽七寸四分。

槽升四个，各长六寸五分，高五寸，宽八寸六分。

三才升二十个，各长六寸五分，高九寸，宽七寸四分。

角科：

大斗一个，见方一尺五寸，高一尺。

斜翘一件，长四尺九寸七分，高一尺，宽七寸五分。

搭角正翘带正心瓜栱二件，各长三尺三寸二分五厘，高一尺，宽六寸二分。

斜头昂一件，长十一尺九分五厘，高一尺五寸，宽八寸八分七厘五毫。

搭角正头昂带正心万栱二件，各长六尺九寸五分，高一尺五寸，宽六寸二分。

搭角闹头昂带单才瓜栱二件，各长六尺二寸，高一尺五寸，宽五寸。

里连头合角单才瓜栱二件，各长二尺七寸，高七寸，宽五寸。

斜二昂一件，长四十四尺九寸一分，高一尺五寸，宽一尺二分五厘。

搭角正二昂二件，各长六尺一寸五分，高一尺五寸，宽五寸。

搭角闹二昂带单才万栱二件，各长八尺四寸五分，高一尺五寸，宽五寸。

搭角闹二昂带单才瓜栱二件，各长七尺七寸，高一尺五寸，宽五寸。

里连头合角单才万栱二件，各长一尺九寸，高七寸，宽五寸。

里连头合角单才瓜栱二件，各长一尺一寸，高七寸，宽五寸。

由昂一件，长十九尺四寸三分，高二尺七寸五分，宽一尺一寸六分二厘五毫。

搭角正蚂蚱头二件，闹蚂蚱头二件，各长六尺，高一尺，宽五寸。

搭角闹蚂蚱头带单才万栱二件，各长八尺三寸，高一尺，宽五寸。

里连头合角单才万栱二件，各长四寸五分，高七寸，宽五寸。

把臂厢栱二件，各长八尺七寸，高一尺，宽五寸。

搭角正撑头木二件，闹撑头木四件，各长四尺五寸，高一尺，宽五寸。

里连头合角厢栱二件，各长九寸，高七寸，宽五寸。

斜桁椀一件，长十二尺二寸，高二尺二寸五分，宽一尺一寸六分二里五毫。

贴升耳十四个，内四个各长九寸九分，四个各长一尺一寸二分七厘五毫，二个各长一尺二寸六分五厘，四个各长一尺四寸二厘五毫，俱高三寸，宽一寸二分。

十八斗十二个、槽升四个、三才升十六个俱与平身科尺寸同。

原典

平身科：

大斗一个，见方一尺五寸，高一尺。

头翘一件，长三尺五寸五分，高一尺，宽五寸。

重翘一件，长六尺五寸五分，高一尺，宽五寸。

头昂一件，长十尺九寸二分五厘，高一尺五寸，宽五寸。

二昂一件，长十三尺六寸五分，高一尺五寸，宽五寸。

蚂蚱头一件，长十三尺八寸，高一尺，宽五寸。

撑头木一件，长十三尺七寸七分，高一尺，宽五寸。

正心瓜栱一件，长三尺一寸，高一尺，宽六寸二分。

正心万栱一件，长四尺六寸，高一尺，宽六寸二分。

单才瓜栱六件，各长三尺一寸，高七寸，宽五寸。

单才万栱六件，各长四尺六寸，高七寸，宽五寸。

厢栱二件，各长三尺六寸，高七寸，宽五寸。

桁椀一件，长十二尺，高三尺，宽五寸。

十八斗八个，各长九寸，高五寸，宽七寸四分。

槽升四个，各长六寸五分，高五寸，宽八寸六分。

重翘重昂平身科、柱头科、角科斗口五寸各件尺寸开后

三才升二十八个，各长六寸五分，高五寸，宽七寸四分。

柱头科：

大斗一个，长二尺，高一尺，宽一尺五寸。

头翘一件，长三尺五寸五分，高一尺，宽一尺。

重翘二件，长六尺五寸五分，高一尺，宽一尺二寸五分。

头昂一件，长十尺九寸二分五厘，高一尺五寸，宽一尺五寸。

二昂一件，长十三尺六寸五分，高一尺五寸，宽一尺七寸五分。

正心瓜栱一件，长三尺一寸，高一尺，宽六寸二分。

正心万栱一件，长四尺六寸，高一尺，宽六寸二分。

单才瓜栱六件，各长三尺一寸，高七寸，宽五寸。

单才万栱六件，各长四尺六寸，高七寸，宽五寸。

厢栱二件，各长三尺六寸，高七寸，宽五寸。

桶子十八斗七个，内二个各长一尺六寸五分，二个各长一尺九寸，二个各长二尺一寸五分，一个长四尺四寸，俱高五寸，宽七寸四分。

槽升四个，各长六寸五分，高五寸，宽八寸六分。

三才升二十个，各长六寸五分，高五寸，宽七寸四分。

角科：

大斗一个，见方一尺五寸，高一尺。

斜头昂一件，长四尺九寸七分，高一尺，宽七寸五分。

搭角正头翘带正心瓜栱二件，各长三尺三寸二分五厘，高一尺，宽六寸二分。

斜二翘一件，长九尺一寸七分，高一尺，宽八寸六分。

搭角正二翘带正心万栱二件，各长五尺五寸七分五厘，高一尺，宽六寸二分。

搭角闹二翘带单才瓜栱二件，各长四尺八寸二分五厘，高一尺，宽五寸。

里连头合角单才瓜栱二件，各长二尺七寸，高七寸，宽五寸。

斜头昂一件，长十五尺二寸九分五厘，高一尺五寸，宽九寸七分。

搭角正头昂两件，各长六尺一寸五分，高一尺五寸，宽五寸。

搭角闹头昂带单才瓜栱二件，各长七尺七寸，高一尺五寸，宽五寸。

搭角闹头昂带单才万栱二件，各长八尺四寸五分，高一尺五寸，宽五寸。

里连头合角单才万栱二件，各长一尺九寸，高七寸，宽五寸。

里连头合角单才瓜栱二件，各长一尺一寸，高七寸，宽五寸。

斜二昂一件，长十九尺一寸一分，高一尺五寸，宽一尺八寸。

搭角正二昂二件，闹二昂二件，各长七尺六寸五分，高一尺五寸，宽五寸。

搭角闹二昂带单才万栱二件，各长九尺九寸五分，高一尺五寸，宽五寸。

搭角闹二昂带单才瓜栱二件，各长九尺二寸，高一尺五寸，宽五寸。

里连头合角单才万栱二件，各长四寸五分，高七寸，宽五寸。

由昂一件，长二十三尺七寸一分，高二尺七寸五分，宽一尺一寸九分。

搭角正蚂蚱头二件，闹蚂蚱头四件，各长七尺五寸，高一尺，宽五寸。

把臂栱厢二件，各长十尺二寸，高一尺，宽五寸。

搭角正撑头木二件，闹撑头木六件，各长六尺，高一尺，宽五寸。

里连头合角厢栱二件，各长一尺五分，高七寸，宽五寸。

斜桁椀一件，长十六尺八寸，高三尺，宽一尺一寸九分。

贴升耳十八个，内四个各长九寸九分，四个各长一尺一寸，四个各长一尺二寸一分，二个各长一尺三寸二分，四个各长一尺四寸三分，俱高三寸，宽一寸二分。

十八斗二十个，槽升四个，三才升二十个俱与平身科尺寸同。

原典图说

佛光寺

佛光寺位于山西省五台县城东北 30 公里佛光山中的佛光寺，为中国现存排名第二早的木结构建筑（仅次于五台县城西南 22 公里处的南禅寺）。

佛光寺现有院落三重，分建在梯田式的寺基上。寺内现有殿、堂、楼、阁等一百二十余间。其中，东大殿七间，为唐代建筑；文殊殿七间，为金代建筑，其余的均为明、清时期的建筑。

东大殿是佛光寺的正殿，东大殿面宽七间，进深四间。用梁思成先生的话说，此殿“斗栱雄大，出檐深远”，是典型的唐代建筑。经测量，斗栱断面尺寸为 210cm×300cm，是晚清斗栱断面的十倍；殿檐探出达 3.96m，这在宋以后的木结构建筑中也是找不到的。同时，大殿梁架的最上端用了三角形的人字架。这种梁架结构的使用时间在全国现存的木结构建筑中可列第一。20 世纪 80 年代初期，人们在大殿门板后面发现了唐朝人游览佛光寺的留言。可见，这大门当为唐代遗物。由此推断，这具有 1100 多年历史的门板，当是中国现存最古老的木构大门了。

此外，大殿的屋顶比较平缓，且用每块长 50cm、宽 30cm、厚 2cm 多的青瓦铺就。殿顶脊兽用黄、绿色琉璃烧制，造型生动、色泽鲜艳。

佛光寺

清工部

原典

平身科：（其一斗三升去麻叶云中如槽升一个）大斗一个，见方一尺五寸，高一尺。麻叶云一件，长六尺，高二尺六寸六分五厘，宽五寸。

正心瓜栱一件，长三尺一寸，高一尺，宽六寸二分。

槽升二个，各长六寸五分，高五寸，宽八寸六分。

柱头科：

大斗一个，长二尺五寸，高一尺，宽一尺五寸。

正心瓜栱一件，长三尺一寸，高一尺，宽六寸二分。

槽升两个，各长六寸五分，高五寸，宽八寸六分。

贴正升耳二个，各长六寸五分，高五寸，宽一寸二分。

角科：

大斗一个，见方一尺五寸，高一尺。

斜昂一件，长八尺四寸，高三尺一寸五分，宽七寸五分。

搭角正心瓜栱二件，各长四尺四寸五分，高一尺，宽六寸二分。

槽升二个，各长六寸五分，高五寸，宽八寸六分。

三才升二个，各长六寸五分，高五寸，宽七寸四分。

贴斜升耳二个，各长九寸九分，高三寸，宽一寸二分。

一斗二升交麻叶并一斗三升平身科、柱头科、角科斗口五寸各件尺寸开后

三滴水品字平身科、柱头科、角科斗口五寸各件尺寸开后

原典

平身科：

大斗一个，见方一尺五寸，高一尺。

头翘一件，长三尺五寸五分，高一尺，宽五寸。

二翘一件，长六尺五寸五分，高一尺，宽五寸。

撑头木一件，长七尺五寸，高一尺，宽五寸。

正心瓜栱一件，长三尺一寸，高一尺，宽六寸二分。

正心万栱一件，长四尺六寸，高一尺，宽六寸二分。

单才瓜栱二件，各长三尺一寸，高七寸，宽五寸。

厢栱一件，长三尺六寸，高七寸，宽五寸。

十八斗三个，各长九寸，高五寸，宽七寸四分。

槽升四个，各长六寸五分，高五寸，宽八寸六分。

三才升六个，各长六寸五分，高五寸，宽七寸四分。

柱头科：

大斗一个，长二尺五寸，高一尺，宽一尺五寸。

头翘一件，长三尺五寸五分，高一尺，宽一尺。

正心瓜栱一件，长三尺一寸，高一尺，宽六寸二分。

正心万栱一件，长四尺六寸，高一尺，宽六寸二分。

单才瓜栱二件，各长三尺一寸，高七寸，宽五寸。

厢栱一件，长三尺六寸，高七寸，宽五寸。

桶子十八斗一个，长二尺四寸，高五寸，宽七寸四分。

槽升四个，各长六寸五分，高五寸，宽八寸六分。

三才升六个，各长六寸五分，高五寸，宽七寸四分。

贴升耳二个，各长七寸四分，高五寸，宽一寸二分。

角科：

大斗一个，见方一尺五寸，高一尺。

斜头翘一件，长四尺九寸七分，高一尺，宽七寸五分。

搭角正头翘带正心瓜栱二件，各长三尺三寸二分五厘，高一尺，宽六寸二分。

搭角正二翘带正心万栱二件，各长五尺五寸七分五厘，高一尺，宽六寸二分。

搭角闹二翘带单才瓜栱二件，各长四尺八寸二分五厘，高一尺，宽五寸。

里连头合角单才瓜栱二件，各长二尺七寸，高七寸，宽五寸。

里连头合角厢栱二件，各长七寸五分，高七寸，宽五寸。

贴升耳四个，各长九寸九分，高三寸，宽一寸二分。

十八斗二个、槽升四个、三才升六个俱与平身科尺寸同。

清工部

原典

贴大斗耳二个，各长一尺五寸，高一尺，厚四寸四分。荷叶一件，长四尺五寸，高一尺，宽一尺。

栱一件，长三尺一寸，高一尺，宽一尺。

雀替一件，长十尺，高二尺，宽一尺。

贴槽升耳六个，各长六寸五分，高五寸，宽一寸二分。

原典图说

颐和园排云殿

排云殿地处万寿山前建筑的中心部位，是慈禧过生日时接受朝拜的地方，它建在一座高台上，为重檐正脊歇山顶，饰黄色琉璃瓦，前后由21间房屋组成。殿内有宝座、围屏、鼎炉、宫扇等，平台下对称排列着供防火盛水用的四口大铜缸，俗称“门海”。排云殿四周有游廊和配殿，前院有水池或汉白玉砌成的金水桥。殿角重重叠叠，琉璃五彩缤纷。

槅架科斗口五寸各件尺寸开后

排云殿

清工部

原典

平身科：

大斗一个，见方一尺六寸五分，高一尺一寸。

头昂一件，长五尺四寸一分七厘五毫，高一尺六寸五分，宽五寸五分。

二昂一件，长八尺四寸一分五厘，高一尺六寸五分，宽五寸五分。

蚂蚱头一件，长八尺五寸八分，高一尺一寸，宽五寸五分。

撑头木一件，长八尺五寸四分七厘，高一尺一寸，宽五寸五分。

正心瓜栱一件，长三尺四寸一分，高一尺一寸，宽六寸八分二厘。

正心万栱一件，长五尺六分，高一尺一寸，宽六寸八分二厘。

单才瓜栱二件，各长三尺四寸一分，高七寸七分，宽五寸五分。

卷三十九

斗科斗口五寸五分尺寸

斗口单昂平身科、柱头科、角科斗口五寸五分各件尺寸开后

单才万栱二件，各长五尺六分，高七寸七分，宽五寸五分。

厢栱二件，各长三尺九寸六分，高七寸七分，宽五寸五分。

桁椀一件，长六尺六寸，高一尺六寸五分，宽五寸五分。

十八斗四个，各长九寸九分，高五寸五分，宽八寸一分四厘。

槽升四个，各长七寸一分五厘，高五寸五分，宽九寸四分六厘。

三才升十二个，各长七寸一分五厘，高五寸五分，宽八寸一分四厘。

柱头科：

大斗一个，长二尺二寸，高一尺一寸，宽一尺六寸五分。

头昂一件，长五尺四寸一分七厘五毫，高一尺六寸五分，宽一尺一寸。

二昂一件，长八尺四寸一分五厘，高一尺六寸五分，宽一尺六寸五分。

正心瓜栱一件，长三尺四寸一分，高一尺一寸，宽六寸八分二厘。

正心万栱一件，长五尺六分，高一尺一寸，宽六寸八分二厘。

单才瓜栱二件，各长三尺四寸一分，高七寸七分，宽五寸五分。

单才万栱二件，各长五尺六分，高七寸七分，宽五寸五分。

厢栱二件，各长三尺九寸六分，高七寸七分，宽五寸五分。

桶子十八斗三个，内二个各长二尺九分，一个长二尺六寸四分，俱高五寸五分，宽八寸一分四厘。

槽升四个，各长七寸一分五厘，高五寸五分，宽九寸四分六厘。

三才升十二个，各长七寸一分五厘，高五寸五分，宽八寸一分四厘。

角科：

大斗一个，见方一尺六寸五分，高一尺一寸。

斜头昂一件，长七尺五寸八分四厘五毫，高一尺六寸五分，宽八寸二分五厘。

搭角正头昂带正心瓜栱二件，各长五尺一寸七分，高一尺六寸五分，宽六寸八分二厘。

斜头昂一件，长十一尺七寸八分一厘，高一尺六寸五分，宽一尺一分六厘。

搭角正二昂带正心万栱二件，各长七尺六寸四分五厘，高一尺二寸五分，宽六寸八分二厘。

搭角闹二昂带单才瓜栱二件，各长六尺八寸二分，高一尺六寸五分，宽五寸五分。

由昂一件，长十六尺六寸六分五厘，高三尺二分五厘，宽一尺二寸八厘。

搭角正蚂蚱头二件，各长四尺九寸五分，高一尺一寸，宽五寸五分。

搭角闹蚂蚱头带单才万栱二件，各长七尺四寸八分，高一尺一寸，宽五寸五分。

由昂一件，长十六尺六寸六分五厘，高三尺二分五厘，宽一尺二寸八厘。

搭角正蚂蚱头二件，各长四尺九寸五分，高一尺一寸，宽五寸五分。

搭角闹蚂蚱头带单才万栱二件，各长七尺四寸八分，高一尺一寸，宽五寸五分。

把臂厢栱二件，各长七尺九寸二分，高一尺一寸，宽五寸五分。

里连头合角单才瓜栱二件，各长二尺九寸七分，高七寸七分，宽五寸五分。

里连头合角单才万栱二件，各长二尺九分，高七寸七分，宽五寸五分。

搭角正撑头木两件，闹撑头木两件，各长三尺三寸，高一尺一寸，宽五寸五分。

里连头合角厢栱二件，各长八寸二分五厘，高七寸七分，宽五寸五分。

斜桁椀一件，长九尺二寸四分，高一尺六寸五分，宽一尺二寸八厘。

贴升耳十个，内四个各长一尺八分九厘，二个各长二尺一寸八分，四个各长一尺四寸七分二厘，俱高三寸三分，宽一寸三分二厘。

十八斗六个、槽升四个、三才升十二个俱与平身科尺寸同。

斗口重昂结构

斗口重昂平身科、柱头科、角科斗口五寸五分各件尺寸开后

原典

平身科：

大斗一个，见方一尺六寸五分，高一尺一寸。

头昂一件，长五尺四寸一分七厘五毫，高一尺六寸五分，宽五寸五分。

二昂一件，长八尺四寸一分五厘，高一尺六寸五分，宽五寸五分。

蚂蚱头一件，长八尺五寸八分，高一尺一寸，宽五寸五分。

撑头木一件，长八尺五寸四分七厘，高一尺一寸，宽五寸五分。

正心瓜栱一件，长三尺四寸一分，高一尺一寸，宽六寸八分二厘。

正心万栱一件，长五尺六分，高一尺一寸，宽六寸八分二厘。

单才瓜栱二件，各长三尺四寸一分，高七寸七分，宽五寸五分。

单才万栱二件，各长五尺六分，高七寸七分，宽五寸五分。

厢栱二件，各长三尺九寸六分，高七寸七分，宽五寸五分。

桁椀一件，长六尺六寸，高一尺六寸五分，宽五寸五分。

十八斗四个，各长九寸九分，高五寸五分，宽八寸一分四厘。

槽升四个，各长七寸一分五厘，高五寸五分，宽九寸四分六厘。

三才升十二个，各长七寸一分五厘，高五寸五分，宽八寸一分四厘。

柱头科：

大斗一个，长二尺二寸，高一尺一寸，宽一尺六寸五分。

头昂一件，长五尺四寸一分七厘五毫，高一尺六寸五分，宽一尺一寸。

二昂一件，长八尺四寸一分五厘，高一尺六寸五分，宽一尺六寸五分。

正心瓜栱一件，长三尺四寸一分，高一尺一寸，宽六寸八分二厘。

正心万栱一件，长五尺六分，高一尺一寸，宽六寸八分二厘。

单才瓜栱二件，各长三尺四寸一分，高七寸七分，宽五寸五分。

单才万栱二件，各长五尺六分，高七寸七分，宽五寸五分。

厢栱二件，各长三尺九寸六分，高七寸七分，宽五寸五分。

桶子十八斗三个，内二个各长二尺九分，一个长二尺六寸四分，俱高五寸五分，宽八寸一分四厘。

槽升四个，各长七寸一分五厘，高五寸五分，宽九寸四分六厘。

三才升十二个，各长七寸一分五厘，高五寸五分，宽八寸一分四厘。

角科：

大斗一个，见方一尺六寸五分，高一尺一寸。

斜头昂一件，长七尺五寸八分四厘五毫，高一尺六寸五分，宽八寸二分五厘。

搭角正头昂带正心瓜栱二件，各长五尺一寸七分，高一尺六寸五分，宽六寸八分二厘。

斜头昂一件，长十一尺七寸八分一厘，高一尺六寸五分，宽一尺一分六厘。

搭角正二昂带正心万栱二件，各长七尺六寸四分五厘，高一尺二寸五分，宽六寸八分二厘。

搭角闹二昂带单才瓜栱二件，各长六尺八寸二分，高一尺六寸五分，宽五寸五分。

由昂一件，长十六尺六寸六分五厘，高三尺二分五厘，宽一尺二寸八厘。

搭角正蚂蚱头二件，各长四尺九寸五分，高一尺一寸，宽五寸五分。

搭角闹蚂蚱头带单才万栱二件，各长七尺四寸八分，高一尺一寸，宽五寸五分。

由昂一件，长十六尺六寸六分五厘，高三尺二分五厘，宽一尺二寸八厘。

搭角正蚂蚱头二件，各长四尺九寸五分，高一尺一寸，宽五寸五分。

搭角闹蚂蚱头带单才万栱二件，各长七尺四寸八分，高一尺一寸，宽五寸五分。

把臂厢栱二件，各长七尺九寸二分，高一尺一寸，宽五寸五分。

里连头合角单才瓜栱二件，各长二尺九寸七分，高七寸七分，宽五寸五分。

里连头合角单才万栱二件，各长二尺九分，高七寸七分，宽五寸五分。

搭角正撑头木两件，闹撑头木两件，各长三尺三寸，高一尺一寸，宽五寸五分。

里连头合角厢栱二件，各长八寸二分五厘，高七寸七分，宽五寸五分。

斜桁椀一件，长九尺二寸四分，高一尺六寸五分，宽一尺二寸八厘。

贴升耳十个，内四个各长一尺八分九厘，二个各长二尺一寸八分，四个各长一尺四寸七分二厘，俱高三寸三分，宽一寸三分二厘。

十八斗六个、槽升四个、三才升十二个，俱与平身科尺寸同。

原典

平身科：

单翘一件，长三尺九寸五厘，高一尺一寸，宽五寸五分。

其余各件俱与斗口重昂平身科尺寸同。

柱头科：

单翘一件，长三尺九寸五厘，高一尺一寸，宽一尺一寸。

其余各件俱与斗口重昂柱头科尺寸同。

角科：

斜翘一件，长五尺四寸六分七厘，高一尺一寸，宽八寸二分五厘。

搭角正翘带正心瓜栱二件，各长三尺六寸五分七厘五毫，高一尺一寸，宽六寸八分二厘。

其余各件俱与斗口重昂角科尺寸同。

单翘单昂平身科、柱头科、角科斗口五寸五分各件尺寸开后

单翘重昂平身科、柱头科、角科斗口五寸五分各件尺寸开后

原典

平身科：

大斗一个，见方一尺六寸五分，高一尺一寸。

单翘一件，长三尺九寸五厘，高一尺一寸，宽五寸五分。

头昂一件，长八尺七寸一分七厘五毫，高一尺六寸五分，宽五寸五分。

二昂一件，长十一尺七寸一分五厘，高一尺六寸五分，宽五寸五分。

蚂蚱头一件，长十一尺八寸八分，高一尺一寸，宽五寸五分。

撑头木一件，长十一尺八寸四分七厘，高一尺一寸，宽五寸五分。

正心瓜栱一件，长三尺四寸一分，高一尺一寸，宽六寸八分二厘。

正心万栱一件，长一尺六分，高一尺一寸，宽六寸八分二厘。

单才瓜栱二件，各长三尺四寸一分，高七寸七分，宽五寸五分。

单才万栱二件，各长五尺六分，高七寸七分，宽五寸五分。

厢栱二件，各长三尺九寸六分，高七寸七分，宽五寸五分。

单翘重昂结构建筑

桁椀一件，长九尺九寸，高二尺四寸七分五厘，宽五寸五分。

十八斗六个，各长九寸九分，高五寸五分，宽八寸一分四厘。

槽升四个，各长七寸一分五厘，高五寸五分，宽九寸四分六厘。

三才升二十个，各长七寸一分五厘，高五寸五分，宽八寸一分四厘。

柱头科：

大斗一个，长二尺二寸，高一尺一寸，宽一尺六寸五分。

单翘一件，长三尺九寸五厘，高一尺一寸，宽一尺一寸。

头昂一件，长八尺七寸一分七厘五毫，高一尺六寸五分，宽一尺四寸六分六厘。

二昂一件，长十一尺七寸一分五厘，高一尺六寸五分，宽一尺八寸三分三厘。

正心瓜栱一件，长三尺四寸一分，高一尺一寸，宽六寸八分二厘。

正心万栱一件，长五尺六分，高一尺一寸，宽六寸八分二厘。

单才瓜栱四件，各长三尺四寸一分，高七寸七分，宽五寸五分。

单才万栱四件，各长五尺六分，高七寸七分，宽五寸五分。

厢栱二件，各长三尺九寸六分，高七寸七分，宽五寸五分。

桶子十八斗五个，内二个各长一尺九寸六厘，二个各长二尺二寸七分三厘，一个长二尺六寸四分，俱高五寸五

分，宽八寸一分四厘。

槽升四个，七寸一分五厘，高五寸五分，宽九寸四分六厘。

三才升二十个，各长七寸一分五厘，高五寸五分，宽八寸一分四厘。

角科：

大斗一个，见方一尺六寸五分，高一尺一寸。

斜翘一件，长五尺四寸六分七厘，高一尺一寸，宽八寸二分五厘。

搭角正翘带正心瓜栱二件，各长三尺六寸五分七厘五毫，高一尺一寸，宽六寸八分二厘。

斜头昂一件，长十二尺二寸四厘五毫，高一尺六寸五分，宽九寸六分八厘。

搭角正头昂带正心万栱二件，各长七尺六寸四分五厘，高一尺六寸五分，宽六寸八分二厘。

搭角闹头昂带单才瓜栱二件，各长六尺八寸二分，高一尺六寸五分，宽五寸五分。

里连头合角单才瓜栱二件，各长二尺九寸七分，高七寸七分，宽五寸五分。

斜二昂一件，长十六尺四寸一厘，高一尺六寸五分，宽一尺一寸一分二厘。

搭角正二昂二件，各长六尺七寸六分五厘，高一尺六寸五分，宽五寸五分。

搭角闹二昂带单才万栱二件，各长九尺二寸九分五厘，高一尺六寸五分，宽五寸五分。

搭角闹二昂带单才瓜栱二件，各长八尺四寸七分，高一尺六寸五分，宽五寸五分。

里连头合角单才万栱二件，各长二尺九分，高七寸七分，宽五寸五分。

里连头合角单才瓜栱二件，各长一尺二寸一分，高七寸七分，宽五寸五分。

由昂一件，长二十一尺三寸七分三厘，高三尺二分五厘，宽一尺二寸五分六厘。

搭角正蚂蚱头二件，闹蚂蚱头二件，各长六尺六寸，高一尺一寸，宽五寸五寸。

搭角闹蚂蚱头带单才万栱二件，各长九尺一寸三分，高一尺一寸，宽五寸五分。

里连头合角单才万栱二件，各长四寸九分五厘，高七寸七分，宽五寸五分。

把臂厢栱二件，各长九尺五寸七分，高一尺一寸，宽五寸五分。

搭角正撑头木二件，闹撑头木四件，各长四尺九寸五分，高一尺一寸，宽五寸五分。

里连头合角厢栱二件，各长九寸九分，高七寸七分，宽五寸五分。

斜桁椀一件，长十三尺八寸六分，高二尺四寸七分五厘，宽一尺二寸五分六厘。

贴升耳十四个，内四个各长一尺八分九厘，四个各长一尺二寸三分四厘，二个各长一尺三寸七分六厘，四个各长一尺五寸二分，俱高三寸三分，宽一寸三分二厘。

十八斗十二个、槽升四个、三才升十六个俱与平身科尺寸同。

原典图说

富美宫

富美宫位于福建省泉州市区城南，晋江下游的富美古渡头之畔南门水巷末端，因而得名。富美宫原为地方保护神寺院，后来逐步发展成为泉州唯一的“王爷行宫”，是萧太傅信仰的发祥地。

宫主体建筑二进，中有拜亭，西侧为夫人妈宫。原山门外有照墙和戏台，解放初毁。大殿面阔三间、进深三间，硬山式。主祀西汉名臣萧望之（萧王爷），配祀文武尊王张巡、许远和二十四司，被称为“泉郡王爷庙总摄司”，其殿内殿外的木雕、石雕均甚精美，系用花岗岩石砌筑。

富美宫

重翘重昂平身科、柱头科、角科斗口五寸五分各件尺寸开后

清工部

原典

平身科：

大斗一个，见方一尺六寸五分，高一尺一寸。

头翘一件，长三尺九寸五厘，高一尺一寸，宽五寸五分。

重翘一件，长七尺二寸五厘，高一尺一寸，宽五寸五分。

头昂一件，长十二尺一分七厘五毫，高一尺六寸，宽五寸五分。

二昂一件，长十五尺一分五厘，高一尺六寸五分，宽五寸五分。

蚂蚱头一件，长十五尺一寸八分，高一尺一寸，宽五寸五分。

正心瓜栱一件，长三尺四寸一分，高一尺一寸，宽六寸八分二厘。

正心万栱一件，长五尺六分，高一尺一寸，宽六寸八分二厘。

单才瓜栱六件，各长三尺四寸一分，高七寸七分，宽五寸五分。

单才万栱六件，各长五尺六分，高七寸七分，宽五寸五分。

厢栱二件，各长三尺九寸六分，高七寸七分，宽五寸五分。

桁椀一件，长十三尺二寸，高三尺三寸，宽五寸五分。

十八斗八个，各长九寸九分，高五寸五分，宽八寸一分四厘。

槽升四个，各长七寸一分五厘，高五寸五分，宽九寸四分六厘。

三才升二十八个，各长七寸一分五厘，高五寸五分，宽八寸一分四厘。

柱头科：

大斗一个，长二尺二寸，宽一尺六寸五分，高一尺一寸。

头翘一件，长三尺九寸五厘，高一尺一寸，宽一尺一寸。

重翘一件，长七尺二寸五厘，高一尺一寸宽一尺三寸七分五厘。

头昂一件，长十二尺一寸七厘五毫，高一尺六寸五分，宽一尺六寸五分。

二昂一件，长十五尺一分五厘，高一尺六寸五分，宽一尺九寸二分五厘。

正心瓜栱一件，长三尺四寸一分，高一尺一寸，宽六寸八分二厘。

正心万栱一件，长五尺六分，高一尺一寸，宽六寸八分二厘。

单才瓜栱六件，各长三尺四寸一分，高七寸七分，宽五寸五分。

单才万栱六件，各长五尺六分，高七寸七分，宽五寸五分。

厢栱二件，各长三尺九寸六分，高七寸七分，宽五寸五分。

桶子十八斗七个，内二个各长一尺八寸一分五厘，二个各长二尺九分，二个各长二尺三寸六五厘，一个长二尺六寸四分，俱高五寸五分，宽八寸一分四厘。

槽升四个，各长七寸一分五厘，高五寸五分，宽九寸四分六厘。

三才升二十个，各长七寸一分五厘，高五寸五分，宽八寸一分四厘。

角科：

大斗一个，见方一尺六寸五分，高一尺一寸。

斜头翘一件，长五尺四寸六分七厘，高一尺一寸，宽八寸二分五厘。

搭角正头翘带正心瓜栱二件，各长三尺六寸五分七厘五毫，高一尺一寸，宽六寸八分二厘。

斜二翘一件，长十尺八分七厘，高一尺一寸，宽九寸四分。

搭角正二翘带正心万栱二件，各长六尺一寸三分二厘五毫，高一尺一寸，宽六寸八分二厘。

搭角闹二翘带单才瓜栱二件，各长五尺三寸七分五毫，高一尺一寸，宽五寸五分。

里连头合角单才瓜栱二件，各长二尺九寸七分，高七寸七分，宽五寸五分。

斜头昂一件，长十六尺八寸二分四厘五毫，高一尺六寸五分，宽一尺五分五厘。

搭角正头昂二件，各长六尺七寸六分五厘，高一尺六寸五分，宽五寸五分。

搭角闹头昂带单才瓜栱二件，各长八尺四寸七分，高一尺六寸五分，宽五寸五分。

搭角闹头昂带单才万栱二件，各长九尺二寸九分五厘，高一尺六寸五分，宽五寸五分。

里连头合角单才万栱二件，各长二尺九分，高七寸七分，宽五寸五分。

里连头合角单才瓜栱二件，各长一尺二寸一分，高七寸七分，宽五寸五分。

斜二昂一件，长二十一尺二分一厘，高一尺六寸五分，宽一尺一寸七分。

搭角正二昂二件，闹二昂二件，各长八尺四寸一分五厘，高一尺六寸五分，宽五寸五分。

搭角闹二昂带单才万栱二件，各长十尺九分四厘五毫，高一尺六寸五分，宽五寸五分。

搭角闹二昂带单才瓜栱二件，各长十尺一分二厘，高一尺寸六五分，宽五寸五寸。

里连头合角单才万栱二件，各长四寸九分五厘，高七寸七分，宽五寸五分。

由昂一件，长二十六尺八分一厘，高三尺二分五厘，宽一尺二寸八分五厘。

搭角正蚂蚱头二件，闹蚂蚱头四件，各长七尺一寸五分，高一尺一寸，宽五寸五分。

搭角闹蚂蚱头带单才万栱二件，各长九尺六寸八分，高一尺一寸，宽五寸五分。

把臂厢栱二件，各长十一尺二寸二分，高一尺一寸，宽五寸五分。

搭角正撑头木二件，闹撑头木六件，各长六尺六寸，高一尺一寸，宽五寸五分。

里连头合角厢栱二件，各长一尺一寸五分五厘，高七尺七分，宽五寸五分。

斜桁椀一件，长十八尺四寸八分，高三尺三寸，宽一尺二寸八分五厘。

贴升耳十八个，内四个各长一尺八分九厘，四个各长一尺二寸四厘，四个各长一尺三寸一分九厘，二个各长一尺四寸三分四厘，四个各长一尺五寸四分九厘，俱高三寸三分，宽一寸三分二厘。

十八斗二十个、槽升四个、三才升二十个俱与平身科尺寸同。

清工部

原典

平身科：

（其一斗三升去麻吐云中加槽升一个）大斗一个，见方一尺六寸五分，高一尺一寸。

麻叶云一件，长六尺六寸，高二尺九寸三分一厘五毫，宽五寸五分。

正心瓜栱一件，长三尺四寸一分，高一尺一寸，宽六寸八分二厘。

槽升二个，各长七寸一分五厘，高五寸五分，宽九寸四分六厘。

柱头科：

大斗一个，长一尺七寸五分，高一尺一寸，宽一尺六寸五分。

正心瓜栱一件，长二尺四寸一分，高一尺一寸，宽六寸八分二厘。

槽升二个，各长七寸一分五厘，高五寸五分，宽九寸四分六厘。

贴正升耳二个，各长七寸一分五厘，高五寸五分，宽一寸三分二厘。

角科：

大斗一个，见方一尺六寸五分，高一尺一寸。

斜昂一件，长九尺二寸四分，高三尺四寸六分五厘，宽八寸二分五厘。

搭角正心瓜栱二件，各长四尺八寸九分五厘，高一尺一寸，宽六寸八分二厘。

槽升二个，各长七寸一分五厘，高五寸五分，宽九寸四分六厘。

三才升二个，各长七寸一分五厘，高五寸五分，宽八寸一分四厘。

贴斜升耳二个，各长一尺八分九厘，高三寸三分，宽一寸三分二厘。

一斗二升交麻叶并一斗三升平身科、柱头科、角科俱斗口五寸五分各件尺寸开后

原典图说

开封龙亭

开封龙亭位于古城开封，其实，这不是亭，而是建筑在一座高达 13m 的巨大青砖台基之上的殿堂。龙亭坐北朝南，高踞在台基之上。从地面到大殿有 36 丈高，代表 36 天罡；72 级台阶，代表 72 地煞。台阶中间是雕有云龙图案的石阶。登上平台，四周有石栏围绕。大殿是木结构，重檐歇山式建筑，很壮观。

龙亭大殿是公园内整个清代建筑群体中的主体，建于 72 级蹬道的平台之上。大殿坐北朝南，殿前是贯通上下的用青石雕刻的蟠龙盘绕的御道，云龙石雕上至今还留有赵匡胤当年的马蹄印。御道东西两侧各有上下蹬道和便道。龙亭大殿高 26.7m，东西长 19.10m，南北宽 11.90m。殿内天花板上绘有青云彩纹团龙图案，殿外飞檐高翘，檐角皆挂风铃，风铃随风作响，美妙无比。龙亭大殿雄踞于高大的殿基之上，巍峨壮观。

开封龙亭

三滴水品字平身科、柱头科、角科斗口五寸五分各件尺寸开后

原典

平身科：

大斗一个，见方一尺六寸五分，高一尺一寸。

头翘一件，长三尺九寸五厘，高一尺一寸，宽五寸五分。

二翘一件，长七尺二寸五厘，高一尺一寸，宽五寸五分。

撑头木一件，长八尺二寸五分，高一尺一寸，宽五寸五分。

正心瓜栱一件，长三尺四寸一分，高一尺一寸，宽六寸八分二厘。

正心万栱一件，长五尺六分，高一尺一寸，宽六寸八分二厘。

单才瓜栱二件，各长三尺四寸一分，高七寸七分，宽五寸五分。

厢栱一件，长三尺九寸六分，高七寸七分，宽五寸五分。

十八斗三个，各长九寸九分，高五寸五分，宽八寸一分四厘。

槽升四个，各长七寸一分五厘，高五寸五分，宽九寸四分六厘。

三才升六个，各长七寸一分五厘，高五寸五分，宽八寸一分四厘。

柱头科：

大斗一个，长二尺七寸五分，高一尺一寸，宽一尺六寸五分。

头翘一件，长三尺九寸五厘，高一尺一寸，宽一尺一寸。

正心瓜栱一件，长三尺四寸一分，高一尺一寸，宽一尺六寸八分二厘。

正心万栱一件，长五尺六分，高一尺一寸，宽六寸八分二厘。

单才瓜栱二件，各长三尺四寸一分，高七寸七分，宽五寸五分。

厢栱一件，长三尺九寸六分，高七寸七分，宽五寸五分。

桶子十八斗一个，长二尺六寸四分，高五寸五分，宽八斗一分四厘。

槽升四个，各长七寸一分五厘，高五寸五分，宽九寸四分六厘。

三才升六个，各长七寸一分五厘，高五寸五分，宽八寸一分四厘。

贴斗耳二个，各长八寸一分四厘，宽一寸二分二厘，高五寸五分。

角科：

大斗一个，见方一尺六寸五分，高一尺一寸。

斜头翘一件，长五尺四寸六分七厘，高一尺一寸，宽八寸二分五厘。

搭角正头翘带正心瓜栱二件，各长三尺六寸五分七厘五毫，高一尺一寸，宽六寸八分二厘。

搭角正二翘带正心万栱二件，各长六尺一寸三分二厘五毫，高一尺一寸，宽六寸八分二厘。

搭角闹二翘带单才瓜栱二件，各长五尺三寸七厘五毫，高一尺一寸，宽五寸五分。

里连头合角单才瓜栱二件，各长二尺九寸七分，高七寸七分，宽五寸五分。

贴升耳四个，各长一尺八分九厘，高三寸三分，宽一寸三分二厘。

十八斗二个、槽升四个、三才升六个俱与平身科尺寸同。

内里品字科斗口五寸五分各件尺寸开后

原典

大斗一个，长一尺六寸五分，高一尺一寸，宽八寸二分五厘。头翘一件，长一尺九寸五分二厘五毫，高一尺一寸，宽五寸五分。

二翘一件，长三尺六寸二厘五毫，高一尺一寸，宽五寸五分。

撑头木一件，长五尺二寸五分二厘五毫，高一尺一寸，宽五寸五分。

正心瓜栱一件，长三尺四寸一分，高一尺一寸，宽三寸四分一厘。

正心万栱一件，长五尺六分，高一尺一寸，宽三寸四分一厘。

麻叶云一件，长四尺五寸一分，高一尺一寸，宽五寸五分。

三福云二件，各长三尺一寸六分，高一尺六寸五分，宽五寸五分。

十八斗二个，各长九寸九分，高五寸五分，宽八寸一分四厘。

槽升四个，各长七寸一分五厘，高五寸五分，宽四寸七分二厘。

槅架科斗口五寸五分各件尺寸开后

原典

贴大头耳二个，各长一尺六寸五分，高一尺一寸，厚四寸八分四厘。

荷叶一件，长一尺九寸五分，高一尺一寸，宽一尺一寸。

栱一件，长三尺四寸一分，高一尺一寸，宽一尺一寸。

雀替一件，长十一尺，高二尺二寸，宽一尺一寸。

贴槽升耳六个，各长七寸一分五厘，高五寸五分，宽一寸三分二厘。

原典图说

颐和园宁寿宫

宁寿宫建于单层石台基之上，台与皇极殿相接，四周以黄绿琉璃砖围砌透风灯笼矮墙。宫面阔 7 间，进深 3 间，单檐歇山式顶。檐廊柱枋间为镂空云龙套环，枋下云龙雀替，皆饰浑金，富丽堂皇。内外檐装修及室内间槅、陈设皆仿坤宁宫。东次间开门，置光面板门两扇，上为双交四椀亮子，门左右下砌槛墙，上安直棂吊搭窗。余各间均为槛墙、直棂吊搭窗。每间上部各安双交四椀横披窗 3 扇。后檐明、次间为门，每道门双交四椀菱花扇 4 扇，余各间砌墙。室内吊顶镞花蝙蝠圆寿字天花。迎门一间后檐设一小室，内置煮肉锅灶。西侧 3 间敞通，安木榻大炕，设有萨满教神位及跳神用法器，为祭祀之所。东侧两间相连为卧室，后檐设仙楼，东山墙辟门，可通庑房。宁寿宫两侧建庑房及南转角与东西两庑相连，两庑各 9 间，均于南数第 3、第 6 间开门。殿后左右各有一座砖砌的方形烟囱，上安铜顶，为宁寿宫灶房及室内烟道所用。改建后的宁寿宫成为紫禁城内除坤宁宫以外的另一处体现满族风俗的重要建筑。

宁寿宫

原典

平身科：

大斗一个，见方一尺八寸，高一尺二寸。单昂一件，长五尺九寸一分，高一尺八寸，宽六寸。

蚂蚱头一件，长七尺五寸二分四厘，高一尺二寸，宽六寸。

撑头木一件，长三尺六寸，高一尺二寸，宽六寸。

正心瓜栱一件长三尺七寸二分，高一尺二寸，宽七寸四分四厘。

正心万栱一件，长五尺五寸二分，高一尺二寸，宽七寸四分四厘。

厢栱两件，各长四尺三寸二分，高八寸四分，宽六寸。

桁椀一件，长三尺六寸，高九寸，宽六寸。

十八斗两个，各长一尺八分，高六寸，宽八寸八分八厘。

槽升四个，各长七寸八分，高六寸，宽一尺三分二厘。各长七寸八分，高六寸，宽八寸八分八厘。

柱头科：

大斗一个，长二尺四寸，高一尺二寸，宽一尺八寸。

卷四十

斗科斗口六寸尺寸

三滴水品字平身科、柱头科、角科斗口五寸五分各件尺寸开后

单昂一件，长五尺九寸一分，高一尺八寸，宽一尺二寸。

正心瓜栱一件，长三尺七寸二分，高一尺二寸，宽七寸四分四厘。

正心万栱一件，长五尺五寸二分，高一尺二寸，宽七寸四分四厘。

厢栱两件，各长四尺三寸二分，高八寸四分，宽六寸。

桶子十八斗一个，长二尺八寸八分，高六寸，宽八寸八分八厘。

槽升两个，各长七寸八分，高六寸，宽一尺三分二厘。

三才升五个，各长七寸八分，高六寸，宽八寸八分八厘。

角科：

大斗一个，见方一尺八寸，高一尺二寸。

斜昂一件，长八尺二寸七分四厘，高一尺八寸，宽九寸。

搭角正昂带正心栱二件，各长五尺六寸四分，高一尺八寸，宽七寸四分四厘。

由昂一件，长十三尺四分四厘，高三尺三寸，宽一尺二寸五分。

搭角正蚂蚱头带正心万栱二件，各长五尺六寸六分，高一尺二寸，宽六寸。

搭角正撑头木二件，各长一尺八寸，高一尺二寸，宽六寸。

把臂厢栱二件，各长六尺八寸四分，高一尺二寸，宽六寸。

里连头合角厢栱二件，各长七寸二分，高八寸四分，宽六寸。

斜桁椀一件，长五尺四分，高九寸，宽一尺二寸五分。

槽升四个、三才升六个、十八斗二个，俱与平身科尺寸同。

大雁塔

原典图说

大雁塔

大雁塔又名大慈恩寺塔，位于陕西省西安市南郊大慈恩寺内。大雁塔是楼阁式砖塔，塔身为七层，塔体呈方形锥体，由仿木结构形成开间，由下而上按比例递减。塔内有木梯可盘登而上。每层的四面各有一个拱券门洞，可以凭栏远眺。

砖仿木结构的四方形楼阁式砖塔，由塔基、塔身、塔刹组成，现通高为 64.517m。塔基高 4.2m，南北约 48.7m，东西 45.7m；塔体呈方锥形，平面呈正方形，底边长为 25.5m，塔身高 59.9m，塔刹高 4.87m。塔体各层均以青砖模仿唐代建筑砌檐柱、斗栱、阑额、檩枋、檐椽、飞椽等仿木结构，磨砖对缝砌成，结构严整，坚固异常。塔身各层壁面都用砖砌扁柱和阑额，柱的上部施有大斗，在每层四面的正中各开辟一个砖栱券门洞。塔内的平面也呈方形，各层均有楼板，设置扶梯，可盘旋而上至塔顶。一层二层多起方柱槅为九开间，三四层为七开间，五至八层为五开间。塔上陈列有佛舍利子、佛足石刻、唐僧取经足迹石刻等。

塔的底层四面皆有石门，门楣上均有精美的线刻佛像，西门楣为阿弥陀佛说法图，图中刻有富丽堂皇的殿堂。

斗口重昂平身科、柱头科、角科斗口六寸各件尺寸开后

原典

平身科：

大斗一个，见方一尺八寸，高一尺二寸。

头昂一件，长五尺九寸一分，高一尺八寸，宽六寸。

二昂一件，长九尺一寸八分，高一尺八寸，宽六寸。

蚂蚱头一件，长九尺三寸六分，高一尺二寸，宽六寸。

撑头木一件，长九尺三寸二分四厘，高一尺二寸，宽六寸。

正心瓜栱一件，长三尺七寸二分，高一尺二寸，宽七寸四分四厘。

正心万栱一件，长五尺五寸二分，高一尺二寸，宽七寸四分四厘。

单才瓜栱二件，各长三尺七寸二分，高八寸四分，宽六寸。

单才万栱二件，各长五尺五寸二分，高八寸四分，宽六寸。

厢栱二件，各长四尺三寸二分，高八寸四分，宽六寸。

桁椀一件，长七尺二寸，高一尺八寸，宽六寸。

十八斗四个，各长一尺八分，高六寸，宽八寸八分八厘。

槽升四个，各长七寸八分，高六寸，宽一尺三分二厘。

三才升十二个，各长七寸八分，高六寸，宽八寸八分八厘。

柱头科：

大斗一个，长二尺四寸，高一尺二寸，宽一尺八寸。

头昂一件，长五尺九寸一分，高一尺八寸，宽一尺二寸。

二昂一件，长九尺一寸八分，高一尺八寸，宽一尺八寸。

正心瓜栱一件，长三尺七寸六分，高一尺二寸，宽七寸四分四厘。

正心万栱一件，长五尺五寸二分，高一尺二寸，宽七寸四分四厘。

单才瓜栱二件，各长三尺七寸六分，高八寸四分，宽六寸。

单才万栱二件，各长五尺五寸，高八寸四分，宽六寸。

厢栱二件，各长四尺三寸二分，高八寸四分，宽六寸。

桶子十八斗三个，内二个各长二尺二寸八分，一个长二尺八分，俱高六寸，宽八寸八分八厘。

槽升四个，各长七寸八分，高六寸，宽一尺三分二厘。

三才升十二个，各长七寸八分，高六寸，宽八寸八分八厘。

角科：

大斗一个，见方一尺八寸，高一尺二寸。

斜头昂一件，长八尺二寸七分四厘，高一尺八寸，宽九寸。

搭角正头昂带正心瓜栱二件，各长五尺六寸四分，高一尺八寸，宽七寸四分四厘。

斜二昂一件，长十二尺八寸五分二厘，高一尺八寸，宽一尺一寸三分三厘。

搭角正二昂带正心万栱二件，各长八尺三寸四分，高一尺八寸，宽七寸四分四厘。

搭角闹二昂带单才瓜栱二件，各长七尺四寸四分，高一尺八寸，宽六寸。

由昂二件，长十八尺一寸八分，高三尺三寸，宽一尺三寸六分六厘。

搭角正蚂蚱头二件，各长五尺四寸，高一尺二寸，宽六寸。

搭角闹蚂蚱头带单才万栱二件，各长八尺一寸六分，高一尺二寸，宽六寸。

把臂厢栱二件，各长八尺六寸四分，高一尺二寸，宽六寸。

里连头合角单才瓜栱二件，各长三尺二寸四分，高八寸四分，宽六寸。

里连头合角单才万栱二件，各长二尺二寸八分，高八寸四分，宽六寸。

搭角正撑头木二件、闹撑头木二件，各长三尺六寸，高一尺二寸，宽六寸。

里连头合角厢栱二件，各长九寸，高八寸四分，宽六寸。

斜桁椀一件，长十八尺八分，高一尺八寸，宽一尺三寸六分六厘。

贴升耳十个，内四个各长一尺一寸八分八厘，二个各长一尺四寸二分一厘，四个各长一尺六寸五分四厘，俱高三寸六分，宽一寸四分四厘。

十八斗六个、槽升四个、三才升二个俱与平身科尺寸同。

原典

平身科：

单翘一件，长四尺二寸六分，高一尺二寸，宽六寸，其余各件俱与斗口重昂平身科尺寸同。

柱头科：

单翘一件，长四尺二寸六分，高一尺二寸，宽一尺二寸，其余各件俱与斗口重昂柱头科尺寸同。

角科：

斜翘一件，长五尺九寸六分四厘，高一尺二寸，宽九寸。

搭角正翘带正心瓜栱二件，各长三尺九寸九分，高一尺二寸，宽七寸四分四厘。其余各件俱与斗口重昂角科尺寸同。

单翘单昂平身科、柱头科、角科斗口六寸各件尺寸开后

开封大相国寺

原典图说

开封大相国寺

大相国寺为中国传统的轴对称布局，主要建筑有大门、天王殿、大雄殿、八角琉璃殿、藏经楼等，由南至北沿轴线分布，大殿两旁东西阁楼和庑廊相对而立。藏经阁和大雄宝殿均为清朝建筑，形式上为重檐歇山，层层斗栱相叠，覆盖着黄绿琉璃瓦。殿与月台周围有白石栏杆相围。八角琉璃殿于中央高高耸起，四周游廊附围，顶盖琉璃瓦件，翼角皆悬持铃铎。殿内置木雕密宗四面千手千眼观世音巨像，高约 7m，全身贴金，相传为一整株银杏树雕成，异常精美。钟楼内存清朝高约 4m 的巨钟一口，重万余斤，有“相国霜钟”之称，为开封八景之一。

单翘重昂平身科、柱头科、角科斗口六寸各件尺寸开后

原典

平身科：

大斗一个，见方一尺八寸，高一尺二寸。

单翘一件，长四尺二寸六分，高一尺二寸，宽六寸。

头昂一件，长九尺五寸一分，高一尺八寸，宽六寸。

二昂一件，长十二尺七寸八分，高一尺八寸，宽六寸。

蚂蚱头一件，长十二尺九寸六分，高一尺二寸，宽六寸。

撑头木一件，长十二尺九寸二分四厘，高一尺二寸，宽六寸。

正心瓜栱一件，长三尺七寸二分，高一尺二寸，宽七寸四分四厘。

正心万栱一件，长五尺五寸二分，高一尺二寸，宽七寸四分四厘。

单才瓜栱四件，各长三尺七寸二分，高八寸四分，宽六寸。

单才万栱四件，各长五尺五寸二分，高八寸四分，宽六寸。

厢栱二件，各长四尺三寸二分，高八寸四分，宽六寸。

桁椀一件，长十八尺八寸，高二尺七寸，宽六寸。

十八斗六个，各长一尺八分，高六寸，宽八寸八分八厘。

槽升四个，各长七寸八分，高六寸，宽一尺三分二厘。

三才升二十个，各长七寸八分，高六寸，宽八寸八分八厘。

柱头科：

大斗一个，长二尺四寸，高一尺二寸，宽一尺八寸。

单翘一件，长四尺二寸六分，高一尺二寸，宽一尺二寸。

头昂一件，长三尺五寸一分，高一尺八寸，宽一尺六寸。

二昂一件，长十二尺七寸八分，高一尺八寸，宽二尺。

正心瓜栱一件，长三尺七寸二分，高一尺二寸，宽七寸四分四厘。

正心万栱一件，长五尺五寸二分，高一尺二寸，宽七寸四分四厘。

单才瓜栱四件，各长三尺七寸二分，高八寸四分，宽六寸。

单才万栱四件，各长五尺五寸二分，高八寸四分，宽六寸。

厢栱二件，各长四尺三寸二分，高八寸四分，宽六寸。

桶子十八斗五个，内二个各长二尺八分，二个各长二尺四寸八分，一个长二尺八寸八分，俱高六寸，宽八寸八分八厘。

槽升四个，各长七寸八分，高六寸，宽一尺三分二厘。

三才升二十个各长七寸八分，高六寸，宽八寸八分八厘。

角科：

大斗一个，见方一尺八寸，高一尺二寸。

斜翘一件，长五尺九寸六分四厘，高一尺二寸，宽九寸。

搭角正翘带正心瓜栱二件，各长三尺九分，高一尺二寸，宽七寸四分四厘。

斜头昂一件，长十三尺三寸一分三厘，高一尺八寸，宽一尺七分五厘。

搭角正头昂带正心万栱二件，各长八尺三寸四分，高一尺八寸，宽七寸四分四厘。

搭交闹头昂带单才瓜栱二件，各长七尺四寸四分，高一尺八寸，宽六寸。

里连头合角单才瓜栱二件，长三尺二寸四分，高八寸四分，宽六寸。

斜二昂一件，长十七尺八寸九分二厘，高一尺八寸，宽一尺二寸五分。

搭角正二昂二件，各长七尺三寸八分，高一尺八寸，宽六寸。

搭角闹二昂带单才瓜栱二件，各长十尺一寸四分，高一尺八寸，宽六寸。

搭角闹二昂带单才瓜栱二件各长九尺二寸四分，高一尺八寸，宽六寸。

里连头合角单才万栱二件，各长二尺二寸八分，高八寸四分，宽六寸。

里连头合角单才瓜栱二件，各长一尺三寸二分，高八寸四分，宽六寸。

由昂一件，长二十三尺三寸一分六厘，高三尺三寸，宽一尺四寸二分五厘。

搭角正蚂蚱头二件，闹蚂蚱头二件，各长七尺二寸，宽六寸。

搭角闹蚂蚱头带单才万栱二件，各长九尺九寸六分，高一尺二寸，宽六寸。

里连头合角单才万栱二件，各长五寸四分，高八寸四分，宽六寸。

把臂厢栱二件，各长十尺四寸四分，高一尺二寸，宽六寸。

搭角正撑头木二件，闹撑头木四件，各长五尺四寸，高一尺二寸，宽六寸。

里连头合角厢栱二件，各长一尺八分，高八寸四分，宽六寸。

斜桁椀一件，长十五尺一寸二分，高二尺七寸，宽一尺四寸二分五厘。

贴升耳十四个，内四个各长一尺一寸八分八厘，四个各长一尺三寸六分三厘，二个各长一尺五寸三分八厘，四个各长一尺七寸一分二厘，俱高三寸六分，宽一寸四分四厘。

十八斗十二个、槽升四个、三才升十六个，俱与平身科尺寸同。

重翘重昂平身科、柱头科、角科斗口六寸各件尺寸开后

原典

平身科：

大斗一个，见方一尺八寸，高一尺二尺。

头翘一件，长四尺二寸六分，高一尺二寸，宽六寸。

重翘一件，长七尺八寸六分，高一尺二寸，宽六寸。

头昂一件，长十三尺一寸一分，高一尺八寸，宽六寸。

二昂一件，长十六尺三寸八分，高一尺八寸，宽六寸。

蚂蚱头一件，长十六尺五寸六分，高一尺二寸，宽六寸。

撑头木一件，长十六尺五寸二分四厘，高一尺二寸，宽六寸。

正心瓜栱一件，长三尺七寸二分，高一尺二寸，宽七寸四分四厘。

正心万栱一件，长五尺五寸二分，高一尺二寸，宽七寸四分四厘。

单才瓜栱六件，各长三尺七寸二分，高八寸四分，宽六寸。

单才万栱六件，各长五尺五寸二分，高八寸四分，宽六寸。

厢栱二件，各长四尺三寸二分，高八寸四分，宽六寸。

桁椀一件，长十四尺四寸，高三尺六寸，宽六寸。

十八斗八个，各长一尺八分，高六寸，宽八寸八分八厘。

槽升四个，各长七寸八分，高六寸，宽一寸三分二厘。

三才升二十个，各长七寸八分，高六寸，宽八寸八分八厘。

柱头科：

大斗一个，长二尺四寸，高一尺二寸，宽一尺八寸。

头翘一件，长四尺二寸六分，高一尺二寸，宽一尺二寸。

重翘一件，长七尺八寸六分，高一尺二寸，宽一尺五寸。

头昂一件，长十三尺一寸一分，高一尺八寸，宽一尺八寸。

二昂一件，长十六尺三寸八分，高一尺八寸，宽二尺一寸。

正心瓜栱一件，长三尺七寸二分，高一尺二寸，宽七寸四分四厘。

正心万栱一件，长五尺五寸二分，高一尺二寸，宽七寸四分四厘。

单才瓜栱六件，各长三尺七寸六分，高八寸四分，宽六寸。

单才万栱六件，各长五尺五寸二分，高八寸四分，宽六寸。

厢栱二件，各长四尺三寸二分，高八寸四分，宽六寸。

桶子十八斗七个，内二个各长一尺九寸八分，二个各长二尺二寸八分，二个各长二尺五寸八分，一个长二尺八寸八分，俱高六寸，宽八寸八分八厘。

槽升四个，各长七寸八分，高六寸，宽一尺三分二厘。

三才升二十个，各长七寸八分，高六寸，宽八寸八分八厘。

角科：

大斗一个，见方一尺八寸，高一尺二寸。

斜头翘一件，长五尺九寸六分四厘，高一尺二寸，宽九寸。

搭角正头翘带正心瓜栱二件，各长三尺九寸九分，高一尺二寸，宽七寸四分四厘。

斜二翘一件，长十一尺四厘，高一尺二寸，宽一尺四分。

搭角正二翘带正心万栱二件，各长六尺六寸九分，高一尺二寸，宽七寸四分四厘。

搭角闹二翘带单才瓜栱二件，各长五尺七寸九分，高一尺二寸，宽六寸。

里连头合角单才瓜栱二件，各长三尺二寸四公，高八寸四分，宽六寸。

斜头昂一件，长十八尺三寸五分四厘，高一尺八寸，宽一尺一寸八分。

搭角正头昂二件，各长七尺三寸八分，高一尺八寸，宽六寸。

搭角闹头昂带单才瓜栱二件，各长九尺二寸四分，高一尺八寸，宽六寸。

搭角闹头昂带单才万栱二件，各长十尺一寸四分，高一尺八寸，宽六寸。

里连头合角单才万栱二件，各长二尺二寸八分，高八寸四分，宽六寸。

里连头合角单才瓜栱二件，各长一尺三寸二分，高八寸四分，宽六寸。

斜二昂一件，长二十一尺三分二厘，高一尺八寸，宽一尺三寸二分。

搭角正二昂二件，闹二昂二件，各长九尺一寸八分，高一尺八寸，宽六寸。

搭角闹二昂带单才万栱二件，各长十一尺九寸四分，高一尺八寸，宽六寸。

搭角闹二昂带单才瓜栱二件，各长十一尺四分，高一尺八寸，宽六寸。

里连头合角单才万栱二件，各长五寸四分，高八寸四分，宽六寸。

由昂一件，长二十八尺四寸五分二厘，高三尺三寸，宽一尺四寸六分。

搭交正蚂蚱头二件，闹蚂蚱头四件，各长九尺，高一尺二寸，宽六寸。

搭交闹蚂蚱头带单才万栱二件，各长十一尺七寸六分，高一尺二寸，宽六寸。

把臂厢栱二件，各长十二尺二寸四分，高一尺二寸，宽六寸。

搭角正撑头木二件、闹撑头木六件，各长七尺二寸，高一尺二寸，宽六寸。

里连头合角厢栱二件，各长一尺二寸六分，高八寸四分，宽六寸。

斜桁椀一件，长二十尺一寸六分，高三尺六寸，宽一尺四寸六分。

贴升耳十八个，内四个各长一尺一寸八分八厘，四个各长一尺三寸二分八厘，四个各长一尺四寸六分八厘，二个各长一尺六寸八厘，四个各长一尺七寸四分八厘，俱高三寸六分，宽一寸四分四厘。

十八斗二十个、槽升四个、三才升二十个，俱与平身科尺寸同。

苏州云岩寺塔

原典图说

苏州云岩寺塔

虎丘斜塔是苏州云岩寺塔的俗称，位于江苏省苏州市虎丘山上，建于五代后周末期。

该塔是仿木结构的阁楼式砖塔，塔的平面呈八角形，共七级，通高47.5m，由下而上逐层收缩，轮廓微呈弧形，塔身有平坐、腰檐、柱额、斗栱及门窗等结构，八面的正中都开辟有壶门，塔的内部有外壁、回廊和塔心，回廊内设有木梯，使塔心和外壁分开，进入各层的回廊和塔心，构筑精美的各式斗栱和藻井处处可见，还有各种用石灰堆塑的图案，该图案中数十幅写生牡丹，尤其突出。

原典

平身科：

（其一斗三升去麻叶云中加槽升一个）大斗一个，见方一尺八寸，高一尺二寸。

麻叶云一件，长七尺二寸，高三尺一寸九分八厘，宽六寸。

正心瓜栱一件，长三尺七寸二分，高一尺二寸，宽七寸四分四厘。

槽升二个，各长七寸八分，高六寸，宽一尺三分二厘。

柱头科：

大斗一个，长三尺，高一尺二寸，宽一尺八寸。

正心瓜栱一件，长三尺七寸二分，高一尺二寸，宽七寸四分四厘。

槽升二个，各长七寸八分，高六寸，宽一尺三分二厘。

贴正升耳二个，各长七寸八分，高六寸，宽一寸四分四厘。

角科：

大斗一个，见方一尺八寸，高一尺二寸。

斜昂一件，长十尺八分，高三尺七寸八分，宽九寸。

搭角正心瓜栱二件，各长五尺三寸四分，高一尺二寸，宽七寸四分四厘。

槽升二个，各长七寸八分，高六寸，宽一尺三分二厘。

三才升二个，各长七寸八分，高六寸，宽八寸八分八厘。

贴斜升耳二个，各长一尺一寸八分八厘，高三寸六分，宽一寸四分四厘。

一斗二升交麻叶并一斗三升平身科、柱头科、角科俱斗口六寸各件尺寸开后

三滴水品字平身科、柱头科、角科斗口六寸各件尺寸开后

原典

平身科：

大斗一个，见方一尺八寸，高一尺二寸。

头翘一件，长四尺二寸六分，高一尺二寸，宽六寸。

二翘一件，长七尺八寸六分，高一尺二寸，宽六寸。

撑头木一件，长九尺，高一尺二寸，宽六寸。

正心瓜栱一件，长三尺七寸二分，高一尺二寸，宽七寸四分四厘。

正心万栱一件，长五尺五寸二分，高一尺二寸，宽七寸四分四厘。

单才瓜栱二件，各长三尺七寸二分，高八寸四分，宽六寸。

厢栱一件，长四尺三寸二分，高八寸四分，宽六寸。

十八斗三个，各长一尺八分，高六寸，宽八寸八分八厘。

槽升四个，各长七寸八分，高六寸，宽一尺三分二厘。

三才升六个，各长七寸八分，高六寸，宽八寸八分八厘。

柱头科：

大斗一个，长三尺，高一尺二寸，宽一尺八寸。

头翘一件，长四尺二寸六分，高一尺二寸，宽一尺二寸。

正心瓜栱一件，长三尺七寸二分，高一尺二寸，宽七寸四分四厘。

正心万栱一件，长五尺五寸二分，高一尺二寸，宽七寸四分四厘。

单才瓜栱二件，各长三尺七寸二分，高八寸四分，宽六寸。

厢栱一件，长四尺三寸二分，高八寸四分，宽六寸。

桶子十八斗一个，长二尺八寸八分，高六寸，宽八寸八分八厘。

槽升四个，各长七寸八分，高六寸，宽一尺三分二厘。

三才升六个，各长七寸八分，高六寸，宽八寸八分八厘。

贴斗耳二个，各长八寸八分八厘，高六寸，宽一寸四分四厘。

角科：

大斗一个，见方一尺八寸，高一尺二寸。

斜头翘一件，长五尺九寸六分四厘，高一尺二寸，宽九寸。

搭角正头翘带正心瓜拱二件，各长三尺九寸九分，高一尺二寸，宽七寸四分四厘。

搭角正二翘带正心万拱二件，各长六尺六寸九分，高一尺二寸，宽七寸四分四厘。

搭角闹二翘带单才瓜拱二件，各长五尺七寸九分，高一尺二寸，宽六寸。

里连头合角单才瓜拱二件，各长三尺二寸四分，高八寸四分，宽六寸。

里连头合角厢拱二件，各长九寸，高八寸四分，宽六寸。

贴升耳四个，各长一尺一寸八分八厘，高三寸六分，宽一尺四分四厘。

十八斗二个、槽升四个、三才升六个，俱与平身科尺寸同。

内里品字科斗口六寸各件尺寸开后

原典

大斗一个，长一尺八寸，高一尺二寸，宽九寸。头翘一件，长二尺一寸三分，高一尺二寸，宽六寸。

重翘一件，长三尺九寸三分，高一尺二寸，宽六寸。

撑头木一件，长五尺七寸三分，高一尺二寸，宽六寸。

正心瓜拱一件，长三尺七寸二分，高一尺二寸，宽三寸七分二厘。

正心万拱一件，长五尺五寸二分，高一尺二寸，宽三寸七分二厘。

麻叶云一件，长四尺九寸二分，高一尺二寸，宽六寸。

三福云二件，各长四尺三寸二分，高一尺八寸，宽六寸。

十八斗二个，各长一尺八分，高六寸，宽八寸八分八厘。

槽升四个，各长七寸八分，高六寸，宽五寸一分六厘。

槅架科斗口六寸各件尺寸开后

原典

贴大斗耳二个，各长一尺二寸，高一尺二寸，宽五寸二分八厘。荷叶一件，长五尺四寸，高一尺二寸，宽一尺二寸。

栱一件，长三尺七寸二分，高一尺二寸，宽一尺二寸。

雀替一件，长十二尺，高尺四寸，宽一尺二寸。

贴槽升耳六个，各长七寸八分，高六寸，宽一寸四分四厘。

斗栱代表建筑——宝纶阁

原典图说

明清斗栱变化

明清建筑斗栱弱化，尺寸较大的梁架与正心枋咬合直接参与承重，虽说有些简单，但丝毫不影响屋顶荷载这一核心问题，对于结构的简化，未尝不是一种进步。在徽州、金华的明代祠堂中，梁与柱更是直接咬合，不需要斗栱的承接。徽州呈坎村明代罗东舒祠宝纶阁的前檐柱直抵檐下，斗栱随后才嵌于柱上，功能减弱，主要是起装饰作用。在常熟綵衣堂和赵用贤宅这两个明代建筑中，斗栱已不见于屋檐下，仅出现在梁架间起过渡作用。

清工部

卷四十一 各项装修做法

原典

凡檐里安装槅扇①，法以飞檐椽头下皮与槅扇挂空槛上皮相齐。下安槅扇下槛，挂空槛分位，上安横披②并替桩分位。如无飞檐椽，以檐椽头下皮槅扇挂空槛上皮相齐，或高一丈。即系安装槅扇并上、下槛分位。檐枋下皮至挂空槛上皮高一尺，即系安装横披并替桩分位。挂空槛又名中槛③，又名上槛④，替桩又名上槛。

凡金里，安装槅扇，法以廊内之穿插枋与槅扇挂空槛下皮相齐。下安槅扇并下槛分位，上安横披并挂空槛，替桩分位。

凡次，梢间安装槛窗⑤，上替桩、横披，挂空槛俱与明间相齐。上抹头与槅扇上抹头齐，下抹头与槅扇群板上抹头⑥齐。其余尺寸，系风槛⑦、榻板、槛墙⑧分位。

凡下槛以面阔定长。如面阔一丈，即长一丈，内除檐柱径一份，外加两头入榫分位，各按柱径四分之一。以檐柱径十分之八定高。如柱径一尺，得高八寸。以本身之高减半定厚，得厚四寸。如金里安装，照金柱径尺寸定高、厚。

凡上槛以面阔定长。如面阔一丈，即长一丈，内除柱径一份，外加两头入榫分位，各按柱径四分之一。以下槛之高十分之八定高。如下槛高八寸，得高六寸四分。厚与下槛同。

凡抱框以檐椽头下皮至地面定长。如檐椽头下皮至地面高一丈，内除上、下槛⑨高一尺四寸四分，得抱框⑩长八尺五寸六分。外加两头入榫分位，按本身之厚一份。以下槛十分之七定宽。如下槛高八寸，得宽五寸六分。厚与下槛同。

槅 窗

槛 窗

注释

① 槅扇：是用木头做成的柱与柱之间的槅断窗，周围有框架，一般所指中间镶嵌通花格子门，由一个门扇框组成，立向的称边梃，横向的称抹头，常见于神龛的两侧。抹头又将槅扇分为三部分：①安装透光的通花格子称格眼或花心；②下半部实心木格称裙板。③花心与裙板之间称环板。

② 横披：即横披窗，也有叫卧窗的，一般情况下安装在槅扇门和槛窗的上部，是房檐到槅扇门之间的过渡。是否安装横披窗要看立柱的高度，由于槅扇门和槛窗不能太高，所以就需要在槅扇门和槛窗的上部安装一个横向的窗子，这个窗子叫横披窗。横披窗一分为三，每一块的边框之内用棂条组成格，格纹和槅扇、槛窗一样。

③ 中槛：安装在门窗槅扇的框架内，位于横批之下，门框之上的横木，也叫挂空槛。

④ 上槛：安装槅扇所用框架最上面紧贴檐枋的横木，又叫替桩。

⑤ 槛窗：槛窗的形式和槅扇基本相同，区别在于槛窗只有槅扇的上半部而没有下面的裙板。因安装在两根立柱之间的槛墙上，故称槛窗。槛窗也是几扇并列安装在柱间的，多与槅扇门并列使用。一幢殿堂正面几开间，中央开间立槅扇门，两侧开间用槛窗。槛墙高度与槅扇门的裙板相当。

⑥ 抹头：宋时，称“腰串”但略有区别。腰串仅指中间部分的横木，而上下两头另有名称，但明清凡门窗槅扇的横木均称抹头。绦环板愈多则抹头愈多，所以在槅扇里有四抹、五抹、六抹的分别。

⑦ 风槛：位于榻板上面的窗下槛，多用于槛窗。

⑧ 槛墙：是建筑前檐或后檐木装修榻板下的墙体，两端的里外皮砌成八字柱门。

⑨ 下槛：贴于地面的横木，也叫门限。

⑩ 抱框：是古建筑木构件，紧贴木柱或随枋、阑额等之木作构件，一般厚度与随枋、阑额、地栿等相同，或略小于地栿，常作抹边装饰。其作用一般为弥补门窗等制作安装时产生的误差，根据误差大小，改变抱框的宽度，可以使门窗安装紧凑得当；其二，弥补木柱上下柱径不同而产生的门洞或窗洞尺寸的不规整，达不到门窗的安装效果；最后则是其具有较高的装饰作用。

原典

凡槅扇边挺①以槅扇之高定长。如槅扇高八尺五寸六分，一根即长八尺五寸六分；一根外加两头掩榫照本身看面之宽一份，得通长八尺八寸四分。以抱框之宽减半定看面。如抱框宽五寸六分，得看面二寸八分。以本身看面尺寸加二定进深。如看面二寸八分，得进深三分六厘。

凡抹头以槅扇之宽定长。如槅扇宽一尺九寸七分，即长一尺九寸七分。看面、进深与边挺同。

凡转轴②长随槅扇净高尺寸，外加上、下入槛之长，照上槛之高一份。如上槛高六寸四分。即加长六寸四分。以边挺看面③、进深减半定宽、厚。如边挺看面二寸八分，进深三寸三分六厘，得转轴宽一寸六分八厘，厚一寸四分。

凡绦环板④以抹头看面加倍定宽。如抹头看面二寸八分，得宽五寸六分。以边挺进深三分之一定厚。如边挺进深三寸三分六厘，得厚一寸一分二厘。长按槅扇之宽，内除边挺看面二分，两头入榫尺寸，照本身之厚一份。落地明做法，不用此款。

注释

① 边挺：门扇的上、下横料称上、下冒头，两侧边料称边挺。
② 转轴：附着在槅扇边挺里侧，专门用以开启槅扇门的木轴。
③ 看面：即对着外面的那一面。
④ 绦环板：俗称“套环板”，另有“夹党板”之说。是用在窗子腰部的花板，形象易变，多雕刻成各种装饰图案。

槅扇槅心——戏曲人物故事

绦环板

原典

凡群板①，槅心②以槅扇之净高尺寸定高。如槅扇高八尺五寸六分，内除抹头六根，共宽一尺六寸八分，又除绦环三块，共宽一尺六寸八分，计共除三尺三寸六分，得净高五尺二寸。内槅心分六份，得高三尺一寸二分。群板分四份，得高二尺八分。厚与绦环板同。两头加入榫尺寸，照本身之厚一份。

凡槅心四面仔边长按槅心净高宽尺寸，即得仔边之长短。以边挺进深十分之七定进深，十分之五定看面。如边挺进深三寸三分六厘，看面二寸八分，得进深二寸三分五厘，看面一寸四分。

凡棂子以仔边之进深，看面十分之七定进深、看面。如仔边看面一寸四分，进深二寸三分五厘，得看面九分八厘，进深一寸六分四厘。每扇除仔边净宽尺寸，一棂二空、横直棂子，两头加入榫尺寸照本身看面之宽一份。如看面九分八厘，得榫长即九分八厘。如落地明做法，长按边挺净长尺寸，内除抹头看面二分，外加两头入榫按本身看面宽一分。

注释

① 群板：即“裙板”，槅窗下部大面积的槅板。
② 槅心：槅扇上部镂空的部分，由仔边和棂条花格组成，又叫“花心”。

原典

凡槛窗边挺以槛窗之高定长。如槛高六尺二寸五分六厘，外加两头掩榫照本身看面宽一份，得通长六尺五寸三分六厘。进深、看面俱与槅扇边挺同。

凡抹头以槛窗之宽定长。如槛窗宽一尺九寸七分，即长一尺九寸七分。看面、进深俱与边挺同。

凡转轴长随槛窗净高尺寸。外加上、下入槛之长，照上槛之高一份。如上槛高六寸四分。即加长六寸四分。以边挺之看面，进深减半定宽、厚。如边挺看面二寸八分，进深三寸三分六厘，得转轴宽一寸六分六厘，厚一寸四分。

凡绦环板长槛窗之宽，内除边挺看面之宽二份，两头加入榫尺寸，照本身厚一份。宽、厚俱与槅扇绦环同。

凡槛窗心高随槅扇心。以抹头之长定宽。如抹头长一尺九寸七分，内除边挺看面之宽二份，得净宽一尺四寸一分。

凡槛窗心四面仔边长按槛窗心之净高宽尺寸，即得仔边之长短。以边挺进深十分之七定进深，十分之五定看面。如边挺进深二寸三分五厘，看面一寸四分。

凡棂子以仔边之进深、看面十分之七定进深、看面。如仔边看面一寸四分，进深二寸三分五厘得看面九分八厘，进深一寸六分四厘。每扇除仔边净宽尺寸，一棂二空，横直棂子，两头加入榫尺寸，照本身看面宽一份。

凡风槛以面阔定长。如面阔一丈，即长一丈内除柱径一份，外加两头入榫分位，各按柱径四分之一。高厚与抱框同。

工字样式棂子

云纹样式棂子

凡榻板①以面阔定长。如面阔一丈，即长一丈。以风槛之厚十分之七定厚。如风槛厚四寸，得榻板厚二寸八分。宽随槛墙之厚，外加金边各二份。

凡支窗②以面阔定宽。如面阔一丈，内除柱径一份，抱框宽二份，净阔七尺八寸八分，即宽七尺八寸八分。以檐柱头至地皮定高。如檐柱头至地皮高一丈一尺，内除替桩、横披、上槛分位，共一尺六寸四分。下槅板，槛墙分位，共三尺一寸四厘，得支窗净高六尺二寸五分六厘。边档以抱框之宽十分之四定看面。如抱框宽五寸六分，得看面二寸二分四厘。以抱框之厚三分之一定进深。如抱框厚四寸，得进深一寸三分三厘。抹头以净宽尺寸定长。如净宽七尺八寸八分，即长七尺八寸八分。看面、进深与边档同。如分扇做法，除间柱宽一份，减半得宽。

凡直棂③以边档之宽减半定看面。如边档看面二寸二分四厘，得棂子看面一寸一分二厘。进深与边档同。每扇一棂二空。

注释

① 榻板：位于槛墙之上，风槛之下的窗台板。

② 支窗：支摘窗，亦称和合窗，即上部可以支起，下部可以摘下之窗。其内亦有一层，上下均固定，但上部可依天气变化用纱、用纸糊饰，下部安装玻璃，以利室内采光。外层窗心多用灯笼锦、步步锦格心。故宫内支摘窗多用于内廷居住建筑及配房、值房等。

③ 直棂：中国古代木建筑外窗的一种，窗格以竖向直棂为主，是一种比较古老的窗式。

原典

凡横披长随净面阔尺寸，内除边档二份，外加两头入榫尺寸，照本身之厚一份。以直棂看面定宽。如直棂看面一寸一分二厘，即宽一寸一分一厘。以直棂之进深三分之一定厚。如直棂进深一寸三分三厘，得厚四分四厘，或七根至十根，临期拟定。如扣棂做法，看面、进深俱与直棂同。

凡横披短抱框以檐椽头下皮至地面高一丈一尺内除下槛高八寸，槅扇高八尺五寸六分，上槛高六寸四分，得抱框长一尺，又除替桩高三寸，得净长七寸，外加两头入榫分位，各按本身之宽十分之二，得榫长各一寸一分二厘。宽、厚与长抱框同。

凡横披以面阔定长。如面阔二丈，内除柱径一份，抱框二份，净面阔七尺八寸八分，边档即长七尺八寸八分。抹头随短抱框之净长尺寸。宽、厚与槅扇仔边同。每扇除边档抹头净宽尺寸一棂二空。棂子看面、进深俱与槅扇棂子同。横直棂子两头入榫照本身看面之宽一份。如分三扇做法，应除间柱分位，各得三分之一如斜交作法，照方五斜七分长短。如安装大门不用横披，即系走马板[①]分位。

凡替桩以面阔定长。如面阔一丈，内除柱径一份，外加两头入榫分位，各按柱径四分之一，如柱径一尺，得通长九尺五寸。以檐枋之高十分之三定高。如檐枋高一尺，得高三寸，厚与上槛之厚同，如安装大门用走马板锭引条，不同此款。

凡帘架[②]以槅扇之高定长。如槅扇高八尺五寸六分，下槛高八寸，挂空槛高六寸四分，得共长一丈，除荷叶墩[③]高三寸七分六厘，得净长九尺六寸二分四厘。宽、厚俱与槅扇边柱看面、进深同。

注释

① 走马板：安装在大门中槛与上槛之间的大面积槅板。

② 帘架：贴附于槅扇之外用以挂帘子的框架，常见有用于民居的和用于宫殿坛庙建筑的两种。

③ 荷叶墩：用以固定帘架边框下端的木构件，常雕成荷叶形状，多用于民居建筑。

清工部

原典

凡帘架心以门诀①定长。如上槛下皮至下槛下皮高九尺三寸六分，除吉门口高六尺六寸四分，下槛高八寸，得架心高一尺九寸二分，内除上、下抹头二份共五寸六分，净高一尺三寸六分。以槅扇二扇之宽定宽。如槅扇宽一尺九寸七分，得宽三尺九寸四分，内除架挺之厚一份，得净宽三尺六寸六分。仔边、棂子看面、进深俱与槅心同。每扇除仔边净宽尺寸一棂二空。横直棂子两头入榫照本身看面之宽一份。如斜交做法，照方五斜七分长短。上、下抹头以槅扇宽定长。如槅扇宽一尺九寸七分，二扇共宽三尺九寸四分，即长三尺九寸四份。外加架挺之宽一份，共长四尺二寸二分。宽、厚与架挺同。

凡连二楹②以下槛十分之七定高。如下槛高八寸，得高五寸六分。以转轴之宽加一份定宽。如转轴宽一寸六分八厘，得宽三寸三分六厘。长按本身宽加一份，得长六寸七分二厘。槛窗上随风槛之高十分之七定高。如风槛高五寸六分，得高三寸九分二厘。长宽同前。

凡槅扇之单楹荷叶拴斗③，以连二楹四分之三定长。如连二楹长六寸七分二厘，得长五寸四厘。高宽与连二楹同。如槛窗之单楹拴斗，高与槛窗连二楹之高同。

凡单扇棋盘门④大边，按门诀之吉庆尺寸定长。如吉门高六尺三寸六分，即长六尺三寸六分。内一根外加两头掩缝并入槛尺寸，照下槛之高加一份，如下槛高八寸，共长七尺一寸六分。以抱框之宽减半定宽。

如抱框五寸六分，得宽二寸八分。外一根以净门口之高，外加上、下掩缝照本身宽各一份，如本身宽二寸八分，长六尺九寸二分。以抱框之宽减半定宽。如抱框宽五寸六分，得宽二寸八分，厚按本身净宽十分之七定厚。如本身宽二寸八份，得厚一寸九分六厘。

凡抹头以吉门口定长。如吉门口宽二尺一寸一分，即长二尺一寸一分，外加两头掩缝。里一头按大边之厚一份得一寸九分六厘，再加掩缝三分。外一头按大边之厚减半，得九分八厘，共长二尺四寸三分四厘。宽、厚与大边同。如双扇做法，里一头加大边之厚一份，再加掩缝三分。

凡门心板以抹头长除大边定宽。如抹头长二尺四寸三分四厘，内除大边二份共五寸六分，得门心板净宽一尺八寸七分四厘。以门之高定长。如门连上、下掩缝高六尺六寸四分，内除抹头二份共五寸六分，得门心板净长六尺八分。如入槽作法，照本身之长、宽各加一分。以大边之厚三分之一定厚：如大边厚一寸九分六厘，得厚六分五厘。如穿带外加入穿带槽按本身之厚三分之一，得厚八分六厘。

凡穿带①长随抹头。以抹头之宽十分之七定宽。如抹头净宽二寸八分，得宽一寸九分六厘。以大边之厚定厚。如大边厚一寸九分六厘，内除门心板净厚六分五厘，再除落堂①尺寸按大边之厚十分之三得五分八厘。穿带净厚七分三厘。每扇四根。

注释

① 门诀：做各式门的口诀。

② 连二楹：附着于槅扇或槛窗下槛或风槛里侧，用于安插槅扇轴的构件。

③ 荷叶拴斗：用于固定帘架边框上端的木构件，常雕成荷叶花形，多用于民居建筑。

④ 棋盘门：棋盘门的做法是先用木条做出框架，然后装板与框齐平，背面用数条穿带，交叉成格子状，看上去像棋盘。

⑤.穿带：将粘好的板反面刻出燕尾槽，槽一端略宽，另一端略窄，用穿带贯穿，可使板子合紧不开裂。

⑥ 落堂：就是镶板与框不在一个平面上，板比框低。

原典

凡插关梁以穿带空档定长。如空档长一尺一寸六分，即长一尺一寸六分，两头各加穿带之宽半份，共长一尺三寸五分六厘。宽与穿带同。厚与大边同。

凡插关以门之宽定长。如门宽二尺一寸一分，内除大边一份二寸八分，外加掩缝九分八厘，净长一尺九寸二分八厘。宽、厚与穿带同。

凡拴杆长随转轴，外加出头按连楹①之厚一份。宽、厚与转轴同。

凡实榻大门槛框②、边抹③、穿带俱与棋盘门同。其门心板之厚与大边之厚同。

凡余梁板高与门口分高尺寸同。以面阔定宽。如面阔一丈二尺，内除柱径一份，抱框二份，门框二份，门口一个各分位，共阔一丈四寸。其余一尺六寸，二份分之，各得宽八寸。以柱径十分之一定厚。如柱径一尺，得厚一寸。

凡腰枋④以余塞板⑤之宽定长。如余塞板八八寸，即腰枋长八寸。外两头入榫尺寸按本身之厚加一份，共长九寸五分。宽与抱框同。如抱框厚四寸，内除余塞板厚一寸。余厚三寸，二份分之，各得厚一寸五分。

注释

① 连楹：附着于中槛内侧，用以安装门扇的构件，其长按面宽，两端交于两侧的柱子。

② 槛框：古建筑门窗外圈大框的总称，其中水平构件为槛，垂直构件为框。

③ 边抹：就是门窗的边框。

④ 腰枋：是在门框与抱框之间，时常安装的两根短横槛。

⑤ 余塞板：用于堵塞门框与抱框之间空隙的木板。

门 扇

原典

凡门枕①以门下槛十分之七定高。如下槛高八寸，得门枕高五寸六分。以本身之高加二寸定宽。如本身高五寸六分，得宽七寸六分，长按两头之见方尺寸，各得七寸六分。外加下槛之厚一份，共长一尺九寸二分。

凡连楹以门扇定长，如门二扇共宽七尺一寸六分，又加掩缝四寸五分二厘，两头再各加本身之宽一份，得通长八尺二寸。以转轴之宽加半份定宽。如转轴宽一寸九分六厘，得宽二寸九分四厘。厚与转轴厚同。如槅扇、槛窗、屏门②、连楹以面阔定长。如面阔一丈，内除柱径一份，外加两头棒柱椀口照本身之宽各加一份，得通长九尺五寸八分八厘。宽、厚同前。

注释

① 门枕：附着于下槛，用于承接大门门轴的石构件或木构件。

② 屏门：是中国传统建筑中遮槅内外院或遮槅正院或跨院的门，一般用于垂花门的后檐柱、室内明间后金柱间、大门后檐柱、庭院内的随墙门上，起屏风作用。

原典图说

门扇

门扇是明清时期家具、门部件名称，是橱柜等设有可左右开启和关闭的部件，一般由门框和心板构成，俗称橱门、柜门，也称屏门，作用类同仪门，平时关闭，人由门前左右廊道绕入，遇大事或贵客莅临才开启。两开两合的大门的其中一扇门叫做一块门扇子。门扇是所有装饰工程中必不可少的项目，门扇所具备的特殊地位使它往往成为体现装饰风格的一种象征物。门扇材料大多选用木材，但一般不用槐树，因“槐”字边有“鬼”，故禁忌。用作院落的门扇，通常有实榻门、棋盘门两种，颜色一般是“人主宜黄、人臣宜朱”。

原典

凡横栓①以门口定长。如门口宽七尺一寸六分，两头各加掩缝二寸二分六厘，再加出头尺寸，按本身之径各一份，共长八尺三寸九分六厘。以大边之厚加倍定径寸。如大边厚一寸九分六厘，得径三寸九分二厘。

凡门簪②以门口之高十分之一定长。如门口高八尺六寸，出头八寸六分，外加上槛厚四寸，连槛之宽二寸九分四厘，再出榫照连槛之宽一份，共长一尺八寸四分八厘。以上槛之高十分之八定径寸。如上槛六寸四分，得径五寸一分二厘。每间系四个。

注释

① 横栓：用以拴固大门的水平构件。

② 门簪：门簪就是为了将连楹固定在中槛上的一种销榫，通常将其露在门槛外侧的一端做成通体雕刻的短柱。

原典

凡大门上走马板以面阔定宽。如面阔一丈二尺，内除柱径一份，抱框二份，净阔九尺八寸八分。即宽九尺八寸八分。如脊里安装，照山柱之高定高。如山柱通高一丈二尺四寸三分，内除垫板八寸，脊枋一尺，上槛六寸四分，门口八尺六寸，下槛八寸，共一丈一尺八寸四分。走马板净得高五寸九分，其厚五分。门头板同。金里安装，亦照此法。

凡引条长随面阔。除柱径一份，抱框二份。如起线做法，以上槛之厚定宽、厚。如上槛厚四寸，内除滚楞尺寸八分，再除走马板之厚五分，净宽二尺七分，二份分之，各得宽、厚一寸三分五厘。

凡木顶槅①周围之贴梁②长随面阔、进深，内除枋梁之厚各半份。以檐枋之高四分之一定宽、厚。如檐枋高九寸一分，得宽、厚二寸二分七厘。

凡木顶槅以面阔、进深定长短、扇数。如面阔一丈二尺，内除大柁之厚一尺三寸一分，净长一丈六寸九分。如进深二丈一尺，内除檐枋之厚七寸一分，净宽二丈二寸九分。

凡边挺抹头以贴梁之宽十分之八定宽。如贴梁宽二寸二分七厘，得宽一寸八分一厘。厚按本身之宽十分之八定厚，得厚一寸四分四厘。

凡棂子以边档之厚十分之五定看面。如边档厚一寸四分四厘，得看面七分二厘。进深与边档每扇除边抹净宽尺寸一棂六空。横直棂子两头入榫照本身看面之宽一份。

凡木吊挂③每扇四根，宽、厚与边档同以加举之法得长。

注释

① 木顶槅：在制作天花时，以木条组成小方格状。北方也称为“箅子”，用吊钩固定，外部糊上纸或麻布。

② 贴梁：天花上另一种半圆形断面构件叫做“帽儿梁”，常与“天花支条”连做，沿面阔方向布置。其作用相当于现代吊顶中的大龙骨。贴附于天花枋或天花梁侧面的天花支条又叫“贴梁”。

③ 木吊挂：以边挺、仔边、抹头、棂条、雀替组成，安装于檐枋下面，均透空，起装饰作用。

门诀开后

原典

财门：

二尺七寸二分	二尺七寸五分
二尺七寸九分	二尺八寸二分
二尺八寸二分	四尺一寸六分
四尺一寸九分	四尺二寸二分
四尺二寸六分	四尺二寸九分
五尺一寸六分	五尺一寸九分
五尺五寸	五尺六寸一分
五尺六寸三分	五尺六寸七分
五尺七寸	五尺七寸一分
七尺四寸	七尺七寸
七尺一寸一分	七尺一寸六分
八尺四寸七分	八尺五寸三分
八尺五寸一分	八尺六寸
九尺九寸一分	九尺九寸五分
九尺九寸八分	一丈二分
一丈五分	

义顺门：

二尺一寸八分	二尺二寸二分
二尺二寸五分	二尺三寸
二尺三寸三分	三尺六寸二分
三尺七寸三分	三尺七寸六分
五尺五寸	五尺九寸
五尺一寸二分	六尺五寸
六尺五寸三分	六尺五寸七分
六尺五寸一分	六尺六寸一分
六尺六寸四分	七尺九寸三分
七尺九寸六分	八尺一分
八尺四分	八尺七分
九尺三寸七分	九尺四寸七分
九尺五寸	九尺四寸
九尺四寸四分	一丈八寸二分
一丈八寸四分	一丈八寸七分
一丈九寸五分	

官禄门：

二尺一分	二尺四分
二尺八分	二尺一寸一分
二尺一寸四分	二尺四寸四分
三尺四寸五分	三尺五寸六分
三尺四寸八分	三尺五寸二分
三尺五寸九分	四尺八寸九分
四尺九寸二分	四尺九寸五分
四尺九寸八分	五尺一分
六尺三寸三分	六尺三寸六分

六尺四分　七尺七寸六分
七尺七寸九分　七尺八寸三分
九尺八寸六分　九尺一寸九分
九尺二寸二分　九尺二寸六分
一丈六寸四分　九尺三寸三分
九尺二寸九分　一丈六寸七分
一丈七寸　一丈七寸三分
一丈七寸六分

福德门：

二尺九寸　二尺九寸四分
二尺一分　二尺九寸七分
三尺四分　三尺四寸四分
四尺三寸四分　四尺四寸五分
四尺四寸一分　五尺七寸七分
五尺八寸四分　五尺八寸八分
五尺九寸一分　七尺二寸一分
七尺二寸八分　七尺二寸四分
七尺三寸四分　七尺三寸一分
八尺六寸八分　八尺六寸五分
八尺七寸五分　八尺七寸一分
一丈八分　八尺七寸八分
一丈一寸二分　一丈七分
一丈一寸九分　一丈一尺一寸
一丈二寸三分

坤宁宫

原典图说

坤宁宫

坤宁宫坐北面南，面阔连廊 9 间，进深 3 间，黄琉璃瓦重檐庑殿顶。明代坤宁宫是皇后的寝宫。清顺治十二年改建后，为萨满教祭神的主要场所。坤宁宫仿盛京清宁宫，改原明间开门为东次间开门，原槅扇门改为双扇板门，其余各间的棂花槅扇窗均改为直棂吊搭式窗。室内东侧两间槅出为暖阁，作为居住的寝室，门的西侧四间设南、北、西三面炕，作为祭神的场所。与门相对后檐设锅灶，作杀牲煮肉之用。由于是皇家所用，灶间设棂花扇门，浑金毗卢罩，装饰考究华丽。坤宁宫的东端两间是皇帝大婚时的洞房。房内墙壁饰以红漆，顶棚高悬双喜宫灯。洞房有东西二门，西门里和东门外的木影壁内外，都饰以金漆双喜大字，有出门见喜之意。

卷四十二

硬山歇山石作做法

原典

凡柱顶以柱径加倍定尺寸。如柱径七寸，得柱顶石见方一尺四寸。以见方尺寸折半走厚，得厚七寸。上面落古镜[①]按本身见方尺寸，内每尺做高一寸五分。

凡槛垫石[②]以面阔定长短。如面阔一丈，内除柱顶石各半个，共长一尺四寸，净得槛长八尺六寸。以柱顶见方定宽。如柱顶见方一尺四寸，槛垫石即宽一尺四寸。以柱顶之厚折半定厚，如柱顶厚七寸得厚三寸五分。

注释

① 古镜：古镜是柱础石的一种形式，即木柱底下的柱顶石凸出地平面高度（也就是柱础石与木柱衔接）的部分加工成圆形平面，像古代使用的镜子。

② 槛垫石：地面五构件之一，呈长条形与门槛平行等长，垫于门槛之下，其上皮与地面相平。较大的重要建筑物中多有此构件，一般性建筑物中此构件可有可无。用石门槛的建筑中，亦有将石门槛与槛垫石两者联做的。

原典

凡硬山成造之阶条石[①]以面阔定长短。如明间面阔一丈，即长一丈。梢间阶条，面阔九尺，得长九尺。再加墀头之宽，内除里进七分。如墀头宽一尺一寸二分，又加金边二寸，得阶条石连好头石[②]通长一丈二寸五分。以出檐除回水并柱顶定宽，如出檐二尺四寸，除回水[③]二份深四寸八分，柱顶半份宽七寸，得阶条石净宽一尺二寸二分。以本身净宽尺寸十分之四定厚，得厚四寸八分。

注释

① 阶条石：台基四周沿着台边平铺的石件，一般为长方形。阶条石主要是依其形而命名，而依其位置命名又叫做压面石，因为它是压在台基边缘表面上的石件。

② 好头石：于台明转角处的曲尺形石料。

③ 回水：建筑物的上出大于下出，上出与下出之差称为回水。

原典

凡悬山成造梢间阶条石，按面阔加挑山除回水定长。如面阔九尺，挑山二尺四寸，除回水四寸八分，得通长一丈九寸二分。内有好头石一块。宽、厚与硬山阶条石同。

凡硬山两山条石以进深加出檐除回水、好头石得长。以阶条石折半定宽，如阶条石宽一尺二寸二分，得条石宽六寸一分。厚与阶条石同。

凡斗板石①，周围按露明处几尺得长。以台基②之高除阶条石之厚定宽。如台基高一尺二寸，阶条石厚四寸八得斗板石宽七寸二分。厚与阶条石同。

注释

① 斗板石：阶条以下的青砖或陡板，用石则为斗板石。

② 台基：建筑具有一定的自身重量，为保证建筑物建成后不会沉降塌陷，就需要在建造房屋前先制作一个平整坚硬的基础，称为台基。

原典

凡土衬石①，周围按露明处丈尺得长。以斗板石之厚，外加金边定宽。如斗板石厚四寸八分，再加金边二寸，得土衬石宽六寸八分。以本身之宽折半定厚，得厚三寸四分。

凡踏跺石②以面阔除垂带石③一份之宽定长短。如面阔一丈，垂带石宽一尺二寸二分，得踏跺石长八尺七寸八分。宽以一尺至一尺五寸。厚以三寸至四寸。须临期按台基之高分级数酌定。

注释

① 土衬石：在台基陡板以下与地面平之石。

② 踏跺石：台阶一级一级的阶石称踏跺。传统建筑中的踏跺形式还有：抄手踏跺、如意踏跺、御路踏跺等，根据建筑的大小制式不同而定。

③ 垂带石：踏跺两旁由台基至地上斜置之石。多由一块规整的、表面平滑的长形石板砌成，又叫垂带。

原典

凡砚窝石[1]以面阔加垂带石一份并金边各二寸定长短。如面阔一丈，垂带石宽一尺二寸二分，金边共宽四寸，得砚窝石长一丈一尺六寸二分。宽、厚与踏垛石同。

凡平头土衬石[2]以斗板土衬之金边外皮至槛垫窝石之里皮得长。宽、厚与踏垛石同。

凡象眼石[3]以斗板之外皮至砚窝石里皮得长。宽与斗板石同。每块折半核算。以垂带石之宽十分之三定厚，如垂带石宽一尺二寸二分，得象眼石厚三寸六分。

凡垂带石以踏垛级数加举定长。如踏垛三级各宽一尺，厚五寸，每级加举一寸，得长三尺三寸。宽、厚与阶条石同。

凡如意石[4]，长、宽、厚俱与砚窝石同。

注释

① 砚窝石：踏跺最下一级，只略比地面高出而与土衬平之石。
② 平头土衬石：是台阶的土衬石，位于台基土衬石和台阶燕窝之间。
③ 象眼石：又名菱角石，在垂带踏跺两侧垂带石之下的三角形石件。
④ 如意石：宫殿建筑台阶燕窝石前，再铺一块与地面同标高，与燕窝石同长石件的条石，该条石称为“如意石”。

腰线石

原典

凡墀头角柱石[1]以檐柱高三分之一，再除压砖板之厚定长短。如柱高八尺，压砖板厚三寸五分，得角柱石长二尺三寸一分。以檐柱径定宽。如柱径七寸，自柱皮外出柱径一份，柱中里进七分，得角柱石[2]共宽一尺一寸二分。以檐柱折半定厚。如柱径七寸，得角柱石厚三寸五分。

凡金、山柱角柱石[3]，长与墀头角柱石同。以金柱径定宽。如金柱径九寸，即得角柱石宽九寸。以本身之宽折半定厚，得厚四寸五分。

凡琵琶角柱石，长、厚俱与墀头角柱石同。以金、山柱角石收二寸定宽。如金、山角柱石宽九寸，得琵琶角柱石宽七寸。

凡硬山压砖板[4]以出廊丈尺，外加墀头腿一份得长。宽、厚与角柱石同。

凡里、外腰线石[5]，按山墙通长丈尺除前后压砖板分位得腰线之长。以压砖板十分之五定宽。如压砖板宽一尺一寸二分，得腰线宽五寸六分。厚与压砖板同。

注释

① 墀头角柱石：古建筑角柱石的一种，位于墀头的最下端，其宽度与墀头宽度同，厚度与阶条石厚度同。
② 角柱石：立在台基角部，其间砌陡板石与角柱齐平，上盖阶条石，下部为土衬石。
③ 金、山柱角柱石：台基的拐角处立置的石构件。
④ 压砖板：墙体石构件之一，平砌在有墀头（腿子）建筑的山墙上。
⑤ 腰线石：墙体上与压砖板接续平砌的厚度相同的条形石构件。

原典

凡内里群肩下平头土衬按进深并出廊丈尺除柱顶石分位得长。宽与外面条石同，留金边宽分位。厚与腰线石同。

凡挑檐石①以出廊丈尺，外加墀头梢得长。以压砖板收一寸定宽，加一寸定厚。如压砖板宽一尺一寸二分，厚三寸五分，得挑檐石宽一尺二分。厚四寸五分。

凡无斗板埋头角柱石②按台基之高除阶条石之厚得长。以阶条石宽定见方。如阶条石宽一尺二寸二分，得埋头角柱石见方一尺二寸二分。

凡分心石③以出廊定长短。如出廊长三尺，得分心石长三尺。以金柱顶见方尺寸一份半定宽。如金柱顶见方一尺八寸，得分心石宽二尺七寸。厚与槛垫石同。

注释

① 挑檐石：墀头上部以石代砖做梢子挑出的石构件。

② 埋头角柱石：又称为台明的角柱石，位于台明转角处好头石（抱角石）之下。

③ 分心石：在一些较大型的建筑或是具有一定礼仪等级的建筑中，其中央开间的正中由阶条石至槛垫石之间会放置一块条石，呈纵向放置，这样的条石称为分心石。

原典

凡垂花门中间滚墩石①以进深定长。如进深一六尺滚墩石比进深收分一尺，得长五尺。以门口高三分之一定高。如门口高九尺一寸，得滚墩石高三尺三分。以方柱每尺加十分之六定宽。如中柱方一尺，得滚墩石宽一尺六寸。内除托泥圭角一层厚五寸三分，系另用石料。其上线枋二层，内一层厚四寸，一层厚三寸。卷子花一层厚三寸，鼓子一个径一尺五寸，共高二尺五寸，系整件石料。其两边滚墩石长与中间同。高比中间收分二寸。宽比中间收分一寸。石料件数同前。以上层数自托泥圭角②起逐渐收宽。

注释

① 滚墩石：主要用在木影壁、小型的石影壁和一些垂花门处，它是安装柱子、稳定上部的影壁等而建的底座。其造型和宅门前的抱鼓石非常相像，因为其前后都属于外露部分，所以都做成雕刻精致的抱鼓石形式，而不像宅门处那样只将处在外面的部分做成抱鼓石。

② 圭角：传统建筑中清式须弥座的最下层部分，在大式黑活屋脊的檐头或屋脊的顶头有一个细活做法叫圭角（也叫规矩），圭角应比其下的勾头瓦退进若干。

原典

凡门枕石①以下槛十分之七定高。如下槛高八寸，得门枕石高五寸六分。以本身高加二寸定宽。如本身高五寸六分，得宽七寸六分。以两头宽尺寸，外加下槛厚一份定长。如两头各宽七寸六分，下槛厚四寸，得门枕石长一尺九寸二分。

注释

① 门枕石：门枕石俗称门墩、门座、门台、镇门石等，是用于中国传统民居，特别是四合院的大门底部，起到支撑门框、门轴作用的一个石质的构件。因其雕成枕头形或箱子形，所以叫门枕石。

养云轩

原典图说

颐和园养云轩

养云轩是颐和园中现存不多的乾隆时期的建筑。

养云轩的大门似钟形，两重平顶上有九个宝瓶。门上方镌刻石额“川泳云飞”，外侧石刻楹联“天外是银河烟波宛转，云中开翠幄香雨霏微”。内侧石刻楹联“群玉为峰楼台移海上，众香是国花木秀人寰”。前、后檐正中八边形门，四角有卷叶砖雕，两侧石门框，安两扇屏门。虎皮石台基，九步垂带式台阶。

养云轩坐北朝南，硬山顶，过垄脊，八擦大木，木方格吊顶天花，绘苏式彩画，金砖地面。前檐廊装修倒挂楣子、坐凳楣子。外檐装修明间四扇玻璃门，中间帘架门。次、梢间下为固定玻璃，上方格窗。后檐为砖墙。室内装修鸡腿罩，槅扇带帘架，两山有筒子门通耳房。前院院墙上砖雕万字不到头，下为虎皮石墙。殿东、西各有耳房两间。

卷四十三
歇山硬山各项瓦作做法

原典

凡码单磉墩①以柱顶石见方尺寸定见方。如柱径八寸四分，得柱顶石见方一尺六寸八分。周围各出金边二寸，得见方二尺八寸。金柱顶下照檐柱顶加二寸。高随台基②除柱顶石之厚，外加地皮以下埋头尺寸。

凡码连二磉墩以出廊并柱顶石定长。如出廊深四尺五寸，一头加金柱顶半个一尺四分，一头加檐柱顶半个八寸四分，两头再各加金边二寸，共长六尺七寸八分。以柱顶石之宽定宽。如金柱顶宽二尺八分，两边各加金边二寸，得宽二尺四寸八分。高随台基，除柱顶石之厚，外加埋头尺寸。

凡拦土按进深、面阔得长。如五檩除山檐柱单磉墩分位定长短，如有金柱，随面阔之宽，除磉墩分位定插档。高随台基。除墁地砖分位，外加埋头尺寸。如檐磉墩小，金磉墩大，宽随金磉墩尺寸。

注释

① 磉墩：用砖或石砌的柱基础，上置柱顶石，是支撑柱顶石的独立基础砌体，埋入台基之下的石礅。每一柱下用一个磉墩的称“单磉”；檐柱和金柱较近时，二者连砌，称“连二磉”；转角处还可四个连砌，称“连四磉”。磉墩之间砌砖墙，与柱础下皮平，称“拦土”。

② 台基：砖石砌成之平台，在其上修建筑物。

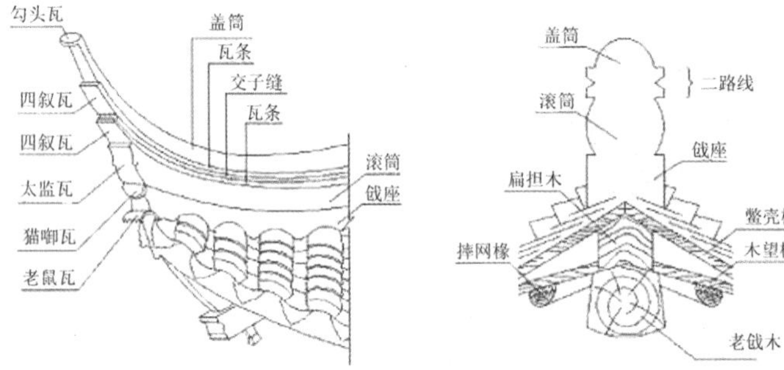

瓦当砌成的建筑结构图

注释

① 山尖：与屋脊同高的三角形部位的墙体。
② 排山：歇山侧面，竖带之下，博风板之上，所筑之一排屋檐。

原典图说

瓦作

瓦作是中国古代建筑业中的屋面工程专业。在宋《营造法式》中“瓦作”一项包括苫背、铺瓦、瓦和瓦饰的规格和选用原则等。清代的瓦作内容大增，除上述内容外，还包括宋代属于砖作的内容，如砌筑磉墩、基墙、房屋外墙、内槅墙、廊墙、围墙、砖墁地、台基等。

瓦作在型制上也可分为“大式”和“小式”两大类。大式瓦作用筒瓦骑缝，脊上装有的脊瓦、吻兽等构件，材料使用琉璃瓦或青瓦，多用在宫殿、陵寝、庙宇等建筑上，但不一定限于大木作上。小式瓦作上不设吻兽，多用板瓦，个别也用筒瓦的。材料只用板瓦，向上略作凹曲的板状瓦叫板瓦，板瓦在屋面上每一列形成一条排水沟，叫做一陇。每陇最下一块带有如意头状者叫做滴水。半圆状的瓦叫筒瓦。筒瓦用于覆盖陇缝。最下一块筒瓦带有圆形的瓦头，称作勾头或瓦当。

原典

凡埋头以檩数定高低。如四、五檩应深六寸，六、七檩应深八寸，九檩应深一尺。长、宽随磉墩、栏土。

凡包砌石台基，长随阶条石高。按台基除阶条石之厚，外加埋头尺寸。以出檐除栏土定宽。如出檐二尺八寸八分，以十分之。内除二份回水，得宽二尺三寸。再除栏土半份一尺四分，得净宽一尺二寸六分。两山按进深之长，再加前后出檐尺寸，内除前后檐包砌之宽得长。宽按山墙外出之厚，除栏土之宽露明或斗板石或细砖一进，余系背后糙砖，或俱糙砌，临期酌定。两山露明边宽二寸，如后檐砌墙，亦留金边宽二寸。

凡硬山群肩以进深定长。如进深一丈八尺，即长一丈八尺。以檐柱定高。如檐柱高九尺六寸，三分之一，得高三尺二寸。以柱径定厚。如柱径八寸四分，柱皮往外即出八寸四分。里进二寸得厚一尺八寸八分。

凡山墙上身长随群肩。以檐柱定。如檐柱高九尺六寸，除群肩高三尺二寸，外加水平一份，加平水高七寸四分，檩径一份八寸四分，椽径一份二寸五分，望板厚五分加之，得净高八尺二寸八分。以群肩之厚定厚。如群肩厚一尺八寸八分，如抹饰收七分，抅抿或细砖均收三分，再收顶每高一尺，收分一分。

凡山尖①以山柱定高。如山柱通高一丈五尺六寸四分，除群肩并上身共高一丈一尺四寸八分，外加檩径一份八寸四分，椽径一份二寸五分，望板厚五分，得高五尺三寸。厚与墀头之厚同。两山折一山如不用博缝排山②，再加披水砖一层，长按进深加举核算。

注释

① 槛墙：在有窗子的建筑墙面上，由地面到窗槛下的矮墙。槛墙在宫殿、庙宇等建筑中多用黄绿琉璃砖拼砌，而一般住宅则多用砖、石、泥土筑砌，相对来说，北方较多使用砖石砌筑，南方多用板壁或夹泥墙。

② 槅断墙：室内金柱之间的墙（与山墙平行）

③ 廊墙：也叫廊心墙，就是建筑的廊下檐柱和金柱之间的墙。廊墙作为建筑中比较容易为视线所及的部位，往往也有一些讲究的做法。如北京四合院建筑中的廊墙，其上段较大面积被称为“上身”。中心装饰极为多样，有素心做法，还有绘画，甚至是雕刻；内容题材可以使几何纹样、万字纹等吉祥纹样，也可以是花蒲、鸟兽等。

原典

凡槛墙①，除檐枋一份，榻板厚一份，支窗一份或除横披风槛分位得高。以柱径定宽。如柱径八寸四分，里外各出一寸五分，得宽一尺一寸四分。长随面阔，如遇山墙，应除里进分位。

凡槅断墙②高随檐柱。长随进深，内除两头柱径各半份，再除前后檐墙里进尺寸分位得长。厚以前后柱径寸。两边再各出一寸五分得厚。

凡廊墙③按出廊定长。如出廊深四尺五寸，即长四尺五寸。以檐柱定高。如柱高九尺六寸，内除穿插档宽八寸四分，穿插枋高八寸四分，得净高七尺九寸二分。内群肩之高、厚与山墙同。上身或用棋盘心，或糙砌抹饰，临期酌定。

廊　墙

窗子下面的墙——槛墙

墁地砖

原典图说

古代铺砖规范

明代铺地砖名“方墁砖”，故墁砖即为地砖，有时也引申为铺地砖。通常房间和院子都会铺地砖，房间里是平铺，有如砌墙的“磨砖对缝”的效果，这些铺地砖往往用生桐油涂过，上面还要打蜡，院子里则大多铺成十字形，以院中央为核心，分别通向四个方向，在十字分成的四个方向的空地种树木和花草。无论室内还是室外铺的砖都具有良好的透气性。在花园地上，用卵石、砖、瓦片等铺装——这是造园艺术的重要手法，其形式如织锦，或为各种吉祥图案及花鸟虫鱼等。

园林地面，以整砖或断砖铺砌，根据砖的长短，量才而用，铺成人字纹、席纹、斗纹、方形图案，极为雅致。球面式路面是用完整均一的瓦，先立砌成球纹，然后在其中嵌入鹅卵石，一般用于园林庭院。波纹式路面也用于园林、庭院，它是残砖废瓦按其弧度厚薄砌成。六方式路面先用砖立砌成六方形、八方形及六方、八方的变体图案，然后在其中嵌入大大小小不同的卵石，形成路面。

原典

凡悬山山墙五花成造。以步架定高。如檐柱高九尺六寸，一步架即高九尺六寸。如金柱高一丈一尺八寸五分，一步架即高一丈一尺八寸五分。除墙肩分位，得净高尺寸。柱径定厚。如柱径八寸四分，柱皮外出八寸四分，里进二寸，共厚一尺八寸八分。收分与硬山同。

凡点砌悬山山花眼以步架定宽。内除瓜柱径尺寸分位。高随瓜柱净高尺寸。厚与瓜柱径同。两山折一山。

凡前、后檐墙以面阔定长。如面阔一丈二尺，即长一丈二尺。如遇山墙，应除里进分位。以檐柱定高。如檐柱高九尺六寸，下除群肩之高三尺二寸，上除檐枋之高八寸四分，得高五尺五寸六分。内除墙肩分位。以檐柱径定厚。如柱径八寸四分，外出三分之二得五寸六分，里进二寸，共得厚一尺六寸。

凡封护檐墙长、厚与檐墙同。以檐柱定高，如檐柱高九尺六寸，外加水平一份，檩径一份，椽径一份，望板之厚各尺寸，内除高一寸为顺水之法。

凡扇面墙①以面阔定长。如面阔一丈二尺，即长一丈二尺。如遇山墙②，应除里进分位。以金柱定高。如柱高一丈一尺八寸五分，除金枋高八寸四分，得一丈一尺一分。内除墙肩分位。群肩之高与山墙同。厚与檐墙③同。

扇面墙

注释

① 扇面墙：大型建筑如宫殿、庙宇中，金柱与金柱之间的室内墙体，并且这段墙体与檐墙平行，这样的墙就叫做扇面墙。因为是室内墙，扇面墙可以砖、石、土砌筑的实墙体，也可以使用槅扇、太师壁等相对通透的室内槅断。

② 山墙：建筑物两端的墙体，以支撑建筑上部的屋山，上部高出屋面的称防火墙。

③ 檐墙：檐柱与檐柱之间的墙体。在前檐的称为前檐墙，在后檐的称为后檐墙，硬山建筑中直砌到屋檐下的墙称为封护檐墙。墙外看不到椽头。

原典

凡墙肩长短随面阔进深。宽随墙顶。如墙顶宽一尺六寸，或除枋子之厚或柁之厚，以里进外出各尺寸按五举加之。墙厚一尺以外者，除高三寸作墙肩分位。

凡墙垣衬脚取平随墙之长短。以墙之厚定宽。如厚一尺八寸八分，即厚一尺八寸八分，高随墁地砖分位。

凡砌墙垣如柱顶有古镜者，按古镜高加砖层层数。长除古镜尺寸。厚随墙垣。

凡小三才墀头以出檐定长。如出檐二尺八寸八分，内收线砖一层一寸五分，混砖一层二寸，嚣砖①一层二寸五分，盘头②二层共一寸，戗檐一寸，连檐二寸，雀儿台八分，外净长一尺八寸。以檐柱定高。如柱高九尺六寸，外加平水一份，檩径一份，共高一丈一尺一寸八分。内除停泥滚子砖砍做线砖干摆一层一寸六分，混砖一层一寸六分，嚣砖一层一寸六分，盘头二层三寸二分，戗檐一层四寸，净高九尺九寸八分。外加连檐之厚一份半，以做戗檐斜长入榫分位，或用尺四、尺二方砖开做。以檐柱径寸定厚。如柱径八寸四分，柱中往外出随山墙，往里进随柱径十分之一，共得厚一尺三寸四分。腿高与山墙群肩同。

盘 头

注释

① 嚣砖：也叫枭砖，用于墀头正面盘头砖之下。

② 盘头：一般的盘头结构，自挑檐石以上，分层砌出至与出檐齐，由其上为荷叶礅，再上为枭混砖，其上叠出二层谓之盘头，盘头上为戗檐，是墀头戗檐的组成构件。

原典

凡中三才墀头以出檐定长。如出檐二尺八寸八分，内收线砖一层二寸，混砖一层二寸五分，嚣砖一层三寸，盘头两层共一寸五分，戗檐二寸，连檐二寸，雀儿台一寸，外净长一尺四寸八分。以檐柱定高。如柱高九尺六寸，外加平水一份，檩径一份，共高一丈一尺一寸八分。内除停泥滚子砖做干摆线砖一层一寸六分，混砖一层一寸六分，嚣砖一层一寸六分，盘头二层三寸二分，尺二料半方砖整做戗檐一层一尺一寸，净高九尺二寸八分。外加连檐之厚一份半，以做戗檐斜长入榫分位，或用尺四方砖整做。以檐柱径定厚。如柱径八寸四分，柱中往外出随出墙，往里进随柱径十分分一，共得厚一尺三寸四分。腿高与山墙群肩同。

凡大三才墀头以出檐定长。如出檐二尺八寸八分，内收线砖一层二寸二分，混砖一层二寸五分，嚣砖一层三寸三分，盘头两层共一寸五分，戗檐三寸，连檐二寸五分，雀儿台一寸，外净长一尺四寸六分。以檐柱定高。如柱高九尺六寸，外加平水一份，檩径一份，共高一丈一尺一寸八分，内除停泥滚子砖砍做干摇线砖一层一寸六分，混砖一层一寸六分嚣砖一层一寸六分，盘头砖二层三寸二分，尺七方砖砍做戗檐一层一尺六寸，净高八尺七寸八分。外加连檐之厚一份半，以做戗檐斜长入榫分位。

以檐柱径定厚。如柱径八寸四分，柱中往外出随山墙，往里进随柱径十分之一，共得厚一尺三寸四分。腿高与山墙群肩同。

凡博缝以进深并出檐加举定长短。如进深一丈八尺，步架并出檐加举，得通长二丈八尺二寸二分即长二丈八尺二寸二分。小三才线混博缝砖俱停泥滚子砖砍做。或尺二、尺四方砖开做。或停泥滚子砖陡砌。中三才博缝尺二、尺四方砖整做。大三才博缝尺七方砖砍做。

凡排山勾滴①以进深加举定长。如进深一丈八尺，步架并出檐加举得通长二丈八尺二寸二分，即长二丈八尺二寸二分。按瓦件之号分陇得个数。

凡调大脊以通面阔定长。除吻兽之宽尺寸各一份，即得净长尺寸。用板瓦②取平苫背③，沙滚子砖衬平，瓦条④二层，混砖一层，又瓦条一层，或尺二、尺四方砖开砍斗板一层，背馅灌浆。又瓦条一层，混砖一层，又瓦条一层，扣脊筒瓦⑤一层。吻兽⑥用圭角一件，麻叶头一件，天混一件，天盘一件，吻⑦一只，箭靶⑧一件，背兽⑨一件。其砖斗板两头中间如用花草砖，或统花砖龙凤等项，临期酌定。

注释

① 排山勾滴：硬山悬山或歇山，博缝之上勾头与滴水。

② 板瓦：又称底瓦，凹面朝上，逐块压叠排放。板瓦沾琉璃不少于全部瓦面的三分之二。

③ 苫背：就是用防火保温的材料在望板之上做成的基层，其功用在于室内保温及配合瓦顶防水，并可就木屋架的举架做出囊度，使整个屋顶的曲线更加柔美自然。

④ 瓦条：脊面以砖砌出之方形起线，厚约一寸。

⑤ 脊筒瓦：用于盖瓦垄，覆盖两列板瓦的接缝之上，又称盖瓦，一端做熊头与另一块筒瓦连接。

⑥ 吻兽：吻兽，是龙生九子中的儿子之一，平生好吞，即殿脊的兽头之形。

⑦ 吻：也称“正吻”“大吻”，是建筑屋顶正脊两端的装饰构件，多为龙头形，龙口大开咬住正脊。

⑧ 箭靶：大吻的一个附属零件。

⑨ 背兽：古建筑屋面大吻背后兽形瓦件，外形似一个螭兽头。明代的背兽比清代背兽鼻子长且向后卷曲，后部做出长榫可以直接插入大吻的阴榫内，做工考究，造型华丽。

原典图说

五脊六兽

五脊六兽是中国古代官式建筑如宫殿、衙署、庙宇等大型屋宇的外部装饰件的总称。所谓“五脊”，是指屋宇的一条正脊、四条垂脊；“六兽”是装饰在正脊、垂脊末端的兽头形饰物。五脊六兽泛指屋脊上的一切装饰件。

正吻又叫鸱吻、螭吻，是安装于建筑屋顶正脊两端的装饰件，龙头形，龙口大开，咬住正脊，系釉陶或琉璃制品，正吻又叫大吻。正吻背后有背兽，俗称“气不忿儿”。垂兽是安装于垂脊的兽头形饰物。仙人、走兽和套兽在脊角屋檐处，安放着仙人和走兽，它们列队整齐，昂首蹲在屋宇的最险处，威武中透出几分亲昵。仙人排在首位，仙人之后的走兽顺序是龙、凤、狮子、天马、海马、狻猊、押鱼、獬豸、斗牛、行什。工匠在安装走兽饰件时有句口诀云：一龙二凤三狮子，四天马五海马，六狻七鱼，八獬九吼十猴。所用小兽多寡与建筑体量有关，有 1、3、5、7 皆为单数，按减后不减前的原则，自下而上按照顺序使用。而故宫太和殿级别最高，达到 10 个，更显尊贵，这在全国是独一无二的。

五脊六兽

原典

凡调垂背以每坡之长分为三分。上二份即垂脊①。用瓦条二层，混砖一层，停泥通脊板一层，背馅灌浆。又混砖一层，扣脊筒瓦一层。兽座用方砖凿做，垂兽一只，兽角②一对。下一份即岔脊③。用瓦条一层，混砖一层，上安狮马或五件或七件，圭角一件，捎风头一件。

注释

① 垂脊：是中国古代屋顶的一种屋脊。在歇山顶、悬山顶、硬山顶的建筑上自正脊两端沿着前后坡向下，在攒尖顶中自宝顶至屋檐转角处。

② 兽角：亦称角石，位于台基四个转角处的兽形物件，多为石质雕刻，多起装饰作用。

③ 岔脊：又叫戗脊，在有不同方向的承梁板的屋顶中，其两个斜屋面交接处所形成的外角，是中国古代歇山顶建筑自垂脊下端至屋檐部分的屋脊，和垂脊成 45°，对垂脊起支戗作用。

清工部

原典

凡调清水脊长随面阔。外加两山墙外出之厚。用板瓦取平、苫背。瓦条两层，混砖一层，扣脊筒瓦一层。每头鼻子一件，盘子一件，甯头①二件，勾头②二个。两头并中间如用花砖，临期酌定。

凡抹灰当勾以面阔得长。以所用瓦料定宽。如头号板瓦中高二寸，二号板瓦中高一寸七分，三号板瓦中高一寸五分，十样板瓦中高一寸，得分，三号均宽三寸。十样均宽二寸。如用筒瓦，照中高尺寸加一份半，二面折一面。垂脊当勾长按垂脊，外高同前，里高三分之一。头号得一寸三分，二号得一寸一分，三号得一寸，十样得六分。

凡宽以面阔得陇数。如面阔一丈二尺，头号板瓦口宽八寸，每丈十一陇一分。二号口宽七寸，每丈十二陇五分，三号口宽六寸，每丈十四陇二分。十样口宽三寸八分，每丈二十二陇。以进深并出檐加举得长。每板瓦一片，压七露三。头号长九寸，得露明长二寸七分。二号长八寸，得露明长二寸四分。三号长七寸，得露明长二寸一分。十样长四寸三分，得露明长一寸二分九厘。每坡每陇除滴水③一件，或花边瓦一件分位。每头号筒瓦长一尺一寸，二号长九寸五分，三号长七寸五分，十样长四寸五分。每坡每陇除勾头一件分位，即得数目。其悬山做法，随挑山之长分陇。如转角房及川堂有短陇之外，折半核算。仓房除气楼分位。如盖板瓦，用压梢筒瓦一陇。应除板瓦一陇。

凡墁地按进深、面阔折见方丈。除墙基、柱顶槛垫等石料，外加前后出檐尺寸，除阶条石之宽分位，或方砖、城砖④、滚子砖，临期酌定。

凡马尾礓䃰⑤以明间面阔定宽。如面阔一丈，即宽一丈，内除垂带石一份。以台基之高加二倍定长。如台基高一尺，得长三尺。如不按面阔做法，临期酌定。

凡踏垛背后随踏垛长、宽尺寸。以台基之高折半得高，内除踏垛石之厚一份。

凡墙坦用砖应除柱径、柁枋、门窗、槛框、榻板木料及角柱、压砖板、挑檐石料等项分位，或有装修，亦应除砖核算。

凡苫背以面阔、进深加举折见方丈。铺锭席箔⑥同。

注释

① 甯头：又叫撺头，用于戗脊（或庑殿脊、角脊）端部、大眼勾头之下，有花纹装饰。

② 勾头：用于盖瓦垄端部，置于滴水之上，上置瓦钉和钉帽固定。

③ 滴水：底瓦用于檐口，底瓦端有如意形舌片下垂者。在窗台或者阳台下，为防止雨水等室外水直接沿阳台、窗台流下而侵蚀墙体，在阳台、窗台下边缘设置的内凹型构件，叫做滴水。

④ 城砖：是古建筑砖料中规格最大的砖，一般用于城墙、台基、屋墙下肩等体积较大的部位。

⑤ 礓䃰：不用踏跺而将斜面做成锯齿形之升降道，即台阶的意思。

⑥ 铺锭席箔：以席箔代替望板铺定在椽子上，简陋的普通民宅常用。

原典

凡抹饰墙垣按墙之长、高折见方丈。凡拘抵与抹饰同。凡刷浆与抹饰同。凡仓墙以檐柱高尺寸减半定底宽。如檐柱高一丈二尺五寸，得底宽六尺二寸五分。以本身之高每尺收二寸定顶宽，如墙高一丈二尺五寸，共收二尺五寸，得顶宽三尺七寸五分。系柱中里外均出一半。除砖三层作墙肩分位，五花悬山成造。

凡库墙以檐柱高尺寸十分之四宽，如柱高一丈，得厚四尺。里进三寸，余俱外出。前后封护檐成造。

保和殿

原典图说

保和殿

保和殿是中国宫殿建筑之精华，属于北京故宫中的一座殿宇式建筑，保和殿面阔 9 间，进深 5 间（含前廊 1 间），建筑面积 1240.00m^2，高 29.50m。屋顶为重檐歇山顶，上覆黄色琉璃瓦，上下檐角均安放 9 个小兽。上檐为单翘重昂七踩斗栱，下檐为重昂五踩斗栱。

内外檐均为金龙和玺彩画，天花为沥粉贴金正面龙。六架天花梁彩画极其别致，与偏重丹红色的装修和陈设搭配协调，显得华贵富丽。

殿内金砖铺地，坐北向南设雕镂金漆宝座。东西两梢间为暖阁，安板门两扇，上加木质浮雕如意云龙浑金毗庐帽。建筑上采用了减柱造做法，将殿内前檐金柱减去六根，使空间宽敞舒适。

保和殿后阶陛中间设有一块雕刻着云、龙、海水和山崖的御路石，人们称之为云龙石雕。这是紫禁城中最大的一块石雕，长 16.57m，宽 3.07m，厚 1.70m，重为 250t。

殿外有千龙吐水，千龙是指望柱下面伸出的千余个石雕龙头，每当雨天时雨水就从龙口中排出，使分流雨水的实用功能与建筑艺术的观赏功能有机地结合在了一起。千龙吐水的壮观景象出自太和、中和与保和三大殿矗立之上的三层台基。“三台”面积约为 2500m^2，由大块汉白玉石砌成。每层台基的周围都雕有须弥座。须弥座上，横置着大块的长方石条，名为地栿。地栿之间立有望柱，望柱之间安设栏板。在它们之下，都凿有排水孔道。每个望柱下面伸出一个石雕龙头，整个“三台”，共有 1142 个龙头。除每层台基折角的角顶伸出的龙头外，其他龙头的两唇之间都钻有圆孔，与望柱底下的孔道相通。由于台面的设计是中间高于周边，每当雨天，落在“三台”台面上的雨水自然就都流向地势底的四周，于是便从龙口中排出，形成“千龙吐水”的奇观。位于保和殿的东西两侧的庑房，现已辟为陈列馆。

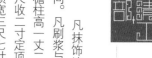

卷四十四 发券做法

原典

凡平水墙以券口面阔并中高定高。如面阔一丈五尺，中高二丈，将面阔丈尺折半得七尺五寸，又加十分之一得七寸五分，并之得八尺二寸五分。将中高二丈内除八尺二寸五分，得平水墙高一丈一尺七寸五分。平水墙以上系发券分位。

凡发券以平水墙券口面阔加三三、折半定围长。如平水券口面阔一丈五尺，以三三加之得围园长四丈九尺五寸。折半分之，得头券围长二丈四尺七寸五分，以所用砖块厚尺寸归除之，即得头券砖块之数。

栱券建筑

原典图说

栱券

栱券在中国出现较晚，经历了空心砖梁板、尖栱、折栱几个发展步骤，到西汉前期形成。当时用筒栱或栱壳穹窿建墓室，用券建墓门。最初的筒栱由多道券并列构成，以后发展为各道券间砖石互相交错，连成一体，称纵联筒栱。后者整体性强，应用较多。五代十国时的王建墓所用筒栱已很高大。

为了加强券的整体性，往往在券上随形平砌一层砖或石，宋《营造法式》中称缴背，清工部《工程做法则例》中称伏。承重大的券或筒栱可叠砌几层券和伏。北魏建造的登封嵩岳寺塔的塔门已用二券二伏。到明清时期，券、伏数已成为券门规模等级的标志，最高等级用五券五伏。清工部《工程做法则例》所载也是五券五伏做法。栱券曲率初期较平缓，矢高与栱跨之比小于 0.5，以后采用半圆栱，即高跨比为 0.5，到明代多数为高跨比大于 0.5 的“三心栱”。清工部《工程做法则例》规定券高为跨度的 0.55 倍。

汉代砖砌墓室筒栱和宋以前砖塔上栱券大多数用泥浆砌造。宋代开始用石灰泥浆，明清时使用石灰浆。

凡头伏以面阔加券砖二份之宽定围长。如面阔一丈五尺，砖宽六寸，厚三寸，加头券砖二份，共宽一尺二寸，并之得宽一丈六尺二寸。以三三加之，得围园长五丈三尺四寸六分。折半分之得头伏围长二丈六尺七寸三分。以所用砖块宽尺寸归除之，即得头伏砖块之数。

凡二券以面阔加头券砖二份之宽，头伏砖二份之厚定围长。如面阔一丈五尺，加头券头伏砖各二份共宽一尺八寸并之，得宽一丈六尺八寸。以三三加之得围园长五丈五尺四寸四分，折半分之，得二券长二丈七尺七寸二分。

凡二伏以面阔加头券头伏并二券砖各二份宽厚之数定围长。如面阔一丈五尺，加头券头伏并二券砖各二份，共宽三尺，并之得宽一丈八尺。以三三加之，得围园长五丈九尺四寸，折半分之得二伏围长二丈九尺七寸。

凡三券以面阔加头券二券，头伏二伏砖各二份宽厚之数定围长。如面阔一丈五尺，加头券二券，头伏二伏砖各二份，共宽三尺六寸，并之得宽一丈八尺六寸，以三三加之，得围园长六丈一尺三寸八分，折半分之，得三券围长三丈六寸九分。

凡三伏以面阔加头券二券三券，头伏二伏砖各二份宽厚之数定围长。如面阔一丈五尺，加头券二券三券，头伏二伏各二份，共宽四尺八寸，并之得宽一丈九尺八寸。以三三加之，得围园长六丈五尺三寸四分，折半分之，得三伏围长三丈二尺六寸七分。

凡四券以面阔加头、二、三券伏砖各二份宽厚之数定围长。如面阔一丈五尺，加头、二、三券伏砖各二份，共宽五尺四寸，并之得宽二丈四寸。以三三加之，得围园长六丈七尺三寸二分，折半分之，得四券围长三丈三尺六寸六分。

凡四伏以面阔加头、二、三、四券砖，头、二、三伏砖各二份宽厚之数定围长。如面阔一丈五尺，加头、二、三、四券砖，头二、三伏砖各二份，共宽六尺六寸，并之得宽二丈一尺六寸。以三三加之，得围园长七丈一尺二寸八分。折半分之，得四伏围长三丈五尺六寸四分。

凡五券以面阔加头、二、三、四券伏砖各二份宽厚之数定围长。如面阔一丈五尺，加头、二、三、四券伏砖各二份，共宽七尺二寸，并之得宽二丈二尺二寸。以三三加之，得围园长七丈三尺二寸六分。折半分之，得五券围长三丈六尺六寸三分。

凡五伏以面阔加头、二、三、四、五券砖，头、二、三、四伏砖各二份宽厚之数定围长。如面宽一丈五尺，加头、二、三、四、五券砖，头、二、三、四伏砖各二份，共宽八尺四寸，并之得宽二丈三尺四寸。以三三加之，得围园长七丈七尺二寸二分，折半分之，得五伏围长三丈八尺六寸一分。

原典图说

颐和园智慧海

智慧海是万寿山顶最高处一座宗教建筑，是一座完全由砖石砌成的无梁佛殿，由拱券结构组成。建筑外层全部是精美的黄、绿两色琉璃瓦装饰，上部用少量紫色、蓝色的琉璃瓦盖顶，尤以嵌于殿外壁面的千余尊琉璃佛更富特色。“智慧海”一词为佛教用语，本意是赞扬佛的智慧如海，佛法无边。该建筑虽极像木结构，但实际上没有一根木料，全部用石砖发券砌成的，没有枋檩承重，所以称为“无梁殿”。又因殿内供奉了无量寿佛，所以也称它为“无量殿”。

智慧海

卷四十五 硬山悬山石作小式做法

清工部

原典

凡柱径七寸以下柱顶石，照柱径加倍之法各收二寸定见方。如柱径七寸，得见方一尺二寸。以见方尺寸三分之一定厚。如见方一尺二寸，得厚四寸。

凡槛垫石以面阔定长。如面阔一丈，内除两头柱顶各半个，共长一尺二寸。净得槛垫石长八尺八寸，以柱顶见方定宽。如柱顶见方一尺二寸，槛垫石即宽一尺二寸，厚以柱顶石之厚四分之三定厚。如柱顶石厚四寸，得厚三寸。

凡硬山成造之阶条石以面阔定长短。如明间面阔一丈，即长一丈，稍间面阔九尺，再加墀头并金边[1]之宽得连好头石之通长尺寸，内除墀头[2]柱中里进尺寸分位。以柱顶石收三寸定宽。如柱顶石见方一尺二寸，得宽一尺。以本身净宽数目十分之三定厚得厚三寸。

凡悬山成造梢间阶条石按面阔加挑山除回水定长。如面阔九尺，挑山二尺四寸，除回水四寸八分，得通长一丈九寸二分，好头石在内。宽、厚与硬山阶条石同。

凡硬山两山条石，以进深连出檐尺寸内除回水好头石之宽得长。以阶条石折半定宽。如阶条石宽一尺，得条石宽五寸。厚与阶条石同。

凡斗板石周围按露明处丈尺得长。以台基之高除阶条石之厚定宽。如台基高八寸，阶条石厚三寸，得斗板石宽五寸，厚与阶条石同。

凡土衬石周围按露明处丈尺得长。以斗板石之厚，外加金边定宽。如斗板石厚三寸，再加金边一寸五分，得土衬石宽四寸五分。以本身之宽折半定厚，得厚二寸二分。

注释

① 金边：土衬石的外边，宽出台基约二到三寸，这宽出的部分，叫做金边。

② 墀头：中国古代传统建筑构件之一。山墙伸出至檐柱之外的部分，突出在两边山墙边檐，用以支撑前后出檐。

原典图说

柱础

柱础宋称柱础，清称柱顶石，是放置在柱下的石制构件，为扩大柱下承压面及木柱防潮而设。早在商朝时已知在木柱下置卵石或块石作柱础。秦代已有方 1.4m 的整石柱础，一般的柱础有覆斗等形式。魏晋时出现了莲瓣柱础。宋《营造法式》中规定柱础的做法有：素平——平面方石；覆盆——方石上雕凸起如覆盆；铺地莲花——雕莲瓣向下的覆盆；仰覆莲花——铺地莲花上再加一层仰莲，共四种形式。为了防潮，南方各地的柱础较高。形式多样，雕饰花纹丰富，成为重点装饰的部位。

柱　础

原典

凡踏垛石以面阔折半定长。如面阔一丈，得长五尺。内除垂带石一份宽一尺，得踏垛石长四尺。其宽自八寸五分至一尺为定。厚以四寸至五寸为定。

凡砚窝石以踏垛之宽加垂带石一份并金边各一寸五分定长短。如踏垛宽五尺，垂带宽一尺，金边共宽三寸，得砚窝石长六尺三寸。宽、厚与踏垛石同。

凡平头土衬石以斗板土衬之金边外皮至砚窝石之里皮得长。宽、厚与踏垛石同。

凡象眼石以斗板之外皮至砚窝石里皮得长。宽、厚与斗板石同。每块折半核算，以垂带石之宽十分之三定厚。如垂带石宽一尺得象眼石厚三寸。

凡垂带石以踏垛级数加举定长。如踏垛三级各宽一尺，厚五寸，每级加举一寸，得长三尺二寸。宽、厚与阶条同。

台阶

台阶是古代建筑中的石构件之一，台基面离外地面有一定高度，因此，要做踏步（宋代叫踏道，清代叫踏跺）。

皇宫的正殿则有三处台阶，中间的一处台阶叫陛，皇帝的尊称“陛下”即由此而来，中间台阶的当中有一条陛石，上面雕刻者龙凤云纹，那是帝后通行的红地毯——御路，有的高规格的殿堂，中间台阶也有设置这条御路，以示尊贵。

台阶又称踏步，通常有阶梯形踏步和坡道两种类型。

这两种类型根据形式和组合的不同又可以分为以下几种。

①御路踏跺。一般用于宫殿和寺庙建筑，这种阶梯中的斜道又叫辇道、御路、陛石，坡度很缓，是用来行车的坡道，通常与台阶形踏步组合在一起使用，称为御路踏跺。

②垂带踏跺。在踏跺的两旁设置垂带石的踏道，最早见于东汉的画像砖。

③如意踏跺。不带垂带石，从三面可以上人的踏跺做法。

④坡道或慢道。是用砖石露棱侧砌形成斜坡道，可以防滑，一般用于室外高差较小的地。

台 阶

原典

凡如意石长、宽、厚俱与砚窝石同。凡墀头角柱石以檐柱高三分之一，再除压砖板之厚定长短。如柱高八尺，压砖板厚二寸八分，得角柱石长二尺三寸八分。以檐柱径定宽。如柱径七寸，自柱皮外出柱径一份，柱中里进七分，得角柱石宽一尺一寸二分。以檐柱径十分之四定厚，如柱径七寸，得角柱石厚二寸八分。

凡硬山压砖板以出廊丈尺之数，外加墀头腿一份得长。宽、厚与角柱石同。

凡挑檐石以出廊丈尺之数，外加墀头梢一份得长。以压砖板收一寸定宽、加八分定厚。如压砖板宽一尺一寸二分，厚二寸八分，得宽一尺二分，厚三寸六分。

凡无斗板埋头角柱石，按台基之高除阶条石之厚得长。以阶条石宽定宽。如阶条石宽一尺，得埋头角柱石宽一尺一块，宽七寸一块。厚俱与阶条石同。

原典图说

慈宁宫

慈宁宫，其前后出廊，屋顶为黄琉璃瓦重檐歇山顶。面阔 7 间，当中 5 间各开 4 扇双交四椀菱花槅扇门。两梢间为砖砌坎墙，各开 4 扇双交四椀菱花槅扇窗。殿前出月台，正面出三阶，左右各出一阶，台上陈鎏金铜香炉 4 座。东西两山设卡墙，各开垂花门，可通后院。

慈宁宫门前有一东西向狭长的广场，两端分别是永康左门、永康右门，南侧为长信门。慈宁门位于广场北侧，内有高台甬道与正殿慈宁宫相通。院内东西两侧为廊庑，折向南与慈宁门相接，北向直抵后寝殿（即大佛堂）之东西耳房。前院东西庑正中各开一门，东曰徽音左门，西曰徽音右门。

慈宁宫

卷四十六

硬山悬山小式各项瓦作做法

原典

凡码单磉墩以柱顶石尺寸定见方。如柱径五寸，得柱顶石见方八寸。再四周各山出金边一寸五分，得单磉墩见方一尺一寸。金柱下单磉墩照檐柱磉墩亦加金边一寸五分。高随台基除柱顶石之厚，外加地皮以下之埋头尺寸。

凡埋头以檩数定高低。如四五檩深四寸。六七檩深六寸。

凡栏土按进深、面阔除磉墩分位得周围之长。如有金柱随面阔丈尺除磉墩分位，得揭砌栏土之长。高随台基除墁地位分位，外加埋头尺寸，其宽带色砌台基尺寸，至磉墩空档内掏砌一进。两山各出台基金边宽一寸五分。

原典图说

秦砖汉瓦

所谓“秦砖汉瓦”是特指秦汉时期建筑装饰的“砖”和“瓦”。汉代瓦当以动物装饰最为优秀，除了造型完美的青龙、白虎、朱雀、玄武四神以外，兔、鹿、牛、马也是品种繁多；秦代瓦当以莲纹、葵纹、云纹最多；秦宫遗址出土的巨型瓦当饰以动物变形图案，与铜器、玉器风格相近。

西汉时形成了以“秦砖汉瓦”和木结构的完整的建筑结构体系，史称之为“土木之功”。这种斗栱既起到支撑的力学作用，又有装饰的艺术效果，体现了古建筑浓厚的民族风格。

秦砖汉瓦

原典

凡硬山群肩以进深定长。如进深一丈二尺，即长一丈二尺。以檐柱定高。如檐柱高七尺，三分之一得高二尺三寸三分。以檐柱径定厚，如柱径五寸自柱皮往外出柱径一份，往里进一寸五分，得群肩一尺一寸五分。

凡山墙上身长随群肩。以檐柱定高。如柱檐高七尺，除群肩高二尺三寸三分，得上身高四尺六寸七分。外加平水高五寸，檩径六寸，椽径一寸八分，得墙上身净高五尺九寸五分。如有廊墙，照金柱之长得长。以群肩之厚定厚。如群肩厚一尺一寸五分，上身如里外抹饰各收分七分，如拘抿每皮收三分。

凡硬山山尖以山柱定高。如山柱高一丈六寸，除墙上身并群肩共高八尺二寸八分，得高二尺三寸二分，外加檩径一份六寸，椽径一份一寸八分，得山尖净高三尺一寸。厚与墀头之厚同。如不用博缝排山，再加披水砖一层，长按进深加举核算，两山折一山。

凡悬山墙五花成造。以步架定高。如檐柱高七尺，一步架即高七尺，如金柱高九尺五寸，一步架即高九尺五寸。除墙肩分位，即得净高尺寸。厚与硬山墙身同。

凡点砌悬山山花象眼，以步架定宽，内除瓜柱径寸分位，高随瓜柱净高尺寸。厚与瓜柱之径同。两山折一山。

凡前后檐墙，以面阔定长。如面阔一丈，即长一丈。如遇山墙应除里进分位。以檐柱定高，如檐柱高七尺，除檐枋一份，如檐枋高五寸，除之得檐墙连群肩高六尺五寸。以檐柱径定厚，如柱径五寸，外出三分之二得三寸三分，里进一寸五分，共得厚九寸八分。凡封护檐墙长、厚与檐墙同。以檐柱定高。如檐柱高七尺，外加平水之高一份，檩径一份，并之作拔檐分位，内收高一寸为顺水之法。

凡扇面墙以面阔定长。如面阔一丈，即长一丈。如遇山墙，应除里进分位。以金柱定高。如金柱高九尺五寸，除金枋高五寸，得扇面墙净高九尺。再除墙肩分位。群肩之高与山墙同。厚与檐墙同。

凡槛墙墙高除檐枋、窗户、榻板、风槛、横披等件分位得高。厚与檐墙同。长随面阔。如遇山墙，应除里进分位。

凡槅断墙高随檐柱。长随进深，内除两头柱径各半份。再除前后墙里进分位得长。厚与檐墙同。

凡廊墙以出廊尺寸定长。如出廊深二尺五寸，廊墙即长二尺五寸。以檐柱之高除穿插枋并穿插档定高。如檐柱高七尺，穿插枋高五寸，穿插档宽五寸除之，得廊墙连群肩净高六尺。上身或用尺二方砖或用沙滚子砖糙砌拘抿抹饰。厚与山墙同。

凡墙肩长短随面阔、进深。宽随墙顶之厚。以里进外出各尺寸按五举加之，如墙顶厚一尺以外者，除高三寸做墙肩分位。

凡山檐墙里皮上身并槅断墙上身或用土坯碎砖成砌。长、高、厚同前。至墙垣内有柱木石料等件，应扣除核算。

凡墙垣衬脚取平随墙之长短。以墙之厚定宽。墙根之厚即衬脚之宽。高随墁地砖分位。

凡柱顶石有古镜者，按古镜之高加砖之层数。长随古镜尺寸，厚按墙垣。

凡墀头以檐柱之高，外加平水、檩径、柁头尺寸得高。以台阶之宽收分定长。如台阶宽一尺六寸八分，内收二份，得墀头腿长一尺三寸五分。以檐柱径定厚。如檐柱径五寸，自柱皮往外出柱径一份，往里进柱中五分，得墀头八寸。

凡博缝，以进深并出檐加举得长。用沙滚子砖散装糙砌。

凡排山勾滴以进深并出檐加举得长。按瓦料号数分陇得个数。

凡调清水脊长随面阔。外加山墙外出之厚。用板瓦取平苫背。瓦条二层混砖一层，扣脊筒瓦一层，每头鼻子一件，盘子一件，窜头两件，勾头两件。凡抹灰当勾以面阔得长。以所用瓦料定宽。如头号板中高二寸，二号板瓦中高一寸七分，三号板瓦中高一寸五分，十样板瓦中高一寸，得头号板瓦灰当沟均宽四寸，二号均宽三寸四分，三号均宽三寸，十样均宽二寸。如用筒瓦，照中高尺寸加一份半，二面折一面。

凡宼瓦以面阔得陇数。如面阔一丈、头号板瓦口宽八寸，每丈十一陇一分，二号口宽七寸，每丈十二陇五分，三号口宽六寸，每丈十四陇二分，十样口宽三寸八分，每丈二十二陇。以进深并出檐加举得长。每板瓦一片，压七露三。头号长九寸，得露明长三寸六分。二号八分，得露明长三寸二分。三号长七尺，得露明二寸八分。十样长四寸三分，得露明长一寸七分二厘。每坡每陇除花边瓦一件分位。如盖瓦筒瓦，每头号筒瓦一个长一尺一寸，二号长九寸五分，三号长七寸五分，十样长四寸五分。每坡陇每除勾头一件分位，即得数目。其悬山做法，随挑山之长分陇。如盖瓦用压梢筒瓦一陇，应除板瓦一陇。

凡墁地按进深，面阔折见方丈。除墙基、柱顶、槛垫等石料，外加前后出檐尺寸除阶条头之宽分位。或尺二方砖、沙滚子砖，斧刀砖糙墁。

凡马尾礓礤以面阔折半定宽。如面阔一丈，得宽五尺；内除垂带石之宽一份，中心斜砌沙滚子砖。以台基之高定长。如台基高一尺，得马尾礓礤长一尺五寸，高一尺五寸三尺，得三尺高二尺得长四尺五寸。

凡踏垛背后随踏垛长定宽丈尺。以台基之高折半得高，内除踏垛石之厚一份。

凡墙垣用砖应除柱径、柁枋、门窗、槛框、榻板木料，及角柱、压砖板，挑檐石料等项分位用砖。

凡苫背以面阔、进深出檐加举折见方丈核算。

凡抹饰、拘抿、刷浆，俱按墙垣之长高折见方丈核算。

岱庙坊

原典图说

岱庙坊

泰山南麓的岱庙坊，又名玲珑坊，是山东布政使施天裔建于清代康熙十一年（公元 1672 年），通高 12m，宽 9.8m，深 3m，总体略呈方形，造型端正，为四柱三间三楼式牌坊，高低错落、通体浮雕、造型雄伟、精工细琢，为清代石雕建筑的珍品。

坊顶是歇山式仿木结构，螭吻凌空，斗栱层叠，檐角飞翘，脊兽欲驰。正脊之中竖立着宝瓶，两侧有四大金刚拽引加固。中柱小额枋上透雕着二龙戏珠，龙门枋上浮雕着丹凤朝阳。坊下奠立方形石座，座上均竖立双柱，柱下侧是滚墩石，石上前后有立雕蹲狮两对。坊的梁、柱、额板及滚墩石上分别雕有铺首衔环、丹凤朝阳、二龙戏珠、麒麟送宝等 30 多幅栩栩如生的祥兽瑞禽图。坊柱南北两面都刻有楹联。

卷四十七 歇山悬山各项土作做法

清工部

原典

凡夯筑灰土，每步虚土七寸，筑实五寸。素土每步虚土一尺，筑实七寸。应用步数，临期酌定。

凡夯筑二十四把小夯灰土，先用大硪①排底一遍，将灰土拌匀下槽。头夯充开海窝宽三寸，每窝筑打二十四夯头、二夯筑银锭，每银锭亦筑二十四夯②头，其余皆随充沟。每槽宽一丈，充剁大梗小梗五十七道。取平、落水、压碴子起平夯一遍，高夯乱打一遍，取平旋夯一遍，满筑拐眼、落水、如此筑打拐眼三遍后，又起高硪二遍，至顶步平串硪一遍。

注释

① 大硪：一种砸地基的工具。

② 夯：夯土工具宋以前主要用木杵，有的为加铁或石制的夯头。

土 作

原典图说

土作

土作是中国古代建筑工程中有关筑基、筑台、筑墙、制土坯、凿井等土方工程的专业。在中国古代的黄河中上游湿陷性黄土地区，建造稍大些的建筑都必须夯筑地基，消除湿陷性。早在 4000 多年前新石器时代晚期的龙山文化已掌握夯土技术，出现夯土建造的城墙、台基、墙壁。自商至唐，重要建筑包括宫殿在内都用夯土做台基和墙。

原典

凡夯筑二十把小夯灰土，筑法俱与二十四把夯同。每筑海窝、银锭、沟梗俱二十夯头。每槽宽一丈，充剁大梗小梗四十九道。

凡夯筑十六把小夯灰土，筑法俱与二十四把夯同。每筑海窝、银锭、沟梗俱十六夯头。每槽宽一丈，充剁大梗小梗三十三道。

凡夯筑大夯灰土，先用大硪排底一遍，将灰土拌匀下槽。每槽夯五把，头夯充开海窝宽六寸，每窝筑打八夯头，二夯筑银锭，亦筑打八夯头，其余皆随充沟。每槽宽一丈，充剁大梗小梗二十一道。第二遍筑打六头夯，海窝、银锭、充沟同前。第三遍取平，落水、撒渣子、雁别翅筑打四夯头后、起高硪二遍，顶步平串硪一遍。

凡夯筑素土，每槽用夯五把。头夯充开海窝宽六寸，每窝筑打四夯头。二夯筑银锭亦打四夯头。其余皆随充沟。每槽宽一丈，充剁大小梗十七道。第二次与头次相同。第三遍取平，落水、撒渣子，雁别翅筑打四夯头一遍，后起高硪一遍，顶步平串硪一遍。

凡夯筑填垫小式房屋地面海墁素土，每槽用夯五把，雁别翅四夯头筑打二遍，取平、落水、撒渣子，又雁别翅筑打四夯头一遍，后起高硪一遍，顶步平串硪一遍。

凡刨槽以步数定深。如夯筑灰土一步，得深五寸，外加埋头尺寸，如埋头六寸，应刨深一尺一寸素土应刨深一尺三寸。

凡压槽如墙厚一尺以内者，里外各出五寸，一尺五寸以内者，里外各出八寸，二尺以内者，里外各出一尺，其余里外各出一尺二寸。如通面阔三丈，即长三丈，外加两山墙外出尺寸，如山墙外出一尺，再加压槽各宽一尺，得通长三丈四尺。以出檐定宽。如出檐二尺八寸八分，内除回水二分，得净宽二尺三寸。并檐柱中以内磉墩半个一尺四分，再加压槽里外各宽一尺，共得净宽五尺三寸四分。如通进深一丈八尺，内除前后檐柱下磉墩各半个，并压槽尺寸两头共除四尺八分，得净长一丈三尺九寸二分。以磉墩之宽定宽。如磉墩宽二尺八分，外加压槽各宽一尺，共得宽四尺八分。如悬山山墙与前后出檐尺寸同。

凡填筑压槽以外出尺寸定宽。高按埋头尺寸。

凡夯筑地面或室内填厢，均除墁地砖尺寸分位，核算步数。

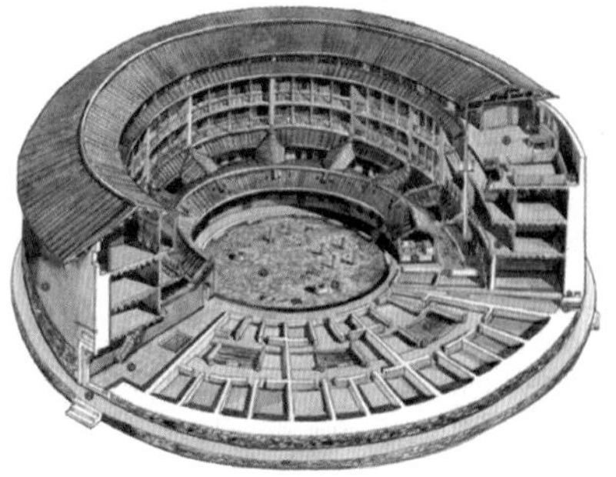

客家土屋

原典图说

客家土屋

客家人的围屋（或土楼）是极具特色的中华建筑，可说是世界建筑奇观之一。客家围楼像个家族城寨，建筑群的结构严谨，围墙坚固。

围屋的整体布局呈椭圆形，在整体造型上，围屋就是一个太极图。围龙屋前半部为半月形池塘，后半部为半月形的房舍建筑。两个半部的接合部位由一长方形空地槅开，空地用三合土夯实铺平，叫“禾坪”（或叫地堂），是居民活动或晾晒的场所。禾坪与池塘的连接处，用石灰、小石砌起一堵或高或矮的石墙，矮的叫“墙埂”，高的叫“照墙”。半月形的池塘主要用来放养鱼虾、浇灌菜地和蓄水防旱、防火，它既是天然的肥料仓库，也是污水自然净化池。

后半部的房舍建筑，正中为方形主体建筑。有“三栋二横一围层”；有“三栋四横二围层”。最小的围龙屋的建筑面积也在上千平方米，大的则上万平方米。有的大围龙屋居住着上百户人家，几百口人。普遍为“三栋二横”一围屋居多。三栋二横围龙屋，有上、中、下三厅，各厅之间均有一口天井，并用木制屏风槅开，屏风按需要可开可闭。厅堂左右有南北厅、上下廊厕、花厅、厢房、书斋、客厅、居室等，错落有致，主次分明。建筑结构前低后高，这样就有利于采光、通风、排水、排污。

横屋外层便是半月形的围屋层，有的是一围层，有的二围层，围龙屋由此而得名。弧形的围屋间，拱卫着正屋，形成一道防御屏障，围屋间窗户一般不大，是自然的瞭望孔、射击孔，便于用弓箭、土枪、土炮等武器抗击来攻之敌。

围龙屋内的柱、梁、枋、门等雕绘上山水花鸟、飞禽走兽等栩栩如生的图案，并涂上鲜艳夺目的油漆，显得金碧辉煌，古色古香，十分壮观、气派。

参考文献

[1]梁思成. 清工部《工程做法则例》图解. 北京：清华大学出版社，2006.

[2]林正楠. 古典建筑/中国红. 合肥：黄山书社，2012.

[3]王其钧. 图说中国古典建筑——民居·城镇. 上海：上海人民美术出版社，2013.

[4]李允鉌. 华夏意匠：中国古典建筑设计原理分析. 天津：天津大学出版，2004.

[5]郭华瑜. 中国古典建筑形制源流. 武汉：湖北教育出版社，2015.